草种质资源保护利用系列丛书

草种质资源抗性鉴定评价报告
——抗旱篇

（2007—2016年）

全国畜牧总站　主编

中国农业出版社
北　京

编　委　会

前　言

草种质资源是草地生物多样性的重要组成部分，是牧草、草坪草以及农作物改良的物质基础，在草地畜牧业生产及人民生活中发挥着巨大的、不可忽视的作用。1997年国家启动了草种质资源保护项目，先后开展了种质资源调查、收集、保存、抗性鉴定评价等诸多方面的工作。至今，国家种质库共收集、保存草种质资源5.4万余份，全国各保种协作组共完成9 555份种质材料的抗性鉴定评价。抗性鉴定评价工作的开展，为草种质资源的利用与创新提供了物质基础与理论依据。

随着全球气候变暖，草地退化、土地沙漠化、水资源短缺已成为当今世界严重的生态问题。干旱是限制草健康生长的关键因素，是造成草地退化、牧草产量及品质下降、草畜产业经济损失最主要的自然灾害之一。广泛开展草种质资源抗旱性鉴定评价研究和筛选抗旱种质材料，将为优质抗旱草品种的培育提供重要的选择依据。

本书收录了2007—2016年各保种协作组提交的草种质资源抗旱性评价鉴定报告37篇，涉及1 403份种质材料，其中包括豆科材料928份24篇报告（苜蓿属197份8篇报告；三叶草属237份5篇报告；柱花草属153份3篇报告；百脉根属136份4篇报告；银合欢属98份1篇报告；山羊豆属57份1篇报告；胡枝子属30份1篇报告；灰毛豆属20份1篇报告），禾本科材料475份13篇报告（披碱草属50份1篇报告；黑麦草属113份2篇报告；羊茅属112份2篇报告；雀麦属39份1篇报告；狼尾草属34份1篇报告；大麦属32份2篇报告；看麦娘属36份1篇报告；鸭茅属20份1篇报告；臂形草属20份1篇报告；燕麦草属19份1篇报告）。

本书在编写过程中，难免存在错误与不妥之处，敬请读者批评指正。

本书得到“物种资源保护费”项目（编号2130135）资助，在此谨致诚挚的谢意。

目　　录

第一部分　豆　　科

第二部分　禾本科

第一部分　豆　　科

19份紫花苜蓿种质材料苗期抗旱性综合评价研究

李　源[1]　刘贵波[1]　高洪文[2]　王　赞[2]　赵海明[1]　谢　楠[1]　王艳慧[3]

（1. 河北省农林科学院旱作农业研究所　河北省农作物抗旱研究重点实验室
2. 中国农业科学院北京畜牧兽医研究所　3. 兰州大学草地农业科技学院）

摘要：采用室内盆栽法，对来自俄罗斯的18份紫花苜蓿种质材料的抗旱性进行研究。在日光温室模拟干旱胁迫条件下，通过测定存活率、株高、地上生物量、地下生物量、根冠比、根系长度等形态指标，比较聚类分析法、抗旱性等级评价赋分法、标准差系数赋予权重法3种综合评价方法的差异，同时筛选抗旱种质材料。结果表明，标准差系数赋予权重法得出供试材料抗旱性强弱为M7＞M8＞M3＞M10＞M9＞M4＞M11＞M2＞M12＞810＞M6＞M14＞M1＞CK＞M15＞M16＞M13＞M17＞M5，评价结果与材料实际观测基本一致。标准差系数赋予权重法不但考虑了不同指标的权重，还定量地鉴定出了每份材料的抗旱能力，比聚类分析法和抗旱性等级评价赋分法的结果更具科学合理性。

关键词：紫花苜蓿；种质资源；苗期；抗旱性；综合评价

世界干旱和半干旱地区面积占地球陆地面积的1/3，在中国则占到国土面积的52.5%。干旱对牧草造成的损失在所有的非生物胁迫中占首位，仅次于生物胁迫病虫害造成的损失[1]。苜蓿属于抗旱性较强的豆科植物，素有“牧草之王”的美誉。深入研究苜蓿的抗旱性，加速苜蓿的抗旱育种，对于克服干旱、风蚀等自然条件对苜蓿栽培的制约，扩大种植范围，提高其生产力，具有重要的意义[2]。目前对苜蓿的抗旱性研究较多：赵金梅[3]研究了4个苜蓿品种抗旱生理生化指标的变化及其相互关系，李造哲[4]认为抗旱性强的品种根中导管数较多，李崇巍[5]研究表明，干旱胁迫下抗旱性强的品种细胞外渗液的电导率较低，周瑞莲[6]认为抗旱性较强的苜蓿品种叶片中CAT活性随胁迫浓度增加而增加。这些研究都为苜蓿抗旱性评价奠定了良好的基础，而抗旱性是个综合性状，抗旱能力的评价难以用一个通用的指标来确定，需要多指标结合来进行综合评价：宋淑明[7]运用隶属函数法对14种苜蓿抗旱性进行了综合评价，陶玲[8]使用21个抗旱指标对14种苜蓿进行了系统聚类，韩瑞宏运用主成分分析和隶属函数分析对10个苜蓿品种的17项指标进行了研究。这些综合评价方法都属于等权重的评价方法，事实上不同指标的权重是不同的。为此，本研究在智能温室模拟干旱胁迫的条件下，采用反复干旱法，通过测定存活率、株高、地上生物量、地下生物量、根冠比、根系长度等形态指标，比较聚类分析法、抗旱性等级评价赋分法、标准差系数赋予权重法3种综合评价方法的差异，同时筛选优异的抗旱种质材料，为苜蓿抗旱育种和资源开发提供科学依据。

1　材料与方法

1.1　试验材料

试验材料共19份，其中，对照为中苜1号，其余18份为俄罗斯引进材料，由中国农业科学院北京畜牧兽医研究所牧草遗传资源研究室提供。

1.2　试验方法

试验于2007年11月至2008年1月在河北省农林科学院旱作节水农业试验站智能化温室中进行，选用大田土壤（过筛去掉石块、杂质）、细沙和草炭土按2∶1∶1的比例混匀，装入高12.5cm、底径

12.0cm、口径 15.5cm 的无孔塑料花盆中，每盆装土 1.5kg（干土），装土时，根据实际测定的土壤含水量（13.6%）来确定装入盆中土的重量。2007 年 11 月 11 日播种，出苗后间苗，两叶期定苗，每盆保留长势一致、均匀分布的苗 10 棵。2007 年 12 月 19 日幼苗生长到三叶期开始进行干旱处理。试验采用反复干旱法，分对照和干旱两组，3 次重复。对照幼苗保持正常供水，干旱组幼苗停止供水，当土壤含水量降至田间持水量的 15%～20%（壤土）时复水，复水后的土壤含水量达到田间持水量的 80%±5%，以此类推两次重复之后，调查不同材料的存活苗数，同时取样测定各抗旱鉴定指标。

1.3 测定内容

试验结束后测定幼苗株高、根长，统计存活率，烘干法测定地上、地下生物量。其中：存活率＝(处理后存活苗数/处理前存活苗数)×100%，根冠比＝植株地下生物量/地上生物量。

1.4 数据处理与评价方法

各单项指标的变化率计算公式如下：

$$\alpha = \frac{\text{对照测定值} - \text{处理测定值}}{\text{对照测定值}} \times 100\%$$

用统计分析软件 SAS（statistical analysis system）处理数据，进行方差分析，采用 Excel 进行平均值计算及作图。

分别运用聚类分析法、抗旱性等级评价赋分法和标准差系数赋予权重法进行抗旱性综合评价。其中标准差系数赋予权重法计算方法为：

A：运用隶属函数对各指标进行标准化处理。

$$\mu(X_{ij}) = \frac{X_{ij} - X_{\min}}{X_{\max} - X_{\min}} \tag{1}$$

B：采用标准差系数法（S）确定指标的权重，用公式（2）计算第 j 个指标的标准差系数 V_j，公式（3）归一化后得到第 j 个指标的权重系数 W_j。

$$V_j = \frac{\sqrt{\sum_{i=1}^{n}(X_{ij} - \overline{X}_j)^2}}{\overline{X}_j} \tag{2}$$

$$W_j = \frac{V_j}{\sum_{j=1}^{m} V_j} \tag{3}$$

C：用公式（4）计算各品种的综合评价值。

$$D = \sum_{i=1}^{n}[\mu(X_{ij}) \cdot W_j] \qquad (j = 1, 2, \cdots, n) \tag{4}$$

式中：X_{ij} 表示第 i 个材料第 j 个指标测定值，$X_{\min}$ 表示第 j 个指标的最小值，$X_{\max}$ 表示第 j 个指标的最大值，$\mu(X_{ij})$ 为隶属函数值，$\overline{X}_j$ 为第 j 个指标的平均值，D 为各供试材料的综合评价值。

2 结果与分析

2.1 干旱胁迫下各抗旱鉴定指标的变化

试验统计的各抗旱指标的测定值如表 1 所示。与正常浇水处理相比，供试苜蓿种质材料在干旱胁迫下的抗旱指标受到显著影响，除根冠比、根系长度呈现增加趋势外，存活率、株高、地上生物量、地下生物量指标显著降低（$P<0.05$）。相同材料在不同处理下各指标测定值呈现出显著性差异，不同材料在相同处理下也表现出显著性差异（$P<0.05$）。由供试材料的变化率得出（表 2），相同指标下不同材料的变化率表现出显著性差异（$P<0.05$），仅用各单项指标进行抗旱评价，结果有一定的局限性，多指标进行综合评价才更具科学合理性。

表1 抗旱性综合评价指标的统计值

材料编号	存活率（%）		株高（cm）		地上生物量（g）		地下生物量（g）		根冠比		根系长度（cm）	
	CK	TM	CK	TM	CK	TM	CK	TM	CK	TM	CK	TM
M1	100.0a	53.3cde	8.1d	4.6d	0.56ef	0.24g	0.26hij	0.18fg	0.46ab	0.75a	9.8bcd	10.1bcd
M2	100.0a	53.3cde	7.6d	4.5d	0.52f	0.30fg	0.25hij	0.20efg	0.49ab	0.69ab	9.1cde	10.7abcd
M3	100.0a	60.0bcde	6.4de	4.2d	0.44f	0.26fg	0.17ij	0.14g	0.38b	0.52cd	6.7e	8.9cd
M4	100.0a	50.0de	4.7e	3.8d	0.37f	0.22g	0.16j	0.13g	0.44b	0.60abc	7.0e	8.1d
M5	100.0a	56.7bcde	16.2abc	9.7abc	1.17abc	0.52bcde	0.48bcde	0.26bcde	0.41b	0.51cd	9.9bcd	10.3bcd
CK	100.0a	66.7abcd	17.1ab	11.0a	1.23abc	0.65ab	0.77a	0.37a	0.57a	0.62cd	13.9a	15.9a
M6	100.0a	83.3a	14.7bc	10.9ab	1.17abc	0.58bc	0.45cdefg	0.26cde	0.38b	0.45cd	9.8bcd	10.9abcd
M7	100.0a	80.0a	15.8bc	10.8ab	1.12abc	0.63ab	0.40defgh	0.34ab	0.36b	0.53bcd	7.9de	12.1abc
M8	100.0a	83.3a	17.2ab	11.0a	1.16abc	0.56bc	0.38efgh	0.28bcde	0.33b	0.49cd	7.6de	12.2abc
M9	100.0a	70.0abc	16.0bc	10.1ab	1.15abc	0.55bcd	0.38efgh	0.27bcde	0.33b	0.49cd	7.6de	11.2abcd
M10	100.0a	70.0abc	13.5c	10.3ab	0.99cd	0.60bc	0.42cdefg	0.30abcd	0.43b	0.51cd	8.1de	10.5bcd
810	100.0a	53.3cde	16.4abc	10.6ab	1.11bc	0.60bc	0.46cdefg	0.27bcde	0.42b	0.46cd	8.6cde	12.9ab
M11	100.0a	73.3ab	16.3abc	10.1ab	1.11bc	0.59bc	0.54bcd	0.33abc	0.49ab	0.55bcd	8.3cde	13.3ab
M12	100.0a	83.3a	15.1bc	11.3a	0.84d	0.41def	0.33fgh	0.23def	0.39b	0.57bcd	8.3cde	9.0cd
M13	100.0a	60.0bcde	19.1a	10.1ab	1.37a	0.60bc	0.48bcdef	0.29bcd	0.35b	0.48cd	10.3bc	10.9abcd
M14	100.0a	53.3cde	17.4ab	12.2a	1.29ab	0.77a	0.62ab	0.38a	0.48ab	0.49cd	11.9ab	13.9a
M15	100.0a	56.7bcde	17.3ab	11.8a	1.23abc	0.63ab	0.57bc	0.26bcde	0.42b	0.46d	9.3bcde	11.3abcd
M16	100.0a	46.7e	16.0bc	8.2bc	1.01cd	0.45cde	0.46cdefg	0.21efg	0.39b	0.52cd	8.6cde	11.9abc
M17	100.0a	46.7e	17.3ab	7.5c	0.81de	0.40ef	0.32gh	0.18fg	0.39b	0.45cd	8.8cde	10.9abcd
平均	100a	63.2b	14.3a	9.1b	0.98a	0.50b	0.42a	0.26b	0.42a	0.53b	9.0a	11.3b

注：同列不同小写字母表示材料间差异显著（$P<0.05$），最后一行不同小写字母表示处理间差异显著（$P<0.05$），CK 为对照，TM 为处理。

表2　干旱胁迫下各抗旱鉴定指标的变化率（%）

材料编号	各抗旱鉴定指标的变化率					
	存活率	株高	地上生物量	地下生物量	根冠比	根系长度
M1	46.7ab	43.5abcd	58.0a	32.1bcd	61.7a	3.4k
M2	46.7ab	40.7abcde	42.6abc	19.7d	39.8cde	16.8gh
M3	40.0abcd	33.9bcdefg	40.6bc	19.6d	35.3e	32.7e
M4	50.0a	18.7g	40.9bc	18.8d	37.5de	16.2h
M5	43.3abc	40.2bcdef	55.4abc	45.5ab	22.2f	4.0k
CK	33.3bcde	35.6bcdef	47.0abc	51.9a	8.8h	14.6h
M6	16.7f	26.2efg	50.7abc	42.5abc	16.6fgh	11.9ij
M7	20.0ef	31.5cdefg	43.6abc	15.8d	49.2b	53.6b
M8	16.7f	36.1bcdef	51.9abc	27.2cd	51.2b	60.3a
M9	30.0cdef	37.2bcdef	51.7abc	29.6bcd	46.0bc	48.5c
M10	30.0cdef	23.9fg	39.7c	28.3cd	18.9fg	29.2e
810	46.7ab	35.4bcdef	46.2abc	41.0abc	9.7h	49.4bc
M11	26.7def	37.6bcdef	46.4abc	39.5abc	12.8gh	60.9a
M12	16.7f	25.6efg	51.6abc	29.6bcd	45.4bcd	8.0jk
M13	40.0abcd	47.0abc	56.3ab	40.3abc	36.8e	5.8k
M14	46.7ab	29.7defg	40.3bc	39.2abc	1.8i	17.1gh
M15	43.3abc	32.0bcdefg	48.6abc	53.8a	9.5h	21.6fg
M16	53.3a	48.5ab	55.1abc	55.4a	33.3e	38.2d
M17	53.3a	56.8a	50.8abc	43.2abc	15.6fgh	23.9f

注：同列不同小写字母表示材料间差异显著（$P<0.05$），最后一行不同小写字母表示处理间差异显著（$P<0.05$），CK为对照，TM为处理。

2.2　紫花苜蓿种质材料苗期抗旱性综合评价

2.2.1　聚类分析材料抗旱性

以表2中各单项指标的变化率为依据，对其进行标准化处理，以欧氏距离的平方为相似尺度，采用离差平方和法（WARD法）对数据进行聚类分析，聚类结果如图1所示。根据聚类输出结果，可将19份紫花苜蓿种质材料的抗旱性分为四大类。第一类材料为M7、M8、M9、M6、M12，第二类材料为M2、M3、M4，第三类材料为CK、M15、M10、M14、810、M11，第四类材料为M1、M5、M13、M16、M17。聚类分析的结果是将抗旱性不同的种质材料聚为一类，而同一类不同材料的抗旱能力无定量表达，鉴定结果不够全面。

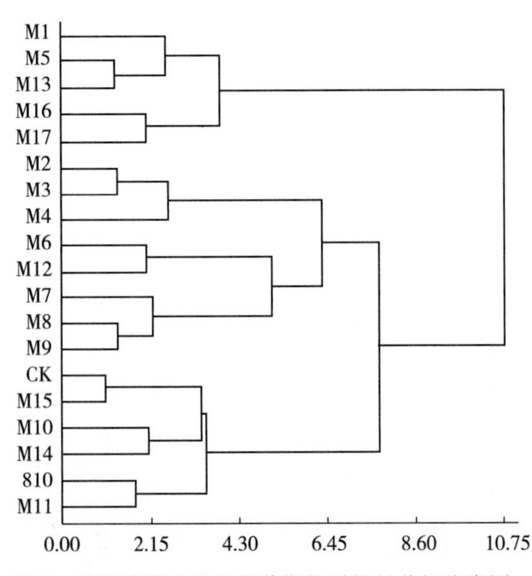

图1　紫花苜蓿种质材料苗期抗旱性的分级聚类图

2.2.2　等级评价赋分法评价材料抗旱性

试验运用抗旱性等级评价赋分法得出的结果见表3，根据综合评价结果，供试材料抗旱强弱顺序为：M7＞M8＞M3＞M10＞M9＞M4＝M12＞M11＞M2＞M6＞810＞M14＞M1＝CK＞M15＞M16＞M13＞M5＞M17。

抗旱性等级评价赋分法评价的结果与聚类分析结果基本相同。此法将抗旱性这一主观的概念转换成数理统计的定量表达，从量化角度评价出了每一份材料的抗旱能力，但却忽视了不同指标的权重问题，将不同指标视为等权重来进行评价，结果仍具有一定的局限性。

表 3　紫花苜蓿种质材料苗期抗旱性综合评价

材料编号	单一指标抗旱性得分						总得分	排序	抗旱分级
	存活率	株高	地上生物量	地下生物量	根冠比	根系长度			
M1	2	4	1	6	10	1	24	13	Ⅲ
M2	2	5	9	10	7	3	36	9	Ⅱ
M3	4	7	9	10	6	6	42	3	Ⅰ
M4	1	10	9	10	6	3	39	6	Ⅱ
M5	3	5	2	3	4	1	18	18	Ⅳ
CK	6	6	7	1	2	2	24	13	Ⅲ
M6	10	9	4	4	3	2	32	10	Ⅱ
M7	10	7	8	10	8	9	52	1	Ⅰ
M8	10	6	4	8	9	10	47	2	Ⅰ
M9	7	6	4	7	8	8	40	5	Ⅰ
M10	7	9	10	7	3	5	41	4	Ⅰ
810	2	6	7	4	2	8	29	11	Ⅲ
M11	8	6	7	5	2	10	38	8	Ⅱ
M12	10	9	4	7	8	1	39	6	Ⅱ
M13	4	3	1	4	6	1	19	17	Ⅳ
M14	2	8	9	5	1	3	28	12	Ⅲ
M15	3	7	6	1	2	4	23	15	Ⅲ
M16	1	3	2	1	6	7	20	16	Ⅲ
M17	1	1	4	4	3	4	17	19	Ⅳ

2.2.3　标准差系数赋予权重法评价材料抗旱性

本研究采用标准差系数赋予权重法对 19 份苜蓿种质材料进行了抗旱性评价，综合评价结果见表 4。表中综合评价 D 值代表了各材料的抗旱性，其中，材料 M7 的综合评价 D 值最大，表明该材料抗旱性最强。依据此法得出 19 份紫花苜蓿种质材料的抗旱性强弱为：M7＞M8＞M3＞M10＞M9＞M4＞M11＞M2＞M12＞810＞M6＞M14＞M1＞CK＞M15＞M16＞M13＞M17＞M5。这种方法考虑了不同指标的权重，得出的结果比上述两种结果更具科学合理性。

表 4　各材料隶属函数值、权重、综合评价 D 值

材料编号	隶属函数值						综合评价 D 值	排序
	μ (1)	μ (2)	μ (3)	μ (4)	μ (5)	μ (6)		
M1	0.1803	0.349	0.0006	0.5896	0.999	0.0002	0.3511	13
M2	0.1803	0.4233	0.8426	0.9006	0.6331	0.2328	0.5487	8
M3	0.3634	0.6007	0.9507	0.9038	0.5591	0.5091	0.6608	3
M4	0.0902	0.9995	0.9339	0.9255	0.595	0.2224	0.6232	6

（续）

材料编号	隶属函数值						综合评价 D 值	排序
	μ (1)	μ (2)	μ (3)	μ (4)	μ (5)	μ (6)		
M5	0.2732	0.4352	0.1405	0.2496	0.3406	0.0111	0.2175	19
CK	0.5464	0.5563	0.5996	0.0872	0.1162	0.1953	0.3147	14
M6	1.0000	0.8034	0.3982	0.3248	0.2464	0.1486	0.4132	11
M7	0.9098	0.6639	0.7879	0.9992	0.7897	0.8728	0.8422	1
M8	1.0000	0.5436	0.3354	0.7123	0.8241	0.9889	0.7407	2
M9	0.6366	0.5157	0.3418	0.6524	0.736	0.7836	0.6254	5
M10	0.6366	0.8637	0.9983	0.6832	0.2848	0.449	0.6277	4
810	0.1803	0.5615	0.6423	0.3635	0.1324	0.8004	0.4776	10
M11	0.7268	0.5041	0.6347	0.4014	0.1839	0.9998	0.5891	7
M12	1.0000	0.8188	0.3504	0.6517	0.7272	0.0806	0.5370	9
M13	0.3634	0.2571	0.0906	0.3819	0.5832	0.0419	0.2709	17
M14	0.1803	0.7111	0.9667	0.4079	0.0001	0.2389	0.4050	12
M15	0.2732	0.6519	0.511	0.0404	0.1287	0.3162	0.3052	15
M16	0.0000	0.2187	0.1576	0.0001	0.5256	0.6056	0.2940	16
M17	0.0000	0.0002	0.3924	0.3091	0.2296	0.3559	0.2483	18
权重	0.1047	0.1268	0.1742	0.1755	0.1845	0.2342		

3 结论与讨论

试验分别运用3种不同的综合评价方法对19份紫花苜蓿种质材料进行了抗旱性评价，聚类分析法只是将抗旱性不同的材料归为一类，而每份材料间的抗旱性无法定量表达；抗旱性等级评价赋分法虽然定量评价出了每一份材料的抗旱能力，但却忽视了不同指标的权重问题，将不同指标视为等权重来进行评价，结果具有一定的局限性；而标准差系数赋予权重法不但考虑了不同指标的权重，还定量地鉴定出每一份材料的抗旱能力，试验结果更具科学合理性。根据此法得出19份紫花苜蓿种质材料的抗旱性强弱为：M7>M8>M3>M10>M9>M4>M11>M2>M12>810>M6>M14>M1>CK>M15>M16>M13>M17>M5，鉴定结果与实际观测基本吻合。但在有些材料中却出现了较大的偏差。如综合评价结果中抗旱性较强的材料M3在田间观测中表现一般，这可能和综合评价中权重系数的确定有关，本研究根据各评价指标包含的信息量的多少，采用变异系数法来确定权重，变异系数越大，所赋的权重也就越大，仅从客观的角度上考虑了权重问题，忽略了人为的主观信息，使综合评价结果与田间实际观测出现了一定的出入，可见探讨公认合理的定权方法仍是今后研究的重点。

试验采用盆栽法进行种质资源的抗旱性鉴定研究，盆栽试验是一种理想状态下的生长模式，试验结果与大田试验有一定的差距，但就大量种质资源抗旱性评价鉴定而言，目前依然是一种快速而准确有效的方法。干旱胁迫直接影响着苜蓿的存活率，旱胁迫下苜蓿植株的存活能力是反映材料抗旱性的最直接且最实用的指标，判定苜蓿在干旱胁迫下存活的依据，仅仅依靠常规上的死亡、存活两极端，结果显然不准确，本试验中好多植株呈现“半死不活”的状态，并没有达到真正死亡，试验建议将旱胁迫下的受害程度分正常、卷曲、枯黄、接近死亡、整株死亡等5级并乘相应株数换算成旱害指数，这样是否更具合理性，有待今后进一步研究。由于抗旱性是多基因控制的数量性状遗传，创造抗旱性状充分表达的环境是决定试验成败的关键，试验在冬季温室中进行，冬季气温相对低、湿度大，难以形成干旱胁迫环境，对评价结果有一定的影响。同时在选用综合评价方法时，不同指标的标准化处理及权重的确定需要进一步的研究探讨。

参　考　文　献

[1] 李世雄，王彦荣，孙建华．中国苜蓿品种种子产量性状的遗传多样性［J］．草业学报，2003，12（1）：23－29.
[2] 康俊梅，樊奋成，杨青川．41 份紫花苜蓿抗旱鉴定试验研究［J］．草地学报，2004，12（1）：21－23.
[3] 赵金梅，周禾，王秀艳．水分胁迫下苜蓿品种抗旱生理生化指标变化及其相互关系［J］．草地学报，2005，13（3）：184－189.
[4] 李造哲．10 种苜蓿品种幼苗抗旱性的研究［J］．中国草地，1991（3）：1－3.
[5] 李崇巍，贾志宽，林玲，等．几种苜蓿新品种抗旱性的初步研究［J］．干旱地区农业研究，2002，20（4）：21－25.
[6] 周瑞莲，张承烈．渗透胁迫对不同抗旱性紫花苜蓿品种过氧化氢酶和过氧化物酶同工酶的影响［J］．中国草地，1991，5：21－25.
[7] 宋淑明．甘肃省紫花苜蓿地方类型抗旱性的综合评判［J］．草业学报，1998，7（2）：74－80.
[8] 陶玲．甘肃省紫花苜蓿地方类型抗旱性综合评判［J］．草业学报，1998，7（2）：57－61.

19 份紫花苜蓿苗期抗旱性综合评价

李　源[1]　高洪文[2]　王　赞[2]　刘贵波[1]　王艳慧[3]

（1. 河北省农林科学院旱作农业研究所　2. 中国农业科学院北京畜牧兽医研究所　3. 兰州大学草地农业科技学院）

摘要：对来自俄罗斯的 18 份紫花苜蓿种质材料和来自国内的 1 份种质材料（中苜 1 号），在日光温室模拟干旱胁迫条件下，采用反复干旱法，通过测定存活率、株高、地上生物量、地下生物量、根冠比、根系长度等与抗旱性有关的形态指标，运用抗旱性等级评价赋分法进行综合评价，结果表明：供试 19 份苜蓿种质材料在干旱胁迫下的存活率为 46.7%～83.3%，存活率在 80%以上的种质材料有 4 份，存活率在 60%～80%的种质材料有 6 份，高于对照中苜 1 号存活率（66.7%）的种质材料有 7 份。19 份苜蓿种质材料抗旱强弱顺序为：M7＞M8＞M3＞M10＞M9＞M4＝M12＞M11＞M2＞M6＞810＞M14＞M1＝中苜 1 号＞M15＞M16＞M13＞M5＞M17。

关键词：紫花苜蓿；种质资源；苗期；抗旱性；综合评价

水是农业生产的命脉。人类所面临的第一个生态问题就是水资源短缺。据统计，世界范围内，由于干旱缺水对于农业和社会造成的损失相当于其他各种自然灾害造成损失的总和[1]。世界干旱和半干旱地区面积占地球陆地面积的 1/3 [2]，在中国则占到国土面积的 52.5%，其中干旱地区为 30.5%，半干旱地区为 22.0% [3]。近年来由于环境恶化，气候转暖，水资源缺乏导致各地旱情频频发生。严重的水分亏缺已成为本地区农牧业和社会经济可持续发展面临的最大挑战。旱作条件下，牧草生长所需的水分主要依靠自然降水，即使有灌溉条件的地区，也往往由于灌水量不足或灌水不及时等原因使牧草受到干旱的威胁。干旱对牧草造成的损失在所有的非生物胁迫中占首位，仅次于生物胁迫病虫害造成的损失[4]。作为草业的龙头，苜蓿产业不仅能够促进畜牧业的发展，改善生态环境，而且可以拉动许多相关产业的发展。因此，深入研究苜蓿的抗旱性，加速苜蓿的抗旱育种，对于克服该地区干旱、风蚀等自然条件对苜蓿栽培的制约，扩大种植范围，提高其生产力，具有举足轻重的意义[5]。本研究以中苜 1 号为对照，对俄罗斯引进的 18 份苜蓿种质材料，通过温室模拟干旱胁迫的方法，对其苗期抗旱性进行分析比较，筛选优异的抗旱种质材料，旨在为苜蓿抗旱育种和资源开发提供科学依据。

1 材料与方法

1.1 试验材料

试验材料共 19 份，其中对照 1 份，为中苜 1 号，其余 18 份为俄罗斯引进材料，由中国农业科学院北京畜牧兽医研究所牧草遗传资源研究室提供。

1.2 试验方法

本研究于 2007 年 11 月至 2008 年 1 月在河北省农林科学院旱作节水农业试验站智能化温室中进行，选用大田土壤（过筛去掉石块、杂质）与细沙和草炭土按 2∶1∶1 的比例混匀，装入高 12.5cm，底径 12.0cm，口径 15.5cm 的无孔塑料花盆中，每盆装土 1.5kg（干土），装土时，根据实际测定的土壤含水量（13.6%）来确定装入盆中土的重量。2007 年 11 月 11 日播种，出苗后间苗，两叶期定苗，每盆保留长势一致、均匀分布的苗 10 棵。2007 年 12 月 19 日幼苗生长到三叶期开始进行干旱处理。试验采用反复干旱法，分对照和干旱两组，3 次重复。对照幼苗保持正常供水，干旱组幼苗停止供水，当土壤含水量降至田间持水量的 15%～20%（壤土）时复水，复水后的土壤含水量达到田间持水量的 80%±5%，以此类推两次重复之后，调查不同材料的存活苗数，同时取样测定各抗旱鉴定指标。

1.3 测定内容

（1）存活率　观察每盆中存活植株的数目，记作存活苗数，以材料叶片转呈鲜绿色为存活依据。存活率＝旱处理后存活苗数/原幼苗总数×100%。

（2）株高　用直尺测定每株幼苗的垂直高度，每盆测定 3 株，共测定 3 盆，取其平均值。

（3）地上生物量　收集每盆植株的地上部分风干后测定其干重[6]。

（4）地下生物量　地上部分收集完后将花盆内的土一次倒出，用网袋收集植株的地下部分，然后用清水洗净风干后测定其干重[6]。

（5）根冠比　根冠比＝植株的地下生物量/地上生物量[7]。

（6）根系长度　收集完植株地上部分后，将盆内土倒入网袋收集地下部分，轻轻清洗根部，测定植株主根长度。

1.4 统计方法

参考高吉寅等[8]抗旱性等级评价赋分法，评价时，根据每份苜蓿种质材料各个抗旱形态指标变化率的大小进行赋分，赋分标准为把每一个标准的最大变化率与最小变化率之间的差值均分为 10 个等级，每一等级为 1 分。在各种指标中均以伤害最轻的得分最高，即 10 分；伤害最重的得分最低，即 1 分。以此类推，最后把各个指标的得分进行相加，得出各种质材料抗旱性强弱的总分。值越大，抗旱性就越强。根据各苜蓿种质材料的抗旱性总得分进行抗旱性强弱的排序。

用统计分析软件 SAS 处理数据，进行方差分析，采用 Excel 进行平均值计算及作图。

2 结果与分析

2.1 干旱胁迫对苜蓿幼苗存活率的影响

干旱胁迫下，苜蓿幼苗的存活率显著低于对照，其中下降幅度较大的是材料 M16 和 M17，下降幅度较小的是 M6，M8，M12（表 1），19 份苜蓿种质材料受干旱胁迫处理后的存活率在 46.7%～83.3%，存活率在 80%及以上的种质材料有 4 份，分别是 M6（83.3%）、M8（83.3%）、M12（83.3%）、M7（80.0%），存活率在 60%～80%的种质材料有 6 份，对照中苜 1 号的存活率为 66.7%，高于对照存活率的种质材料有 7 份，存活率最低的种质材料 M16 和 M17，仅有 46.7%，方差分析表明，存活率最高的材料与最低的材料呈显著性差异（$P<0.05$）。

表 1　干旱处理对苜蓿存活率的影响

材料编号	存活率（%）			得分（分）	材料编号	存活率（%）			得分（分）
	对照	处理	变化率			对照	处理	变化率	
M1	100.0a	53.3cde	46.7	2	M10	100.0a	70.0abc	30.0	7
M2	100.0a	53.3cde	46.7	2	810	100.0a	53.3cde	46.7	2
M3	100.0a	60.0bcde	40.0	4	M11	100.0a	73.3ab	26.7	8
M4	100.0a	50.0de	50.0	1	M12	100.0a	83.3a	16.7	10
M5	100.0a	56.7bcde	43.3	3	M13	100.0a	60.0bcde	40.0	4
中苜 1 号	100.0a	66.7abcd	33.3	6	M14	100.0a	53.3cde	46.7	2
M6	100.0a	83.3a	16.7	10	M15	100.0a	56.7bcde	43.3	3
M7	100.0a	80.0a	20.0	10	M16	100.0a	46.7e	53.3	1
M8	100.0a	83.3a	16.7	10	M17	100.0a	46.7e	53.3	1
M9	100.0a	70.0abc	30.0	7					

注：同列不同小写字母表示材料间差异显著（$P<0.05$）。

2.2　干旱胁迫对苜蓿幼苗株高的影响

19 份苜蓿种质材料的幼苗在干旱处理下明显受到抑制（表 2），下降幅度最大是材料 M17，变化率高达 56.8%，说明其材料受到干旱胁迫最严重，而材料 M4 下降幅度最小，变化率为 18.7%，M4 在干旱处理下得分为 10 分。方差分析表明，在干旱胁迫下株高最高的材料与最低材料呈显著性差异，不同材料之间表现出显著的差异性（$P<0.05$）。

表 2　干旱处理对苜蓿幼苗株高的影响

材料编号	株高				材料编号	株高			
	对照（cm）	处理（cm）	变化率（%）	得分（分）		对照（cm）	处理（cm）	变化率（%）	得分（分）
M1	8.1	4.6d	43.5	4	M10	13.5	10.3ab	23.9	9
M2	7.6	4.5d	40.7	5	810	16.4	10.6ab	35.4	6
M3	6.4	4.2d	33.9	7	M11	16.3	10.1ab	37.6	6
M4	4.7	3.8d	18.7	10	M12	15.1	11.3a	25.6	9
M5	16.2	9.7abc	40.2	5	M13	19.1	10.1ab	47.0	3
中苜 1 号	17.1	11.0a	35.6	6	M14	17.4	12.2a	29.7	8
M6	14.7	10.9ab	26.2	9	M15	17.3	11.8a	32.0	7
M7	15.8	10.8ab	31.5	7	M16	16.0	8.2bc	48.5	3
M8	17.2	11.0a	36.1	6	M17	17.3	7.5c	56.8	1
M9	16.0	10.1ab	37.2	6					

注：同列不同小写字母表示材料间差异显著（$P<0.05$）。

2.3 干旱胁迫对苜蓿幼苗根冠生物量的影响

干旱处理不同程度降低了苜蓿幼苗根系和地上部的干重，增大了根冠比（表3）。干旱胁迫下，地上生物量下降幅度最大的是材料M1，变化率高达57.99%，材料M10的下降幅度最小，变化率为39.73%；地下生物量下降幅度最大的是材料M16，变化率为55.40%，而下降幅度最小的是材料M7，变化率仅有15.83%；根冠比在干旱胁迫下呈增加趋势，变化率最高的是材料M1，高达61.74%，变化率最低的是材料M14，变化率为1.78%，干旱胁迫下生物量的降低，以及根冠比的增加，是苜蓿适应干旱的表现。

表3 干旱处理对苜蓿根冠生物量的影响

材料编号	地上生物量			地下生物量			根冠比		
	对照（g）	处理（g）	变化率（%）	对照（g）	处理（g）	变化率（%）	对照	处理	变化率（%）
M1	0.56±0.06	0.24±0.04	57.99	0.26±0.05	0.18±0.03	32.05	0.46	0.75	61.74
M2	0.52±0.03	0.30±0.01	42.58	0.25±0.04	0.20±0.06	19.74	0.49	0.69	39.78
M3	0.44±0.15	0.26±0.06	40.60	0.17±0.05	0.14±0.05	19.61	0.38	0.52	35.34
M4	0.37±0.03	0.22±0.06	40.91	0.16±0.03	0.13±0.04	18.75	0.44	0.60	37.50
M5	1.17±0.02	0.52±0.03	55.43	0.48±0.10	0.26±0.06	45.52	0.41	0.51	22.24
中苜1号	1.23±0.09	0.65±0.09	47.03	0.77±0.08	0.37±0.06	51.95	0.57	0.62	8.77
M6	1.17±0.11	0.58±0.09	50.71	0.45±0.10	0.26±0.02	42.54	0.38	0.45	16.59
M7	1.12±0.06	0.63±0.07	43.58	0.40±0.10	0.34±0.04	15.83	0.36	0.53	49.18
M8	1.16±0.15	0.56±0.12	51.86	0.38±0.08	0.28±0.06	27.19	0.33	0.49	51.25
M9	1.15±0.22	0.55±0.05	51.74	0.38±0.01	0.27±0.02	29.57	0.33	0.49	45.96
M10	0.99±0.41	0.60±0.02	39.73	0.42±0.23	0.30±0.03	28.35	0.43	0.51	18.89
810	1.11±0.08	0.60±0.15	46.25	0.46±0.12	0.27±0.03	41.01	0.42	0.46	9.75
M11	1.11±0.07	0.59±0.02	46.39	0.54±0.09	0.33±0.03	39.51	0.49	0.55	12.83
M12	0.84±0.30	0.41±0.22	51.59	0.33±0.13	0.23±0.03	29.59	0.39	0.57	45.43
M13	1.37±0.14	0.60±0.13	56.34	0.48±0.14	0.29±0.08	40.28	0.35	0.48	36.79
M14	1.29±0.05	0.77±0.09	40.31	0.62±0.05	0.38±0.10	39.25	0.48	0.49	1.78
M15	1.23±0.12	0.63±0.09	48.65	0.57±0.03	0.26±0.02	53.80	0.42	0.46	9.52
M16	1.01±0.10	0.45±0.03	55.12	0.46±0.02	0.21±0.05	55.40	0.39	0.52	33.33
M17	0.81±0.09	0.40±0.03	50.82	0.32±0.03	0.18±0.05	43.16	0.39	0.45	15.58

2.4 干旱胁迫对苜蓿幼苗根系长度的影响

干旱处理下苜蓿幼苗的主根长度显著高于对照（$P<0.05$），干旱处理下根长最长的是中苜1号，为15.9cm，最短的是材料M4，为8.1cm，不同苜蓿种质材料增长幅度不同，其中增长幅度最大的是材料M11，变化率高达60.9%，增长幅度最小的是材料M1，变化率为3.4%（表4）。方差分析显示，干旱处理下部分材料呈现出显著性差异（$P<0.05$）。

表 4　干旱处理对苜蓿根系长度的影响

材料编号	根系长度				材料编号	根系长度			
	对照（cm）	处理（cm）	变化率（%）	得分（分）		对照（cm）	处理（cm）	变化率（%）	得分（分）
M1	9.8±1.2	10.1bcd	3.4	1	M10	8.1±2.6	10.5bcd	29.2	5
M2	9.1±1.7	10.7abcd	16.8	3	810	8.6±1.0	12.9ab	49.4	8
M3	6.7±0.3	8.9cd	32.7	6	M11	8.3±1.4	13.3ab	60.9	10
M4	7.0±0.2	8.1d	16.2	3	M12	8.3±1.3	9.0cd	8.0	1
M5	9.9±2.0	10.3bcd	4.0	1	M13	10.3±1.0	10.9abcd	5.8	1
中苜 1 号	13.9±1.2	15.9a	14.6	2	M14	11.9±2.5	13.9a	17.1	3
M6	9.8±1.4	10.9abcd	11.9	2	M15	9.3±0.8	11.3abcd	21.6	4
M7	7.9±0.7	12.1abc	53.6	9	M16	8.6±1.5	11.9abc	38.2	7
M8	7.6±0.6	12.2abc	60.3	10	M17	8.8±1.2	10.9abcd	23.9	4
M9	7.6±0.5	11.2abcd	48.5	8					

注：同列不同小写字母表示材料间差异显著（$P<0.05$）。

2.5　苜蓿种质材料抗旱性综合评价

对干旱胁迫下 19 份苜蓿种质材料的存活率、株高、地上生物量、地下生物量、根冠比、根系长度这 6 项形态指标的变化率，采用等级评价赋分法，进行苗期抗旱性综合评价，评价时，根据每份苜蓿种质材料各个抗旱形态指标变化率的大小进行赋分，赋分标准为把每一个标准的最大变化率与最小变化率之间的差值均分为 10 个等级，每一等级为 1 分。在各种指标中均以伤害最轻的得分最高，即 10 分；伤害最重的得分最低，即 1 分。以此类推，最后把各个指标的得分进行相加，得出各种质材料抗旱性强弱的总分。得分最高的是材料 M7，说明其抗旱性最强，其次是 M8，得分最低的是 M17，仅得 17 分，抗旱性最弱（表 5），根据综合评价结果，19 份苜蓿种质材料抗旱强弱顺序为：M7＞M8＞M3＞M10＞M9＞M4＝M12＞M11＞M2＞M6＞810＞M14＞M1＝中苜 1 号＞M15＞M16＞M13＞M5＞M17。通过排序，将得分在 40 分（含 40 分）以上的划分为强抗旱性种质材料（Ⅰ），包括 M7、M8、M3、M10、M9；得分在30～40 分的为抗旱性中等材料（Ⅱ），包括 M4、M12、M11、M2、M6；得分在 20～30 分（含 20 分）的为抗旱性差的材料（Ⅲ），包括 810、M14、M1、中苜 1 号、M15、M16；得分在 20 分以下的材料为抗旱性最差材料（Ⅳ），包括 M13、M5、M17。

表 5　19 份苜蓿种质材料苗期抗旱性综合评价

材料编号	单一指标抗旱性得分						总得分	排序	抗旱分级
	存活率	株高	地上生物量	地下生物量	根冠比	根系长度			
M1	2	4	1	6	10	1	24	13	Ⅲ
M2	2	5	9	10	7	3	36	9	Ⅱ
M3	4	7	9	10	6	6	42	3	Ⅰ
M4	1	10	9	10	6	3	39	6	Ⅱ
M5	3	5	2	3	4	1	18	18	Ⅳ
中苜 1 号	6	6	7	1	2	2	24	13	Ⅲ
M6	10	9	4	4	3	2	32	10	Ⅱ
M7	10	7	8	10	8	9	52	1	Ⅰ

（续）

材料编号	单一指标抗旱性得分						总得分	排序	抗旱分级
	存活率	株高	地上生物量	地下生物量	根冠比	根系长度			
M8	10	6	4	8	9	10	47	2	Ⅰ
M9	7	6	4	7	8	8	40	5	Ⅰ
M10	7	9	10	7	3	5	41	4	Ⅰ
810	2	6	7	4	2	8	29	11	Ⅲ
M11	8	6	7	5	2	10	38	8	Ⅱ
M12	10	9	4	7	8	1	39	6	Ⅱ
M13	4	3	1	4	6	1	19	17	Ⅳ
M14	2	8	9	5	1	3	28	12	Ⅲ
M15	3	7	6	1	2	4	23	15	Ⅲ
M16	1	3	2	1	6	7	20	16	Ⅲ
M17	1	1	4	4	3	4	17	19	Ⅳ

3 结论与讨论

与正常浇水处理相比，19份苜蓿种质材料在干旱胁迫下的株高、地上生物量、地下生物量、根冠比、根系长度受到明显的影响。除根冠比、根系长度呈现出增加趋势外，其他3个形态指标显著降低（$P<0.05$）。

供试19份苜蓿种质材料在干旱胁迫下的存活率为46.7%～83.3%，存活率在80%以上的种质材料有4份，存活率在60%～80%的种质材料有6份，对照中苜1号的存活率为66.7%，高于对照存活率的种质材料有7份。

对干旱胁迫下19份苜蓿种质材料的存活率、株高、地上生物量、地下生物量、根冠比、根系长度这6项形态指标的变化率，采用分级赋分的办法，进行苗期抗旱性综合评价，根据综合评价结果，19份苜蓿种质材料抗旱强弱顺序为：M7＞M8＞M3＞M10＞M9＞M4＝M12＞M11＞M2＞M6＞810＞M14＞M1＝中苜1号＞M15＞M16＞M13＞M5＞M17。通过排序，将得分在40分（含40分）以上的划分为强抗旱性种质材料（Ⅰ），包括M7、M8、M3、M10、M9；得分在30～40分的为抗旱性中等材料（Ⅱ），包括M4、M12、M11、M2、M6；得分在20～30分（含20分）的为抗旱性差的材料（Ⅲ），包括810、M14、M1、中苜1号、M15、M16；得分在20分以下的材料为抗旱性最差材料（Ⅳ），包括M13、M5、M17。

参 考 文 献

[1] 高峰，许建中．我国农业水资源状况与水价理论分析［J］．灌溉排水学报，2003，22（6）：27-32.
[2] 贾永莹．世界干旱地区概貌［J］．干旱地区农业研究，1995，13（1）：121-126.
[3] 罗志成．北方旱地农业研究的进展与思考［J］．干旱地区农业研究，1994，12（1）：4-13.
[4] 李世雄，王彦荣，孙建华．中国苜蓿品种种子产量性状的遗传多样性［J］．草业学报，2003，12（1）：23-29.
[5] 康俊梅，樊奋成，杨青川．41份紫花苜蓿抗旱鉴定试验研究［J］．草地学报，2004，12（1）：21-23.
[6] 倪郁，李唯．作物抗旱机制及其指标的研究进展与现状［J］．甘肃农业大学学报，2001，36（1）：14-22.
[7] 徐炳成，山仑．苜蓿和沙打旺苗期需水及其根冠比［J］．草地学报，2003，11（1）：78-82.
[8] 高吉寅．国外抗旱性筛选方法的研究［J］．国外农业科技，1983（7）：12-15.

21份紫花苜蓿苗期抗旱性鉴定指标筛选及综合评价

高洪文　王　赞　王学敏

（中国农业科学院北京畜牧兽医研究所）

摘要： 以21份紫花苜蓿种质材料为研究材料，通过室内盆栽试验，在苗期反复干旱胁迫下，测定了与抗旱性有关的8项形态指标，通过主成分分析法筛选出了叶片长度、叶片宽度、根冠比胁迫指数、地下生物量胁迫指数、干物质含量胁迫指数5个与存活率密切相关的指标作为紫花苜蓿苗期抗旱性鉴定的指标，并运用隶属函数法对21份紫花苜蓿种质材料进行综合评价，确定了苗期抗旱性较强的种质材料为ZXY04P-44、ZXY04P-10、ZXY04P-32。

20世纪80年代后期以来，我国旱灾损失呈不断严重发展趋势。严重的旱灾不仅对农业生产影响大，而且直接影响社会经济发展，恶化人们生存条件。所以治理干旱尤其是从根本上治理干旱风沙区沙化土地的灾害尤其重要。这就要求植物育种工作者不断选育出抗旱性强的植物，从根本上固定沙化土地，有效治理土地干旱问题。

紫花苜蓿（*Medicago sativa* L.）是世界也是我国种植面积最大的豆科牧草[1]。我国紫花苜蓿栽培主要在北方广大地区。干旱是限制紫花苜蓿生产的主要因素，为了解决这一问题，除了继续提高水资源的利用效率外，旱区苜蓿产业化所面临的首要任务就是发掘抗旱种质材料和选育抗旱品种[2,3]。

植物在逆境来临时往往会表现一些形态上的直观反应，以使个体能存活下去。所谓抗旱形态指标就是干旱胁迫对作物形态指标的改变程度或者一定的植株生长状况、形态学特征对干旱的抵抗能力[4]。苜蓿抗旱育种中，形态学指标和标记采用最多最早，并且至今仍占重要地位，是广大育种者在长期育种过程中积累的宝贵经验，具有简单、实用性强的特点。而且许多学者认为，植株的根、茎、叶等形态器官都可用来估测品种的抗旱能力[5,6]。由于抗旱性是多种因素综合作用的结果，不同苜蓿种质材料在形态结构等诸多方面形成的抗旱机制和对干旱胁迫的反应不同，因此，探讨紫花苜蓿抗旱指标，分析比较不同种质资源的抗旱性强弱是十分必要的。

本研究以国外引进的21份野生紫花苜蓿种质材料为试验材料，采用盆栽反复干旱法，于苗期测定多项形态指标，应用多指标进行抗旱性的综合间接评价；以存活率直接评价为依据，对上述间接评价的结果进行判别分析，从而验证试验中通过主成分分析法筛选出来并被采用的指标及其方法的准确性和可靠性。同时对供试21份紫花苜蓿种质材料做出科学的、系统的抗旱评价，为筛选出简单高效的抗旱指标提供依据，也为抗旱新品种的选育提供基础。

1　材料与方法

1.1　试验材料

试验材料为自国外引进的21份野生紫花苜蓿种质材料（表1）。

表1　试验材料及来源

序号	编号	来源	序号	编号	来源
1	ZXY04P-10	阿根廷	3	ZXY04P-44	阿根廷
2	ZXY04P-32	阿根廷	4	ZXY04P-63	埃及

（续）

序号	编号	来源	序号	编号	来源
5	ZXY04P - 81	埃及	14	ZXY04P - 475	坦桑尼亚
6	ZXY04P - 91	埃及	15	ZXY04P - 512	土库曼斯坦
7	ZXY04P - 230	乌兹别克斯坦	16	ZXY04P - 517	土库曼斯坦
8	ZXY04P - 310	利比亚	17	ZXY04P - 532	叙利亚
9	ZXY04P - 330	利比亚	18	ZXY04P - 556	叙利亚
10	ZXY04P - 424	苏丹	19	ZXY05P - 603	西班牙
11	ZXY04P - 433	苏丹	20	ZXY05P - 857	西班牙
12	ZXY04P - 450	坦桑尼亚	21	ZXY05P - 1369	西班牙
13	ZXY04P - 467	坦桑尼亚			

1.2 试验方法

试验于 2007 年 3—5 月进行，采用温室盆栽反复干旱法，选用无孔塑料花盆（高 12.5cm，底径 12.0cm，口径 15.5cm），取试验田表层土，混合均匀，等量放入每盆中。每盆播种 30 粒，出苗期间，定期定量供水，浇水量为田间持水量 75%～80%（田间持水量为 25.17%）。苗齐后间苗，每盆留长势均匀的健苗 10 株。从出苗 3 周开始进行干旱胁迫试验，干旱处理当天浇足水，每份材料随机分成两组，一组为对照正常浇水，另一组为反复干旱处理，10d 浇水 1 次，而后再次干旱胁迫，每组 3 次重复。连续胁迫 3 个周期（浇水的次数为 2 次，即分别在胁迫处理的第 10d 和第 20d 浇水），第 30d 进行各项指标的测定。

1.3 测定内容

（1）植株高度　测定植株的绝对高度（cm），5 次重复（下同）。

（2）叶片长度　测定紫花苜蓿三小叶中间叶片（功能叶）的长度（cm）。

（3）叶片宽度　测定紫花苜蓿三小叶中间叶片（功能叶）的最宽处（cm）。

（4）地上生物量　收集每盆植株的地上部分，洗净，放入纸袋，80℃恒温下烘至恒重后称重（g）。

（5）胁迫指数　包括干物质含量胁迫指数，根含水量胁迫指数，根冠比胁迫指数，地下生物量胁迫指数。胁迫指数=胁迫植株的测量值/对照植株测量值。

（6）存活率　试验结束时记录干旱胁迫处理的每盆植株的存活苗数，计算成活率（%）。

1.4 统计分析

利用 SPSS 13.0 软件进行方差分析、主成分分析，采用隶属函数对 21 份紫花苜蓿种质材料的抗旱性进行评价。

隶属函数的计算公式：

$$R(X_i) = (X_i - X_{min})/(X_{max} - X_{min})$$

反隶属函数的计算公式：

$$R(X_i) = 1 - (X_i - X_{min})/(X_{max} - X_{min})$$

式中：X_i——指标测定值；

X_{min}——所有参试材料某一指标的最小值；

X_{max}——所有参试材料某一指标的最大值。

2 结果与分析

2.1 供试紫花苜蓿种质材料抗旱性的直接评价

反复干旱后的存活率可以反映水分胁迫后植物的生存能力[7]。本研究利用盆栽反复干旱后的存活率作为各种实际抗旱性的评价依据。由表2可知，不同紫花苜蓿对干旱胁迫存在极显著差异（$P<0.01$），表现出不同的抗旱性。根据存活率可分为不同的抗旱等级，其中存活率大于80%的为抗旱性较强的种质材料，包括ZXY04P-44、ZXY04P-10、ZXY04P-32、ZXY04P-475；存活率小于40%为抗旱性较弱的种质材料，包括ZXY04P-330、ZXY04P-532、ZXY05P-857、ZXY04P-310；其余为中间型。

表2 干旱胁迫下紫花苜蓿的存活率及其隶属函数平均值和各指标的隶属函数值

编号	R (0)	S (0)	R (1)	R (2)	R (3)	R (4)	R (5)	S (1)
ZXY04P-10	93.33%	0.95	0.81	0.83	1.00	0.74	0.74	0.88
ZXY04P-32	90.00%	0.91	0.73	1.00	0.89	0.48	0.48	0.80
ZXY04P-44	96.67%	1.00	1.00	0.77	0.93	1.00	1.00	0.94
ZXY04P-63	46.67%	0.37	0.25	0.15	0.05	0.45	0.45	0.27
ZXY04P-81	50.00%	0.41	0.38	0.28	0.34	0.20	0.20	0.31
ZXY04P-91	50.00%	0.41	0.40	0.28	0.40	0.22	0.22	0.34
ZXY04P-230	73.33%	0.70	0.62	0.46	0.64	0.46	0.46	0.56
ZXY04P-310	16.67%	0.00	0.20	0.19	0.49	0.00	0.00	0.14
ZXY04P-330	36.67%	0.25	0.26	0.26	0.52	0.21	0.21	0.28
ZXY04P-424	53.33%	0.45	0.67	0.39	0.25	0.31	0.31	0.41
ZXY04P-433	56.67%	0.50	0.11	0.05	0.58	0.64	0.57	0.39
ZXY04P-450	53.33%	0.45	0.37	0.34	0.53	0.40	0.41	0.41
ZXY04P-467	53.33%	0.45	0.56	0.49	0.40	0.15	0.15	0.35
ZXY04P-475	86.67%	0.87	0.73	0.50	0.71	0.50	0.50	0.63
ZXY04P-512	60.00%	0.54	0.20	0.18	0.49	0.69	0.69	0.45
ZXY04P-517	63.33%	0.58	0.53	0.21	0.50	0.88	0.88	0.60
ZXY04P-532	23.33%	0.08	0.33	0.21	0.28	0.05	0.05	0.19
ZXY04P-556	50.00%	0.41	0.34	0.26	0.50	0.36	0.36	0.30
ZXY05P-603	56.67%	0.50	0.46	0.44	0.51	0.40	0.40	0.30
ZXY05P-857	20.00%	0.04	0.00	0.00	0.31	0.16	0.16	0.16
ZXY05P-1369	43.33%	0.33	0.45	0.45	0.00	0.21	0.21	0.30

注：表中R (0) 表示存活率，S (0)、R (1)、R (2)、R (3)、R (4)、R (5) 分别表示存活率、叶片长度、叶片宽度、干物质含量胁迫指数、根冠比胁迫指数、地下生物量胁迫指数的隶属函数值，S (1) 代表隶属函数平均值。

2.2 以多个形态性状为抗旱指标的间接综合评价

2.2.1 方差分析

方差分析结果表明（表3），21份紫花苜蓿种质材料的8个指标中，试验材料间除根含水量胁迫指数差异显著（$P<0.05$）外，其他差异均达到极显著（$P<0.01$），重复间差异均不显著，选取8个指标用于进行主成分分析。

表3　干旱胁迫条件下21份种质材料的8个指标方差分析

指　标	材料间	重复间
存活率	8.663**	0.315ns
叶片长度	3.550**	1.014ns
叶片宽度	3.020**	0.435ns
植株高度	5.308**	0.700ns
地上生物量	16.047**	0.547ns
干物质含量胁迫指数	16.319**	0.215ns
根含水量胁迫指数	1.847*	1.742ns
根冠比胁迫指数	112.954**	0.176ns
地下生物量胁迫指数	10.166**	0.176ns

注：F检验，*表示差异显著（$P<0.05$），**表示差异极显著（$P<0.01$），ns表示重复间差异不显著。

2.2.2　主成分分析

主成分的特征值和贡献率是选择主成分的依据，将8个与抗旱性有关的形态指标转化为3个主成分。由表4看出，第一、第二、第三主成分的贡献率分别为62.815%、13.626%、9.09%，三者的累计贡献率达85.531%，基本代表了8个原始指标的绝大部分信息，因此可选取前3个主成分作为21份种质材料抗旱性评价综合指标。

由表4和表5看出，第一主成分特征值是5.025，贡献率为62.815%，对应较大的特征向量有根冠比胁迫指数、地下生物量胁迫指数。这两个特征向量都反映了根系因子，说明根系对植株抗旱性有较大影响。根系是植物吸收、转化和贮藏养分的器官，其生长发育状况直接影响地上部茎、叶的生长。

第二主成分特征值为1.09，贡献率为13.626%，载荷较高的性状有叶片长度和叶片宽度，但因其符号为负，说明叶片越短，叶片越窄越有利于抗旱。在干旱的条件下，植物适应环境变异最直接的、最敏感的器官就是叶，尤其是功能叶，它可作为植株感受干旱胁迫的检测部位[8]，而叶片长度和宽度可以初步更简单、直接地判断这21份紫花苜蓿种质材料的抗旱性。

第三主成分特征值为0.727，贡献率为9.09%，对应较大的特征向量是干物质含量胁迫指数。这个特征向量反映了苗期干物质的产量越大越有利于抗旱，在紫花苜蓿生产中干物质产量是其价值最终体现，其大小是抗旱与否的重要指标。

表4　主成分分析结果

主成分	特征值	贡献率（%）	累计贡献率（%）
1	5.025	62.815	62.815
2	1.09	13.626	76.441
3	0.727	9.09	85.531

表5　各因子载荷矩阵

抗旱指标	主成分		
	1	2	3
叶片长度	−0.058	−0.651	−0.314
叶片宽度	−0.188	−0.570	−0.089
植株高度	0.076	0.082	0.122
地上生物量	−0.014	−0.103	0.416

（续）

抗旱指标	主成分		
	1	2	3
干物质含量胁迫指数	−0.234	−0.267	0.742
根含水量胁迫指数	0.057	−0.011	0.229
根冠比胁迫指数	0.535	−0.114	−0.165
地下生物量胁迫指数	0.535	−0.114	−0.165

2.2.3 隶属函数分析

根据主成分分析，筛选出贡献率较大的特征向量：叶片长度、叶片宽度、干物质含量胁迫指数、根冠比胁迫指数、地下生物量胁迫指数 5 个指标进行隶属函数分析，对各种质材料 5 个指标的隶属函数值进行计算并求平均值，以评价其抗旱性强弱的顺序。其中叶片长度、叶片长度胁迫指数采用反隶属函数公式计算，其他用隶属函数公式计算。

根据隶属函数平均值的大小对 21 份种质材料抗旱性进行鉴定（表 2），并根据张海燕、杨守萍的研究结果划分抗旱级别，其中隶属函数平均值大于 0.8 的为抗旱性较强的种质材料包括 ZXY04P-44、ZXY04P-10、ZXY04P-32；隶属函数平均值小于 0.3 的为抗旱性较弱的种质材料包括 ZXY04P-63、ZXY04P-330、ZXY04P-532、ZXY05P-857、ZXY04P-310；其余为中间型。

2.3 紫花苜蓿种质材料抗旱性鉴定方法的判别分析及抗旱指标的筛选

利用存活率评价紫花苜蓿的抗旱性与形态指标综合评价的紫花苜蓿的抗旱性的相关系数 $r=0.949^{**}$（图 1），表示存活率评价紫花苜蓿的抗旱性与形态指标综合评价的紫花苜蓿的抗旱性高度相关，即可把筛选的形态指标和抗旱排序用于生产实践中。

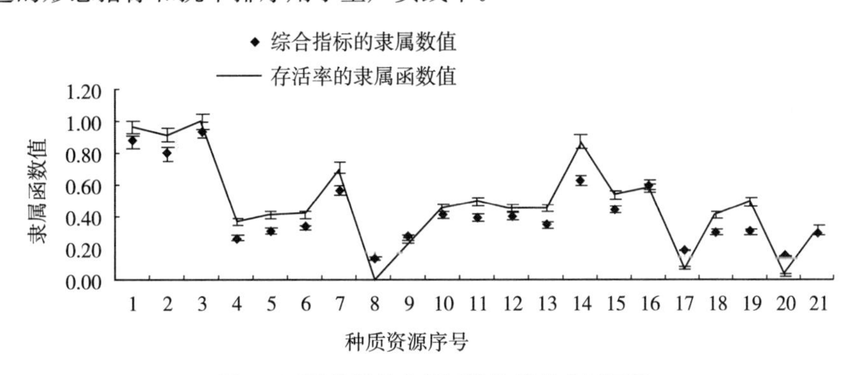

图 1 不同苜蓿的隶属函数均值的隶属函数

3 讨论

干旱胁迫直接影响苜蓿的存活率，只有能存活的苜蓿才能进行其他生理生化指标的测定，况且在干旱条件下存活的能力是抗旱鉴定最直接的指标，而且作物在干旱条件下，长势和形成产量的能力是鉴定抗旱性的最可靠指标，存活率是长势的直接体现，能反映一定的抗旱性。而苗期作为牧草植株生长发育的开始阶段，对干旱胁迫较为敏感，此时干旱不仅威胁牧草幼苗的生存，且对其后期的生长、生物量形成以及越冬等都有一定影响。苗期反复干旱幼苗存活率统计的是整体考察对象。调查每次干旱胁迫复水后幼苗存活数，比较简单、直观、可靠。本试验中，通过以存活率为指标直接评定出紫花苜蓿抗旱顺序与以多个抗旱性为指标综合评定出紫花苜蓿抗旱顺序的相关系数为 0.949，达到判别吻合度的极显著水平，这表明在多个抗旱性状为指标综合评定中通过主成分分析法筛选出的叶片长度、叶片宽度、干物质含量胁迫指数、根冠比胁迫指数、地下生物量胁迫指数可作为紫花苜蓿抗旱鉴定的综合评价指标。这些指标代表性高、可操作性强，有一定区分能力又互相独立，且与生产实践结合较为一致，可在紫花苜蓿品种抗旱性鉴定上推广应用。

21份紫花苜蓿种质材料抗旱性鉴定结果表明，形态指标综合评价的紫花苜蓿的抗旱级别中，抗旱性较强的材料为ZXY04P-44、ZXY04P-10、ZXY04P-32，这与存活率评价紫花苜蓿的抗旱级别中抗旱型完全一致；利用形态指标综合评价的紫花苜蓿的抗旱级别中抗旱性较弱的材料为ZXY04P-63、ZXY04P-330、ZXY04P-532、ZXY05P-857、ZXY04P-310；其他为中间型。比较两种方法的综合排序结果可以看出，两种评价结果高度相关，具有很好的一致性（图1），所以利用形态指标综合评价的紫花苜蓿的抗旱性还是可靠、易行的。

抗旱性是由多种因素（性状）相互作用而构成的一个较为复杂的综合性状，其中每个因素与抗旱性本质之间存在着一定联系，众多学者做了大量的有关指标的研究。本研究与前人研究不同，主要是探索采用简单直接的形态指标的隶属函数平均值来评价抗旱性，这样有利于在苜蓿生育前期筛选具有优良性状的品种，而且在一些试验条件差的地区可通过形态特征考察出来，选育具有优良农业性状的抗旱品种。当然，如果要全面、系统准确评价紫花苜蓿的抗旱性，最好还是采用存活率、形态指标、生理生化等指标综合评价。总之，在实践中要根据选育目的而选择不同的科学评价方法。

参考文献

[1] 罗志成．北方旱地农业研究的进展与思考[J]. 干旱地区农业研究，1994，12(1)：4-13.
[2] 康俊梅，樊奋成，杨青川．41份紫花苜蓿抗旱鉴定试验研究[J]. 草地学报，2004，12(1)：21-23.
[3] 陶玲，任君．牧草抗旱性综合评价的研究[J]. 甘肃农业大学学报，1999，34(1)：23-28.
[4] 吴慎杰．大豆抗旱育种生理和形态选择指标的应用研究[D]. 太谷：山西农业大学，2003.
[5] 耿华珠．中国苜蓿[M]. 北京：中国农业出版社，1995.
[6] 程伟燕，张卫国，哈斯其木格．特莱克紫花苜蓿的形态解剖学观察[J]. 内蒙古民族大学学报，2003(6)：251-254.
[7] 赵相勇．高羊茅不同品种苗期抗旱性研究[D]. 贵州：贵州大学，2006.
[8] 韩德梁，王彦荣．紫花苜蓿对干旱胁迫适应性的研究进展[J]. 草业学报，2005，12(6)：7-13.

18份紫花苜蓿苗期抗旱性综合评价

张鹤山　刘　洋　田　宏　蔡　化　王　凤

（湖北省农业科学院畜牧兽医研究所）

摘要：以国外引进的18份紫花苜蓿品种为对象，作者在温室内利用反复干旱法开展了苗期抗旱性研究；通过对株高、存活率、根长和总生物量指标的测定和分析，对各品种的抗旱性进行了综合评价。结果表明，干旱胁迫处理均显著抑制了苜蓿品种根系和植株的生长，降低了苜蓿总生物产量。苜蓿各品种间抗旱性有所差异，可将所有品种划分为3个抗旱等级，得分在30分以上的品种有5个，属于抗旱性较强品种；得分在20分以下的有5个品种，其抗旱性较差；其余的品种得分都在20～30分，抗旱性中等。

关键词：紫花苜蓿；抗旱性；综合评价

据统计，世界上1/3的可耕地处于干旱或半干旱状态，其他耕地也因常受到周期性或难以预期的干旱而降低产量。我国是世界上最干旱的国家之一，干旱半干旱土地面积占国土面积的52.5%[1]。

干旱是造成草地牧草产量下降、畜牧业生产经济损失最主要的自然灾害之一，特别是牧草苗期对水分缺乏较为敏感，此时如遇到干旱胁迫不仅威胁幼苗的生存，且对后期产量、越冬都有一定的影响[2,3]。

紫花苜蓿（*Medicago sativa* L.，以下简称苜蓿）因具有叶量大、叶茎比高、粗蛋白质含量高、品质好、抗性强等优点，已是一种全球性栽培、适应性广泛、营养价值高、适口性优良的饲料作物[4]。随着我国农业产业结构调整、生态环境建设以及养殖业的快速发展，苜蓿逐渐被确立为我国北方首选的高蛋白质饲草品种，对农民增加收入和生态环境建设发挥着至关重要的作用[1,5]。干旱是影响苜蓿生产的主要因素，为了解决这一问题，除了继续提高水分的利用效率外，发掘抗旱种质材料来选育新品种或筛选抗旱品种进行推广种植是一个有效的方法。

牧草的抗旱性是指在干旱胁迫下，牧草生存及形成产量的能力。抗旱性鉴定是按其品种（或品系）的抗旱能力大小进行筛选、评价和归类的过程[6]。研究表明，不同品种的牧草对干旱或水分胁迫会表现出不同的抗性。运用科学、合理的抗旱性鉴定指标就可以确定其干旱适应能力的大小。本研究以国外引进的 18 个苜蓿品种为对象，采用盆栽反复干旱法，于苗期测定存活率、株高、根长及总生物量等指标，对所有品种进行抗旱性综合评价，筛选出适宜于干旱地区栽培的抗旱品种，为苜蓿在干旱地区的推广利用提供科学依据。

1　材料与方法

1.1　试验材料

供试材料为引进的 18 个苜蓿品种，来源单位是中国农业科学院北京畜牧兽医研究所（表 1）。

表 1　试验材料及来源

品种编号	品种名称	品种拉丁学名	原产地
M1	ST04081	*Medicago sativa* ‘ST04081’	美国
M2	爱菲尼特+Z	*Medicago sativa* ‘Afeinet+Z’	美国
M3	Rampage	*Medicago sativa* ‘Rampage’	美国
M4	名流	*Medicago sativa* ‘Daisy’	丹麦
M5	丰宝	*Medicago sativa* ‘Powerplant’	美国
M6	威拉	*Medicago sativa* ‘Vela’	丹麦
M7	改革者	*Medicago sativa* ‘Innovator’	美国
M8	牧歌 702	*Medicago sativa* ‘Amerigraze 702’	美国
M9	改革者	*Medicago sativa* ‘Innovator’	美国
M10	萨兰多	*Medicago sativa* ‘Salado’	美国
M11	游客	*Medicago sativa* ‘Eureka’	澳大利亚
M12	KF04082	*Medicago sativa* ‘KF04082’	美国
M13	盛世	*Medicago sativa* ‘Millennium’	美国
M14	WL442	*Medicago sativa* ‘WL442’	美国
M15	WL414	*Medicago sativa* ‘WL414’	美国
M16	赛特	*Medicago sativa* ‘Site’	荷兰
M17	三得利	*Medicago sativa* ‘Sandti’	法国
M18	维克多	*Medicago sativa* ‘Victor’	加拿大

1.2 试验方法

试验采用反复干旱法。选用大田土壤，过筛，去掉石块、杂物，用无孔塑料花盆（高12.5cm，底径12cm，口径15.5cm），每盆装土1.5kg（风干土），种子均匀撒播于盆中，轻轻用土覆盖，然后浇透水。出苗后间苗，2～3个真叶时定苗，每盆选留长势均匀的苗10株。待幼苗长至4～5个真叶时进行干旱处理，分干旱和对照两组，重复3次。对照处理保持正常水分供应，干旱处理幼苗每隔10d浇水1次，连续胁迫3个周期（浇水的次数为2次，即在处理后第10d、第20d浇水），第30d测定各项指标。

1.3 测定内容

1.3.1 存活率

记录干旱处理每盆植株的存活株数，依据幼苗枯黄程度来判断植株成活与死亡数。以下为存活率计算公式。

$$存活率=\frac{干旱处理后存活苗数}{原幼苗存活数}\times 100\%$$

1.3.2 株高

用直尺测定每株幼苗的垂直高度，以3盆幼苗株高的平均值作为株高。

1.3.3 根长

将植株根系用水洗干净，用直尺测量每株幼苗主根的长度，以10株幼苗主根长度的平均值作为根长。

1.3.4 总生物量

包括地上生物量和地下生物量。将整个植株用水冲洗干净，用滤纸吸干表面水分，用烘箱在65～70℃下烘干，以10株测定值的平均值作为总生物量。

1.3.5 苗期抗旱性综合评价方法

综合评价方法采用打分法，根据材料各个指标变化率的大小进行打分，打分的标准是把每一指标的最大变化率和最小变化率之差值均分为10个级别，每级分别赋予不同的得分，即1分、2分……10分。在各指标中均以受害最轻的材料得分最高，即10分，受害最重的材料得分最低，即1分。根据各材料苗期的抗旱性总分可得到试验材料的抗旱性强弱排序。

$$变化率=\frac{对照测定值-处理测定值}{对照测定值}\times 100\%$$

2 结果与分析

2.1 干旱胁迫对存活率和株高的影响

反复干旱后的存活率可以反映水分胁迫后植物的生存能力。试验结果表明（表2），干旱胁迫显著降低了各品种植株存活率，差异达到极显著水平（$P<0.01$）。从存活率变化幅度来看，变化幅度最大的是品种M4，为50.5%，其次是品种M6，为43.9%；变幅较小的品种有M10、M12和M14，均在10%左右，其中M12的变幅仅为9.2%。方差分析表明，在变化率指标上各品种间差异达极显著水平（$P<0.01$），说明存活率是评价各品种抗旱性差异的良好指标。从评价得分上看，品种M10、M12和M14得分最高，为10分，品种M4得分最低，仅1分，也说明了它们的抗旱性差异。

苜蓿株高在处理前后的变化见表2。相比对照，干旱胁迫显著地抑制了苜蓿各品种地上部分的生长，方差分析处理与对照间差异达极显著水平（$P<0.01$）。其变化率各品种间差异也达显著水平（$P<0.05$），表明不同品种对干旱胁迫的耐受力和反应有所不同。根据评价得分情况，品种M13和M17得分最高，均为10分，得分最低的为品种M3。

表 2 干旱胁迫下各品种存活率及株高

编号	存活率				株高			
	CK（%）	处理（%）	变化率（%）	得分（分）	CK（cm）	处理（cm）	变化率（%）	得分（分）
M1	100	69.3	30.7	5	19.2	10.8	43.8	7
M2	100	66.4	33.6	5	20.1	9.8	51.2	2
M3	100	78.7	21.3	8	21.3	10.0	53.1	1
M4	100	49.5	50.5	1	17.7	8.6	51.4	2
M5	100	62.5	37.5	4	20.2	9.8	51.5	2
M6	100	56.1	43.9	2	18.5	10.9	41.1	8
M7	100	66.7	33.3	5	19.5	11.5	41.0	8
M8	100	71.3	28.7	6	22.9	11.9	48.0	4
M9	100	75.9	24.1	7	21.2	10.9	48.6	4
M10	100	88.1	11.9	10	25.0	14.0	44.0	6
M11	100	73.8	26.2	6	16.6	9.7	41.6	8
M12	100	90.8	9.2	10	21.1	12.5	40.8	8
M13	100	75.0	25	7	21.3	13.3	37.6	10
M14	100	89.7	10.3	10	22.6	12.2	46.0	5
M15	100	78.9	21.1	8	21.7	12.9	40.6	8
M16	100	87.3	12.7	10	18.5	10.2	44.9	6
M17	100	85.8	14.2	9	17.4	11.1	36.2	10
M18	100	78.9	21.1	8	18.5	10.7	42.2	7
差异性	100^{A}	74.7^{B}	**		20.2^{A}	11.2^{B}	*	

注：同行中不同字母表示某一指标内对照和处理差异达 0.01 水平，** 表示不同品种间差异达 0.01 水平，* 表示不同品种间差异达 0.05 水平。

2.2 干旱胁迫对根长和总生物量的影响

由表 3 可知，干旱胁迫严重抑制了苜蓿根系的生长，所有材料平均根长对照处理为 15.0cm，而干旱胁迫处理为 12.3cm，二者差异达极显著水平（$P<0.01$）；从变化率来看，品种间变化幅度较小，为 12.2%～27.6%，但各品种间具有显著差异性（$P<0.05$）；从评价得分上看，得分普遍较高，低于 5 分的品种只有 3 个。

植物总生物量是表示植物生长状况的重要指标，在逆境胁迫下，植物生长受到抑制，生物量下降。本试验结果表明（表 3），多数品种的变化率在 50%以上，其最小变化率也达到 40.9%，说明干旱胁迫严重抑制了苜蓿的生长。从另一方面来看，干旱处理下所有品种平均生物量为 0.182g，仅为对照的 38.8%，也表明干旱胁迫极大地抑制了苜蓿地上和地下部分的生长，且两者差异达极显著水平（$P<0.01$）。方差分析表明，各品种变化率间差异极显著（$P<0.01$），变化率最大的为品种 M4，达 71.7%；评价得分结果表明，得分高于 5 分的品种有 4 个，多数品种得分在 5 分以下，可见干旱胁迫显著降低了苜蓿生物产量。

表 3 干旱胁迫下各品种根长及单株总生物量干重

编号	根长				总生物量			
	CK（cm）	处理（cm）	变化率（%）	得分（分）	CK（g）	处理（g）	变化率（%）	得分（分）
M1	14.9	12.2	18.1	7	0.528	0.175	66.9	3
M2	14.8	12.1	18.2	7	0.481	0.171	64.4	3
M3	14.6	11.7	19.9	6	0.474	0.142	70.0	1
M4	13.4	9.7	27.6	1	0.368	0.104	71.7	1

（续）

编号	根长				总生物量			
	CK（cm）	处理（cm）	变化率（%）	得分（分）	CK（g）	处理（g）	变化率（%）	得分（分）
M5	13.6	11.1	18.4	7	0.475	0.145	69.5	2
M6	15.4	13.2	14.3	10	0.455	0.183	59.8	5
M7	15.4	13.5	12.3	10	0.396	0.167	57.8	5
M8	16.6	12.7	23.5	4	0.567	0.169	70.2	1
M9	17.7	14.4	18.6	7	0.518	0.180	65.3	3
M10	17.6	14.3	18.8	7	0.562	0.299	46.8	9
M11	15.6	13.7	12.2	10	0.396	0.216	45.5	9
M12	15.3	13.3	13.1	10	0.496	0.200	59.7	5
M13	14.0	12.2	12.9	10	0.460	0.259	43.7	10
M14	14.7	12.5	15.0	9	0.550	0.181	67.1	2
M15	14.4	11.5	20.1	6	0.575	0.214	62.8	4
M16	13.9	10.9	21.6	5	0.354	0.146	58.8	5
M17	13.4	11.6	13.4	10	0.281	0.166	40.9	10
M18	15.0	11.5	23.3	4	0.513	0.163	68.2	2
差异性	15.0^{A}	12.3^{B}	*		0.469^{A}	0.182^{B}	**	

注：同行中不同字母表示某一指标内对照和处理差异达 0.01 水平，** 表示不同品种间差异达 0.01 水平，* 表示不同品种间差异达 0.05 水平。

所有品种各指标抗旱性得分及综合得分情况见表 4。对各指标进行相关性分析表明，株高和根长及总生物量极显著性相关，相关系数分别为 0.606、0.742；且根长和总生物量也达极显著相关，相关系数为 0.636；表明这几个指标在苜蓿抗旱性评价上具有一致性。依据抗旱性综合评价得分可知，材料 M17、M13、M11、M12 和 M10 得分较高，均在 30 分以上，属于抗旱性较强的品种；材料 M2、M3、M5、M8 和 M4 得分在 20 分以下，抗旱性最差；其他材料得分都在 20～30 分，抗旱性中等。

表 4 抗旱性得分及综合得分

编号	品种名称	不同指标抗旱强弱得分（分）				总得分（分）
		存活率	株高	根长	总生物量	
M1	ST04081	5	7	7	3	22
M2	爱菲尼特+Z	5	2	7	3	17
M3	Rampage	8	1	6	1	16
M4	名流	1	2	1	1	5
M5	丰宝	4	2	7	2	15
M6	威拉	2	8	10	5	25
M7	改革者	5	8	10	5	28
M8	牧歌 702	6	4	4	1	15
M9	改革者	7	4	7	3	21
M10	萨兰多	10	6	7	9	32
M11	游客	6	8	10	9	33

（续）

编号	品种名称	不同指标抗旱强弱得分（分）				总得分（分）
		存活率	株高	根长	总生物量	
M12	KF04082	10	8	10	5	33
M13	盛世	7	10	10	10	37
M14	WL442	10	5	9	2	26
M15	WL414	8	8	6	4	26
M16	赛特	10	6	5	5	26
M17	三得利	9	10	10	10	39
M18	维克多	8	7	4	2	21

3　结论

（1）相比对照，干旱胁迫处理均显著抑制了苜蓿品种根系和植株的生长，降低了苜蓿总生物产量；在各指标中，各品种变化率间均存在显著性差异，是苜蓿抗旱性鉴定评价的适合指标。

（2）经综合性评价，各苜蓿品种抗旱性有所差异，可将所有品种划分为 3 个抗旱等级，得分在 30 分以上的品种有 5 个，属于抗旱性较强品种；得分在 20 分以下的有 5 个品种，其抗旱性较差；其余的品种得分都在 20～30 分，抗旱性中等。

参　考　文　献

[1] 胡跃高，韩建国，曾昭海．当前我国苜蓿产业形势与建设任务 [J]. 北京农业，2000（增刊）：2-5.
[2] 刘祖祺．植物抗逆生理学 [M]. 北京：中国农业出版社，1994.
[3] 易津，谷安琳，贾光宏，等．赖草属牧草幼苗耐旱性生理基础研究 [J]. 干旱区资源与环境，2001，15（5）：47-50.
[4] 耿华珠．中国苜蓿 [M]. 北京：中国农业出版社，1995.
[5] 干林清，何茂秦，王照兰，等．多叶型苜蓿材料的稳定性及其农艺性状 [J]. 中国草地，1998（3）：6-8.
[6] 程陶玲，任珺．牧草抗旱性综合评价的研究 [J]. 甘肃农业大学学报，1999，34（1）：23-28.

38 份紫花苜蓿苗期抗旱性评价

高洪文　王　赞　王学敏

（中国农业科学院北京畜牧兽医研究所）

紫花苜蓿是重要的优良豆科牧草，具有适应性广，抗逆性强等特点，是我国北方地区的主要豆科栽培牧草之一。干旱是限制紫花苜蓿生产的主要因素，为解决这一问题，除继续提高水分的利用效率外，发掘抗旱种质资源和选育抗旱品种也是行之有效的方法。

本文以国外引进的 38 份野生苜蓿为试验材料，采用反复干旱法，拟通过测定种质材料在苗期的株高、植株存活率和地上生物量、地下生物量来综合评价与分析这些材料抗旱性，以便筛选出抗旱性较强的苜蓿种质材料。

1 材料与方法

1.1 试验材料

本试验材料所用38份材料具体信息见表1。

表1 试验材料及来源信息

序号	材料编号	来源地	序号	材料编号	来源地
1	ZXY2010P-7006	俄罗斯	20	ZXY2010P-7524	塔吉克斯坦
2	ZXY2010P-7012	俄罗斯	21	ZXY2010P-7526	西班牙
3	ZXY2010P-7024	俄罗斯	22	ZXY2010P-7574	西班牙
4	ZXY2010P-7037	俄罗斯	23	ZXY2010P-7576	意大利
5	ZXY2010P-7050	俄罗斯	24	ZXY2010P-7587	意大利
6	ZXY2010P-7055	俄罗斯	25	ZXY2010P-7562	西班牙
7	ZXY2010P-7091	俄罗斯	26	ZXY2010P-7602	意大利
8	ZXY2010P-7144	俄罗斯	27	ZXY2010P-7610	意大利
9	ZXY2010P-7152	俄罗斯	28	ZXY2010P-7621	法国
10	ZXY2010P-7157	亚美尼亚	29	ZXY2010P-7679	阿富汗
11	ZXY2010P-7204	格鲁吉亚	30	ZXY2010P-7717	也门
12	ZXY2010P-7216	格鲁吉亚	31	ZXY2010P-7740	也门
13	ZXY2010P-7262	阿塞拜疆	32	ZXY2010P-7765	伊朗
14	ZXY2010P-7303	哈萨克斯坦	33	ZXY2010P-7809	伊朗
15	ZXY2010P-7371	哈萨克斯坦	34	ZXY2010P-7811	印度
16	ZXY2010P-7393	哈萨克斯坦	35	ZXY2010P-7823	印度
17	ZXY2010P-7481	塔吉克斯坦	36	ZXY2010P-7835	印度
18	ZXY2010P-7500	塔吉克斯坦	37	ZXY2010P-7843	印度
19	ZXY2010P-7511	塔吉克斯坦	38	ZXY2010P-7856	印度

1.2 试验方法

本试验于2011年12月至2012年3月，在山西省农业科学院畜牧兽医研究所温室进行，采用反复干旱法，选用塑料箱（32cm×48cm），用瓦楞纸将塑料箱平均分隔成4份，取试验田表层土壤，混合均匀，等量放入盆中，每盆播种30粒，出苗期间，定期定量浇水，浇水量为田间持水量75%～80%。苗齐后间苗，每盆留长势均匀健壮苗10株。从出苗四周开始进行干旱胁迫试验，干旱处理当天浇足水，每份材料随机分成两组，一组为对照正常浇水，另一组为干旱处理组。20d浇水1次，而后再次干旱胁迫，每组3次重复，连续胁迫3个周期。第3次胁迫结束开始测定各项指标。

1.3 测定指标及测定方法

（1）植株高度　测定植株的绝对高度（cm），5次重复，然后统计每份材料的平均高度。

（2）地上生物量　收集每盆植株的地上部分，放入纸袋，80℃恒温烘箱中烘至恒重后称重（g）。

（3）地下生物量　试验结束，地上部分收集完后，将瓦楞纸隔开的土壤倒在网袋中，然后将植株地下部分用清水洗净，80℃烘至恒重称重（g）。

（4）存活率　试验结束时，记录干旱胁迫处理的每盆植株的存活苗数，计算存活率（%）。

2 结果与分析

2.1 干旱对苜蓿不同材料的影响

2.1.1 干旱对株高的影响

对38份苜蓿种质材料株高和抗旱性进行多重比较。从表2可见，苜蓿在受到水分胁迫时，细胞的分离与扩张均受到抑制，植株生长速度缓慢。与对照相比，差异极显著。说明水分胁迫下的38份苜蓿材料株高显著下降。各材料间株高有一定差异。材料34与材料14、21、28、13、15、33、23、36、25、27、26、16、38、9、5、7、12、24、8、11、10、1、2、37、4、6、3差异显著。材料34在胁迫下株高达14.19cm，材料4、6、3最矮，都低于7cm。其他材料抗旱性介于这两份材料之间。

2.1.2 干旱对地上生物量的影响

当苜蓿受到水分胁迫时，地上部分的生物量严重减少，各材料间的减少程度存在一定差异。由表2可见，材料1、19除与材料17、20、18、2、4、5差异不显著外，较其他材料差异极显著。材料17、20、18、2、4、5较材料23、30、29、11、32、27、10、28、36、26、38、6、37差异显著。材料1、19最高。材料36、26、38、6、37最差。其余各参试材料介于它们之间。

2.1.3 干旱对地下生物量的影响

干旱胁迫下，苜蓿生长受到抑制，地下生物量随胁迫程度的加重而降低。干旱胁迫处理组地下生物量极显著低于对照，说明严重干旱条件下，苜蓿各材料的地下生物量积累严重减少。其下降幅度因各材料不同而存在差异。材料19较材料38、37、6有极显著差异。其余各材料间差异不显著。

2.1.4 干旱对存活率的影响

反复干旱后的存活率可反映植株在干旱条件下的生存能力，抗旱性强的基因型在水分胁迫下应有较高的存活率，本研究表明，反复干旱处理后各基因型不同苜蓿种质材料存活率存在显著差异。材料22、23、24、38、7、31、32较材料36、3、6有显著差异。其他材料介于它们中间。

表2 38份苜蓿种质材料各指标的方差分析结果

序号	株高（cm）	地上生物量（g）	地下生物量（g）	存活率（%）
1	8.09ghijk	2.21a	1.91ab	0.83abc
2	7.97hijk	1.82abcd	1.73abc	0.77abc
3	6.8k	1.41defghi	1.46abcd	0.57cd
4	6.97jk	1.73abcde	1.60abcd	0.73abc
5	9.85defghi	1.69abcdef	1.65abcd	0.7abc
6	6.89jk	0.64mn	0.78cd	0.37d
7	9.70defghij	1.49bcdefgh	1.62abcd	0.93a
8	9.42defghijk	1.36defghij	1.42abcd	0.77abc
9	9.92defghi	1.36defghij	1.46abcd	0.83abc
10	8.72fghijk	0.97hijklmn	1.02bcd	0.83abc
11	9.17efghijk	1.08ghijklmn	1.03bcd	0.63bc
12	9.55defghijk	1.28defghijk	1.32abcd	0.73abc
13	10.78bcdefgh	1.59bcdefg	1.56abcd	0.83abc
14	10.93bcdefg	1.33defghij	1.27abcd	0.8abc
15	10.45cdefgh	1.21efghijkl	1.42abcd	0.83abc
16	10defgh	1.24efghijk	1.20abcd	0.8abc

（续）

序号	株高（cm）	地上生物量（g）	地下生物量（g）	存活率（%）
17	13.5ab	2.01ab	2.02ab	0.87ab
18	11.91abcde	1.84abcd	1.70abcd	0.8abc
19	11.63abcdef	2.20a	2.25a	0.9ab
20	12.11abcde	1.97abc	1.83abc	0.77abc
21	10.83bcdefgh	1.16efghijklm	1.41abcd	0.83abc
22	12.92abc	1.63bcdefg	1.72abcd	0.97a
23	10.44cdefgh	1.12fghijklmn	1.16abcd	0.97a
24	9.49defghijk	1.29defghijk	1.39abcd	0.97a
25	10.22cdefgh	1.25efghijk	1.62abcd	0.83abc
26	10.03cdefgh	0.76klmn	1.07bcd	0.63bc
27	10.07cdefgh	1.63bcdefg	1.12abcd	0.9ab
28	10.78bcdefgh	0.97hijklmn	1.24abcd	0.9ab
29	11.58abcdef	1.08ghijklmn	1.56abcd	0.9ab
30	11.11bcdef	1.08ghijklmn	1.54abcd	0.83abc
31	11.72abcde	1.21efghijk	1.76abc	0.93a
32	11.47abcdef	1.01hijklmn	1.32abcd	0.93a
33	10.44cdefgh	0.91ijklmn	1.14abcd	0.87ab
34	14.19a	1.45cdefghi	1.81abc	0.87ab
35	12.22abcd	1.30defghijk	1.71abcd	0.8abc
36	10.24cdefgh	0.80jklmn	1.04bcd	0.57cd
37	7.14ijk	0.58n	0.59d	0.77abc
38	9.94defghi	0.65lmn	0.76cd	0.97a

注：同列不同小写字母表示差异显著，$P<0.05$。

3 结论

（1）水分胁迫对紫花苜蓿的株高有明显的影响，抗旱性与株高呈正相关，抗旱性越强，植株越高。本研究结果表明，水分胁迫对苜蓿植株的生长发育有明显抑制作用。植株地上生物量、地下生物量受到不同程度的影响。

（2）反复干旱后的存活率可以反映水分胁迫后植物再生能力，同样存活率与植株的抗旱性呈正相关。存活率可以作为植物抗旱性的鉴定指标。

（3）从上述结果可见，材料17、19、1可作为选育抗旱性品种的材料。

16份苜蓿资源苗期抗旱性综合评价报告

吴欣明　王运琦　郭　璞　池惠武　方志红

（山西省农业科学院畜牧兽医研究所）

摘要：本文以16份苜蓿种质资源为试验材料，通过室内盆栽试验，在苗期采用反复干旱法，测定其抗旱性的5项形态指标，利用隶属函数法对其进行综合评价，确定了苗期抗旱性较强的资源为材料12624、12648和12494。

关键词：苜蓿；苗期；抗旱性；综合评价

牧草的抗旱性是指干旱胁迫下牧草生存及形成生物产量的能力。抗旱性鉴定是按植物品种（品系）的抗旱能力的大小对其进行筛选、评价和归类。不同品种牧草对干旱或水分胁迫表现出不同的抗性。随着我国农业产业结构调整、草食动物产业的快速发展，苜蓿逐渐被确立为我国首选的高蛋白饲草品种，对农民增收和生态环境建设发挥着至关重要的作用。干旱是影响苜蓿生产的主要因素，为了解决这一问题，除了继续提高水分的利用效率外，发掘抗旱种质材料来选育新品种或筛选抗旱品种进行推广种植是一个有效的方法。

本研究采用国外引进的16份苜蓿种质材料为试验材料，采用反复干旱法，苗期测定形态指标，为科学、系统筛选抗旱性材料的选育提供依据。

1 材料与方法

1.1 试验材料

试验材料为中国农业科学院北京畜牧兽医研究所从俄罗斯引进的16份苜蓿种质材料（表1）。

表1 试验材料及来源

序号	编号	名称	来源	原产地
1	12299	杂交苜蓿	俄罗斯	立陶宛
2	12494	杂交苜蓿	俄罗斯	哈萨克斯坦
3	12271	杂交苜蓿	俄罗斯	立陶宛
4	12465	杂交苜蓿	俄罗斯	哈萨克斯坦
5	12544	黄花苜蓿	俄罗斯	哈萨克斯坦
6	12634	紫花苜蓿	俄罗斯	保加利亚
7	12534	黄花苜蓿	俄罗斯	哈萨克斯坦
8	12624	紫花苜蓿	俄罗斯	保加利亚
9	12654	紫花苜蓿	俄罗斯	保加利亚
10	12664	紫花苜蓿	俄罗斯	俄罗斯
11	12648	紫花苜蓿	俄罗斯	保加利亚
12	12655	紫花苜蓿	俄罗斯	俄罗斯
13	12717	杂交苜蓿	俄罗斯	
14	13083	黄花苜蓿	俄罗斯	俄罗斯
15	12685	紫花苜蓿	俄罗斯	俄罗斯
16	12745	紫花苜蓿	俄罗斯	塔吉克斯坦

1.2 试验方法

试验于2015年11月至2016年1月进行。采用温室盆栽反复干旱法，选用无孔塑料箱（48.5cm×32.3cm×22.5cm），试验土壤采用土壤介质（蛭石＋珍珠岩＋泥炭土＋有机生物肥），将塑料箱用瓦楞纸均匀分割成四等份，把混合均匀介质称重后等量放入盆中。每箱放置4份材料，每份材料均匀撒播种子，出苗期间定期定量供水，浇水量为田间持水量75％～80％，苗齐后间苗，每份材料留长势均匀健壮苗 20 株，从出苗 40d 后开始干旱胁迫试验，每份材料分为对照和处理两组，每组 3 次重复，对照组正常浇水，处理组 15d 浇 1 次水，而后再次干旱胁迫，连续 3 个周期。

1.3 测定内容

（1）植株高度　测定植株的绝对高度（cm），5 次重复。

（2）地上生物量　收集每盆植株的地上部分，洗净放入纸袋，80℃恒温烘至恒重后称重（g）。

（3）地下生物量　将塑料箱里 4 份材料的地下部分分别取出，用自来水冲洗，将冲洗干净的地下部分装入纸袋、编号待烘干。测定其干重。

（4）叶绿素含量　每份材料随机挑选 5 株，使用 SPAD-502 型叶绿素仪分别从上、中、下测定 3 组数值，取其平均值。

（5）存活率　试验结束后记录干旱胁迫处理的每盆植株存活苗数，计算成活率。

1.4 数据处理

采用隶属函数对 16 份苜蓿种质材料的抗旱性进行综合评价。

隶属函数计算公式如下：

$$R(X_i) = (X_i - X_{min})/(X_{max} - X_{min})$$

$$R(X_i) = 1 - (X_i - X_{min})/(X_{max} - X_{min})$$

式中：X_i——指标测定值；

X_{max}——参试材料某一指标的最大值；

X_{min}——参试材料某一指标的最小值。

2 结果与分析

供试苜蓿材料抗旱性隶属函数分析结果见表 2，16 份苜蓿利用隶属函数综合评价结果表明，材料 12624、12648 和 12494 的综合评价结果分别为 0.811、0.755 和 0.748，表明抗旱性较强。材料 12717、13083、12685 评价结果分别为 0.142、0.251、0.213，此 3 份材料抗旱性较弱。其余 10 份材料为中间型。

表 2　干旱胁迫下苜蓿不同指标的隶属函数值

编号	株高	地上生物量	地下生物量	叶绿素	存活率	均值
12299	0.200	0.742	0.932	0.753	0.909	0.707
12494	0.278	0.909	0.932	0.894	0.727	0.748
12271	0.364	0.803	0.364	1.000	0.000	0.506
12465	0.299	0.545	0.705	0.716	0.545	0.562
12544	0.182	0.621	0.705	0.693	0.909	0.622
12634	0.428	0.697	0.818	0.971	0.636	0.710
12534	0.164	0.621	0.318	0.798	1.000	0.580
12624	0.638	1.000	1.000	0.873	0.545	0.811
12654	0.434	0.121	0.000	0.531	0.909	0.399
12664	0.350	0.121	0.136	0.547	0.636	0.358
12648	1.000	0.636	0.636	0.867	0.636	0.755
12655	0.317	0.303	0.455	0.650	0.727	0.490

（续）

编号	株高	地上生物量	地下生物量	叶绿素	存活率	均值
12717	0.000	0.000	0.159	0.008	0.545	0.142
13083	0.197	0.106	0.136	0.000	0.818	0.251
12685	0.051	0.197	0.205	0.065	0.545	0.213
12745	0.388	0.439	0.250	0.326	0.727	0.426

3 结论

苜蓿抗旱性育种中，形态学指标和标记采用最多最早，并且至今占有重要地位，是广大育种者在长期育种过程中积累的宝贵经验，具有简单、实用性强的特点。而且许多学者认为，植物根、茎、叶等形态器官都可用来估测品种的抗旱能力。本研究测定结果为 12624＞12648＞12494＞12634＞12299＞12544＞12534＞12465＞12271＞12655＞12745＞12654＞12664＞13083＞12685＞12717。

苗期干旱胁迫对 51 份苜蓿种质材料生长特性的影响研究

李 源[2] 刘贵波[2] 高洪文[1] 王 赞[2] 孙桂枝[1]

（1. 河北省农林科学院旱作农业研究所 2. 中国农业科学院北京畜牧兽医研究所）

摘要： 为筛选优异的抗旱种质材料，以来自俄罗斯的 51 份苜蓿种质资源为试验材料，采用室内盆栽法，在人工模拟干旱胁迫条件下，通过测定存活率、株高、地上生物量、地下生物量、根冠比等形态指标，研究了干旱胁迫对不同苜蓿种质材料苗期生长特性的影响，并运用反复干旱后的存活率对引进种质材料的抗旱性进行评价鉴定。结果表明干旱胁迫下，除根冠比呈增加趋势外，不同苜蓿的存活率、株高、地上生物量、地下生物量均呈下降趋势。经试验筛选出抗旱性极强的苜蓿种质材料 6 份，包括 ZXY06P-2446、ZXY06P-1631、ZXY07P-3264、ZXY07P-4169、ZXY06P-1836 和 ZXY07P-4158，筛选出抗旱性强的苜蓿种质材料 24 份，抗旱性中等的苜蓿种质材料 13 份，抗旱性差的苜蓿种质材料共 8 份。

关键词： 干旱胁迫；苜蓿种质；苗期；抗旱性；评价鉴定

据统计，世界范围内，干旱缺水对于农业和社会造成的损失相当于其他各种自然灾害造成损失的总和[1]。旱作条件下，牧草生长所需的水分主要依靠自然降水，即使有灌溉条件的地区，也往往由于灌水量不足或灌水不及时等原因使牧草受到干旱的威胁。苜蓿属于抗旱性较强的豆科植物，素有“牧草之王”的美誉。深入研究苜蓿的抗旱性，加速苜蓿的抗旱育种，对于克服干旱、风蚀等自然条件对苜蓿栽培的制约，扩大种植范围，提高生产力具有重要的意义[2]。关于苜蓿抗旱性研究，赵金梅[3]研究了 4 个苜蓿品种抗旱生理生化指标的变化及其相互关系，周瑞莲[4]认为抗旱性较强的苜蓿品种叶片中 CAT 活性随胁迫浓度增加而增加，李崇巍[5]认为干旱胁迫下抗旱性强的品种细胞外渗液的电导率较低。这些研究多集中在生理生化角度，而且研究的品种数量少，植物对干旱的适应性和抵抗能力最终体现在外部形态特征上，从与牧草抗旱性有关的外部形态特征中找出具有普遍性、稳定性及适用性的抗旱鉴定方法，是亟待解决的问题。为此，本研究以来自俄罗斯的 51 份苜蓿种质资源为试验材料，采用室内盆栽法，在人工模拟干旱胁迫条件下，通过测定存活率、株高、地上生物量、地下生物量、根冠比等形态指标，研究了干旱胁迫对不同苜蓿种质材料苗期生长特性的影响。并运用反复干旱后的存活率对引进种质材料的抗旱性进行评价鉴定，旨在为苜蓿种质资源抗旱鉴定和资源开发提供科学依据。

1　材料与方法

1.1　试验材料

试验材料为 51 份俄罗斯引进野生苜蓿种质，由中国农业科学院北京畜牧兽医研究所牧草遗传资源研究室提供。

1.2　试验方法

试验于 2009 年 3～5 月在河北省农林科学院旱作节水农业试验站的干旱棚内进行。选用试验田壤土，去掉杂质、捣碎过筛。试验前预先测定土壤含水量（13.6%）和田间持水量（23.8%）。试验时将过筛后的土壤装入无孔的塑料箱中（48.5cm×33.3cm×18.0cm）。以实际测定的土壤含水量（13.6%）来确定装入箱中的干土重量。播种时每个塑料箱种 4 份种质材料，行距 4cm，株距 3.5cm。出苗后间苗，两叶期定苗，每份材料保留长势一致、均匀分布的苗 20 棵。2009 年 4 月 7 日幼苗生长到三叶期开始进行干旱处理。试验采用反复干旱法，分对照和干旱两组，4 次重复。对照幼苗保持正常供水，干旱组幼苗停止供水，当土壤含水量降至田间持水量的 25%～30%（壤土）时复水，复水后的土壤含水量达到田间持水量的 80%±5%，以此类推两次重复之后，调查不同材料的存活苗数，同时取样测定各抗旱鉴定指标。

1.3　测定内容

胁迫试验结束时调查幼苗存活株数、株高、地上生物量干重、地下生物量干重、根冠比等指标。

1.4　数据处理与评价方法

试验数据采用 SAS 应用软件进行方差分析，Excel 软件进行制表作图。通过计算各性状的抗旱系数（Drought resistance coefficient，*DRC*）[6]来揭示干旱胁迫对不同品种生长特性的影响，以反复干旱后幼苗存活率（Drought survival rate，*DS*）对不同苜蓿种质材料的抗旱性进行鉴定。计算公式如下。

$$DRC = GY_{S.T} \cdot GY_{S.W}^{-1}$$

$$DS = (X_{DS1} \cdot X_{TT}^{-1} \cdot 100 + X_{DS2} \cdot X_{TT}^{-1} \cdot 100) \cdot 2^{-1}$$

式中：$GY_{S.T}$——某种质材料干旱胁迫处理下的性状值；

$GY_{S.W}$——某品种正常浇水处理下的性状值；

X_{DS1}——第 1 次复水后 4 次重复存活苗数的平均值；

X_{TT}——第 1 次干旱前 4 次重复总苗数的平均值；

X_{DS2}——第 2 次复水后 4 次重复存活苗数的平均值。

2　结果与分析

2.1　干旱胁迫对不同苜蓿种质材料株高的影响

表 1 可以看出，相同处理下不同苜蓿种质材料株高不同，不同处理下相同苜蓿种质材料株高也不同。与正常浇水相比，不同苜蓿种质材料在干旱胁迫下的株高明显受到抑制，不同苜蓿种质材料的抗旱系数在 26.7%～66.4%内变化，以 ZXY06P-2446 的抗旱系数最高，表明其株高受干旱胁迫影响最小。

而 ZXY07P - 3694 的抗旱系数最低，为 26.7%，表明其株高受干旱胁迫影响最大。

表 1 干旱胁迫对不同苜蓿种质材料株高的影响

种质编号	株高（cm）		抗旱系数（%）	种质编号	株高（cm）		抗旱系数（%）
	对照	胁迫			对照	胁迫	
ZXY06P - 1622	12.5	5.4	43.3	ZXY06P - 2413	11.9	3.4	28.6
ZXY06P - 1631	14.2	6.6	46.7	ZXY06P - 2425	10.6	4.8	45.7
ZXY06P - 1639	12.7	4.7	37.2	ZXY06P - 2446	9.0	6.0	66.4
ZXY06P - 1689	13.1	5.8	44.3	ZXY07P - 3053	14.3	4.1	28.4
ZXY06P - 1720	14.9	4.2	28.2	ZXY07P - 3142	16.0	4.6	28.8
ZXY06P - 1742	15.4	5.1	33.0	ZXY07P - 3172	11.9	5.5	46.6
ZXY06P - 1794	16.7	5.7	34.3	ZXY07P - 3211	9.5	4.2	43.8
ZXY06P - 1801	13.7	4.9	35.9	ZXY07P - 3253	13.5	4.0	29.9
ZXY06P - 1805	11.0	4.4	40.4	ZXY07P - 3264	15.8	4.3	27.2
ZXY06P - 1810	13.9	4.5	32.6	ZXY07P - 3314	12.1	5.0	40.9
ZXY06P - 1824	11.6	3.3	28.7	ZXY07P - 3537	11.7	5.9	50.2
ZXY06P - 1836	12.0	5.4	45.0	ZXY07P - 3694	13.3	3.6	26.7
ZXY06P - 1844	12.5	4.5	35.7	ZXY07P - 3701	8.6	4.1	47.2
ZXY06P - 1877	11.3	4.7	41.7	ZXY07P - 3749	10.5	5.2	49.4
ZXY06P - 1947	15.3	6.1	40.2	ZXY07P - 3754	10.9	3.5	31.9
ZXY06P - 1961	11.7	4.4	37.3	ZXY07P - 3821	12.4	5.0	40.4
ZXY06P - 2126	12.7	5.1	39.8	ZXY07P - 3988	12.2	4.7	38.9
ZXY06P - 2138	12.9	3.6	27.5	ZXY07P - 4045	13.4	4.7	34.7
ZXY06P - 2175	12.2	4.4	36.3	ZXY07P - 4062	11.3	4.5	39.9
ZXY06P - 2192	12.6	4.6	36.6	ZXY07P - 4092	14.0	4.9	34.9
ZXY06P - 2217	13.6	5.0	36.9	ZXY07P - 4137	13.5	5.9	43.7
ZXY06P - 2234	11.8	3.6	30.3	ZXY07P - 4158	12.3	6.1	49.5
ZXY06P - 2242	11.8	3.9	33.2	ZXY07P - 4169	13.2	5.0	38.1
ZXY06P - 2292	7.2	3.9	54.2	ZXY07P - 4187	11.6	4.2	36.0
ZXY06P - 2371	12.4	5.8	46.7	ZXY07P - 4200	11.5	5.8	50.3
ZXY06P - 2406	11.5	4.0	35.2				

2.2 干旱胁迫对不同苜蓿种质材料地上生物量的影响

表 2 可以看出，干旱胁迫明显降低了不同苜蓿种质材料的地上生物量，不同种质材料的抗旱系数在 16.9%～86.6%内变化。以 ZXY07P - 3537 的抗旱系数最大，为 86.6%，表明其地上生物量受干旱胁迫影响最小，抗旱性最强；而抗旱系数最小的是 ZXY06P - 2406，只有 16.6%，表明其地上生物量受干旱胁迫影响最大，抗旱性最弱。

表2　干旱胁迫对不同苜蓿种质材料地上生物量的影响

种质编号	地上生物量（g）		抗旱系数（%）	种质编号	地上生物量（g）		抗旱系数（%）
	对照	胁迫			对照	胁迫	
ZXY06P-1622	7.58	1.52	20.1	ZXY06P-2413	5.54	1.33	24.0
ZXY06P-1631	6.61	2.62	39.7	ZXY06P-2425	4.31	1.80	41.9
ZXY06P-1639	5.68	2.19	38.5	ZXY06P-2446	5.98	2.51	41.9
ZXY06P-1689	6.30	2.14	34.0	ZXY07P-3053	5.21	1.27	24.3
ZXY06P-1720	4.56	1.42	31.1	ZXY07P-3142	10.11	2.39	23.6
ZXY06P-1742	6.26	1.52	24.3	ZXY07P-3172	7.63	3.49	45.7
ZXY06P-1794	8.87	2.37	26.7	ZXY07P-3211	4.69	1.99	42.5
ZXY06P-1801	5.98	2.10	35.1	ZXY07P-3253	4.12	0.88	21.4
ZXY06P-1805	3.98	1.65	41.5	ZXY07P-3264	8.77	2.69	30.7
ZXY06P-1810	7.55	2.35	31.0	ZXY07P-3314	8.25	1.86	22.6
ZXY06P-1824	4.75	1.33	28.0	ZXY07P-3537	2.59	2.25	86.6
ZXY06P-1836	4.61	2.44	53.0	ZXY07P-3694	4.15	1.07	25.8
ZXY06P-1844	3.33	1.52	45.6	ZXY07P-3701	4.41	2.26	51.2
ZXY06P-1877	6.62	1.79	27.0	ZXY07P-3749	5.82	2.28	39.2
ZXY06P-1947	4.86	1.43	29.4	ZXY07P-3754	4.24	1.31	30.8
ZXY06P-1961	3.22	1.33	41.3	ZXY07P-3821	4.69	2.29	48.8
ZXY06P-2126	6.34	2.46	38.8	ZXY07P-3988	3.47	1.44	41.6
ZXY06P-2138	7.22	1.87	25.9	ZXY07P-4045	7.84	2.76	35.2
ZXY06P-2175	6.11	1.64	26.9	ZXY07P-4062	3.38	1.30	38.4
ZXY06P-2192	4.13	1.47	35.6	ZXY07P-4092	4.36	1.47	33.7
ZXY06P-2217	5.08	2.31	45.5	ZXY07P-4137	9.43	3.12	33.1
ZXY06P-2234	6.96	2.04	29.4	ZXY07P-4158	6.76	3.00	44.3
ZXY06P-2242	5.73	1.73	30.2	ZXY07P-4169	6.30	2.31	36.7
ZXY06P-2292	3.46	1.82	52.6	ZXY07P-4187	3.11	1.28	41.2
ZXY06P-2371	7.44	2.21	29.7	ZXY07P-4200	6.91	2.46	35.6
ZXY06P-2406	6.54	1.11	16.9				

2.3 干旱胁迫对不同苜蓿种质材料地下生物量的影响

相同苜蓿种质材料在干旱胁迫下的地下生物量明显低于正常浇水处理（表3）。不同苜蓿种质材料的抗旱系数在24.9%～88.9%内变化，抗旱系数在50%以上的种质材料共21份，其中以ZXY07P-3537、ZXY06P-1836、ZXY07P-3988抗旱系数较高，表明其地下生物量受干旱胁迫影响较小，抗旱性较强，而ZXY07P-3253抗旱系数只有24.9%，表明其地下生物量受干旱胁迫影响较大，抗旱性较弱。

表 3　干旱胁迫对不同苜蓿种质材料地下生物量的影响

种质编号	地下生物量（g）		抗旱系数（%）	种质编号	地下生物量（g）		抗旱系数（%）
	对照	胁迫			对照	胁迫	
ZXY06P - 1622	6.07	1.73	28.6	ZXY06P - 2413	4.83	1.98	40.9
ZXY06P - 1631	5.21	3.19	61.2	ZXY06P - 2425	4.23	2.44	57.6
ZXY06P - 1639	6.19	2.60	42.0	ZXY06P - 2446	7.66	3.81	49.7
ZXY06P - 1689	4.40	2.52	57.1	ZXY07P - 3053	6.83	2.25	33.0
ZXY06P - 1720	4.39	2.06	47.0	ZXY07P - 3142	9.02	2.69	29.8
ZXY06P - 1742	3.44	1.55	45.2	ZXY07P - 3172	7.76	3.93	50.6
ZXY06P - 1794	7.61	2.87	37.7	ZXY07P - 3211	5.65	2.74	48.6
ZXY06P - 1801	4.89	2.18	44.6	ZXY07P - 3253	5.43	1.35	24.9
ZXY06P - 1805	3.89	2.20	56.6	ZXY07P - 3264	10.92	3.78	34.6
ZXY06P - 1810	6.10	2.94	48.1	ZXY07P - 3314	9.07	2.66	29.3
ZXY06P - 1824	3.83	1.86	48.5	ZXY07P - 3537	3.13	2.78	88.9
ZXY06P - 1836	3.48	3.59	74.4	ZXY07P - 3694	3.07	1.70	55.5
ZXY06P - 1844	3.20	2.20	68.8	ZXY07P - 3701	6.40	3.82	59.7
ZXY06P - 1877	5.44	2.33	42.8	ZXY07P - 3749	6.71	3.18	47.4
ZXY06P - 1947	4.25	2.22	52.2	ZXY07P - 3754	4.75	1.56	32.7
ZXY06P - 1961	4.35	2.05	47.1	ZXY07P - 3821	6.56	3.88	59.1
ZXY06P - 2126	6.33	3.19	50.4	ZXY07P - 3988	3.14	2.28	72.5
ZXY06P - 2138	8.45	2.80	33.1	ZXY07P - 4045	5.56	3.54	63.7
ZXY06P - 2175	5.00	2.38	47.5	ZXY07P - 4062	4.69	2.57	54.7
ZXY06P - 2192	3.99	2.13	53.5	ZXY07P - 4092	5.04	2.09	41.5
ZXY06P - 2217	6.58	3.92	59.5	ZXY07P - 4137	10.62	4.39	41.3
ZXY06P - 2234	7.90	2.96	37.4	ZXY07P - 4158	8.37	4.39	52.4
ZXY06P - 2242	6.25	2.28	36.5	ZXY07P - 4169	5.99	2.99	49.9
ZXY06P - 2292	4.26	2.34	54.8	ZXY07P - 4187	5.40	2.87	53.1
ZXY06P - 2371	7.90	2.41	30.5	ZXY07P - 4200	8.18	3.07	37.6
ZXY06P - 2406	5.59	1.52	27.1				

2.4　干旱胁迫对不同苜蓿种质材料根冠比的影响

不同苜蓿种质材料在干旱胁迫下的根冠比明显高于正常浇水处理（表 4）。各种质材料的抗旱系数在102.6%～215.3%内变化，ZXY07P - 4045、ZXY06P - 1742 和 ZXY07P - 3694 的抗旱系数较大，表明其种质材料在干旱胁迫下根冠比增加幅度较大，而 ZXY07P - 3537、ZXY06P - 2371 和 ZXY06P - 2292 抗旱系数较小，表明其种质材料受干旱胁迫影响较小。干旱胁迫下根冠比的增加是不同苜蓿种质材料适应干旱胁迫的结果。

表 4　干旱胁迫对不同苜蓿种质材料根冠比的影响

种质编号	根冠比		抗旱系数（%）	种质编号	根冠比		抗旱系数（%）
	对照	胁迫			对照	胁迫	
ZXY06P - 1622	0.80	1.14	142.2	ZXY06P - 2413	0.87	1.49	170.6
ZXY06P - 1631	0.79	1.22	154.2	ZXY06P - 2425	0.98	1.35	137.6
ZXY06P - 1639	1.09	1.19	109.2	ZXY06P - 2446	1.28	1.52	118.6
ZXY06P - 1689	0.70	1.17	167.9	ZXY07P - 3053	1.31	1.78	135.6
ZXY06P - 1720	0.96	1.45	151.0	ZXY07P - 3142	0.89	1.13	126.3
ZXY06P - 1742	0.55	1.02	185.9	ZXY07P - 3172	1.02	1.13	110.8
ZXY06P - 1794	0.86	1.21	141.4	ZXY07P - 3211	1.20	1.38	114.2
ZXY06P - 1801	0.82	1.04	127.1	ZXY07P - 3253	1.32	1.53	116.3
ZXY06P - 1805	0.98	1.33	136.4	ZXY07P - 3264	1.25	1.41	112.8
ZXY06P - 1810	0.81	1.25	154.9	ZXY07P - 3314	1.10	1.43	130.0
ZXY06P - 1824	0.81	1.39	172.9	ZXY07P - 3537	1.21	1.24	102.6
ZXY06P - 1836	0.76	1.06	140.4	ZXY07P - 3694	0.74	1.59	215.3
ZXY06P - 1844	0.96	1.45	150.9	ZXY07P - 3701	1.45	1.69	116.6
ZXY06P - 1877	0.82	1.30	158.4	ZXY07P - 3749	1.15	1.40	120.9
ZXY06P - 1947	0.87	1.55	177.2	ZXY07P - 3754	1.12	1.19	106.3
ZXY06P - 1961	1.35	1.54	114.0	ZXY07P - 3821	1.40	1.69	121.0
ZXY06P - 2126	1.00	1.30	130.0	ZXY07P - 3988	0.91	1.58	174.2
ZXY06P - 2138	1.17	1.50	127.8	ZXY07P - 4045	0.71	1.28	181.2
ZXY06P - 2175	0.82	1.45	176.8	ZXY07P - 4062	1.39	1.98	142.6
ZXY06P - 2192	0.97	1.45	150.0	ZXY07P - 4092	1.16	1.42	123.1
ZXY06P - 2217	1.29	1.69	130.9	ZXY07P - 4137	1.13	1.41	124.7
ZXY06P - 2234	1.14	1.45	127.3	ZXY07P - 4158	1.24	1.46	118.2
ZXY06P - 2242	1.09	1.32	120.7	ZXY07P - 4169	0.95	1.29	136.1
ZXY06P - 2292	1.23	1.28	104.2	ZXY07P - 4187	1.74	2.24	129.1
ZXY06P - 2371	1.06	1.09	102.8	ZXY07P - 4200	1.18	1.25	105.6
ZXY06P - 2406	0.85	1.37	160.2				

2.5　不同苜蓿种质材料抗旱性评价

相同鉴定指标下不同苜蓿种质材料间抗旱系数不同，相同苜蓿种质材料在不同鉴定指标下的抗旱系数也不同（表 1 至表 4），仅用各单项指标进行抗旱性评价，结果有一定的局限性。苗期幼苗对干旱的适应性和抵抗能力最终体现在植株的存活率上，干旱胁迫下植株的存活能力是反映不同种质材料抗旱性最直接且最实用的指标。表 5 可以看出，不同苜蓿种质材料反复干旱后的存活率明显不同，在 32.5%～84.6%内变化。编号为 ZXY06P - 2446 的苜蓿种质材料存活率最高，达 84.6%。经试验筛选出抗旱性极强的苜蓿种质材料 6 份，分别为 ZXY06P - 2446、ZXY06P - 1631、ZXY07P - 3264、ZXY07P - 4169、ZXY06P - 1836 和 ZXY07P - 4158，这些种质材料反复干旱后的存活率在 80%以上；筛选出抗旱性强的苜蓿种质材料 24 份，存活率分布在 65.0%～79.9%；抗旱性中等种质材料 13 份，存活率分布在 50.0%～64.9%；抗旱性差的种质材料 8 份。

表 5 不同苜蓿种质材料抗旱性评价结果

种质编号	存活率（%）	排序	抗旱分级	种质编号	存活率（%）	排序	抗旱分级
ZXY06P-1622	41.2	48	Ⅳ	ZXY06P-2413	44.4	47	Ⅳ
ZXY06P-1631	84.2	2	Ⅰ	ZXY06P-2425	74.6	12	Ⅱ
ZXY06P-1639	76.7	11	Ⅱ	ZXY06P-2446	84.6	1	Ⅰ
ZXY06P-1689	73.7	16	Ⅱ	ZXY07P-3053	50.7	42	Ⅲ
ZXY06P-1720	71.4	19	Ⅱ	ZXY07P-3142	68.0	26	Ⅱ
ZXY06P-1742	66.7	28	Ⅱ	ZXY07P-3172	79.5	7	Ⅱ
ZXY06P-1794	71.8	18	Ⅱ	ZXY07P-3211	73.8	15	Ⅱ
ZXY06P-1801	74.2	13	Ⅱ	ZXY07P-3253	32.5	51	Ⅳ
ZXY06P-1805	77.2	9	Ⅱ	ZXY07P-3264	82.0	3	Ⅰ
ZXY06P-1810	65.9	30	Ⅱ	ZXY07P-3314	59.1	33	Ⅲ
ZXY06P-1824	74.0	14	Ⅱ	ZXY07P-3537	70.0	23	Ⅱ
ZXY06P-1836	80.3	5	Ⅰ	ZXY07P-3694	77.2	10	Ⅱ
ZXY06P-1844	71.3	20	Ⅱ	ZXY07P-3701	56.9	36	Ⅲ
ZXY06P-1877	62.3	32	Ⅲ	ZXY07P-3749	79.2	8	Ⅱ
ZXY06P-1947	58.8	34	Ⅲ	ZXY07P-3754	39.4	49	Ⅳ
ZXY06P-1961	47.7	44	Ⅳ	ZXY07P-3821	73.3	17	Ⅱ
ZXY06P-2126	64.5	31	Ⅲ	ZXY07P-3988	69.2	25	Ⅱ
ZXY06P-2138	50.7	41	Ⅲ	ZXY07P-4045	70.3	22	Ⅱ
ZXY06P-2175	69.8	24	Ⅱ	ZXY07P-4062	45.7	46	Ⅳ
ZXY06P-2192	66.1	29	Ⅱ	ZXY07P-4092	50.8	39	Ⅲ
ZXY06P-2217	66.9	27	Ⅱ	ZXY07P-4137	71.1	21	Ⅱ
ZXY06P-2234	46.0	45	Ⅳ	ZXY07P-4158	80.1	6	Ⅰ
ZXY06P-2242	50.8	38	Ⅲ	ZXY07P-4169	80.4	4	Ⅰ
ZXY06P-2292	56.5	37	Ⅲ	ZXY07P-4187	50.8	40	Ⅲ
ZXY06P-2371	58.6	35	Ⅲ	ZXY07P-4200	50.0	43	Ⅲ
ZXY06P-2406	37.1	50	Ⅳ				

3 结论与讨论

试验通过测定不同苜蓿种质材料的存活率、株高、地上生物量、地下生物量、根冠比等生长特性指标，研究了干旱胁迫对苜蓿种质材料幼苗生长特性的影响。结果表明，相同鉴定指标不同苜蓿种质材料间抗旱系数不同，相同苜蓿种质材料在不同鉴定指标下的抗旱系数也不同。干旱胁迫下，除根冠比呈增加趋势外，不同苜蓿种质材料的存活率、株高、地上生物量、地下生物量均受到明显抑制作用，呈现不同程度的降低。

试验运用反复干旱后的存活率对引进种质材料的抗旱性进行评价鉴定，不同苜蓿种质材料反复干旱后的存活率在32.5%～84.6%内变化，经试验筛选出抗旱性极强的苜蓿种质材料6份，分别为ZXY06P-2446、ZXY06P-1631、ZXY07P-3264、ZXY07P-4169、ZXY06P-1836和ZXY07P-4158，筛选出抗旱性强的种质的苜蓿种质材料24份，抗旱性中等种质材料13份，抗旱性差的种质材料8份。

试验采用盆栽法进行种质资源的抗旱性鉴定研究，盆栽试验是一种理想状态下的生长模式，试验结果与大田试验有一定的差距，但就大量种质资源抗旱性评价鉴定而言，目前研究中并未见到取而代之的方法。植物对干旱的适应性和抵抗能力最终体现在植株的存活率上，干旱胁迫下植株的存活能力是反映不同种质材料抗旱性最直接且最实用的指标。本研究以反复干旱后的植株存活率为依据，对不同品种的抗旱性进行了鉴定评价，这种方法是否是筛选抗旱种质资源最好的方法，以及反复干旱后的存活率与种质材料间抗旱性的相关度如何，有待今后进一步研究。

参考文献

[1] 高峰，许建中．我国农业水资源状况与水价理论分析［J］．灌溉排水学报，2003，22（6）：27－32.

[2] 康俊梅，樊奋成，杨青川．41份紫花苜蓿抗旱鉴定试验研究［J］．草地学报，2004，12（1）：21－23.

[3] 赵金梅，周禾，王秀艳．水分胁迫下苜蓿品种抗旱生理生化指标变化及其相互关系［J］．草地学报，2005，13（3）：184－189.

[4] 周瑞莲，张承烈．渗透胁迫对不同抗旱性紫花苜蓿品种过氧化氢酶和过氧化物酶同工酶的影响［J］．中国草地，1991，5：21－25.

[5] 李崇巍，贾志宽，林玲，等．几种苜蓿新品种抗旱性的初步研究［J］．干旱地区农业研究，2002，20（4）：21－25.

[6] 胡福顺．抗旱性鉴定［M］//李杏普．小麦遗传资源研究．北京：中国农业大学出版社，1997：45－63.

15份胶质苜蓿种质资源苗期抗旱性综合评价

王艳慧[1,2]　高洪文[2]　王　赞[2]　李　源[3]　刘贵波[3]

（1. 兰州大学草地农业科技学院　2. 中国农业科学院北京畜牧兽医研究所　3. 河北农林科学院旱作农业研究所）

摘要： 采用反复干旱法，研究自国外引进的15份胶质苜蓿种质材料苗期抗旱性差异，并通过主成分分析及隶属函数法对不同来源胶质苜蓿种质资源的抗旱性进行综合评价。主成分分析结果将13个苜蓿抗旱鉴定指标归纳为地下生物量因子、生长发育因子、地上生物量因子、根系因子、胁迫指数因子5个主成分，其中根冠比、地下生物量胁迫指数、根冠比胁迫指数、株高、叶面积、根长/株高、地上生物量、地下生物量、地上生物量胁迫指数、侧根数、叶面积胁迫指数11个指标与胶质苜蓿抗旱性关系密切，并根据隶属函数平均值的大小对15份胶质苜蓿种质资源抗旱性进行了排序。该方法旨在评选出抗旱性较强、中等和较差的三类材料。

关键词： 胶质苜蓿；苗期；抗旱性；综合评价

苜蓿是一种营养价值较高、适应性较强的饲料作物，同时也是优良的培肥改土植物[1,2]。干旱是限制苜蓿大面积扩展的重要原因之一，世界上约有1/3的地区属于干旱和半干旱区，我国干旱半干旱地区约占国土面积的1/2[3]，因此，筛选抗旱苜蓿种质材料，选育抗旱品种是推动苜蓿产业发展的长期任务。

牧草的抗旱性是指在干旱胁迫下，牧草生存及形成产量的能力。干旱对植物的影响非常广泛而深刻，它可以表现在其生长发育的各个阶段，只有对这些影响因素进行整体的综合分析和评价，才能对植物的抗旱性做出科学的鉴定[4-6]。对牧草抗旱性和生理基础的研究，人们已做过许多工作[7-8]，对紫花苜蓿和黄花苜蓿的研究较多，但对胶质苜蓿的研究在国内尚未见相关报道。胶质苜蓿为多年生苜蓿属植物，32条染色体，与紫花苜蓿和黄花苜蓿相比具有较强的抵御病虫害的能力。本研究以15份胶质苜蓿种质资源为试验材料，通过室内盆栽试验，在苗期反复干旱胁迫下测定植株的株高、叶面积、叶片数、根长/株高、根冠比、胁迫指数等形态指标，通过方差分析、主成分分析和隶属函数分析对多指标变量进行分析，以期对胶质苜蓿种质资源进行抗旱性综合评价，为生产上选择适宜苜蓿品种提供依据。

1　材料与方法

1.1　材料

供试材料为国外引进的15份野生胶质苜蓿种质资源（表1），由中国农业科学院北京畜牧兽医研究所牧草遗传资源研究室提供。

表1　试验材料及来源

序号	编号	来源	序号	编号	来源	序号	编号	来源
1	ZXY06P-2513	俄罗斯	6	ZXY06P-2580	俄罗斯	11	ZXY06P-2626	格鲁吉亚
2	ZXY06P-2527	俄罗斯	7	ZXY06P-2585	俄罗斯	12	ZXY06P-2636	格鲁吉亚
3	ZXY06P-2533	俄罗斯	8	ZXY06P-2591	俄罗斯	13	ZXY06P-2652	格鲁吉亚
4	ZXY06P-2567	俄罗斯	9	ZXY06P-2605	俄罗斯	14	ZXY06P-2658	格鲁吉亚
5	ZXY06P-2575	俄罗斯	10	ZXY06P-2612	俄罗斯	15	ZXY06P-2664	格鲁吉亚

1.2　方法

1.2.1　试验设计

试验于2007年10月至2008年1月在河北省农林科学院旱作农业研究所温室内进行。选用大田土壤（过筛去掉石块、杂质）与细沙和草炭土按3∶1∶1的比例混匀，装入高12.5cm，底径12.0cm，口径15.5cm的无孔塑料花盆中，每盆装土1.5kg（干土），将处理过的种子均匀撒播于盆中，轻轻用土覆盖，然后用水浇透，苗齐后间苗，每盆留生长整齐一致的幼苗10株。

1.2.2　干旱处理

采用反复干旱法，第1次干旱胁迫-复水处理，待幼苗生长到三至四叶期时，进行干旱胁迫处理，每个材料3次重复。对照组正常浇水，处理组停止浇水。当处理组所有材料叶片出现萎蔫，大部分材料叶片不同程度干枯时，复水。第2次干旱胁迫-复水处理，第1次复水后即停止供水，当所有材料再度萎蔫，同时有部分叶片枯死，第2次复水后再次干旱胁迫。当叶片再度萎蔫，枯死时测定各项指标，此时测得土壤含水量为5.08%。

1.3　指标测定

（1）株高　用卷尺测定植株的绝对高度（cm），5次重复。

（2）叶面积　用叶面积仪（Li-3000，LI-COR，Lincoln，Nebraska）进行测定（cm^2）。

（3）叶片数　统计每盆植株总的新鲜叶片数（片）。

（4）根系长度　收集完植株地上部分后，将盆内土倒入网袋收集地下部分，轻轻清洗根部，测定植株主根长度（cm）。

（5）侧根数　在测定根系长度的过程中记录侧根数（个）。

（6）地上生物量　试验结束时，自土壤表面剪下每盆植株的地上部分，放在105℃的烘箱中杀青1h，然后置于55℃恒温下烘48h，冷却后称其干重（g）。

（7）地下生物量　地上部分收集完后将花盆内的土一次倒出用网袋收集植株的地下部分，然后用清水洗净，烘干（同地上生物量）后测其干重（g）。

（8）根冠比　根冠比=植株地下生物量/地上生物量。

（9）胁迫指数　胁迫指数=胁迫植株的测量值/对照植株的测量值。

1.4 统计分析

利用 SPSS 11.5 软件进行方差分析、主成分分析，采用隶属函数法对 15 份胶质苜蓿种质资源的抗旱性进行评价。

隶属函数的计算公式：

$$R(X_i)=(X_i-X_{min})/(X_{max}-X_{min})$$

反隶属函数值计算公式：

$$R(X_i)=1-(X_i-X_{min})/(X_{max}-X_{min})$$

式中：X_i——指标测定值；

X_{min}——所有参试材料某一指标的最小值；

X_{max}——所有参试材料某一指标的最大值。

2 结果与分析

2.1 方差分析

对胶质苜蓿种质资源的 14 个形态指标进行方差分析，结果表明，除处理材料的叶片数和重复间差异不显著外，其余 13 个指标均差异显著，重复间差异不显著，故可对除叶片数外其余的 13 个抗旱指标进行主成分分析。

2.2 主成分分析

主成分的特征根和贡献率是选择主成分的依据，经方差分析后，将 15 份胶质苜蓿种质资源除叶片数的 13 个与抗旱性有关的形态指标及生长指标转化为 13 个主成分，由表 2 看出，根据主成分的累积方差贡献率大于 80%的原则，其余贡献率较小可以忽略不计，故选留前 5 个主成分作为抗旱性评价的综合指标。前 5 个主成分的累积方差贡献率为 80.229%，表明前 5 个主成分已经把 15 份胶质苜蓿种质资源与抗旱性有关的 80.229%的信息反映出来。对筛选出来的 13 个抗旱指标进行主成分分析结果见表 2。

表 2 胶质苜蓿种质资源的主成分分析

抗旱指标	成分 1	成分 2	成分 3	成分 4	成分 5
株高	0.078	−0.433	0.206	0.094	0.153
叶面积	−0.053	0.483	0.259	−0.078	0.209
根系长度	0.336	0.177	0.094	0.563	0.158
侧根数	0.068	−0.158	−0.002	0.429	−0.231
根长/株高	0.248	0.423	−0.036	0.430	0.052
地上生物量	−0.297	0.043	0.539	0.144	−0.119
地下生物量	0.114	0.230	0.433	−0.106	−0.563
根冠比	0.403	0.173	−0.152	−0.241	−0.438
地上生物量胁迫指数	0.049	−0.185	0.526	−0.023	0.275
地下生物量胁迫指数	0.428	−0.176	0.276	−0.204	0.068
根冠比胁迫指数	0.473	−0.126	0.103	−0.219	−0.013
根长胁迫指数	0.379	−0.184	−0.127	0.098	0.158
叶面积胁迫指数	0.104	0.380	0.002	−0.331	0.472
特征值	3.428	2.518	1.977	1.324	1.183
贡献率（%）	26.366	19.372	15.207	10.183	9.101
累计贡献率（%）	26.366	45.738	60.946	71.129	80.229

决定第 1 主成分大小的主要是根冠比（0.403）、地下生物量胁迫指数（0.428）、根冠比胁迫指数（0.473）3 个性状分量，主成分 1 相当于 3.428 个原始指标的作用，它可反映原始数据信息量的 26.366%。这些指标越大越有利于苜蓿在逆境条件下生存，根冠比、地下生物量胁迫指数、根冠比胁迫指数均与地下生物量的积累和根系长度有关，根系是植物吸收、转化和贮藏养分的器官，其生长发育状况直接影响地上部茎和叶的生长。因此，可把第 1 主成分称为“地下生物量因子”。

决定第 2 主成分大小的主要是株高（－0.433）、叶面积（0.483）、根长/株高（0.423）3 个性状分量，主成分 2 相当于 2.518 个原始指标的作用，它可反映原始数据信息量的 19.372%。其中株高为负向标，叶面积、根长/株高为正向标，这 3 个性状均与植株生长发育有一定关系，植物各器官中叶片对干旱最敏感，尤其是功能叶可作为植株感受干旱胁迫的检测部位。在干旱条件下苜蓿地下部分生长健壮而株高相对较矮，叶片相对较小有利于苜蓿抗旱。因此，可把第 2 主成分称为“生长发育因子”。

决定第 3 主成分大小的主要是地上生物量（0.539）、地下生物量（0.433）、地上生物量胁迫指数（0.526）3 个性状分量，主成分 3 相当于 1.977 个原始指标的作用，它可反映原始数据信息量的 15.207%。在干旱条件下植株地下部分积累较多，同时地上生物量也有一定程度的累积，苜蓿生物量的累积有利于植株自身的生长同时也有利于植株抵抗外界不良环境。因此，可把第 3 主成分称为“地上生物量因子”。

决定第 4 主成分大小的主要是根系长度（0.563）、侧根数（0.429）、根长/株高（0.430）3 个性状分量，其中根长所对应的特征向量比较大，根系的发达程度与抗旱力呈正相关，因为未被根所穿透的土壤中的水分是作物不能利用的，所以，能够产生深入而分枝根系的作物能有效地利用水分，防止或推迟干旱的伤害。根是植物吸水的主要器官，在同一水分条件下深根、根体积大、侧根数多的材料会较充分地吸取土壤深层的水分，利于植株更好的生长，根系是作物抗旱性指标之一。因此，可把第 4 主成分称为“根系因子”。

决定第 5 主成分大小的主要是地下生物量（－0.563）、根冠比（－0.438）、叶面积胁迫指数（0.472）3 个性状分量，其中叶面积胁迫指数为正向标，地下生物量和根冠比均为负向标。因此，可把第 5 主成分称为“胁迫指数因子”。

2.3　隶属函数分析

根据主成分分析，特征根的大小代表各综合指标对总遗传方差贡献的大小，特征向量表示各性状对综合指标贡献的大小。第 1 主成分、第 2 主成分、第 3 主成分的累计贡献率为 60.946%，表明前 3 个主成分代表了 60.946%的信息。选取前 3 个主成分中绝对值在 0.4～0.6 的负荷系数的指标进行隶属函数分析，以评价其抗旱顺序。株高、叶面积采用反隶属函数公式计算其函数值。根据隶属函数平均值的大小对 15 份胶质苜蓿种质资源抗旱性进行了排序（表 3）。

表 3　干旱胁迫条件下苜蓿隶属函数值

种质资源	*R*（1）	*R*（2）	*R*（3）	*R*（4）	*R*（5）	*R*（6）	*R*（7）	*R*（8）	*R*（9）	*S*（1）	排序
ZXY06P-2513	0.404	0.380	0.265	0.942	0.653	0.114	0.678	0.106	0.106	0.405	9
ZXY06P-2527	0.553	0.221	0.399	0.433	0.722	0.624	0.607	0.496	0.549	0.512	4
ZXY06P-2533	0.451	0.307	0.672	0.417	0.708	0.618	0.808	0.669	0.651	0.589	1
ZXY06P-2567	0.294	0.344	0.424	0.300	0.681	0.741	0.692	0.633	0.657	0.530	3
ZXY06P-2575	0.549	0.154	0.514	0.283	0.153	0.199	0.576	0.356	0.403	0.354	12
ZXY06P-2580	0.196	0.763	0.916	0.433	0.569	0.466	0.608	0.460	0.507	0.547	2
ZXY06P-2585	0.847	0.283	0.228	0.483	0.625	0.466	0.620	0.486	0.537	0.508	5
ZXY06P-2591	0.227	0.337	0.326	0.292	0.528	0.594	0.199	0.140	0.273	0.324	14

（续）

种质资源	R（1）	R（2）	R（3）	R（4）	R（5）	R（6）	R（7）	R（8）	R（9）	S（1）	排序
ZXY06P－2605	0.176	0.271	0.650	0.042	0.514	0.972	0.025	0.209	0.439	0.366	10
ZXY06P－2612	0.380	0.439	0.518	0.500	0.444	0.282	0.232	0.061	0.161	0.335	13
ZXY06P－2626	0.306	0.701	0.418	0.733	0.764	0.353	0.499	0.077	0.115	0.441	8
ZXY06P－2636	0.345	0.074	0.192	0.375	0.208	0.170	0.778	0.186	0.172	0.278	15
ZXY06P－2652	0.298	0.487	0.501	0.550	0.542	0.324	0.381	0.024	0.087	0.355	11
ZXY06P－2658	0.227	0.358	0.737	0.567	0.889	0.613	0.193	0.135	0.267	0.443	7
ZXY06P－2664	0.314	0.496	0.531	0.617	0.722	0.417	0.611	0.215	0.235	0.462	6

注：表中R（1）、R（2）、R（3）、R（4）、R（5）、R（6）、R（7）、R（8）、R（9）分别表示株高、叶面积、根长/株高、地上生物量、地下生物量、根冠比、地上生物量胁迫指数、地下生物量胁迫指数、根冠比胁迫指数的隶属函数值；S（1）代表隶属函数平均值。

3 讨论

3.1 抗旱评价方法

目前鉴定牧草的抗旱性方法很多，但没有形成统一的规范，各有优缺点，这就要求我们根据研究目的灵活运用。常用的方法主要是根据牧草生长环境的不同（如田间试验法、干旱棚法和人工模拟气候箱法）和根据对牧草干旱处理的方法不同（如土壤干旱盆栽法、大气干旱法和高渗溶液法）而制定的。本试验采用土壤干旱盆栽法，能够比较灵活的人为控制浇水量和浇水时间，但盆栽限制了根系的自由生长，会导致与大田试验或生产实际有一定差异，这些差异只能尽量减小。在分析时采用主成分分析和隶属函数法对苜蓿形态指标进行综合评价，既可消除由个别指标带来的片面性，又由于各性状的隶属函数值是［0，1］闭区间上的纯数，使不同形态指标之间及各品种之间的综合抗旱性差异具有可比性，将提高抗旱鉴定的可靠性。

3.2 抗旱评价指标

牧草抗旱评价指标很多，但由于生长因子对干旱的反应最为敏感，因此评价生长及形态指标仍然是抗旱鉴定最常用的方法。根据前人的试验探索选择一些公认的形态指标和生长指标对胶质苜蓿抗旱性进行研究。叶面积、根长、生物量、根冠比等形态、生长指标是比较简单、直观、快速、可靠的鉴定评价指标，这些指标对水分胁迫比较敏感，其中牧草生长状况对干旱的反应最为敏感，物质运输则最为迟钝，轻度干旱反而对物质运输有促进作用。本试验采用简单直接的形态指标的隶属函数平均值来评价胶质苜蓿种质资源的抗旱性，有利于在苜蓿生育前期筛选具有优良性状的材料，而且在一些试验条件差的地区可通过形态特征考察出来，选育具有优良农业性状的抗旱材料进行推广。

3.3 胶质苜蓿抗旱性评价

通过主成分分析将13个胶质苜蓿抗旱鉴定指标归纳为地下生物量因子、生长发育因子、地上生物量因子、根系因子和胁迫指数因子5个主成分，累计方差贡献率为80.229%，其中地下生物量因子最高为26.366%，说明地下生物量是苜蓿抗旱性鉴定的重要指标。在主成分分析的基础上选择9个主要指标进行隶属函数分析。抗旱性评价结果表明，ZXY06P－2533、ZXY06P－2580和ZXY06P－2567表现出较强的抗旱性，ZXY06P－2591和ZXY06P－2636抗旱性较弱。抗旱性强的胶质苜蓿地下生物量比较发达，ZXY06P－2533和ZXY06P－2567地上生物量胁迫指数、地下生物量胁迫指数以及根冠比胁迫指数明显高于其他材料，胁迫指数越大说明在逆境条件下材料抵抗逆境的能力越强，比其他材料易存活。此结论与在试验过程中所观察的结果基本符合，但有的材料却出现了较大的偏差，如综合评价结果中 ZXY06P-2580 抗旱性较强，而在试验过程中却表现一般，这可能与试验过程中温室内环境和试验的操作过程以及测定指标的选取有一定的关系，人为因素对试验结果也会产生较大的影响，从而使综合评价结果与实际观测出现了一定的出入。因此在牧草抗旱性综合评价上筛选抗旱评价指标以及评价方法仍是今后研究重点。

参考文献

[1] 张玉发，王庆锁，苏家楷. 试论中国苜蓿产业化 [J]. 中国草地，2000 (1)：64-69.
[2] 贾慎修. 草地学 [M]. 2 版. 北京：中国农业出版社，1995：81-144.
[3] 彭立新，李德全，束怀瑞. 园艺植物水分胁迫生理及耐旱机制研究进展 [J]. 西北植物学报，2002，22 (5)：1275-1281.
[4] 陈昌毓. 甘肃干旱半干旱地区农业气候特征分析 [J]. 干旱地区农业研究，1995，13 (2)：110-117.
[5] 韩瑞宏，卢欣石，高桂娟，等. 紫花苜蓿抗旱性主成分及隶属函数分析 [J]. 草地学报，2006，14 (2)：142-146.
[6] 王菲，于成龙，刘丹. 植物生长调节剂对苗木抗旱性影响的综合评价 [J]. 林业科技，2007，32 (3)：56-60.
[7] 李波，贾秀峰，白庆武，等. 干旱胁迫对苜蓿脯氨酸累积的影响 [J]. 植物研究，2003，23 (2)：189-191.
[8] ACAR O，TÜRKAN I，F ÖZDEMIR. Superoxide dismutase and peroxidase activities in drought sensitive and resistant barley (*Hordeum vulgate L.*) varieties [J]. Acta Physiologiae Plant arum，2001，23 (3)：351-356.

72 份百脉根苗期抗旱性评价

赵海明[1] 高洪文[2]

(1. 河北省农林科学院旱作农业研究所 2. 中国农业科学院北京畜牧兽医研究所)

1 试验目的

采用温室盆栽土培法对 72 份百脉根种质材料进行苗期抗旱鉴定，筛选抗旱性强的种质材料。

2 试验材料

百脉根苗期抗旱鉴定材料 72 份，材料来源于中国农业科学院北京畜牧兽医研究所（表 1）。

表 1 试验材料一览表

编号	材料名称	编号	材料名称	编号	材料名称
B1	ZXY2005P-1322	B8	ZXY2005P-1152	B15	ZXY2005P-1251
B2	ZXY2005P-1174	B9	ZXY2005P-934	B16	ZXY2005P-1452
B3	ZXY2005P-858	B10	ZXY2005P-1265	B17	ZXY2005P-870
B4	ZXY2005P-625	B11	ZXY2005P-1289	B18	ZXY2005P-1477
B5	ZXY2005P-757	B12	ZXY2005P-1345	B19	ZXY2005P-614
B6	ZXY2005P-831	B13	ZXY2005P-892	B20	ZXY2005P-1485
B7	ZXY2005P-1497	B14	ZXY2005P-775	B21	ZXY2005P-915

（续）

编号	材料名称	编号	材料名称	编号	材料名称
B22	ZXY2005P - 1186	B39	ZXY2006P - 2666	B56	ZXY2006P - 1848
B23	ZXY2005P - 768	B40	ZXY2006P - 1813	B57	ZXY2006P - 2299
B24	ZXY2005P - 725	B41	ZXY2006P - 2338	B58	ZXY2006P - 2368
B25	ZXY2005P - 1167	B42	ZXY2006P - 1785	B59	ZXY2006P - 2316
B26	ZXY2005P - 1518	B43	ZXY2006P - 2655	B60	ZXY2006P - 1863
B27	ZXY2005P - 920	B44	ZXY2006P - 1775	B61	ZXY2006P - 2191
B28	ZXY2005P - 1507	B45	ZXY2006P - 2153	B62	ZXY2006P - 1779
B29	ZXY2005P - 819	B46	ZXY2006P - 2205	B63	ZXY2006P - 2172
B30	ZXY2005P - 1039	B47	ZXY2006P - 2376	B64	ZXY2006P - 2410
B31	ZXY2005P - 881	B48	ZXY2006P - 1608	B65	ZXY2006P - 2593
B32	ZXY2005P - 1441	B49	ZXY2006P - 2403	B66	ZXY2006P - 1934
B33	ZXY2005P - 1018	B50	ZXY2006P - 2228	B67	ZXY2006P - 2329
B34	ZXY2006P - 1687	B51	ZXY2006P - 1048	B68	ZXY2006P - 1993
B35	ZXY2006P - 2110	B52	ZXY2006P - 2251	B69	ZXY2006P - 1957
B36	ZXY2006P - 1738	B53	ZXY2006P - 1834	B70	ZXY2006P - 2066
B37	ZXY2006P - 1748	B54	ZXY2006P - 1974	B71	ZXY2006P - 1707
B38	ZXY2006P - 2663	B55	ZXY2006P - 2607	B72	ZXY2006P - 2143

3 试验方法

3.1 播前土培准备

播前将中等肥力的耕层土与纯沙土过筛后 1∶1 比例混合均匀，装入塑料箱中，塑料箱规格为长×宽×高＝48.5cm×33.3cm×18cm，装土厚度 15cm，然后灌水至田间持水量的 80%（土壤含水量为 17.6%～20.8%），自然晾 24h 播种，播前保持土壤平整。试验的环境温度为 20～25℃。

3.2 试验设计

试验设置干旱胁迫和正常灌水 2 个处理，每个处理 4 次重复，每个重复 20 株苗。每个塑料箱播种 4 份材料，均匀排列。

播种采取点播的方式，每穴 3～5 粒，覆土 1cm，两叶期前定苗保证每份材料 20 株苗。

3.3 胁迫处理

幼苗长至三叶期时停止供水，开始进行干旱胁迫。当土壤含水量降至田间持水量的 15%～20%时复水，使土壤水分达到田间持水量的 80%±5%。第一次复水后即停止供水，复水 120h 后调查存活苗数，以叶片转呈鲜绿色者为存活。

3.4 试验管理

试验用土的土壤含水量为 10%，箱内土重 30kg，干土重为 27kg。土壤养分含量为：碱解氮 42.4mg/kg，有效磷 4.32mg/kg，速效钾 103.8mg/kg，有机质 0.83%，全盐含量 0.094%。播前每箱浇水 2 000mL，9 月 9 日播种，9 月 23 日浇水 2 000mL，9 月 27 日浇水 4 000mL，10 月 9 日定苗，浇水 2 000mL，10 月 17 日浇水 2 000mL。

3.5 测定项目及方法

胁迫结束后调查记录植株存活率、株高、地上生物量（干重）、地下生物量（干重）、分枝数、根冠比等指标。植株存活率＝第1次胁迫后株数/胁迫前株数×100％，复水后5d记录存活数，以叶片转变为鲜绿色为存活。株高：测量每个材料从主茎茎基部到分枝顶端的高度。地上生物量（干重）、地下生物量（干重）：收获后105℃杀青10min，然后80℃烘干至2次称量无误差为止。分枝数：主茎基部着生的分枝数目。根冠比＝地下干重/地上干重。

3.6 抗旱性评价

（1）存活率评价法 根据反复干旱下苗期干旱存活率，将多年生豆科牧草苗期抗旱性分为5级。1级为抗旱性极强（HR），干旱存活率≥80.0％；2级为抗旱性强（R），干旱存活率65％～79.9％；3级为抗旱性中等（MR），干旱存活率50.0％～64.9％；4级为抗旱性弱（S），干旱存活率35.0％～49.9％；5级为抗旱性极弱（HS），干旱存活率≤35.0％。

（2）综合评价法 根据每份材料的各个指标变化大小进行打分，打分标准为：在各个指标中，均以耐旱性最强的材料得分最高即10分，以耐旱性最弱的材料得分最低即1分，依此类推，最后把各个指标得分相加，根据总分高低排出各个材料的抗旱性顺序。得分越高，抗旱性越强。抗旱系数＝胁迫下各个指标的值/对照各个指标的值，得分＝［（每个材料对应抗旱系数－最低抗旱系数）］/［（最高抗旱系数－最低抗旱系数）/10］。

由于初次对百脉根进行试验，对试验材料不了解，大部分材料出苗不太整齐，苗数不一致，长势不均一，后期温度急剧降低，因此试验只进行第1次干旱胁迫。

4 结果与分析

4.1 干旱胁迫对各项指标的影响

从表2和表3可以看出，百脉根对照理论上应该完全存活，实际存活率部分不足100％，与出苗不整齐有关。干旱胁迫处理的存活率全部在70％以上，因此百脉根是一个抗旱性较强的物种，2级水平的仅有4个材料，其余均为1级，其中B54、B47的存活率为100％。

表2 以存活率评价抗旱性等级分布情况表

抗旱级别	抗旱性	干旱存活率	材料名称
1	极强（HR）	≥80.0％	B54、B47、B7、B26、B50、B52、B61、B57、B58、B63、B65、B37、B38、B41、B42、B44、B49、B53、B55、B64、B10、B12、B31、B39、B45、B46、B48、B67、B71、B36、B43、B56、B66、B6、B25、B29、B32、B69、B19、B23、B40、B59、B18、B68、B14、B27、B30、B11、B17、B22、B33、B51、B8、B13、B16、B35、B60、B1、B9、B20、B34、B24、B4、B3、B21、B15、B28、B62
2	强（R）	65.0％～79.9％	B2、B5、B70、B72
3	中等（MR）	50.0％～64.9％	无
4	弱（S）	35.0％～49.9％	无
5	极弱（HS）	≤35.0％	无

从表3的总体平均值来看，干旱胁迫处理的百脉根在株高、地上生物量、地下生物量、分枝数方面明显小于对照处理，根冠比相差不大，说明胁迫处理对各个指标的生长发育具有明显影响。

表 3　不同材料的干旱胁迫各个指标平均值

序号	编号	存活率（%）		株高（mm）		分枝数		地上生物量（g）		地下生物量（g）		根冠比	
		胁迫	对照	胁迫	对照	胁迫	对照	胁迫	对照	胁迫	对照	胁迫	对照
1	B1	86	89	25.4	41.5	2.8	4.42	0.59	1.14	0.8	1.78	1.32	1.51
2	B2	79	94	28.9	44.7	2.27	3.5	0.47	1.07	0.78	2.2	1.7	2.12
3	B3	83	86	19.1	38.9	2.05	3.7	0.49	0.73	1.1	2	2.37	2.15
4	B4	84	92	27.9	45.5	2.9	3.48	0.42	1.09	0.9	1.52	1.63	1.28
5	B5	78	99	27.9	60.9	3.08	4.67	0.55	2.02	1	2.43	1.72	1.21
6	B6	93	96	29.9	37.1	2.72	3.25	0.46	0.87	0.94	1.7	2.07	1.97
7	B7	99	93	33.5	42.8	2.7	3.34	0.77	0.98	1.1	2.02	1.4	1.79
8	B8	87	98	28.7	40.5	2.21	3.34	0.5	1.08	1.02	1.51	1.91	1.37
9	B9	86	94	25.7	37.1	2.87	3.79	0.66	1.11	0.77	1.6	1.22	1.39
10	B10	95	94	30.8	54.8	3.03	4.09	0.8	1.39	1.08	1.68	1.33	1.22
11	B11	88	89	36.6	37.2	3.23	2.87	0.78	0.68	0.91	1.17	1.25	1.64
12	B12	95	86	28.8	54.1	2.75	3.43	0.59	0.96	1.06	1.2	1.5	1.25
13	B13	87	82	21.5	30	2.3	2.73	0.34	0.45	1.28	1.41	2.58	1.9
14	B14	89	94	33.6	47.6	2.76	3.95	0.77	1.21	1.62	1.33	1.18	0.83
15	B15	81	86	24	39.3	2.61	3.22	0.5	0.66	0.84	1.05	1.49	1.33
16	B16	87	87	25.6	31.6	2.56	3.24	0.74	0.71	1.26	1.13	1.42	1.46
17	B17	88	93	22.9	27.3	3.04	2.98	0.64	0.57	1.45	0.86	1.71	1.62
18	B18	90	88	21.5	33.7	2.85	3.33	0.51	0.97	1.26	2.2	2.18	2.62
19	B19	91	93	19.9	36.2	2.94	3.89	0.39	0.88	3.06	1.93	2.16	1.03
20	B20	86	100	40.3	48.5	3.27	3.34	0.75	1.35	2.07	1.78	1.63	1.27
21	B21	83	85	25.6	29.7	2.65	2.72	0.45	0.52	0.78	1.2	1.68	2.08
22	B22	88	97	30.3	34.4	3.62	3.6	0.73	1.14	0.96	1.9	1.25	1.68
23	B23	91	98	37	50.1	3.32	3.86	0.73	1.27	0.88	1.77	1.22	1.36
24	B24	85	98	38.3	52.1	3.19	3.84	0.72	1.4	0.8	1.76	1.13	1.23
25	B25	93	93	44.2	61	3.61	3.62	0.63	1.54	0.88	1.85	1.38	1.26
26	B26	99	95	37.9	57.8	4.74	4.29	1.45	1.82	1.18	2.5	0.84	1.38
27	B27	89	88	28.1	46.1	2.73	3.78	0.4	0.77	0.64	1.29	1.63	1.57
28	B28	81	96	23.7	40.8	3.57	5.55	0.53	1.41	0.94	2.28	1.74	1.57
29	B29	92	91	23.3	47.4	3	4.08	0.56	1.37	0.7	2.17	1.36	1.53
30	B30	89	98	31.8	45.8	3.1	3.24	0.79	1.09	0.98	1.79	1.26	1.52
31	B31	95	88	16.9	36.3	2.23	3	0.31	0.67	0.76	1.36	1.43	1.94
32	B32	92	96	33.1	44.6	3.4	4.17	0.65	1.68	0.94	2.39	1.43	1.42
33	B33	88	98	23.8	42.2	2.72	3.42	0.41	1.07	0.65	1.6	1.54	1.31
34	B34	86	100	22.8	46.5	2.74	4.14	0.52	1.29	0.85	1.44	1.67	1.11
35	B35	87	99	19.1	30.5	3.01	3.57	0.5	0.74	0.8	1.08	1.68	1.46
36	B36	94	93	24.3	36.4	3.1	3.35	0.63	1.1	0.8	1.48	1.3	1.27
37	B37	96	94	28.6	43.3	2.94	3.69	0.57	1.17	0.99	1.7	1.76	1.45
38	B38	96	100	38.7	43	3.39	3.94	0.91	1.75	1.13	2	1.23	1.14
39	B39	95	98	21.6	37.4	2.76	3.74	0.48	0.96	0.8	1.28	1.69	1.34

（续）

序号	编号	存活率（%）		株高（mm）		分枝数		地上生物量（g）		地下生物量（g）		根冠比	
		胁迫	对照	胁迫	对照	胁迫	对照	胁迫	对照	胁迫	对照	胁迫	对照
40	B40	91	99	22.6	43.8	2.65	3.45	0.36	0.95	0.88	1.7	2.27	1.78
41	B41	96	100	36.3	45	3.19	4.19	0.84	1.31	1.1	1.93	1.32	1.47
42	B42	96	94	28.3	36.6	2.78	3.3	0.53	0.83	0.89	1.69	1.63	1.98
43	B43	94	100	44.8	63.9	3.2	3.88	0.9	1.64	1.08	2.28	1.26	1.39
44	B44	96	92	24.2	33.9	3	3.66	0.64	1.03	1.15	1.9	1.79	1.75
45	B45	95	99	13.8	38.9	3.44	3.46	0.35	1.29	0.8	1.73	2.28	1.34
46	B46	95	95	31.8	44.8	3.24	5.2	0.64	1.38	0.83	2.03	1.3	1.45
47	B47	100	100	31.8	42	3.02	3.86	0.7	1.23	0.88	1.83	1.25	1.49
48	B48	95	100	22.5	41.6	3.57	3.15	0.46	1.13	0.78	1.82	1.68	1.61
49	B49	96	98	41	51.6	3.23	4.23	0.87	1.8	1	3	1.13	1.68
50	B50	99	99	38.1	43.8	3.54	4.44	0.88	1.76	1.28	3.21	1.46	1.79
51	B51	88	99	33.6	36.7	3.11	3.95	0.56	1.27	1.23	2.53	2.19	1.91
52	B52	99	95	35.6	54	3.48	5.27	0.93	2.49	1.18	3.15	1.26	1.25
53	B53	96	99	29.9	44.4	3.15	3.64	0.8	1.69	1.1	2.33	1.4	1.38
54	B54	100	100	42.7	65.4	3.34	4	0.94	2.06	1.13	2.38	1.19	1.15
55	B55	96	98	38.1	54.5	3.34	4.51	0.84	1.93	1.38	2.26	1.6	1.16
56	B56	94	99	24.6	39.2	2.14	3.25	0.5	1.06	0.85	1.88	1.71	1.76
57	B57	98	100	32.7	47.4	3.68	4.64	0.99	2.26	0.95	3.23	0.95	1.43
58	B58	98	99	42.3	58.4	3.38	4.1	0.91	1.7	0.95	2.35	1.04	1.38
59	B59	91	97	35.8	57.2	3.55	3.98	0.69	1.52	1.13	2.21	1.64	1.45
60	B60	87	95	22.2	38.6	3.17	3.5	0.5	1.12	1.06	2.72	2.05	1.98
61	B61	99	88	28.5	50.7	3.02	3.74	0.74	1.7	0.85	2.13	1.14	1.37
62	B62	80	89	20.6	35.9	2.72	3.27	0.45	0.72	0.51	2.17	1.06	2.82
63	B63	98	97	27.9	45.5	2.62	4.41	0.68	1.44	0.8	2.18	1.19	1.49
64	B64	96	94	21.1	53.5	3.08	4.59	0.63	1.93	1.18	2.66	1.87	1.33
65	B65	98	100	43.2	55.8	3.6	4.37	1.02	1.57	0.88	2.43	0.86	1.55
66	B66	94	100	36.1	47.3	3.56	4.37	0.94	1.82	1.08	3.06	1.15	1.69
67	B67	95	98	33.8	57.1	3.12	4.43	0.79	1.81	1.4	2.02	1.78	1.13
68	B68	90	99	32.8	51.6	2.92	4.32	0.75	1.32	0.95	2.11	1.28	1.57
69	B69	92	98	40.5	53.8	3.35	4.4	0.83	1.92	1.14	2.63	1.35	1.38
70	B70	77	100	30.7	49.8	3.12	3.69	0.57	1.26	0.74	2.28	1.77	1.78
71	B71	95	99	36	43.6	2.65	3.9	0.79	0.97	1.55	1.91	2.02	1.96
72	B72	71	95	25.9	37.3	2	3.5	0.32	1.06	0.6	1.53	1.83	1.49
总体平均值		91.06	95.17	29.88	44.70	3.02	3.82	0.65	1.27	1.03	1.95	1.54	1.54

4.2　综合评价

从表 4 可以看出，抗旱性明显较好的有 B17、B11，较好的材料有 B21、B16、B7、B13、B19、B20、B38、B12、B25，较差的有 B72、B5、B2、B28、B70、B34、B29，其他材料抗旱性中等。

表4 不同材料的抗旱系数分值

序号	编号	存活率		株高		分枝数		地上生物量		地下生物量		根冠比		总分	顺序
		抗旱系数	得分	抗旱系数	得分	抗旱系数	得分	抗旱系数	得分	抗旱系数	得分	抗旱系数	得分		
17	B17	0.941	6	0.840	9	1.022	9	1.414	10	1.875	10	1.051	4	48	1
11	B11	0.986	7	0.956	10	1.125	10	1.358	10	1.023	5	0.761	3	45	2
21	B21	0.968	6	0.863	9	0.972	8	1.100	8	0.873	4	0.806	3	38	3
16	B16	1.004	7	0.811	8	0.790	5	1.043	7	1.230	6	0.975	4	37	4
7	B7	1.061	9	0.807	8	0.809	5	0.738	5	1.100	6	0.781	3	36	5
13	B13	1.065	9	0.642	5	0.843	5	0.800	5	1.100	6	1.359	6	36	5
19	B19	0.987	7	0.549	4	0.892	6	0.397	2	0.952	5	2.085	10	34	7
20	B20	0.858	3	0.832	8	0.981	8	0.533	3	1.148	6	1.284	6	34	7
38	B38	0.963	6	0.901	10	0.861	6	0.520	3	0.565	2	1.077	5	32	9
12	B12	1.101	10	0.490	3	0.802	5	0.625	4	0.875	4	1.197	5	31	9
25	B25	1.000	7	0.725	7	0.996	8	0.455	2	0.500	2	1.098	5	31	9
14	B14	0.944	6	0.706	6	0.700	3	0.440	2	1.113	6	1.422	7	30	12
27	B27	1.008	7	0.610	5	0.722	3	0.914	6	0.964	5	1.036	4	30	12
44	B44	1.043	8	0.716	7	0.820	5	0.606	3	0.617	3	1.022	4	30	12
71	B71	0.961	6	0.826	8	0.680	3	0.800	5	0.827	4	1.032	4	30	12
22	B22	0.905	5	0.883	9	1.005	8	0.582	3	0.432	1	0.745	3	29	16
36	B36	1.004	7	0.668	6	0.926	7	0.539	3	0.552	2	1.023	4	29	16
6	B6	0.961	6	0.655	5	0.835	5	0.506	3	0.935	5	1.053	4	28	18
10	B10	1.013	7	0.663	6	0.742	4	0.562	3	0.613	3	1.091	5	28	18
15	B15	0.934	5	0.610	5	0.811	5	0.643	4	0.892	4	1.125	5	28	18
37	B37	1.025	8	0.660	6	0.797	5	0.475	2	0.576	2	1.214	5	28	18
41	B41	0.963	6	0.808	8	0.760	4	0.641	4	0.570	2	0.898	4	28	18
42	B42	1.027	8	0.773	7	0.843	5	0.612	3	0.506	2	0.821	3	28	18
50	B50	1.001	7	0.869	9	0.797	5	0.521	3	0.427	1	0.815	3	28	18
55	B55	0.987	7	0.698	6	0.741	4	0.448	2	0.619	3	1.376	6	28	18
18	B18	1.021	8	0.640	5	0.854	6	0.544	3	0.506	2	0.831	3	27	26
26	B26	1.041	8	0.657	5	0.924	7	0.648	4	0.395	1	0.608	2	27	26
30	B30	0.913	5	0.695	6	0.959	7	0.617	4	0.510	2	0.832	3	27	26
48	B48	0.950	6	0.541	4	1.133	10	0.411	2	0.433	1	1.043	4	27	26
51	B51	0.886	4	0.915	10	0.788	4	0.455	2	0.522	2	1.148	5	27	26
23	B23	0.927	5	0.739	7	0.860	6	0.595	3	0.533	2	0.894	3	26	31
35	B35	0.880	4	0.625	5	0.843	5	0.639	4	0.743	3	1.155	5	26	31
39	B39	0.974	6	0.577	4	0.739	4	0.505	3	0.640	3	1.260	6	26	31
47	B47	1.000	7	0.759	7	0.782	4	0.569	3	0.481	2	0.839	3	26	31
53	B53	0.975	6	0.674	6	0.866	6	0.467	2	0.472	2	1.015	4	26	31
58	B58	0.987	7	0.723	7	0.823	5	0.535	3	0.404	1	0.754	3	26	31
61	B61	1.125	10	0.561	4	0.806	5	0.540	3	0.447	1	0.833	3	26	31
24	B24	0.872	4	0.735	7	0.829	5	0.504	3	0.462	2	0.924	4	25	38
32	B32	0.962	6	0.743	7	0.815	5	0.402	2	0.408	1	1.011	4	25	38
45	B45	0.961	6	0.355	0	0.994	8	0.264	1	0.451	2	1.705	8	25	38
54	B54	1.000	7	0.652	5	0.835	5	0.456	2	0.475	2	1.037	4	25	38

（续）

序号	编号	存活率		株高		分枝数		地上生物量		地下生物量		根冠比		总分	顺序
		抗旱系数	得分	抗旱系数	得分	抗旱系数	得分	抗旱系数	得分	抗旱系数	得分	抗旱系数	得分		
59	B59	0.937	5	0.626	5	0.892	6	0.466	2	0.526	2	1.128	5	25	38
65	B65	0.975	6	0.774	7	0.822	5	0.643	4	0.362	1	0.558	2	25	38
67	B67	0.974	6	0.592	4	0.704	3	0.476	2	0.745	3	1.569	7	25	38
4	B4	0.913	5	0.614	5	0.833	5	0.365	1	0.608	2	1.268	6	24	45
8	B8	0.894	4	0.765	7	0.661	2	0.490	2	0.685	3	1.395	6	24	45
49	B49	0.987	7	0.794	8	0.764	4	0.492	2	0.333	1	0.674	2	24	45
60	B60	0.915	5	0.576	4	0.905	6	0.563	3	0.578	2	1.038	4	24	45
69	B69	0.943	6	0.752	7	0.762	4	0.442	2	0.430	1	0.975	4	24	45
43	B43	0.938	5	0.701	6	0.824	5	0.494	2	0.444	1	0.907	4	23	50
66	B66	0.938	5	0.764	7	0.813	5	0.577	3	0.393	1	0.680	2	23	50
9	B9	0.916	5	0.626	5	0.757	4	0.522	3	0.456	2	0.876	3	22	52
31	B31	1.075	9	0.466	2	0.746	4	0.417	2	0.500	2	0.735	3	22	52
33	B33	0.894	4	0.564	4	0.797	5	0.457	2	0.542	2	1.176	5	22	52
46	B46	1.000	7	0.710	6	0.674	2	0.457	2	0.409	1	0.898	4	22	52
52	B52	1.039	8	0.660	6	0.660	2	0.372	1	0.375	1	1.008	4	22	52
57	B57	0.975	6	0.689	6	0.793	5	0.442	2	0.294	1	0.668	2	22	52
62	B62	0.904	5	0.575	4	0.830	5	0.889	6	0.336	1	0.375	1	22	52
1	B1	0.967	6	0.613	5	0.634	2	0.564	3	0.490	2	0.873	3	21	59
40	B40	0.924	5	0.515	3	0.770	4	0.375	1	0.518	2	1.277	6	21	59
56	B56	0.949	6	0.628	5	0.657	2	0.467	2	0.452	2	0.970	4	21	59
68	B68	0.911	5	0.637	5	0.677	3	0.573	3	0.463	2	0.812	3	21	59
63	B63	1.006	7	0.614	5	0.595	1	0.475	3	0.381	1	0.797	3	20	63
64	B64	1.020	8	0.395	1	0.671	2	0.328	1	0.463	2	1.402	6	20	63
3	B3	0.969	6	0.491	3	0.556	1	0.487	2	0.536	2	1.103	5	19	65
29	B29	1.004	7	0.492	3	0.734	4	0.320	1	0.282	1	0.888	3	19	65
34	B34	0.863	3	0.491	3	0.662	2	0.405	2	0.607	2	1.507	7	19	65
70	B70	0.772	1	0.616	5	0.845	5	0.462	2	0.455	2	0.995	4	19	65
28	B28	0.846	3	0.582	4	0.741	4	0.379	1	0.417	1	1.108	5	18	69
2	B2	0.840	3	0.647	5	0.648	2	0.442	2	0.355	1	0.803	3	16	70
5	B5	0.788	1	0.498	3	0.667	2	0.284	1	0.403	1	1.422	7	15	71
72	B72	0.750	0	0.693	6	0.572	1	0.333	1	0.405	1	1.230	5	14	72

5 小结

（1）干旱胁迫处理的百脉根在株高、地上生物量、地下生物量、分枝数方面明显小于对照处理，根冠比相差不大，说明胁迫处理对各个指标的生长发育具有明显影响。

（2）百脉根干旱胁迫处理的存活率全部在70%以上，正常处理存活率均在80%以上。仅有4个材料为2级抗旱性水平，分别为B2、B5、B70、B72，其余为1级水平，抗旱性极强。

（3）根据各指标抗旱系数综合评价，抗旱性较好的有（前10位）B17、B11、B21、B16、B7、B13、B19、B20、B38、B12，较差的有B72、B5、B2、B28、B70、B34、B29，其他材料抗旱性中等。

（4）抗旱系数与存活率两种评价方法具有相对一致性，存活率只是初步比较，综合评价法比较更为准确。

21份百脉根苗期抗旱性评价

赵海明[1]　高洪文[2]

（1. 河北省农林科学院旱作农业研究所　2. 中国农业科学院北京畜牧兽医研究所）

1　试验目的

采用温室盆栽土培法对21份百脉根进行苗期抗旱鉴定，筛选抗旱性强的种质材料。

2　试验材料

百脉根苗期抗旱鉴定供试材料21份。材料来源于中国农业科学院北京畜牧兽医研究所（表1）。

表1　试验材料一览表

编号	品种名称	编号	品种名称	编号	品种名称
B73	ZXY2007P-3011	B80	ZXY2007P-3368	B87	ZXY2007P-4064
B74	ZXY2007P-3032	B81	ZXY2007P-3465	B88	ZXY2007P-4084
B75	ZXY2007P-3214	B82	ZXY2007P-3474	B89	ZXY2007P-4125
B76	ZXY2007P-3222	B83	ZXY2007P-3497	B90	ZXY2007P-4133
B77	ZXY2007P-3244	B84	ZXY2007P-3532	B91	ZXY2007P-4143
B78	ZXY2007P-3305	B85	ZXY2007P-3705	B92	ZXY2007P-4164
B79	ZXY2007P-3312	B86	ZXY2007P-3756	B93	ZXY2007P-4203

3　试验方法

3.1　播前土培准备

播前将中等肥力的耕层土与纯沙土过筛后1∶1比例混合均匀，装入塑料箱中，塑料箱规格为长×宽×高=48.5cm×33.3cm×18cm，装土厚度15cm，然后灌水至田间持水量的80%（土壤含水量为17.6%～20.8%），自然晾24h播种，播前保持土壤平整。

3.2　试验设计

试验设置干旱胁迫和正常灌水2个处理，每个处理4次重复，每个重复20株苗。每个箱子播种4个材料，均匀排列。播种采取点播的方式，每穴3～5粒，覆土1cm，两叶期前定苗保证每份材料20株苗。

3.3　胁迫处理

幼苗长至三叶期时停止供水，开始进行干旱胁迫。当土壤含水量降至田间持水量的15%～20%时复水，使土壤水分达到田间持水量的80%±5%。第一次复水后即停止供水，复水120h后调查存活苗数，以叶片转呈鲜绿色者为存活。

3.4 试验管理

试验用土的土壤含水量为5.7%，箱内土重33kg，干土重为31.8kg。土壤养分含量为碱解氮31.2mg/kg、有效磷7.11mg/kg，土壤全盐含量0.077%，pH为8.25。播前3月26日每箱浇水5 000mL，3月29日播种，4月12日定苗，4月15日浇水4 000mL，5月4日对照浇水4 000mL，5月15日干旱胁迫复水3 000mL，5月21日对照浇水4 000mL，5月31日胁迫处理与对照均浇水3 000mL。

3.5 测定项目及方法

胁迫结束后调查记录植株存活率、株高、地上生物量（干重）、地下生物量（干重）、分枝数、根冠比等指标。

存活率：

$$DS=(DS1+DS2)\cdot 2^{-1}=(X_{DS1}\cdot X_{TT}{}^{-1}\cdot 100+X_{DS2}\cdot X_{TT}{}^{-1}\cdot 100)\cdot 2^{-1}$$

式中：DS——干旱存活率的实测值；

$DS1$——第1次干旱存活率；

$DS2$——第2次干旱存活率；

X_{TT}——第1次干旱前3次重复总苗数的平均值；

X_{DS1}——第1次复水后3次重复存活苗数的平均值；

X_{DS2}——第2次复水后3次重复存活苗数的平均值。

第1次胁迫后复水后5d记录存活数，以叶片转变为鲜绿色为存活。

株高：从主茎茎基部直到心叶顶端，测量每个材料所有株数。

地上生物量、地下生物量（干重）：收获后105℃杀青10min，然后80℃烘干至2次称量无误差为止。

分枝数：主茎基部着生的分枝数目。

根冠比：根冠比＝地下干重/地上干重。

3.6 抗旱性评价

3.6.1 存活率评价法

根据反复干旱下苗期干旱存活率，将多年生豆科牧草苗期抗旱性分为5级。1级为抗旱性极强（HR），干旱存活率≥80.0%；2级为抗旱性强（R），干旱存活率65%～79.9%；3级为抗旱性中等（MR），干旱存活率50.0%～64.9%；4级为抗旱性弱（S），干旱存活率35.0%～49.9%；5级为抗旱性极弱（HS），干旱存活率≤35.0%。

3.6.2 综合评价法

根据每份材料的各个指标变化大小进行打分。打分标准为：在各个指标中，均以耐盐性最强的材料得分最高即10分，以耐盐性最弱的材料得分最低即1分，依此类推，最后把各个指标得分相加，根据总分高低排出各个材料的抗旱性顺序。得分越高，抗旱性越强。抗旱系数＝胁迫下各个指标的值/对照下各个指标的值，得分＝[（每个材料对应抗旱系数－最低抗旱系数）]/[（最高抗旱系数－最低抗旱系数）/10]。

4 结果与分析

4.1 干旱胁迫对各项指标的影响

从表2可以看出，百脉根对照理论上应该完全存活，实际存活率在94%以上，有的材料对照存活率低于胁迫条件下的存活率，是管理过程中个别对照材料出现意外死苗造成。干旱胁迫处理的存活率全部在93%以上，因此百脉根是一个抗旱性较强的物种，全部为1级，抗旱性处于极强水平。根据胁迫存活率进行排序结果为：B91、B90、B74、B73＞B93、B92、B89、B88＞B81、B80、B76、B75＞B87＞B79、B77＞B84＞B85、B83＞B82＞B78＞B86。

从表2的总体平均值来看，干旱胁迫处理的百脉根在株高、地上生物量、地下生物量、分枝数、根冠比方面明显小于对照处理，这些变化表明胁迫处理对各个指标的生长发育具有明显影响。

表2 不同材料的干旱胁迫各个指标平均值

序号	编号	存活率（%）		株高（mm）		分枝数（个）		地上生物量（干重）（g）		地下生物量（干重）（g）		根冠比	
		胁迫	对照	胁迫	对照	胁迫	对照	胁迫	对照	胁迫	对照	胁迫	对照
1	B73	100.0	100.0	96.1	170.2	3.9	4.4	2.30	3.76	0.78	0.66	0.174	0.340
2	B74	100.0	100.0	92.5	172.1	5.0	5.3	2.96	6.42	1.11	1.16	0.180	0.375
3	B75	98.8	99.4	100.0	192.2	4.3	4.6	2.29	4.46	0.92	1.06	0.238	0.402
4	B76	98.8	100.0	115.4	180.7	4.2	4.4	2.59	4.96	0.81	0.93	0.188	0.314
5	B77	97.5	99.4	91.3	158.1	4.1	4.9	2.01	3.95	0.77	1.17	0.297	0.383
6	B78	93.8	100.0	122.8	154.3	4.4	4.4	2.22	4.13	0.75	1.25	0.304	0.339
7	B79	97.5	99.4	130.5	187.5	4.0	4.4	2.67	4.94	0.75	1.23	0.250	0.281
8	B80	98.8	99.4	96.8	175.0	4.5	5.3	2.52	5.49	0.80	1.33	0.242	0.319
9	B81	98.8	100.0	102.0	168.2	4.5	5.5	1.96	4.34	0.77	1.32	0.305	0.393
10	B82	95.0	98.1	100.8	159.9	4.1	5.2	1.93	4.16	0.80	1.12	0.268	0.413
11	B83	96.3	96.9	126.3	182.0	4.0	4.2	2.33	4.65	0.71	1.51	0.325	0.304
12	B84	96.9	100.0	108.0	182.7	4.5	5.3	2.58	5.00	0.88	1.41	0.281	0.341
13	B85	96.3	100.0	123.2	180.6	3.8	4.1	2.48	3.73	0.71	0.96	0.257	0.286
14	B86	93.1	98.8	122.0	191.4	4.6	4.5	2.55	4.53	0.82	0.98	0.215	0.321
15	B87	98.1	94.4	102.0	188.2	4.2	5.1	2.53	7.10	0.90	1.15	0.162	0.355
16	B88	99.4	98.1	105.5	184.3	3.8	4.8	1.62	4.41	0.62	0.82	0.186	0.385
17	B89	99.4	100.0	136.0	181.9	3.7	4.1	2.62	4.11	0.87	0.81	0.196	0.333
18	B90	100.0	97.5	128.0	176.8	3.8	4.0	1.80	3.10	0.74	0.88	0.283	0.411
19	B91	100.0	98.8	110.3	175.6	4.2	4.4	2.36	4.12	0.72	0.85	0.207	0.304
20	B92	99.4	100.0	112.8	182.2	3.8	4.3	2.25	4.29	0.64	0.92	0.214	0.285
21	B93	99.4	99.4	145.3	209.4	4.3	5.2	4.04	7.86	1.33	1.34	0.171	0.328
总体平均值		97.9	99.0	112.7	178.7	4.2	4.7	2.41	4.74	0.82	1.09	0.235	0.343

4.2 综合评价

从表3可以看出，抗旱性由强到弱的顺序为B90＞B89＞B73＞B91＞B85＞B76＝B83＝B78＞B79＝B93＞B75＝B86＞B92＝B74＞B77＞B80＝B84＞B81＞B82＞B87＝B88。

表3 不同材料的抗旱系数及分值

序号	编号	存活率		株高		分枝数		地上生物量（干重）		地下生物量（干重）		根冠比		总分	顺序
		抗旱系数	得分	抗旱系数	得分	抗旱系数	得分	抗旱系数	得分	抗旱系数	得分	抗旱系数	得分		
18	B90	1.026	9	0.658	10	0.955	7	0.58	8	0.843	6	0.688	4	44	1
17	B89	0.994	6	0.642	9	0.909	6	0.636	9	1.077	9	0.591	3	42	2

（续）

序号	编号	存活率		株高		分枝数		地上生物量（干重）		地下生物量（干重）		根冠比		总分	顺序
		抗旱系数	得分	抗旱系数	得分	抗旱系数	得分	抗旱系数	得分	抗旱系数	得分	抗旱系数	得分		
1	B73	1	7	0.588	6	0.903	5	0.61	8	1.191	10	0.513	2	39	3
19	B91	1.013	8	0.57	5	0.959	7	0.571	7	0.839	6	0.681	4	38	4
13	B85	0.963	3	0.585	6	0.928	6	0.664	10	0.739	4	0.899	8	37	5
4	B76	0.988	6	0.615	8	0.944	7	0.522	6	0.874	6	0.598	3	35	6
11	B83	0.994	6	0.584	6	0.943	7	0.5	5	0.469	1	1.067	10	35	6
6	B78	0.938	1	0.64	9	0.985	8	0.538	6	0.601	3	0.896	7	35	6
7	B79	0.981	5	0.599	7	0.916	6	0.54	6	0.609	3	0.888	7	34	9
21	B93	1	7	0.644	9	0.832	3	0.514	6	0.989	7	0.52	2	34	9
3	B75	0.994	6	0.568	5	0.945	7	0.513	6	0.868	6	0.591	3	33	11
14	B86	0.943	1	0.552	4	1.031	10	0.564	7	0.838	6	0.672	4	33	11
20	B92	0.994	6	0.579	6	0.903	5	0.524	6	0.698	4	0.751	5	32	13
2	B74	1	7	0.584	6	0.936	7	0.46	4	0.959	7	0.48	1	32	13
5	B77	0.981	5	0.568	5	0.843	3	0.51	6	0.657	3	0.777	6	28	15
8	B80	0.994	6	0.553	4	0.847	3	0.458	4	0.605	3	0.758	5	26	16
12	B84	0.969	4	0.533	3	0.853	4	0.515	6	0.625	3	0.825	6	26	16
9	B81	0.988	6	0.578	6	0.815	2	0.452	4	0.582	2	0.776	6	25	18
10	B82	0.968	4	0.595	7	0.788	1	0.463	4	0.713	4	0.65	4	24	19
15	B87	1.04	10	0.495	1	0.815	2	0.356	1	0.78	5	0.456	1	20	20
16	B88	1.013	8	0.545	4	0.78	1	0.367	1	0.759	5	0.483	1	20	20

5　小结

（1）干旱胁迫处理的百脉根在株高、地上生物量、地下生物量、分枝数、根冠比方面明显小于对照处理，说明胁迫处理对各个指标的生长发育具有明显影响。

（2）百脉根干旱胁迫处理的存活率全部在93%以上，正常处理存活率均在94%以上。均为1级水平，抗旱性极强。

（3）根据各指标抗旱系数综合评价，抗旱性较好的有B90、B73、B91、B89，较差的有B82、B84、B77等，其他材料抗旱性中等。

（4）按胁迫存活率对抗旱性进行排序为B91、B90、B74、B73>B93、B92、B89、B88>B81、B80、B76、B75>B87>B79、B77>B84>B85、B83>B82>B78>B86。

根据抗旱系数，抗旱性由强到弱的顺序为B90>B89>B73>B91>B85>B76=B83=B78>B79=B93>B75=B86>B92=B74>B77>B80=B84>B81>B82>B87=B88。

抗旱系数与存活率两种评价方法具有相对一致性，存活率只是初步比较，综合评价法比较更为准确。

20 份百脉根苗期抗旱性评价

赵海明[1]　高洪文[2]

（1. 河北省农林科学院旱作农业研究所　2. 中国农业科学院北京畜牧兽医研究所）

1　试验目的

采用温室盆栽土培法对 20 份百脉根进行苗期抗旱鉴定，筛选抗旱性强的种质材料。

2　试验材料

百脉根苗期抗旱鉴定供试材料 20 份，为 2009 年秋引进的 72 份材料中的一部分，材料来源于中国农业科学院北京畜牧兽医研究所（表 1）。

表 1　试验材料一览表

编号	品种名称	编号	品种名称
B34	ZXY2006P - 1687	B44	ZXY2006P - 1775
B35	ZXY2006P - 2110	B45	ZXY2006P - 2153
B36	ZXY2006P - 1738	B46	ZXY2006P - 2205
B37	ZXY2006P - 1748	B47	ZXY2006P - 2376
B38	ZXY2006P - 2663	B48	ZXY2006P - 1608
B39	ZXY2006P - 2666	B49	ZXY2006P - 2403
B40	ZXY2006P - 1813	B50	ZXY2006P - 2228
B41	ZXY2006P - 2338	B51	ZXY2006P - 1048
B42	ZXY2006P - 1785	B52	ZXY2006P - 2251
B43	ZXY2006P - 2655	B60	ZXY2006P - 1863

3　试验方法

3.1　播前土培准备

播前将中等肥力的耕层土与纯沙土过筛后 1∶1 比例混合均匀，装入塑料箱中，塑料箱规格为长×宽×高＝48.5cm×33.3cm×18cm，装土厚度 15cm，然后灌水至田间持水量的 80%（土壤含水量为 17.6%～20.8%），自然晾 24h 播种，播前保持土壤平整。

3.2　试验设计

试验设置干旱胁迫和正常灌水 2 个处理，每个处理 4 次重复，每个重复 20 株苗。每个塑料箱播种 4 个材料，均匀排列。

播种采取点播的方式，每穴 3～5 粒，覆土 1cm，两叶期前定苗保证每份材料 20 株苗。

3.3 胁迫处理

幼苗长至三叶期时停止供水，开始进行干旱胁迫。当土壤含水量降至田间持水量的 20%～15%时复水，使土壤水分达到田间持水量的 80%±5%。第一次复水后即停止供水，复水 120h 后调查存活苗数，以叶片转呈鲜绿色者为存活。

3.4 试验管理

试验用土的土壤含水量为 6.7%，箱内土重 33kg，干土重为 31.8kg。土壤养分含量为碱解氮 31.2mg/kg、有效磷 7.11mg/kg、土壤全盐含量 0.077%，pH 为 8.25。播前 3 月 10 日每箱浇水 4 500mL，3 月 14 日播种，3 月 29 日浇水 1 000mL，4 月 2 日浇水 1 000mL，4 月 9 日浇水 4 000mL，4 月 12 定苗，5 月 4 日对照浇水 4 000mL，5 月 15 日干旱胁迫复水 3 000mL，5 月 21 日对照浇水 4 000mL，5 月 31 日胁迫处理与对照均浇水 3 000mL。

3.5 测定项目及方法

胁迫结束后调查记录植株存活率、株高、地上生物量（干重）、地下生物量（干重）、分枝数、根冠比等指标。

存活率：$DS=(DS1+DS2)\cdot 2^{-1}=(X_{DS1}\cdot X_{TT}{}^{-1}\cdot 100+X_{DS2}\cdot X_{TT}{}^{-1}\cdot 100)\cdot 2^{-1}$

式中：DS——干旱存活率的实测值；

$DS1$——第 1 次干旱存活率；

$DS2$——第 2 次干旱存活率；

X_{TT}——第 1 次干旱前 3 次重复总苗数的平均值；

X_{DS1}——第 1 次复水后 3 次重复存活苗数的平均值；

X_{DS2}——第 2 次复水后 3 次重复存活苗数的平均值。

第 1 次胁迫后复水后 5d 记录存活数，以叶片转变为鲜绿色为存活。

株高：从主茎茎基部直到心叶顶端，测量每个材料所有株数。

地上生物量（干重）、地下生物量（干重）：收获后 105℃杀青 10min，然后 80℃烘干至 2 次称量无误差为止。

分枝数：从主茎基部着生的分枝数目。

根冠比：根冠比＝地下干重/地上干重。

3.6 抗旱性评价

3.6.1 存活率评价法

根据反复干旱下苗期干旱存活率，将多年生豆科牧草苗期抗旱性分为 5 级。1 级为抗旱性极强（HR），干旱存活率≥80.0%；2 级为抗旱性强（R），干旱存活率 65%～79.9%；3 级为抗旱性中等（MR），干旱存活率 50.0%～64.9%；4 级为抗旱性弱（S），干旱存活率 35.0%～49.9%；5 级为抗旱性极弱（HS），干旱存活率≤35.0%。

3.6.2 综合评价法

根据每份材料的各个指标变化大小进行打分。打分标准为：在各个指标中，均以耐盐性最强的材料得分最高即 10 分，以耐盐性最弱的材料得分最低即 1 分，依此类推，最后把各个指标得分相加，根据总分高低排出各个材料的抗旱性顺序。得分越高，抗旱性越强。抗旱系数＝胁迫下各个指标的值/对照下各个指标的值，得分＝[(每个材料对应抗旱系数－最低抗旱系数)]/[(最高抗旱系数－最低抗旱系数)/10]。

4 结果与分析

4.1 干旱胁迫对各项指标的影响

从表 2 可以看出，百脉根对照理论上应该完全存活，实际存活率在 96％以上，有的材料对照存活率低于胁迫条件下的存活率，因为管理过程中对照存在一定的自然死亡率。干旱胁迫处理的存活率全部在 95％以上，因此百脉根是一个抗旱性较强的物种，全部为 1 级，抗旱性处于极强水平，其中 B47 的存活率为 100％。根据胁迫存活率进行排序结果为 B35＞B38＞B41＞B46＞B47＞B49＞B52＞B37＞B48＞B39＞B42＞B43＞B50＞B40＞B34＞B44＞B36＞B45＞B51＞B60。

从表 2 的综合平均值来看，干旱胁迫处理的百脉根在株高、地上生物量、地下生物量、分枝数、根冠比方面明显小于对照处理，这些变化表明胁迫处理对各个指标的生长发育具有明显影响。

表 2　不同材料的干旱胁迫各个指标平均值

序号	编号	存活率（％）		株高（mm）		分枝数		地上生物量（干重）（g）		地下生物量（干重）（g）		根冠比	
		胁迫	对照	胁迫	对照	胁迫	对照	胁迫	对照	胁迫	对照	胁迫	对照
1	B34	97.5	100	107.6	191.5	4.2	5.2	2.55	3.96	0.97	0.86	0.217	0.378
2	B35	100	100	80.1	174.4	4.0	4.7	2.48	4.00	0.84	0.75	0.186	0.339
3	B36	95.63	96.9	106.4	208.0	4.3	4.1	2.78	4.70	1.00	1.19	0.253	0.359
4	B37	99.38	98.8	101.5	203.9	4.1	4.6	2.57	4.46	1.03	1.22	0.274	0.402
5	B38	100	100	121.7	193.3	4.2	5.8	3.11	5.57	1.07	1.31	0.234	0.343
6	B39	98.75	99.4	100.8	183.3	3.7	4.2	2.50	4.67	0.83	0.92	0.196	0.333
7	B40	98.73	97.5	95.0	192.0	4.6	5.4	2.66	5.02	0.94	1.26	0.251	0.355
8	B41	100	99.4	109.2	188.8	4.5	5.3	3.15	5.98	0.96	1.36	0.227	0.303
9	B42	98.75	99.4	104.1	184.0	3.7	4.5	2.80	5.33	0.83	0.97	0.182	0.295
10	B43	98.75	100	129.2	235.9	3.6	4.7	2.25	4.30	0.87	1.48	0.345	0.387
11	B44	96.88	96.3	87.8	191.3	4.0	4.1	3.14	6.00	0.82	1.38	0.23	0.262
12	B45	95.63	88.1	82.5	190.1	4.9	5.3	2.84	5.49	0.94	1.51	0.274	0.332
13	B46	100	99.4	100.0	204.2	4.9	6.2	2.88	5.67	1.00	1.45	0.255	0.347
14	B47	100	100	109.0	206.7	4.4	5.5	2.41	4.79	1.10	1.59	0.332	0.457
15	B48	99.38	98.8	82.4	188.4	4.1	4.5	2.84	5.67	0.94	1.29	0.227	0.332
16	B49	100	100	103.6	206.4	4.4	5.2	1.79	3.60	0.90	1.24	0.343	0.503
17	B50	98.75	99.4	117.8	193.6	5.2	6.0	2.02	4.22	1.02	1.33	0.314	0.503
18	B51	95.45	95.6	107.9	191.1	4.6	5.0	2.88	6.10	1.15	1.56	0.256	0.398
19	B52	100	99.4	101.4	178.7	5.7	6.0	3.57	7.61	0.92	1.38	0.181	0.258
20	B60	90	92.5	101.6	185.5	4.1	4.7	2.58	6.88	0.97	1.43	0.207	0.374
总体平均值		98.2	98.0	102.5	194.6	4.4	5.0	2.7	5.2	1.0	1.3	0.217	0.363

4.2 综合评价

从表 3 可以看出，抗旱性由强到弱的顺序为 B41、B35、B52、B34、B51、B39、B36、B42、B38、B50、B37、B40、B45、B44、B49、B48、B47、B43、B46、B60。

表 3　不同材料的抗旱系数及分值

序号	编号	存活率		株高		分枝数		地上生物量（干重）		地下生物量（干重）		根冠比		总分	顺序
		抗旱系数	得分	抗旱系数	得分	抗旱系数	得分	抗旱系数	得分	抗旱系数	得分	抗旱系数	得分		
8	B41	1.01	4	0.58	8	0.84	4	0.53	6	0.70	3	0.89	10	35	1
2	B35	1.00	3	0.46	2	0.85	4	0.62	9	1.13	10	0.71	5	34	2
19	B52	1.01	4	0.57	7	0.95	7	0.47	4	0.67	2	0.88	10	34	2
1	B34	0.98	1	0.56	7	0.81	3	0.64	10	1.12	10	0.57	2	33	4
18	B51	1.00	3	0.56	7	0.91	6	0.47	4	0.73	3	0.83	8	32	5
6	B39	0.99	3	0.55	6	0.88	5	0.54	6	0.91	6	0.68	4	31	6
3	B36	0.99	2	0.51	5	1.06	10	0.59	8	0.84	5	0.55	1	31	6
9	B42	0.99	3	0.57	7	0.81	3	0.53	6	0.85	5	0.75	6	31	6
5	B38	1.00	3	0.63	10	0.73	1	0.56	7	0.82	5	0.68	4	31	6
17	B50	0.99	3	0.61	9	0.87	5	0.48	4	0.77	4	0.71	5	30	10
4	B37	1.01	4	0.50	4	0.89	5	0.58	8	0.84	5	0.59	2	28	11
7	B40	1.01	4	0.49	4	0.85	4	0.53	6	0.75	4	0.74	6	28	11
12	B45	1.09	10	0.43	1	0.93	6	0.52	6	0.63	2	0.62	3	28	11
11	B44	1.01	4	0.46	2	0.99	8	0.52	6	0.60	1	0.73	6	27	14
16	B49	1.00	3	0.50	4	0.84	4	0.50	5	0.73	3	0.68	5	24	15
15	B48	1.01	4	0.44	1	0.91	6	0.50	5	0.73	3	0.68	4	24	15
14	B47	1.00	3	0.53	5	0.80	3	0.50	5	0.69	3	0.62	3	23	17
10	B43	0.99	2	0.55	6	0.76	2	0.52	6	0.59	1	0.70	5	22	18
13	B46	1.01	4	0.49	4	0.79	3	0.51	5	0.69	3	0.64	3	22	18
20	B60	0.97	1	0.55	6	0.87	5	0.38	1	0.68	2	0.55	1	17	20

5　小结

（1）干旱胁迫处理的百脉根在株高、地上生物量、地下生物量、分枝数、根冠比方面明显小于对照处理，说明胁迫处理对各个指标的生长发育具有明显影响。

（2）百脉根干旱胁迫处理的存活率全部在 95%以上，正常处理存活率均在 96%以上。均为 1 级水平，抗旱性极强。

（3）根据各指标抗旱系数综合评价，抗旱性较好的有（前 5 位）B41、B35、B52、B34、B51，较差的有 B60，其他材料抗旱性中等。

（4）按胁迫存活率对抗旱性进行排序为 B35>B38>B41>B46>B47>B49>B52>B37>B48>B39>B42>B43>B50>B40>B34>B44>B36>B45>B51>B60。按抗旱系数排序为 B41、B35、B52、B34、B51、B39、B36、B42、B38、B50、B37、B40、B45、B44、B49、B48、B47、B43、B46、B60。抗旱系数与存活率两种评价方法具有相对一致性，存活率只是初步比较，综合评价法比较更为准确。

23份百脉根苗期抗旱性评价

王学敏　王　赞　高洪文

（中国农业科学院北京畜牧兽医研究所）

1　试验目的

采用温室盆栽土培法对百脉根进行苗期抗旱鉴定，筛选抗旱性强的种质材料。

2　试验材料

百脉根苗期抗旱鉴定供试材料23份。第1～22份是2011年引进的，第23份为2009年引进，均来源于于中国农业科学院北京畜牧兽医研究所（表1）。

表1　试验材料一览表

序号	代号	编号	序号	代号	编号
1	B97	ZXY2009P-5583	13	B109	ZXY2009P-6351
2	B98	ZXY2009P-5591	14	B110	ZXY2009P-6358
3	B99	ZXY2009P-5595	15	B111	ZXY2009P-6401
4	B100	ZXY2009P-5642	16	B112	ZXY2009P-6408
5	B101	ZXY2009P-5647	17	B113	ZXY2009P-6365
6	B102	ZXY2009P-5682	18	B114	ZXY2009P-6415
7	B103	ZXY2009P-5778	19	B115	ZXY2009P-6464
8	B104	ZXY2009P-5822	20	B116	ZXY2009P-6478
9	B105	ZXY2009P-5863	21	B117	ZXY2009P-6485
10	B106	ZXY2009P-5991	22	B118	ZXY2009P-6503
11	B107	ZXY2009P-6300	23	B36	ZXY2006P-1738
12	B108	ZXY2009P-6339			

3　试验方法

3.1　试验地点

2011年3～6月在河北省农林科学院旱作节水农业试验站日光温室内进行试验。试验地位于东经115°42′，北纬37°44′，海拔高度20m，属暖温带半干旱半湿润季风气候，年平均降水量510mm，其中70%的降水集中在7～8月，年平均气温12.6℃，无霜期206d。

3.2　材料准备

温室温度控制在20～30℃。

试验设置干旱处理和正常灌水处理2个处理，每个处理4次重复，每个重复20株苗，将中等肥力的耕层土与沙土混匀过筛后，按1∶1比例混合，同时取土样测定土壤含水量，结果为8.25%，土壤养分含量测定结果为碱解氮42.0mg/kg，有效磷8.5mg/kg，速效钾146.6mg/kg，有机质含量1%，全盐含量0.062%，pH8.02。

每箱将混合好的土装入无孔塑料箱（48.5cm×33.3cm×18cm）中，装土厚度15cm。箱内土重30kg，干土重为28.44kg。灌水至田间持水量的80%±5%（17.6%～20.8%），放置96h后点播，每穴3～5粒，株行距均匀分布，不同材料之间间距要大于株行距，以便区分，播后覆土1cm。两叶期前定苗，保证每份材料20株苗。中壤土田间持水量一般为22%～26%。设置2个空白对照箱，浇水与干旱同正常试验处理。

3.3　胁迫处理

幼苗长至三叶时停止供水，开始进行干旱胁迫。当土壤含水量降至田间持水量的15%～20%时（壤土）复水，使土壤水分达到田间持水量的80%±5%。复水120h后调查存活苗数，以叶片转呈鲜绿色者为存活。第1次复水后即停止供水，进行第2次干旱胁迫。连续进行2～3次。

3.4　测定内容与方法

第2次胁迫复水前5d和复水后5d共2次进行取样，取样时间上午9时，位置为从上往下第2片叶，对其进行生理指标的测定，测定内容有叶绿素含量、相对电导率、脯氨酸、丙二醛。

试验结束时调查记录植株存活率、地上生物量（干重）、地下生物量（干重）、株高、分枝数等指标。地上、地下生物量（干重），收获后105℃杀青10min，然后80℃烘干至2次称量无误差为止；株高，从主茎茎基部直到心叶顶端，测量每个材料所有株数；分枝数，从主茎基部着生的分枝数目；根冠比=地下干重/地上干重。

$$DS=\frac{DS1+DS2}{2}=\frac{\dfrac{\overline{X}_{DS1}}{\overline{X}_{TT}}+\dfrac{\overline{X}_{DS2}}{\overline{X}_{TT}}}{2}\times 100\% \tag{1}$$

$$DRC=Y_j/Y_J \tag{2}$$

按公式（1）计算存活率（DS）。

式（1）中：DS——存活率；

$DS1$——第1次干旱存活率；

$DS2$——第2次干旱存活率；

$\overline{X}_{DS1}$——第1次复水后4次重复存活苗数的平均值；

$\overline{X}_{DS2}$——第2次复水后4次重复存活苗数的平均值；

$\overline{X}_{TT}$——第1次干旱前4次重复总苗数的平均值。

抗旱系数（DRC）采用公式（2）计算。

式（2）中：Y_j——某材料旱处理下的测定值；

Y_J——某材料水处理下的测定值。

3.5　试验管理

播前3月10日每箱浇水5 000mL，3月15日播种，3月20日出苗，4月10日浇水4 000mL，4月20日浇水4 000mL配施4g尿素，4月29日对照浇水3 000mL，5月10日对照浇水4 000mL，5月20日对照和干旱均复水4 000mL，6月1日对照浇水4 000mL，6月7日对照和干旱均复水4 000mL。

4 抗旱性评价

4.1 存活率评价

根据反复干旱下苗期存活率，抗旱性分为5级。1级为抗旱性极强（HR），干旱存活率≥80.0%；2级为抗旱性强（R），干旱存活率65%～79.9%；3级为抗旱性中等（MR），干旱存活率50.0%～64.9%；4级为抗旱性弱（S），干旱存活率35.0%～49.9%；5级为抗旱性极弱（HS），干旱存活率≤35.0%。

4.2 隶属函数法和标准差系数赋予权重法综合评价

A：运用隶属函数对各指标进行标准化处理。

$$\mu(X_{ij}) = \frac{X_{ij} - X_{\min}}{X_{\max} - X_{\min}} \tag{3}$$

B：采用标准差系数法（S）确定指标的权重，用公式（4）计算第j个指标的标准差系数V_j，公式（5）归一化后得到第j个指标的权重系数W_j。

$$V_j = \frac{\sqrt{\sum_{i=1}^{n}(X_{ij} - \overline{X}_j)^2}}{\overline{X}_j} \tag{4}$$

$$W_j = \frac{V_j}{\sum_{j=1}^{m} V_j} \tag{5}$$

C：用公式（6）计算各品种的综合评价值。

$$D = \sum_{i=1}^{n}[\mu(X_{ij}) \cdot W_j] \qquad (j = 1, 2, \cdots, n) \tag{6}$$

式中：X_{ij}表示第i个材料第j个指标测定值；$X_{\min}$表示第j个指标的最小值；$X_{\max}$表示第j个指标的最大值，$\mu(X_{ij})$为隶属函数值，$\overline{X}_j$为第j个指标的平均值，D值为各供试材料的综合评价值。

5 结果与分析

5.1 存活率

从存活率来看（表2），对照和干旱处理下各个材料的存活率均较高，按评价标准，所有材料均为抗旱性极强类型（1级）；干旱处理的存活率小于对照，因而抗旱系数均小于1，这表明干旱导致各个材料萎蔫，甚至死亡，影响了百脉根的存活情况。但经方差分析，对照和干旱处理的存活率不同材料之间均无明显差异，抗旱系数也无明显差异。

表2 存活率调查表

序号	代号	对照（%）					干旱（%）					抗旱系数				
		1	2	3	4	平均	1	2	3	4	平均	1	2	3	4	平均
1	B97	100	100	100	100	100.0	75	92.5	95	92.5	88.8	0.75	0.93	0.95	0.93	0.89
2	B98	100	100	100	97.5	99.4	82.5	95	92.5	87.5	89.4	0.83	0.95	0.93	0.9	0.90
3	B99	100	100	100	100	100.0	90	100	95	95	95.0	0.9	1	0.95	0.95	0.95
4	B100	97.5	95	100	100	98.1	90	100	95	90	93.8	0.92	1.05	0.95	0.9	0.96
5	B101	100	100	100	100	100.0	90	92.5	87.5	90	90.0	0.9	0.93	0.88	0.9	0.90
6	B102	100	100	100	100	100.0	90	90	82.5	97.5	90.0	0.9	0.9	0.83	0.98	0.90

（续）

序号	代号	对照（%）					干旱（%）					抗旱系数				
		1	2	3	4	平均	1	2	3	4	平均	1	2	3	4	平均
7	B103	92.5	92.5	95	100	95.0	92.5	90	97.5	92.5	93.1	1	0.97	1.03	0.93	0.98
8	B104	100	100	100	100	100.0	100	97.5	95	97.5	97.5	1	0.98	0.95	0.98	0.98
9	B105	100	100	100	100	100.0	85	100	97.5	92.5	93.8	0.85	1	0.98	0.93	0.94
10	B106	100	95	95	100	97.5	87.5	88.9	87.5	95	89.7	0.88	0.94	0.92	0.95	0.92
11	B107	100	100	95	100	98.8	85	92.5	97.5	92.5	91.9	0.85	0.93	1.03	0.93	0.93
12	B108	100	100	100	95	98.8	92.5	97.5	97.5	87.5	93.8	0.93	0.98	0.98	0.92	0.95
13	B109	100	100	100	100	100.0	92.5	97.5	95	87.5	93.1	0.93	0.98	0.95	0.88	0.93
14	B110	100	100	95	100	98.8	85	90	90	85	87.5	0.85	0.9	0.95	0.85	0.89
15	B111	100	100	100	100	100.0	95	100	97.5	95	96.9	0.95	1	0.98	0.95	0.97
16	B112	97.5	100	100	90	96.9	85	70	97.5	92.5	86.3	0.87	0.7	0.98	1.03	0.89
17	B113	85	100	100	95	95.0	95	95	90	92.5	93.1	1.12	0.95	0.9	0.97	0.99
18	B114	100	97.5	95	100	98.1	92.5	100	85	87.5	91.3	0.93	1.03	0.89	0.88	0.93
19	B115	100	97.5	100	97.5	98.8	95	97.5	90	95	94.4	0.95	1	0.9	0.97	0.96
20	B116	100	100	100	100	100.0	100	97.5	97.5	87.5	95.6	1	0.98	0.98	0.88	0.96
21	B117	95	100	100	100	98.8	95	97.5	92.5	85	92.5	1	0.98	0.93	0.85	0.94
22	B118	100	100	100	100	100.0	92.5	95	95	90	93.1	0.93	0.95	0.95	0.9	0.93
23	B36	100	95	95	100	97.5	95	92.5	97.5	92.5	94.4	0.95	0.97	1.03	0.93	0.97

5.2　地上生物量

从地上生物量来看（表3），干旱的地上生物量明显低于对照，这表明干旱明显抑制了百脉根的正常生长，降低了生物量。经方差分析，对照、干旱处理下各个材料的地上生物量之间均存在明显差异，不同材料的抗旱系数也具有明显差异。对照处理地上生物量较大的有B113、B104、B105、B102、B108、B109，较小的是B117、B36，干旱处理地上生物量较大的是B113、B109、B105、B98、B110，较小的是B106、B99，抗旱系数较大的是B117、B36、B118、B103、B98、B109，较小的是B99、B102、B104、B106。

表3　地上生物量调查表

序号	代号	对照（g）					干旱（g）					抗旱系数				
		1	2	3	4	平均	1	2	3	4	平均	1	2	3	4	平均
1	B97	6.61	7.95	7.8	6.99	7.34BCDbcdef	2.34	1.9	2.12	2.02	2.10BCDbcde	0.35	0.24	0.27	0.29	0.29BCcdefg
2	B98	7.56	7.07	7.99	5.57	7.05BCDEFbcdefg	2.03	2.31	2.58	2.16	2.27ABCbcd	0.27	0.33	0.32	0.39	0.33ABCabcd
3	B99	6.62	8.15	7.28	6.98	7.26BCDEbcdefg	1.71	1.84	1.74	1.97	1.82CDef	0.26	0.23	0.24	0.28	0.25Cfg
4	B100	6.18	7.63	7.71	7.19	7.18BCDEFbcdefg	2.24	1.85	2.23	1.82	2.04BCDcdef	0.36	0.24	0.29	0.25	0.29BCdefg
5	B101	6.43	7.61	7.84	7.78	7.42BCDbcdef	1.84	2.03	2.53	2.11	2.13BCDbcde	0.29	0.27	0.32	0.27	0.29BCcdefg
6	B102	7.01	6.97	9.2	8.42	7.90ABCabcd	1.61	1.92	1.99	2.21	1.93BCDdef	0.23	0.28	0.22	0.26	0.25Cefg
7	B103	6.74	5.27	6.8	6.99	6.45CDEFfghi	2.15	2.14	1.97	2.05	2.08BCDbcde	0.32	0.41	0.29	0.29	0.33ABCabcd
8	B104	7.96	8.75	7.85	7.64	8.05Abab	2.07	2.41	1.53	2.18	2.05BCDbcdef	0.26	0.28	0.19	0.29	0.25Cefg
9	B105	6.45	9.52	8.11	7.86	7.99ABabc	1.73	2.81	2.32	2.71	2.39ABabc	0.27	0.30	0.29	0.34	0.30ABCbcdefg
10	B106	6.38	6.59	7.96	7.25	7.05BCDEFbcdefg	1.91	1.4	1.84	1.69	1.71Df	0.30	0.21	0.23	0.23	0.24Cg
11	B107	6.87	6.34	6.49	6.85	6.64BCDEFefghi	2.22	1.83	2.35	2.08	2.12BCDbcde	0.32	0.29	0.36	0.30	0.32ABCabcde
12	B108	8.1	6.61	7.74	8.02	7.62ABCDbcde	1.91	2.13	2.13	2.13	2.08BCDbcde	0.24	0.32	0.28	0.27	0.27BCdefg

（续）

序号	代号	对照（g）					干旱（g）					抗旱系数				
		1	2	3	4	平均	1	2	3	4	平均	1	2	3	4	平均
13	B109	7.25	7.79	7.31	7.98	7.58ABCDbcdef	2.4	2.22	2.54	2.47	2.41ABab	0.33	0.28	0.35	0.31	0.32ABCabcde
14	B110	6.52	7.02	7.74	8.12	7.35BCDbcdef	2.44	2.02	2.21	2.34	2.25ABCbcd	0.37	0.29	0.29	0.29	0.31ABCbcdef
15	B111	7.57	6.52	5.73	7.29	6.78BCDEFdefghi	2.38	1.77	1.73	2.24	2.03BCDcdef	0.31	0.27	0.30	0.31	0.30ABCbcdefg
16	B112	6.61	5.82	7.22	7.46	6.78BCDEFdefghi	1.71	2.30	2.21	2.16	2.10BCDbcde	0.26	0.40	0.31	0.29	0.31ABCabcde
17	B113	7.86	8.01	9.86	10.06	8.95Aa	1.96	2.53	3.27	2.88	2.66Aa	0.25	0.32	0.33	0.29	0.30ABCbcdefg
18	B114	6.81	5.39	7.91	7.41	6.88BCDEFcdefgh	1.79	1.75	2.19	2.09	1.96BCDdef	0.26	0.32	0.28	0.28	0.29BCdefg
19	B115	7.13	6.1	6.56	6.84	6.66BCDEFefghi	2.35	1.86	2.32	2.13	2.17BCDbcde	0.33	0.30	0.35	0.31	0.32ABCabcd
20	B116	8.43	6.92	6.51	6.59	7.11BCDEFbcdefg	1.89	2	1.86	2.18	1.98BCDdef	0.22	0.29	0.29	0.33	0.28BCdefg
21	B117	5.16	4.79	6.35	6.65	5.74Fi	2.03	2.27	2.19	2.11	2.15BCDbcde	0.39	0.47	0.34	0.32	0.38Aa
22	B118	5.23	4.33	7.4	7.55	6.13DEFghi	1.9	2.24	2.14	1.83	2.03BCDdef	0.36	0.52	0.29	0.24	0.35ABabc
23	B36	5.74	5.33	5.09	6.89	5.76EFhi	1.9	2.37	1.85	2.22	2.09BCDbcde	0.33	0.44	0.36	0.32	0.37ABab

注：同列大写或小写字母表示不同材料之间差异极显著（$P<0.01$）或差异显著（$P<0.05$），DT 为干旱胁迫，CK 为对照。下同。

5.3 地下生物量

从地下生物量来看（表 4），干旱处理的地下生物量明显小于对照处理，这表明干旱明显抑制了根系的发育，从抗旱系数来看，所有材料抗旱系数均小于 1。经方差分析，对照和干旱处理以及抗旱系数在各个材料之间差异不显著。

表 4　地下生物量调查表

序号	代号	对照（g）					干旱（g）					抗旱系数				
		1	2	3	4	平均	1	2	3	4	平均	1	2	3	4	平均
1	B97	3.09	2.09	2.49	1.93	2.40	0.66	0.58	0.88	0.81	0.73	0.21	0.28	0.35	0.42	0.32
2	B98	2.11	2.09	2.24	2.2	2.16	0.49	0.83	0.73	0.71	0.69	0.23	0.40	0.33	0.32	0.32
3	B99	1.9	2.6	1.82	2.12	2.11	1.05	0.92	0.95	0.73	0.91	0.55	0.35	0.52	0.34	0.44
4	B100	1.38	2.56	1.92	2.12	2.00	0.93	0.81	0.69	0.7	0.78	0.67	0.32	0.36	0.33	0.42
5	B101	1.95	2.14	2.02	2.57	2.17	0.98	0.93	1.16	0.75	0.96	0.50	0.43	0.57	0.29	0.45
6	B102	1.81	2.06	2.34	2.34	2.14	0.71	0.72	0.83	0.71	0.74	0.39	0.35	0.35	0.30	0.35
7	B103	2.92	1.81	2.24	2.06	2.26	0.99	1	0.9	0.76	0.91	0.34	0.55	0.40	0.37	0.42
8	B104	3.13	3.1	2.07	2.13	2.61	0.92	0.81	0.67	0.73	0.78	0.29	0.26	0.32	0.34	0.31
9	B105	2.75	2.58	2.13	2.59	2.51	0.65	0.88	0.8	0.75	0.77	0.24	0.34	0.38	0.29	0.31
10	B106	2.87	2.02	2.26	2.52	2.42	0.89	0.83	0.89	0.63	0.81	0.31	0.41	0.39	0.25	0.34
11	B107	2.87	2.33	1.85	1.71	2.19	0.89	0.8	0.85	0.65	0.80	0.31	0.34	0.46	0.38	0.37
12	B108	3.63	2.33	2.25	2.28	2.62	0.88	0.98	0.66	0.67	0.80	0.24	0.42	0.29	0.29	0.31
13	B109	2.63	2.83	2.72	2.74	2.73	0.87	0.85	0.7	0.77	0.80	0.33	0.30	0.26	0.28	0.29
14	B110	2.27	2.29	2.36	2.46	2.35	0.71	0.72	0.74	0.8	0.74	0.31	0.31	0.31	0.33	0.32
15	B111	3.06	2.28	2.19	1.74	2.32	0.73	0.65	0.89	0.76	0.76	0.24	0.29	0.41	0.44	0.34
16	B112	2.48	2.08	2.13	2.1	2.20	0.7	0.79	0.69	0.73	0.73	0.28	0.38	0.32	0.35	0.33
17	B113	2.23	2.04	2.42	2.55	2.31	0.81	0.91	0.8	0.92	0.86	0.36	0.45	0.33	0.36	0.38
18	B114	2.62	2.58	2.64	2.51	2.59	0.81	0.9	0.89	0.88	0.87	0.31	0.35	0.34	0.35	0.34

（续）

序号	代号	对照（g）					干旱（g）					抗旱系数				
		1	2	3	4	平均	1	2	3	4	平均	1	2	3	4	平均
19	B115	2.55	1.64	1.95	2.61	2.19	0.71	0.99	0.85	1.08	0.91	0.28	0.60	0.44	0.41	0.43
20	B116	2.54	2.03	2.17	2.04	2.20	0.73	1.16	0.79	0.68	0.84	0.29	0.57	0.36	0.33	0.39
21	B117	2.11	1.72	1.87	2.19	1.97	0.93	1.27	0.75	0.9	0.96	0.44	0.74	0.40	0.41	0.50
22	B118	2.34	1.61	2.44	2.95	2.34	0.82	0.71	0.86	0.84	0.81	0.35	0.44	0.35	0.28	0.36
23	B36	2.36	2.11	1.97	2.49	2.23	0.84	0.8	0.78	0.84	0.82	0.36	0.38	0.40	0.34	0.37

5.4 根冠比

各个材料的根冠比在干旱条件下均高于对照（表5），抗旱系数均接近或大于1；经方差分析，对照和干旱处理的根冠比不同材料之间均具有极显著差异，各材料的抗旱系数也具有明显差异；对照处理根冠比较大的是B36、B114、B118、B109、B103、B106、B117，较小的是B113、B102、B100、B99、B101、B98、B116；干旱处理根冠比较大的是B99、B106、B114、B117、B101、B103，较小的是B98、B105、B110、B109、B97、B113；抗旱系数较大的是B99、B101、B106、B102、B100、B116，较小的是B109、B98、B36、B110、B105、B118。

表5 根冠比调查表

序号	代号	对照					干旱					抗旱系数				
		1	2	3	4	平均	1	2	3	4	平均	1	2	3	4	平均
1	B97	0.47	0.26	0.32	0.28	0.33ABCabcde	0.28	0.31	0.42	0.40	0.35CDdefg	0.60	1.16	1.30	1.45	1.13BCDcdefg
2	B98	0.28	0.30	0.28	0.39	0.31ABCcdef	0.24	0.36	0.28	0.33	0.30Dg	0.86	1.22	1.01	0.83	0.98CDfg
3	B99	0.29	0.32	0.25	0.30	0.29BCcdef	0.61	0.50	0.55	0.37	0.51Aa	2.14	1.57	2.18	1.22	1.78Aa
4	B100	0.22	0.34	0.25	0.29	0.28BCef	0.42	0.44	0.31	0.38	0.39ABCDbcdefg	1.86	1.30	1.24	1.30	1.43ABCDabcd
5	B101	0.30	0.28	0.26	0.33	0.29BCdef	0.53	0.46	0.46	0.36	0.45ABCabc	1.76	1.63	1.78	1.08	1.56ABab
6	B102	0.26	0.30	0.25	0.28	0.27BCef	0.44	0.38	0.42	0.32	0.39ABCDbcdefg	1.71	1.27	1.64	1.16	1.44ABCabc
7	B103	0.43	0.34	0.33	0.29	0.35ABabcd	0.46	0.47	0.46	0.37	0.44ABCabcd	1.06	1.36	1.39	1.26	1.27BCDbcdefg
8	B104	0.39	0.35	0.26	0.28	0.32ABCbcdef	0.44	0.34	0.44	0.33	0.39ABCDbcdefg	1.13	0.95	1.66	1.20	1.24BCDbcdefg
9	B105	0.43	0.27	0.26	0.33	0.32ABCbcdef	0.38	0.31	0.35	0.28	0.33CDefg	0.88	1.16	1.31	0.84	1.05CDefg
10	B106	0.45	0.31	0.28	0.35	0.35ABabcd	0.47	0.59	0.48	0.37	0.48ABab	1.04	1.93	1.70	1.07	1.44ABCabc
11	B107	0.42	0.37	0.29	0.25	0.33ABCabcde	0.40	0.44	0.36	0.31	0.38BCDcdefg	0.96	1.19	1.27	1.25	1.17BCDcdefg
12	B108	0.45	0.35	0.29	0.28	0.34ABCabcd	0.46	0.46	0.31	0.31	0.39ABCDbcdefg	1.03	1.31	1.07	1.11	1.13BCDcdefg
13	B109	0.36	0.36	0.37	0.34	0.36ABabc	0.36	0.38	0.28	0.31	0.33CDefg	1.00	1.05	0.74	0.91	0.93Dg
14	B110	0.35	0.33	0.30	0.30	0.32ABCbcdef	0.29	0.36	0.33	0.34	0.33CDfg	0.84	1.09	1.10	1.13	1.04CDefg
15	B111	0.40	0.35	0.38	0.24	0.34ABCabcd	0.31	0.37	0.51	0.34	0.38BCDcdefg	0.76	1.05	1.35	1.42	1.14BCDcdefg
16	B112	0.38	0.36	0.30	0.28	0.33ABCabcde	0.41	0.34	0.31	0.34	0.35CDdefg	1.09	0.96	1.06	1.20	1.08BCDcdefg
17	B113	0.28	0.25	0.25	0.25	0.26Cf	0.41	0.36	0.24	0.32	0.33CDfg	1.46	1.41	1.00	1.26	1.28ABCDbcdefg
18	B114	0.38	0.48	0.33	0.34	0.38Aab	0.45	0.51	0.41	0.42	0.45ABCabc	1.18	1.07	1.22	1.24	1.18BCDcdefg
19	B115	0.36	0.27	0.30	0.38	0.33ABCabcde	0.30	0.53	0.37	0.51	0.43ABCabcd	0.84	1.98	1.23	1.33	1.35ABCDbcdef
20	B116	0.30	0.29	0.33	0.31	0.31ABCcdef	0.39	0.58	0.42	0.31	0.43ABCDabcde	1.28	1.98	1.27	1.01	1.39ABCDbcde
21	B117	0.41	0.36	0.29	0.33	0.35ABabcd	0.46	0.56	0.34	0.43	0.45ABCabc	1.12	1.56	1.16	1.30	1.28ABCDbcdefg
22	B118	0.45	0.37	0.33	0.39	0.38Aab	0.43	0.32	0.40	0.46	0.40ABCDbcdef	0.96	0.85	1.22	1.17	1.05CDdefg
23	B36	0.41	0.40	0.39	0.36	0.39Aa	0.44	0.34	0.42	0.38	0.39ABCDbcdefg	1.08	0.85	1.09	1.05	1.02CDefg

5.5 株高

从株高来看（表 6），干旱处理的株高明显小于对照处理，因此从生长量上干旱处理产生了明显的影响，抗旱系数小于 1；对照处理株高较大的有 B115、B117、B116、B103、B111、B102、B113，株高较小的是 B107、B98、B100、B106、B99；干旱处理的株高较大的是 B115、B108、B105、B103、B117、B109、B113，较小的是 B100、B112、B97、B107、B101、B99、B98；从抗旱系数来看，较大的是 B108、B109、B115、B105、B110、B113，较小的是 B102、B100、B101、B112、B97。

表 6　株高调查表

序号	代号	对照（mm）					干旱（mm）					抗旱系数				
		1	2	3	4	平均	1	2	3	4	平均	1	2	3	4	平均
1	B97	131.1	152.4	147.1	135.3	141.5GHIJghi	59.9	48.9	48.3	58.2	53.8GHijk	0.46	0.32	0.33	0.43	0.38CDEefgh
2	B98	137.0	129.3	140.7	130.8	134.4IJij	42.6	59.3	62.9	62.8	56.9FGHhijk	0.31	0.46	0.45	0.48	0.42ABCDEbcdefg
3	B99	130.4	136.0	153.0	134.7	138.5HIJhi	38.9	61.8	51.6	74.9	56.8FGHhijk	0.30	0.45	0.34	0.56	0.41ABCDEcdefgh
4	B100	127.6	144.6	144.0	127.2	135.8IJhij	46.5	41.4	45.7	59.8	48.3Hk	0.36	0.29	0.32	0.47	0.36DEgh
5	B101	128.7	168.6	175.1	153.5	156.5CDEFGdef	44.7	59.2	56.4	64.2	56.1FGHhijk	0.35	0.35	0.32	0.42	0.36DEgh
6	B102	150.9	164.2	175.4	172.4	165.7BCDcd	54.7	51.7	58.5	64.9	57.4FGHhijk	0.36	0.31	0.33	0.38	0.35Eh
7	B103	176.3	166.4	175.2	166.1	171.0BCbc	77.9	79.9	61.9	73.7	73.3BCDbcd	0.44	0.48	0.35	0.44	0.43ABCDEbcdefg
8	B104	138.0	146.9	162.4	145.4	148.2DEFGHIefgh	61.4	69.5	62.2	66.3	64.8CDEFGdefgh	0.44	0.47	0.38	0.46	0.44ABCDEabcdef
9	B105	143.0	165.2	172.9	160.4	160.3CDEFcde	76.0	71.2	71.7	82.9	75.4BCbc	0.53	0.43	0.41	0.52	0.47ABCabc
10	B106	118.6	126.0	158.4	140.8	135.9IJhij	55.4	55.4	66.5	59.3	59.1EFGHghij	0.47	0.44	0.42	0.42	0.44ABCDEabcdef
11	B107	125.1	112.5	130.5	131.1	124.8Jj	61.6	47.1	55.8	57.4	55.4GHhijk	0.49	0.42	0.43	0.44	0.44ABCDEabcdef
12	B108	170.8	146.0	171.1	150.0	159.5CDEFcde	79.0	74.3	75.9	89.3	79.6Bb	0.46	0.51	0.44	0.60	0.50Aa
13	B109	150.4	147.5	151.7	128.5	144.5EFGHIfghi	73.7	71.0	70.7	72.7	72.0BCDEbcde	0.49	0.48	0.47	0.57	0.50Aa
14	B110	136.0	139.5	153.5	134.5	140.9GHIJhi	66.9	56.2	64.6	66.3	63.5CDEFGdefghi	0.49	0.40	0.42	0.49	0.45ABCDabcd
15	B111	164.2	168.7	171.4	163.8	167.0BCcd	78.0	53.3	53.2	67.0	62.8CDEFGefghij	0.47	0.32	0.31	0.41	0.38CDEdefgh
16	B112	161.1	126.9	147.2	138.5	143.4FGHIfghi	59.8	53.7	50.8	48.7	53.3GHjk	0.37	0.42	0.35	0.35	0.37DEfgh
17	B113	165.6	162.3	173.8	154.6	164.0CDcd	68.2	67.7	74.5	75.6	71.5BCDEbcde	0.41	0.42	0.43	0.49	0.44ABCDabcde
18	B114	166.0	145.1	166.9	140.5	154.6CDEFGHdefg	54.6	51.2	61.7	68.7	59.0EFGHhij	0.33	0.35	0.37	0.49	0.38CDEdefgh
19	B115	196.2	183.2	212.0	193.4	196.2Aa	104.2	81.7	88.3	103.4	94.4Aa	0.53	0.45	0.42	0.53	0.48ABab
20	B116	175.1	172.5	177.7	164.1	172.3BCbc	68.6	70.2	64.0	82.8	71.4BCDEbcdef	0.39	0.41	0.36	0.50	0.42ABCDEbcdefg
21	B117	158.7	172.1	211.7	187.6	182.5ABb	77.3	74.7	59.3	80.7	73.0BCDbcde	0.49	0.43	0.28	0.43	0.41ABCDEbcdefgh
22	B118	143.2	145.7	172.5	158.1	154.8CDEFGHdefg	60.6	63.5	58.3	62.8	61.3DEFGHfghij	0.42	0.44	0.34	0.40	0.40BCDEdefgh
23	B36	152.8	156.1	178.2	159.4	161.6CDEcde	56.0	65.3	62.7	92.8	69.2BCDEFcdefg	0.37	0.42	0.35	0.58	0.43ABCDEbcdefg

5.6 分枝数

从分枝数来看（表 7），干旱处理各材料的分枝数略小于对照，抗旱系数小于 1，这表明干旱对各个材料产生了抑制作用，但抑制程度较小；对照处理分枝较多的有 B114、B106、B109、B113、B107、B110，较少的是 B103、B36、B117、B115、B105；干旱处理分枝数较多的是 B118、B112、B114、B110、B107、B106、B117、B109、B113，较少的是 B99、B100、B115、B103、B102、B36；抗旱系数较大的是 B117、B112、B36、B103、B101，较小的是 B99、B100、B102、B109、B114。

表 7　分枝数调查表

序号	代号	对照（个）					干旱（个）					抗旱系数				
		1	2	3	4	平均	1	2	3	4	平均	1	2	3	4	平均
1	B97	5.9	6.4	5.5	5.0	5.68BCDEbcdefg	3.4	4.3	4.6	4.1	4.08ABCDEcdef	0.57	0.67	0.85	0.82	0.73BCDEcdefg
2	B98	6.0	6.7	5.5	5.1	5.79BCDEbcdef	3.4	4.3	4.9	3.5	4.03ABCDEcdefg	0.56	0.64	0.91	0.69	0.70BCDEdefg
3	B99	6.3	6.7	4.8	5.3	5.74BCDEbcdef	3.2	3.4	3.8	3.4	3.42Eg	0.51	0.50	0.80	0.64	0.61Eg
4	B100	6.1	6.1	5.4	5.3	5.71BCDEbcdefg	3.6	3.9	4.2	2.8	3.62DEfg	0.60	0.63	0.78	0.54	0.63DEfg
5	B101	6.0	5.6	4.8	5.1	5.35BCDEcdefg	4.6	4.5	4.4	3.9	4.34ABCDabcde	0.78	0.81	0.91	0.75	0.81ABCDabcd
6	B102	6.5	5.4	6.0	5.3	5.79BCDEbcdef	3.9	3.7	4.1	4.2	3.97ABCDEdefg	0.61	0.70	0.68	0.78	0.69BCDEdefg
7	B103	5.4	4.4	4.5	4.4	4.67Eg	4.2	4.2	4.4	2.9	3.92BCDEefg	0.77	0.95	0.98	0.66	0.84ABCabc
8	B104	6.4	6.7	5.2	4.7	5.73BCDEbcdef	4.2	4.4	4.4	3.5	4.14ABCDEbcdef	0.66	0.66	0.86	0.74	0.73BCDEcdefg
9	B105	5.8	6.1	5.0	4.7	5.36BCDEcdefg	3.6	4.8	4.4	4.4	4.28ABCDabcde	0.63	0.78	0.89	0.94	0.81ABCDabcd
10	B106	7.3	8.2	6.0	4.9	6.59ABab	4.2	5.1	4.8	3.7	4.48ABCEbcde	0.58	0.63	0.81	0.76	0.70BCDEdefg
11	B107	7.3	6.9	6.0	5.3	6.35ABCabc	4.7	5.3	4.5	3.7	4.57ABCabcd	0.65	0.78	0.76	0.70	0.72BCDEcdefg
12	B108	6.7	5.4	5.6	5.4	5.74BCDEbcdef	3.7	4.4	4.6	4.3	4.24ABCDabcde	0.55	0.81	0.83	0.81	0.75BCDEbcdef
13	B109	5.9	7.1	6.5	6.7	6.54ABab	4.2	4.5	4.8	4.3	4.44ABCabcde	0.72	0.63	0.74	0.64	0.68CDEdefg
14	B110	6.0	5.7	6.9	6.8	6.33ABCabc	4.0	4.9	4.6	4.9	4.58ABCabc	0.67	0.86	0.67	0.72	0.73BCDEcdefg
15	B111	7.4	4.6	5.5	6.6	6.02ABCDEbcd	4.0	4.3	4.1	4.4	4.17ABCDEabcdef	0.54	0.92	0.74	0.67	0.72BCDEcdefg
16	B112	4.9	4.9	5.2	7.2	5.55BCDEbcdefg	3.9	5.4	4.8	4.8	4.71ABab	0.80	1.08	0.92	0.67	0.87ABab
17	B113	6.8	5.2	7.3	6.3	6.39ABCabc	3.5	4.4	4.8	4.8	4.38ABCDabcde	0.51	0.86	0.66	0.76	0.70BCDEdefg
18	B114	6.8	6.1	8.3	7.9	7.26Aa	3.4	4.8	5.1	5.1	4.61ABCabc	0.51	0.79	0.62	0.64	0.64DEefg
19	B115	5.8	4.8	4.5	5.4	5.13CDEdefg	3.7	4.0	3.9	3.9	3.91CDEefg	0.65	0.84	0.87	0.73	0.77ABCDEbcde
20	B116	6.8	5.4	5.3	6.2	5.92ABCDEbcde	3.6	5.2	3.9	4.3	4.21ABCDabcde	0.53	0.96	0.74	0.69	0.73BCDEcdefg
21	B117	5.6	4.6	4.1	5.2	4.85CDEefg	3.9	4.7	4.8	4.4	4.46ABCabcde	0.69	1.04	1.18	0.85	0.94Aa
22	B118	5.9	5.8	6.4	6.4	6.09ABCDbcd	4.0	4.7	5.2	4.9	4.72Aa	0.68	0.82	0.82	0.78	0.77ABCDEbcd
23	B36	5.8	4.7	3.9	4.7	4.78DEfg	4.3	3.8	3.8	3.9	3.97ABCDEefg	0.74	0.81	0.97	0.84	0.84ABCabc

5.7　隶属函数法和标准差系数赋予权重法综合评价

用各个单项指标及其抗旱系数来评价植物抗旱性，缺乏准确性和一致性，因此，选择了反映干旱胁迫下与抗旱性密切相关的 6 个指标，对百脉根苗期抗旱性进行了综合评价，这样就可以克服单个指标评价的缺点，提高评价的全面性与准确性。首先将各指标的抗旱系数进行标准化处理（其中根冠比采用反隶属函数法），得到相应的隶属函数值，在此基础上，依据各个指标的相对重要性（权重）进行加权，便可得到各材料抗旱性的综合评价值 D。从表 8 可以看出，地下生物量和根冠比的权重较高，存活率权重最低。根据综合评价值 D（表 8）可对参试材料耐盐性强弱进行排序，由强到弱顺序为 B117、B36、B103、B115、B118、B109、B105、B107、B113、B98、B108、B110、B112、B111、B116、B101、B104、B97、B100、B114、B106、B99、B102。

表 8　标准差系数赋予权重法综合评价

序号	排序	隶属函数值 μ（X_j）						综合评价 D 值	排序
		存活率	地上生物量	地下生物量	株高	分枝数	根冠比		
1	B97	0.0001	0.3572	0.1429	0.2001	0.3637	0.7647	0.370	18
2	B98	0.1001	0.6429	0.1429	0.4667	0.2727	0.9412	0.495	10
3	B99	0.6000	0.0715	0.7143	0.4000	0.0000	0.0000	0.260	22
4	B100	0.7000	0.3572	0.6191	0.0667	0.0606	0.4118	0.354	19
5	B101	0.1001	0.3572	0.7619	0.0667	0.6061	0.2588	0.404	16
6	B102	0.1001	0.0715	0.2857	0.0001	0.2424	0.4000	0.217	23
7	B103	0.9000	0.6429	0.6191	0.5334	0.6970	0.6000	0.631	3
8	B104	0.9000	0.0715	0.0953	0.6000	0.3637	0.6353	0.382	17
9	B105	0.5000	0.4286	0.0953	0.8000	0.6061	0.8588	0.549	7
10	B106	0.3001	0.0001	0.2381	0.6000	0.2727	0.4000	0.300	21
11	B107	0.4001	0.5715	0.3810	0.6000	0.3334	0.7176	0.524	8
12	B108	0.6000	0.2143	0.0953	1.0000	0.4243	0.7647	0.495	11
13	B109	0.4001	0.5715	0.0000	1.0000	0.2121	1.0000	0.552	6
14	B110	0.0001	0.5000	0.1429	0.6667	0.3637	0.8706	0.492	12
15	B111	0.8000	0.4286	0.2381	0.2001	0.3334	0.7529	0.434	14
16	B112	0.0001	0.5000	0.1905	0.1334	0.7879	0.8235	0.476	13
17	B113	1.0000	0.4286	0.4286	0.6000	0.2727	0.5882	0.497	9
18	B114	0.4001	0.3572	0.2381	0.2001	0.0909	0.7059	0.353	20
19	B115	0.7000	0.5715	0.6667	0.8667	0.4849	0.5059	0.614	4
20	B116	0.7000	0.2858	0.4762	0.4667	0.3637	0.4588	0.430	15
21	B117	0.5000	1.0000	1.0000	0.4000	1.0000	0.5882	0.783	1
22	B118	0.4001	0.7857	0.3334	0.3334	0.4849	0.8588	0.569	5
23	B36	0.8000	0.9286	0.3810	0.5334	0.6970	0.8941	0.696	2
权重		0.048	0.176	0.221	0.153	0.156	0.246		

5.8　干旱胁迫对百脉根抗旱机理研究

试验以 B105、B107、B112、B113 共 4 份材料为例，分析从膜渗透系统试图探讨干旱胁迫下百脉根抗旱性的作用机理。测定结果已经出来，但数据尚未细致整理。

6　小结

（1）干旱条件下植株的生长受到了明显的抑制，除根冠比为正相关指标，抗旱系数大于 1 外，存活率、地上生物量、地下生物量、株高、分枝数均为负相关，抗旱系数均小于 1。

（2）从各项指标在干旱处理下的表现可以初步评价其抗旱性，抗旱系数是干旱和对照比较的结果，可以说明材料本身对干旱胁迫的抵抗力大小。

（3）百脉根的抗旱性按照存活率评价标准，均为抗旱性极强（1 级），因此确定各个材料的抗旱性差异需要其他评价方法来进行。

（4）从每个单一指标来看各个材料的抗旱性，结果不大一致。采用标准差系数法综合评价，结果更加真实可靠，由强到弱顺序为 B117、B36、B103、B115、B118、B109、B105、B107、B113、B98、B108、B110、B112、B111、B116、B101、B104、B97、B100、B114、B106、B99、B102，即百脉根抗

旱性由强到弱顺序为 ZXY2009P - 6485、ZXY2006P - 1738、ZXY2009P - 5778、ZXY2009P - 6464、ZXY2009P - 6503、ZXY2009P - 6351、ZXY2009P - 5863、ZXY2009P - 6300、ZXY2009P - 6365、ZXY2009P - 5591、ZXY2009P - 6339、ZXY2009P - 6358、ZXY2009P - 6408、ZXY2009P - 6401、ZXY2009P - 6478、ZXY2009P - 5647、ZXY2009P - 5822、ZXY2009P - 5583、ZXY2009P - 5642、ZXY2009P - 6415、ZXY2009P - 5991、ZXY2009P - 5595、ZXY2009P - 5682。

70 份三叶草苗期抗旱性综合评价

高洪文 王学敏 王 赞

（中国农业科学院北京畜牧兽医研究所）

1 材料与方法

1.1 试验材料

试验材料及来源详见表 1。

表 1 试验材料及来源

编号	来源	编号	来源	编号	来源
ZXY04P - 43	意大利	ZXY04P - 460	罗马尼亚	ZXY05P - 1033	加拿大
ZXY04P - 117	捷克	ZXY04P - 472	法国	ZXY05P - 1058	塔吉克斯坦
ZXY04P - 122	捷克	ZXY04P - 480	法国	ZXY05P - 1078	塔吉克斯坦
ZXY04P - 128	捷克	ZXY04P - 504	美国	ZXY05P - 1084	未知
ZXY04P - 133	匈牙利	ZXY04P - 505	爱尔兰	ZXY05P - 1108	美国
ZXY04P - 134	捷克	ZXY04P - 515	美国	ZXY05P - 1118	美国
ZXY04P - 145	匈牙利	ZXY04P - 553	俄罗斯	ZXY05P - 1179	俄罗斯
ZXY04P - 171	英国	ZXY05P - 605	拉脱维亚	ZXY05P - 1217	美国
ZXY04P - 179	俄罗斯	ZXY05P - 621	俄罗斯	ZXY05P - 1246	澳大利亚
ZXY04P - 214	乌兹别克斯坦	ZXY05P - 625	阿塞拜疆	ZXY05P - 1251	未知
ZXY04P - 261	也门	ZXY05P - 633	捷克	ZXY05P - 1263	新西兰
ZXY04P - 287	意大利	ZXY05P - 671	白俄罗斯	ZXY05P - 1265	德国
ZXY04P - 322	立陶宛	ZXY05P - 681	白俄罗斯	ZXY05P - 1270	英国
ZXY04P - 329	克鲁吉亚	ZXY05P - 691	白俄罗斯	ZXY05P - 1281	美国
ZXY04P - 347	立陶宛	ZXY05P - 725	意大利	ZXY05P - 1304	英国
ZXY04P - 359	摩洛哥	ZXY05P - 752	英国	ZXY05P - 1332	俄罗斯
ZXY04P - 383	俄罗斯	ZXY05P - 757	意大利	ZXY05P - 1345	俄罗斯
ZXY04P - 389	摩洛哥	ZXY05P - 768	意大利	ZXY05P - 1458	意大利
ZXY04P - 405	俄罗斯	ZXY05P - 775	意大利	ZXY05P - 1477	俄罗斯
ZXY04P - 429	罗马尼亚	ZXY05P - 831	俄罗斯	ZXY05P - 1485	摩尔多瓦
ZXY04P - 430	美国	ZXY05P - 856	俄罗斯	ZXY05P - 1489	荷兰
ZXY04P - 432	俄罗斯	ZXY05P - 870	俄罗斯	ZXY05P - 1513	荷兰
ZXY04P - 437	罗马尼亚	ZXY05P - 899	俄罗斯		
ZXY04P - 438	美国	ZXY05P - 934	俄罗斯		

1.2 试验方法

试验采用反复干旱法，即干旱处理时间可视为大部分材料的植物叶片达到永久萎蔫，土壤含水量为6%左右为止。此时可浇水1次，水量为田间持水量。浇水后2d调查各试验材料的成活率。第2、3、4次浇水相隔时间与第1次浇水时间一样。

选用大田的壤土，过筛，去掉石块、杂质，用无孔塑料花盆（高12.5cm，底径12cm，口径15.5cm），每盆装土2.2kg（湿土），种子均匀撒播于盆中，轻轻用土覆盖，然后用水浇透，出苗后间苗，2～3个真叶时定苗，每盆选留长势均匀的苗20株。待生长到4～5个真叶时进行干旱处理，分干旱和对照两组，3次重复。对照幼苗保持正常水分的供应，干旱处理幼苗一直保持干旱状态，50%的材料叶片出现不同程度的萎蔫时，同步取样测定抗旱鉴定指标。

1.3 测定内容

（1）植株高度　测定植株的绝对高度（cm），以下对照及处理各重复测定3次。

（2）地上生物量　收集每盆植株的地上部分，洗净、放入纸袋、80℃恒温下烘至恒重后称重（g）。

（3）地下生物量　收集每盆植株的地下部分，洗净、放入纸袋、80℃恒温下烘至恒重后称重（g）。

（4）根冠比　根冠比=植株的地下生物量/地上生物量。

（5）胁迫指数　胁迫指数就是胁迫植株的测量值与对照植株测量值的比值。

（6）存活率　试验结束时，记录干旱胁迫处理的每盆植株的存活苗数，计算成活率。

1.4 统计分析

利用SPSS 13.0软件进行数据标准化，采用隶属函数对70份三叶草种质资源的抗旱性进行评价。

隶属函数的计算公式：

$$R(X_i) = (X_i - X_{min})/(X_{max} - X_{min})$$

反隶属函数值计算公式：

$$R(X_i) = 1 - (X_i - X_{min})/(X_{max} - X_{min})$$

式中 X_i 为指标测定值，X_{min}、X_{max} 为所有参试材料某一指标的最小值和最大值。

2 结果与分析

根据隶属函数平均值的大小对70份种质材料抗旱性进行鉴定（表2），隶属函数值大于0.7的种质材料即抗旱性较强的为ZXY04P-460；隶属函数值小于0.3的种质材料即抗旱性较弱的为ZXY05P-1108、ZXY04P-214、ZXY05P-1078、ZXY05P-621、ZXY05P-1477、ZXY05P-1332、ZXY05P-605、ZXY05P-1084；其他为中抗型。

表2　干旱胁迫下三叶草不同指标的隶属函数值

编号	存活率	地上生物量	地下生物量	株高	地下生物量胁迫指数	根冠比	隶属函数平均值
ZXY04P-43	0.94	0.45	0.22	0.15	0.38	0.15	0.38
ZXY04P-117	0.72	0.36	0.11	0.66	0.50	0.09	0.41
ZXY04P-122	0.72	0.56	0.16	0.28	0.65	0.04	0.40
ZXY04P-128	1.00	0.54	0.30	0.31	0.43	0.17	0.46
ZXY04P-133	0.89	0.68	0.40	0.73	0.54	0.18	0.57

（续）

编号	存活率	地上生物量	地下生物量	株高	地下生物量胁迫指数	根冠比	隶属函数平均值
ZXY04P-134	0.89	0.59	0.32	0.72	0.50	0.16	0.53
ZXY04P-145	1.00	0.30	0.17	0.64	0.28	0.20	0.43
ZXY04P-171	0.78	0.21	0.11	0.68	0.26	0.20	0.37
ZXY04P-179	0.78	0.36	0.11	0.16	0.43	0.08	0.32
ZXY04P-214	0.39	0.46	0.19	0.09	0.39	0.11	0.27
ZXY04P-261	0.83	0.74	0.34	0.50	0.73	0.11	0.54
ZXY04P-287	0.78	0.29	0.17	0.12	0.46	0.20	0.34
ZXY04P-322	0.50	1.00	0.66	0.37	1.00	0.22	0.62
ZXY04P-329	0.94	0.66	0.67	0.26	0.67	0.39	0.60
ZXY04P-347	0.78	0.68	0.65	0.05	0.73	0.37	0.54
ZXY04P-359	0.61	0.73	0.70	0.13	0.81	0.38	0.56
ZXY04P-383	0.94	0.72	0.68	0.20	0.86	0.37	0.63
ZXY04P-389	0.89	0.74	0.56	0.19	0.82	0.26	0.58
ZXY04P-405	0.89	0.90	0.49	0.30	0.86	0.15	0.60
ZXY04P-429	0.89	0.91	0.59	0.05	0.83	0.21	0.58
ZXY04P-430	1.00	0.78	0.53	0.83	0.64	0.23	0.67
ZXY04P-432	0.94	0.70	0.63	0.88	0.56	0.34	0.68
ZXY04P-437	1.00	0.62	0.60	0.08	0.56	0.37	0.54
ZXY04P-438	0.89	0.90	0.47	0.67	0.82	0.14	0.65
ZXY04P-460	1.00	0.77	0.61	1.00	0.74	0.29	0.74
ZXY04P-472	0.39	0.76	0.59	0.63	0.62	0.28	0.55
ZXY04P-480	0.06	1.00	0.57	0.24	0.87	0.16	0.48
ZXY04P-504	1.00	0.72	0.57	0.05	0.72	0.29	0.56
ZXY04P-505	0.56	0.65	0.45	0.72	0.84	0.23	0.58
ZXY04P-515	1.00	0.72	0.36	0.17	0.69	0.13	0.51
ZXY04P-553	0.94	0.54	0.19	0.87	0.58	0.07	0.53
ZXY05P-605	0.28	0.39	0.16	0.07	0.45	0.12	0.24
ZXY05P-621	0.00	0.36	0.29	0.06	0.57	0.29	0.26
ZXY05P-625	0.67	0.36	0.12	0.12	0.61	0.10	0.33
ZXY05P-633	1.00	0.75	0.52	0.67	0.78	0.23	0.66
ZXY05P-671	0.17	0.93	0.56	0.16	0.86	0.18	0.48
ZXY05P-681	0.44	0.75	0.38	0.10	0.63	0.13	0.41
ZXY05P-691	0.50	0.51	0.37	0.14	0.40	0.25	0.36
ZXY05P-725	0.83	0.66	0.40	0.04	0.85	0.19	0.49
ZXY05P-752	0.89	0.50	0.49	0.68	0.66	0.37	0.60
ZXY05P-757	0.89	0.67	0.46	0.03	0.68	0.23	0.49
ZXY05P-768	0.83	0.70	0.37	0.06	0.61	0.15	0.45
ZXY05P-775	0.89	0.69	0.42	0.02	0.66	0.19	0.48
ZXY05P-831	0.89	0.49	0.21	0.04	0.50	0.11	0.37
ZXY05P-856	0.94	0.67	0.42	0.01	0.60	0.20	0.47
ZXY05P-870	0.89	0.79	0.27	0.03	0.62	0.05	0.44
ZXY05P-899	0.61	0.11	0.49	0.11	0.29	1.00	0.44
ZXY05P-934	1.00	0.44	1.00	0.01	0.45	0.93	0.64

（续）

编号	存活率	地上生物量	地下生物量	株高	地下生物量胁迫指数	根冠比	隶属函数平均值
ZXY05P-1033	0.94	0.28	0.79	0.26	0.31	0.99	0.60
ZXY05P-1058	0.61	0.13	0.52	0.10	0.28	0.98	0.43
ZXY05P-1078	0.56	0.41	0.06	0.10	0.47	0.00	0.26
ZXY05P-1084	0.61	0.25	0.15	0.19	0.00	0.20	0.23
ZXY05P-1108	0.83	0.21	0.09	0.21	0.25	0.16	0.29
ZXY05P-1118	1.00	0.23	0.13	0.45	0.19	0.20	0.37
ZXY05P-1179	0.94	0.18	0.17	0.47	0.22	0.32	0.38
ZXY05P-1217	1.00	0.40	0.23	0.42	0.22	0.19	0.41
ZXY05P-1246	0.94	0.00	0.05	0.46	0.20	0.37	0.34
ZXY05P-1251	0.94	0.07	0.18	0.05	0.28	0.51	0.34
ZXY05P-1263	1.00	0.17	0.10	0.40	0.27	0.21	0.36
ZXY05P-1265	0.94	0.09	0.38	0.12	0.20	0.83	0.43
ZXY05P-1270	0.89	0.08	0.00	0.50	0.25	0.15	0.31
ZXY05P-1281	1.00	0.08	0.07	0.24	0.23	0.27	0.32
ZXY05P-1304	1.00	0.09	0.10	0.48	0.15	0.33	0.36
ZXY05P-1332	0.89	0.09	0.00	0.09	0.30	0.13	0.25
ZXY05P-1345	1.00	0.21	0.10	0.02	0.39	0.18	0.32
ZXY05P-1458	0.89	0.09	0.03	0.63	0.27	0.19	0.35
ZXY05P-1477	0.89	0.02	0.07	0.00	0.21	0.37	0.26
ZXY05P-1485	0.94	0.08	0.08	0.47	0.29	0.30	0.36
ZXY05P-1489	0.94	0.18	0.09	0.26	0.27	0.19	0.32
ZXY05P-1513	0.94	0.13	0.06	0.60	0.18	0.20	0.35

45份白三叶种质材料苗期抗旱性综合评价

高洪文　王学敏　王　赞

（中国农业科学院北京畜牧兽医研究所）

目前全球有1/3以上的地区为干旱和半干旱地区，其他地区在作物生长季节也发生不同程度的干旱[1]。干旱对世界作物产量的影响在各种自然逆境中占首位，其危害相当于其他自然灾害之和[2]，所以，无论从农业发展或是植物生理生态学理论的发展角度来说，水分胁迫特别是干旱胁迫对植物的影响都是值得特别重视的。白三叶（*Trifolium repens* L.）为豆科多年生草本植物，茎细长，匍匐伸展，主根短，侧根发达，根系浅，其上着生根瘤。近几年来由于园林绿化被日益重视，白三叶在园林绿化和水土保持方面起到越来越重要的作用。本文利用反复干旱法，通过温室中模拟干旱胁迫，研究收集整理的45份白三叶种质材料抗旱性能，为白三叶抗旱育种以及其利用提供科学依据。

1　材料与方法

1.1　试验材料

由中国农业科学院北京畜牧兽医研究所牧草遗传资源研究室提供的从国内外收集的45份白三叶种

质材料为试验材料，材料编号及来源见表 1。

1.2　试验设计与方法

本研究于 2009 年 10～12 月在北京市农林科学院草业研究中心日光温室内进行。试验用土是由大田土和草炭按 1∶1 的比例混合而成，装入长方体塑料箱 48.5cm×33.3cm×20cm（长×宽×高），每盆装 25kg。每盆划分 4 个区，每区穴播 1 个材料，每穴 2～3 粒，穴间距 2cm×4cm，待长到 2～3 片真叶时，每区定苗 30 株，每份材料 3 次重复。

2 次干旱胁迫复水法，在三叶草材料生长至三叶期时开始干旱胁迫，当土壤含水量降至 3.3%～5.2%时第 1 次复水（只灌水 1 次），将土壤含水量增加到 17.6%～20.8%，复水后 5d 调查存活苗数，当土壤含水量降到 3.3%～5.2%时第 2 次复水（也只灌水 1 次），方法同第 1 次复水，当土壤含水量降到 3.3%～5.2%时结束试验，对照正常日常管理，保持培养盆土壤含水量在 17.6%～20.8%。

1.3　测定指标

（1）存活率　存活率（SR）＝存活株数（第 2 次干旱胁迫－复水）/30×100%。

（2）根冠比[3]　根冠比（RSR）＝地下干物质量/地上干物质量（处理材料）。

（3）黄叶率　黄叶率＝黄叶数/总叶数×100%。

（4）干物质胁迫指数　干物质胁迫指数＝处理单株干重/对照单株干重。

（5）株高胁迫指数　株高胁迫指数＝处理株高/对照株高。

2　结果与分析

2.1　干旱胁迫对各指标影响

由表 1 可知，白三叶种质材料 1373、1146、1029、1353、941、734、985 存活率达到 90%，表现出较强的抗旱性；而材料 1078，749、1513、1020、691、1388、863 存活率均低于 60%，其中材料 1078 存活率最低为 40%，抗旱性较弱。根冠比在 0.11～0.64 浮动，其中材料 1098 根冠比达到 0.93，表现出较好的干旱适应性能；材料 691、899、1439、1515、1341、1308 分别达到 0.64、0.62、0.55、0.53、0.50、0.50，说明这些材料在干旱胁迫下，根系在一定程度上能够生长；而材料 1263、985、1014、863、1126、1316、1513 根冠比分别为 0.11、0.14、0.14、0.17、0.18、0.19、0.19，表明这些材料在干旱胁迫下根系生长受到严重抑制。株高胁迫指数和干物质胁迫指数表现了干旱胁迫对植物株高和光合作用积累量的影响，在干旱胁迫下，大部分材料表现较高的株高胁迫指数和干物质胁迫指数，而材料 1029、941、967、1308、879、1316 的干物质胁迫指数较低，分别为 0.459、0.469、0.518、0.641、0.658、0.66，表明干旱胁迫对其干物质积累影响较大，抗旱性较弱。干旱胁迫下植物通过减少叶片来抵御干旱，维系自身水分需要，材料 894、1098、941、1146、985 黄叶率显著高于其他材料，表明干旱对其影响严重，抗旱性较弱。

表 1　干旱胁迫对白三叶材料各指标的影响

编号	根冠比	存活率（%）	株高胁迫指数	干物质胁迫指数	黄叶率（%）	来源
605	0.34klmn	73.33f	0.934bcdefg	0.838cdef	13.04o	拉脱维亚
621	0.35jklm	83.33c	0.787lmn	0.833defg	6.06F	俄罗斯
630	0.45de	73.33f	0.899gh	0.774fghijklm	16.28k	俄罗斯
681	0.4fghij	73.33f	0.831jkl	0.739hijklmnopq	10.00u	白俄罗斯
691	0.64b	50l	0.928cdefg	0.776efghijkl	12.00q	白俄罗斯
734	0.42efghi	90a	0.893ghi	0.738ijklmnopq	8.33z	乌克兰

（续）

编号	根冠比	存活率（%）	株高胁迫指数	干物质胁迫指数	黄叶率（%）	来源
748	0.33lmn	63.33i	0.824jklm	0.826defg	11.11s	乌克兰
749	0.23rstu	50l	0.934bcdefg	0.769fghijklmn	8.57y	乌克兰
863	0.17vw	56.67k	0.971abcd	0.819defgh	10.00u	俄罗斯
879	0.28opq	80d	0.864hij	0.658qr	11.11s	俄罗斯
894	0.39ghij	70g	0.913efgh	0.684opqr	27.27a	俄罗斯
899	0.62b	86.67b	0.927defg	0.667pqr	8.57y	俄罗斯
941	0.43efgh	90a	0.98ab	0.469s	22.86c	亚美尼亚
947	0.37jkl	60j	0.984a	0.861bcd	13.89n	哈萨克斯坦
967	0.44efg	73.33f	0.814klm	0.518s	8.51y	俄罗斯
985	0.14wx	90a	0.961abcde	0.8defghij	19.57e	哈萨克斯坦
1014	0.14wx	60j	0.977abc	0.832defg	7.32C	塔吉克斯坦
1020	0.25qrs	50l	0.7op	0.727jklmnopq	13.89n	塔吉克斯坦
1029	0.3nop	90a	0.714op	0.459s	18.42f	塔吉克斯坦
1058	0.37ijkl	83.33c	0.977abc	0.752ghijklmno	8.57y	塔吉克斯坦
1078	0.39ghij	40m	0.894ghi	0.954a	12.50p	塔吉克斯坦
1084	0.39hijk	66.67h	0.642q	0.915abc	10.00u	俄罗斯
1098	0.93a	80d	0.778mn	0.929ab	23.08b	中国
1108	0.46de	66.67h	0.9gh	0.839cdef	14.29l	美国
1126	0.18uvw	63.33i	0.895ghi	0.855bcde	14.00m	美国
1146	0.21stuv	90a	0.951abcdef	0.673opqr	20.83d	中国
1158	0.23rst	63.33i	0.897gh	0.702lmnopqr	17.07i	中国
1193	0.44ef	66.67h	0.581r	0.975a	13.89n	俄罗斯
1218	0.37jkl	76.67e	0.81klm	0.682opqr	18.18g	俄罗斯
1246	0.25qrs	60j	0.819jklm	0.787defghijk	7.50B	澳大利亚
1263	0.11x	73.33f	0.795lm	0.936ab	17.95h	新西兰
1270	0.28opq	83.33c	0.811klm	0.949a	11.54r	英国
1308	0.5cd	86.67b	0.534r	0.641r	6.98D	英国
1316	0.19tuv	63.33i	0.927defg	0.66qr	5.88G	匈牙利
1341	0.5cd	80d	0.684pq	0.692nopqr	8.57y	波兰
1353	0.24qrst	90a	0.711op	0.988a	6.12F	波兰
1373	0.33lmn	90a	0.905fgh	0.695mnopqr	8.70x	捷克
1388	0.26pqr	56.67k	0.825jklm	0.744hijklmnop	13.04o	捷克
1396	0.28opq	70g	0.738no	0.808defghi	11.54r	捷克
1401	0.33lmno	86.67b	0.847ijk	0.806defghij	9.52v	丹麦
1439	0.55c	63.33i	0.825jklm	0.717klmnopqr	6.67E	丹麦
1489	0.32lmno	63.33i	0.905fgh	0.813defghi	16.67j	荷兰
1513	0.19tuv	50l	0.829jkl	0.936ab	8.11A	荷兰
1515	0.53c	70g	0.667pq	0.685opqr	10.81t	俄罗斯
1521	0.31mnop	60j	0.648q	0.69nopqr	9.09w	荷兰

注：同列不同大小写字母间差异显著（$P<0.05$）。

2.2 聚类分析

采用离差平方和-平方欧式距离法进行聚类分析，并对测定的 5 个指标进行综合性抗旱评价。如图 1 所示，可将 45 份白三叶种质材料分成 3 个抗旱级别，抗旱性较强的种质材料有 985、1146、894、941、

1029，抗旱性居中的种质材料有1341、1515、1308、691、1439、734、1373、1058、681、879、1218、899、967、1098，抗旱性较弱的种质材料有621、1401、1270、1353、1084、1193、748、1396、1246、1388、1020、1521、863、1014、749、1316、1078、1513、630、1108、947、1489、605、1126、1158、1263。

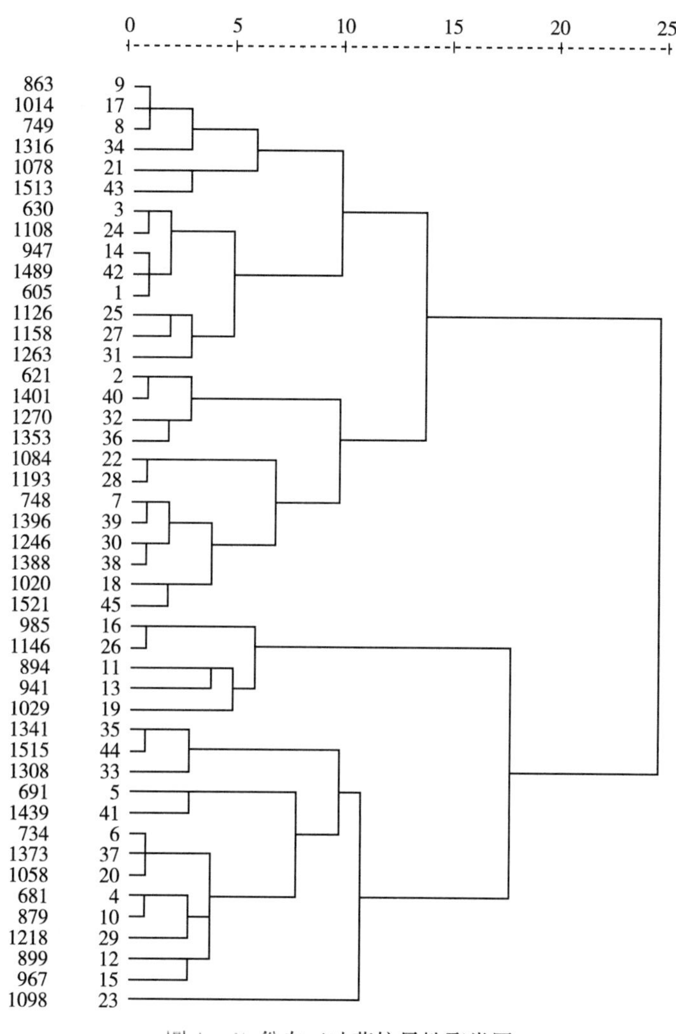

图1　45份白三叶草抗旱性聚类图

3　讨论与结论

植物在干旱胁迫条件下，根系向土壤深处延伸吸取水分维系生长[4]，根冠比越大，土壤水分利用率越高，其抗旱性越强[5,6]。白三叶根系对干旱胁迫敏感，体现在生长形态上特征变化的程度更明显[7]。通过对45份白三叶种质材料进行聚类分析，可分成3个抗旱级别，抗旱性较强的种质材料有985、1146、894、941、1029，抗旱性居中的种质材料有1341、1515、1308、691、1439、734、1373、1058、681、879、1218、899、967、1098，抗旱性较弱的种质材料有621、1401、1270、1353、1084、1193、748、1396、1246、1388、1020、1521、863、1014、749、1316、1078、1513、630、1108、947、1489、605、1126、1158、1263。

参　考　文　献

[1] 刘友良．植物水分逆境生理 [M]．北京：农业出版社，1992.

[2] 汤章城．植物对水分胁迫的反应和适应性 [J]．植物生理学通讯，1983，19（3）：24-29.
[3] 徐炳成，山仑．苜蓿和沙打旺苗期需水及其根冠比 [J]．草地学报，2003，11（1）：78-82.
[4] ABED SHALATA，PETER M NEUMANN. Exogenous ascorbic acid（vitamin C）increases resistance to salt stress and reduces lipid peroxidation [J]．J. Exp. Bot.，2001，52（364）：2207-2211.
[5] 柴丽娜．干旱条件下冬小麦幼苗根冠比的动态变化与品种抗旱性关系的研究 [J]．北京农学院学报，1996，11（2）：19-23.
[6] 徐炳成，山仑，黄瑾，等．柳枝稷和白羊草苗期水分利用与根冠比的比较 [J]．草业学报，2003，12（4）：73-77.
[7] 韩建秋．白三叶对干旱胁迫的适应性研究 [D]．济南：山东农业大学，2008.

33 份白三叶苗期抗旱评价

王学敏　王　赞　高洪文

（中国农业科学院北京畜牧兽医研究所）

1　试验目的

采用温室盆栽土培法完成白三叶苗期抗旱鉴定任务，筛选出抗旱性强的种质材料。

2　试验材料

供试材料白三叶共 33 份，来源于中国农业科学院北京畜牧兽医研究所（表 1）。

表 1　试验材料一览表

编号	品种名称	编号	品种名称	编号	品种名称
W1	7043	W12	7468	W23	7719
W2	7049	W13	7478	W24	7768
W3	7096	W14	7509	W25	7781
W4	7143	W15	7513	W26	7800
W5	7308	W16	7523	W27	7808
W6	7339	W17	7559	W28	7842
W7	7343	W18	7572	W29	7855
W8	7349	W19	7579	W30	7860-1
W9	7404	W20	7590	W31	7860-2
W10	7438	W21	7625	W32	7889
W11	7453	W22	7661	W33	7899

3　试验方法

3.1　材料准备

试验于 2012 年 3～6 月在河北省农林科学院旱作节水农业试验站日光温室进行，室内温度在 20～30℃。

培养土准备：将中等肥力的耕层土与沙土分别过筛，去掉杂质后按 1：1 比例混合均匀，然后装入无孔塑料箱（48.5cm×33.3cm×18cm）中，装土厚度 15cm，同时取土样测定土壤含水量（16.8%）

以确定实际装入干土重。土壤养分含量测定结果为碱解氮 34.61mg/kg，有效磷 9.42mg/kg，速效钾 136.6mg/kg，有机质含量 0.83%，全氮含量 0.07%，全盐含量 0.15%，pH7.7。

种子准备：每份材料挑选颗粒饱满、大小一致的种子 80～100 粒。

播种准备：播前灌水至土壤田间持水量的 75%～80%（土壤含水量 17.6%～20.8%），晾置 96h 后点播，播前保持土壤平整；每箱播种 4 份材料，株行距均匀分布，点穴播种。不同材料之间间距为 8.3cm，单株面积为 3.5cm×4cm。每穴 4～5 粒，播后覆土 1.5cm。

前期管理：三叶期前每份材料留健壮、均匀的幼苗 20 株，试验期间通过称重法及时补充蒸发损失的土壤水分。

3.2 胁迫处理

试验设置正常供水、干旱胁迫 2 个处理，每个处理 4 次重复，同时以装满培养土的空白箱作为对照用以观测土壤水分变化情况；水处理始终保持土壤水分为田间持水量的 80%左右；旱处理幼苗长至三叶期时停止供水，开始干旱胁迫，当土壤含水量降至田间持水量的 15%～20%（土壤含水量 3.3%～5.2%）时复水，使复水后的土壤水分达到田间持水量的 80%左右，复水 120h 后调查存活苗数，以叶片转呈鲜绿色者为存活，第 1 次复水后即停止供水，开始第 2 次干旱胁迫，连续进行 2 次。

3.3 测定内容与方法

胁迫结束后调查植株存活率、地上生物量（干重）、地下生物量（干重）、叶柄长度、匍匐茎长度、绿叶片数等并计算抗旱系数。

存活率（DS）：按公式（1）计算，式（1）中，$DS1$ 为第 1 次干旱存活率；$DS2$ 为第 2 次干旱存活率，$\overline{X}_{DS1}$ 为第 1 次复水后 4 次重复存活苗数的平均值，$\overline{X}_{DS2}$ 为第 2 次复水后 4 次重复存活苗数的平均值，$\overline{X}_{TT}$ 为第 1 次干旱前 4 次重复总苗数的平均值。

$$DS = \frac{DS1 + DS2}{2} = \frac{\dfrac{\overline{X}_{DS1}}{\overline{X}_{TT}} + \dfrac{\overline{X}_{DS2}}{\overline{X}_{TT}}}{2} \times 100\% \tag{1}$$

抗旱系数（DRC）：按公式（2）计算，式（2）中，Y_j 为某材料旱处理下的测定值，Y_J 为某材料水处理下的测定值。

$$DRC = Y_j / Y_J \tag{2}$$

地上（地下）生物量：收获后烘箱 105℃杀青 10min，然后 80℃烘干至 2 次称量无误差为止。

叶柄长度：每株最长叶片从叶柄基部到顶端长度，测量每个材料所有植株。

匍匐茎长度：每株匍匐茎基部到顶端长度，测量每个材料所有植株。

绿叶片数：每株基部所有着生的绿色叶片数目。

根冠比：地下生物量/地上生物量。

3.4 试验管理

播前 3 月 10 日每箱浇水 5 000mL，3 月 15 日播种，3 月 21 日出苗，4 月 7 日间苗，4 月 17 日定苗。

4 综合评价方法

4.1 存活率评价

根据苗期反复干旱条件下的存活率，将抗旱性分为 5 级。1 级为抗旱性极强（HR），干旱存活率≥80.0%；2 级为抗旱性强（R），干旱存活率 65%～79.9%；3 级为抗旱性中等（MR），干旱存活率 50.0%～64.9%；4 级为抗旱性弱（S），干旱存活率 35.0%～49.9%；5 级为抗旱性极弱（HS），干旱存活率≤35.0%。

4.2 隶属函数法和标准差系数赋予权重法综合评价

A：运用隶属函数对各指标进行标准化处理。

$$\mu(X_{ij}) = \frac{X_{ij} - X_{\min}}{X_{\max} - X_{\min}} \tag{3}$$

B：采用标准差系数法（S）确定指标的权重，用公式（4）计算第 j 个指标的标准差系数 V_j，公式（5）归一化后得到第 j 个指标的权重系数 W_j。

$$V_j = \frac{\sqrt{\sum_{i=1}^{n} (X_{ij} - \overline{X}_j)^2}}{\overline{X}_j} \tag{4}$$

$$W_j = \frac{V_j}{\sum_{j=1}^{m} V_j} \tag{5}$$

C：用公式（6）计算各品种的综合评价值。

$$D = \sum_{i=1}^{n} [\mu(X_{ij}) \cdot W_j] \qquad (j = 1, 2, \cdots, n) \tag{6}$$

式中：X_{ij} 表示第 i 个材料第 j 个指标测定值；$X_{\min}$ 表示第 j 个指标的最小值；$X_{\max}$ 表示第 j 个指标的最大值，$\mu(X_{ij})$ 为隶属函数值，$\overline{X}_j$ 为第 j 个指标的平均值，D 值为各供试材料的综合评价值。

5 结果与分析

5.1 地上生物量

旱处理的地上生物量明显低于水处理（表 2），表明干旱胁迫对白三叶的抑制作用明显。方差分析表明，水、旱处理下各个材料之间均存在极显著差异（$P<0.01$），不同材料的抗旱系数呈显著性差异（$P<0.05$）。水处理地上生物量较大的有 W24、W12、W4、W8、W25、W13，而 W14、W22、W15、W3 等材料的地上生物量相对较小；旱处理地上生物量较大的是 W27、W25、W2、W24、W7、W32，较小的是 W17、W20、W18、W14、W3；W27、W31、W15、W10、W7、W30 等材料的抗旱系数较高，而 W20、W8、W17、W12、W1 等材料的抗旱系数相对较低。

表 2 地上生物量调查表

序号	代号	DT（g）					WT（g）					DRC				
		1	2	3	4	平均	1	2	3	4	平均	1	2	3	4	平均
1	W1	1.36	2.09	2.34	1.62	$1.85^{ABCDEFGbcdefghijk}$	5.68	8.15	8.25	7.09	$7.29^{ABCDEbcde}$	0.24	0.26	0.28	0.23	0.25^{f}
2	W2	1.8	2.79	2.66	2.17	2.36^{ABa}	6.33	8.05	6.77	6.79	$6.99^{ABCDEFGbcdef}$	0.28	0.35	0.39	0.32	0.34^{bcdef}
3	W3	1.59	1.52	1.35	1.31	1.44^{Gk}	5.1	5.17	3.3	4.44	4.50^{Kl}	0.31	0.29	0.41	0.30	0.33^{bcdef}
4	W4	2.24	2.28	2.09	2.2	$2.20^{ABCDEabcde}$	8.45	7.5	6.81	8.57	7.83^{ABab}	0.27	0.30	0.31	0.26	0.28^{def}
5	W5	2.1	2.82	2.05	1.95	$2.23^{ABCDabcd}$	7.31	8.57	7.29	6.16	$7.33^{ABCDEbcde}$	0.29	0.33	0.28	0.32	0.30^{bcdef}
6	W6	1.99	2.65	2.05	1.4	$2.02^{ABCDEFGabcdefgh}$	5.85	7.62	7.71	4.86	$6.51^{BCDEFGHIJbcdefgh}$	0.34	0.35	0.27	0.29	0.31^{bcdef}
7	W7	1.83	3.35	2.33	1.61	$2.28^{ABCDabc}$	6.1	5.64	8.54	4.83	$6.28^{BCDEFGHIJKLdefghij}$	0.30	0.59	0.27	0.33	0.38^{abcd}
8	W8	1.8	2.23	2.12	1.91	$2.02^{ABCDEFGabcdefgh}$	7.94	7.82	8.18	7.04	7.75^{ABCabc}	0.23	0.29	0.26	0.27	0.26^{ef}
9	W9	2.04	2	2.27	1.48	$1.95^{ABCDEFGabcdefghij}$	6.13	8.02	6.3	5.36	$6.45^{BCDEFGHIJKcdefgh}$	0.33	0.25	0.36	0.28	0.30^{cdef}
10	W10	2.05	1.63	2.25	1.8	$1.93^{ABCDEFGabcdefghij}$	4.21	7.91	6.05	3.57	$5.44^{FGHIJKLhijkl}$	0.49	0.21	0.37	0.50	0.39^{abc}

（续）

序号	代号	DT（g）					WT（g）					DRC				
		1	2	3	4	平均	1	2	3	4	平均	1	2	3	4	平均
11	W11	2.2	2.2	2.9	1.78	$2.27^{ABCDabcd}$	6.8	6.9	6.35	6.55	$6.65^{BCDEFGHIbcdefgh}$	0.32	0.32	0.46	0.27	0.34^{bcdef}
12	W12	1.77	2.31	3	1.75	$2.21^{ABCDEabcd}$	9.1	8.87	9.13	7.84	8.74^{Aa}	0.19	0.26	0.33	0.22	0.25^{f}
13	W13	2.36	2.17	2.11	1.71	$2.09^{ABCDEFabcdefg}$	7.67	8.72	6.96	6.29	$7.41^{ABCDabcd}$	0.31	0.25	0.30	0.27	0.28^{def}
14	W14	1.26	1.46	2.09	1.17	1.50^{FGjk}	4.68	5.17	5.54	3.57	4.74^{JKLkl}	0.27	0.28	0.38	0.33	0.31^{bcdef}
15	W15	1.56	1.99	2.32	1.03	$1.73^{BCDEFGefghijk}$	6.22	3.33	4.43	4.22	4.55^{Ll}	0.25	0.60	0.52	0.24	0.40^{ab}
16	W16	1.62	1.64	2.26	2.26	$1.95^{ABCDEFGabcdefghij}$	7.76	6.81	6.32	7.28	$7.04^{ABCDEFGbcde}$	0.21	0.24	0.36	0.31	0.28^{def}
17	W17	1.66	2.1	1.61	1.18	$1.64^{DEFGghijk}$	6.6	7.7	8.25	3.74	$6.57^{BCDEFGHIbcdefgh}$	0.25	0.27	0.20	0.32	0.26^{ef}
18	W18	1.34	1.97	1.65	1.13	1.52^{FGijk}	5.95	6.23	5.66	2.42	$5.07^{HIJKLijkl}$	0.23	0.32	0.29	0.47	0.32^{bcdef}
19	W19	1.61	1.9	1.51	2.15	$1.79^{ABCDEFGdefghijk}$	6.86	6.48	6.12	6.78	$6.56^{BCDEFGHIbcdefgh}$	0.23	0.29	0.25	0.32	0.27^{def}
20	W20	1.19	1.49	1.81	1.85	$1.59^{EFGhijk}$	6.57	6.63	6.59	5.13	$6.23^{BCDEFGHIJKLdefghij}$	0.18	0.22	0.27	0.36	0.26^{f}
21	W21	2.28	2.57	1.78	1.3	$1.98^{ABCDEFGabcdefghi}$	6.75	6.89	7.33	5.63	$6.65^{BCDEFGHIbcdefgh}$	0.34	0.37	0.24	0.23	0.30^{bcdef}
22	W22	1.49	2.51	1.82	1.03	$1.71^{CDEFGfghijk}$	5.2	5.8	4.82	2.84	4.67^{KLkl}	0.29	0.43	0.38	0.36	0.36^{abcde}
23	W23	2.11	2.46	2.5	1.75	$2.21^{ABCDEabcd}$	6.97	6.89	5.9	5.23	$6.25^{BCDEFGHIJKLdefghij}$	0.30	0.36	0.42	0.33	0.35^{abcdef}
24	W24	2.31	2.6	2.74	1.63	2.32^{ABCab}	9.76	8.67	7.14	9.46	8.76^{Aa}	0.24	0.30	0.38	0.17	0.27^{def}
25	W25	1.75	2.58	2.75	2.38	2.37^{Aa}	7.31	10.43	6.23	6.81	7.70^{ABCabc}	0.24	0.25	0.44	0.35	0.32^{bcdef}
26	W26	1.66	2.48	2.35	2.26	$2.19^{ABCDEabcdef}$	6.39	8.83	7.82	5.79	$7.21^{ABCDEFbcde}$	0.26	0.28	0.30	0.39	0.31^{bcdef}
27	W27	2.32	2.03	3.2	2.05	2.40^{Aa}	6.59	5.87	6.95	3.17	$5.65^{DEFGHIJKLfghijkl}$	0.35	0.35	0.46	0.65	0.45^{a}
28	W28	1.62	2.38	2.76	1.56	$2.08^{ABCDEFGabcdefg}$	6.02	6.98	5.55	5.42	$5.99^{CDEFGHIJKLefghijkl}$	0.27	0.34	0.50	0.29	0.35^{abcdef}
29	W29	2.06	2.7	2.01	1.45	$2.06^{ABCDEFGabcdefgh}$	5.35	8.22	6.65	5.42	$6.41^{BCDEFGHIJKcdefghi}$	0.39	0.33	0.30	0.27	0.32^{bcdef}
30	W30	1.63	1.95	2.21	1.4	$1.80^{ABCDEFGcdefghijk}$	5.79	5.37	4.94	3.78	$4.97^{IJKLjkl}$	0.28	0.36	0.45	0.37	0.37^{abcde}
31	W31	2.13	2.62	2.32	1.78	$2.21^{ABCDEabcde}$	6.11	5.87	6.48	3.71	$5.54^{EFGHIJKLghijkl}$	0.35	0.45	0.36	0.48	0.41^{ab}
32	W32	1.54	2.83	2.9	1.83	2.28^{ABCab}	6.42	6.81	6.88	7.35	$6.87^{BCDEFGHbcdefg}$	0.24	0.42	0.42	0.25	0.33^{bcdef}
33	W33	1.75	1.31	2.08	1.65	$1.70^{CDEFGghijk}$	5.65	4.56	6.49	4.83	$5.38^{GHJIKLhijkl}$	0.31	0.29	0.32	0.34	0.31^{bcdef}

注：DT 为旱处理，WT 为水处理，DRC 为抗旱系数，同列大写字母表示不同材料之间差异极显著（$P<0.01$），同列小写字母表示不同材料之间差异显著（$P<0.05$）。

5.2 地下生物量

水处理条件下三叶草的地下生物量明显高于旱处理（表 3），抗旱系数明显小于 1；方差分析表明，供试材料在水、旱处理下差异显著，而抗旱系数差异不显著。水处理地下生物量较大的有 W8、W32、W12、W1、W21、W2，较小的有 W18、W22、W30、W14、W15；旱处理地下生物量较大的有 W27、W7、W2、W9、W28、W33，较小的有 W31、W17、W14、W15、W18；抗旱系数较高的是 W27、W9、W15、W7、W30、W33，较低的是 W29、W8、W19、W16、W32、W1。

表 3　地下生物量调查表

序号	代号	DT（g）					WT（g）					DRC				
		1	2	3	4	平均	1	2	3	4	平均	1	2	3	4	平均
1	W1	0.72	0.57	0.82	0.6	0.68^{def}	2.85	1.98	3.33	1.92	$2.52^{ABCDabcd}$	0.25	0.29	0.25	0.31	0.27
2	W2	0.64	1.02	1.22	0.86	0.94^{abc}	2.57	2.45	2.79	2.15	$2.49^{ABCDabcdef}$	0.25	0.42	0.44	0.40	0.38
3	W3	0.74	0.94	0.73	0.76	0.79^{abcdef}	2.63	1.87	1.47	1.67	$1.91^{DEFGHghijk}$	0.28	0.50	0.50	0.46	0.43

（续）

序号	代号	DT（g）					WT（g）					DRC				
		1	2	3	4	平均	1	2	3	4	平均	1	2	3	4	平均
4	W4	0.61	0.55	1.11	0.87	0.79^{abcdef}	2.28	2.09	2.25	2.37	$2.25^{ABCDEFbcdefghi}$	0.27	0.26	0.49	0.37	0.35
5	W5	0.68	0.77	0.69	0.88	0.76^{abcdef}	2.55	1.97	2.31	1.75	$2.15^{BCDEFdefghij}$	0.27	0.39	0.30	0.50	0.36
6	W6	0.79	0.86	0.86	0.76	0.82^{abcde}	2.1	1.94	2.06	1.97	$2.02^{CDEFGfghij}$	0.38	0.44	0.42	0.39	0.41
7	W7	1.05	0.96	1	0.77	0.95^{ab}	2.17	1.84	2.41	1.76	$2.05^{CDEFGefghij}$	0.48	0.52	0.41	0.44	0.46
8	W8	0.81	0.76	1.07	0.95	0.90^{abc}	3.43	2.47	2.95	2.3	2.79^{Aa}	0.24	0.31	0.36	0.41	0.33
9	W9	1.13	0.84	0.86	0.91	0.94^{abc}	2.08	1.51	2.75	1.53	$1.97^{DEFGghij}$	0.54	0.56	0.31	0.59	0.50
10	W10	0.87	0.63	0.94	0.85	0.82^{abcde}	2	2.35	2.6	1.49	$2.11^{BCDEFdefghij}$	0.44	0.27	0.36	0.57	0.41
11	W11	0.71	0.78	0.93	0.87	0.82^{abcdef}	2.82	1.89	2.52	2.04	$2.32^{ABCDEFbcdefg}$	0.25	0.41	0.37	0.43	0.36
12	W12	1.06	0.77	0.84	0.95	0.91^{abc}	3.11	2.2	2.94	2.22	2.62^{ABCabc}	0.34	0.35	0.29	0.43	0.35
13	W13	0.66	0.76	0.86	0.84	0.78^{abcdef}	2.35	1.73	2.25	2.01	$2.09^{BCDEFGdefghij}$	0.28	0.44	0.38	0.42	0.38
14	W14	0.43	0.52	0.89	0.69	0.63^{ef}	1.57	1.18	2	1.19	1.49^{GHkl}	0.27	0.44	0.45	0.58	0.43
15	W15	0.79	0.42	0.83	0.47	0.63^{ef}	2.09	0.75	1.42	0.96	1.31^{Hl}	0.38	0.56	0.58	0.49	0.50
16	W16	0.54	0.64	0.73	0.78	0.67^{def}	2.29	1.69	2.69	1.99	$2.17^{BCDEFcdefghij}$	0.24	0.38	0.27	0.39	0.32
17	W17	0.48	0.77	0.65	0.61	0.63^{ef}	2.3	1.81	2.23	1.32	$1.92^{DEFGHghijk}$	0.21	0.43	0.29	0.46	0.35
18	W18	0.64	0.7	0.58	0.49	0.60^{f}	2.32	1.83	2.13	0.86	$1.79^{EFGHijk}$	0.28	0.38	0.27	0.57	0.38
19	W19	0.71	0.75	0.73	0.8	0.75^{bcdef}	2.49	2.32	2.56	2.03	$2.35^{ABCDEabcdefg}$	0.29	0.32	0.29	0.39	0.32
20	W20	0.77	0.72	0.63	0.93	0.76^{bcdef}	2.22	2.17	2.15	1.55	$2.02^{CDEFGghij}$	0.35	0.33	0.29	0.60	0.39
21	W21	1.03	0.96	0.95	0.51	0.86^{abcd}	2.87	2.9	2.48	1.77	$2.51^{ABCDabcde}$	0.36	0.33	0.38	0.29	0.34
22	W22	0.53	0.72	1.45	0.39	0.77^{abcdef}	1.82	1.76	2.56	0.93	$1.77^{EFGHjkl}$	0.29	0.41	0.57	0.42	0.42
23	W23	0.7	1	0.83	0.73	0.82^{abcdef}	2.7	2.33	1.63	1.67	$2.08^{BCDEFGdefghij}$	0.26	0.43	0.51	0.44	0.41
24	W24	0.87	0.79	0.6	0.76	0.76^{bcdef}	2.41	2.44	2.15	1.95	$2.24^{ABCDEFbcdefghi}$	0.36	0.32	0.28	0.39	0.34
25	W25	0.72	0.75	0.79	0.86	0.78^{abcdef}	2.96	2	2.23	1.88	$2.27^{ABCDEFbcdefgh}$	0.24	0.38	0.35	0.46	0.36
26	W26	0.71	0.83	0.72	0.84	0.78^{abcdef}	2.69	2.23	1.91	1.57	$2.10^{BCDEFGdefghij}$	0.26	0.37	0.38	0.54	0.39
27	W27	1.11	0.76	0.99	1.03	0.97^{a}	2.34	2.93	2.71	1.02	$2.25^{ABCDEFbcdefghi}$	0.47	0.26	0.37	1.01	0.53
28	W28	1.04	0.92	0.97	0.79	0.93^{abc}	2.77	1.88	2.66	1.79	$2.28^{ABCDEFbcdefgh}$	0.38	0.49	0.36	0.44	0.42
29	W29	0.61	0.88	0.72	0.7	0.73^{cdef}	2.33	2.76	2.56	1.48	$2.28^{ABCDEFbcdefgh}$	0.26	0.32	0.28	0.47	0.33
30	W30	0.87	0.67	0.72	0.64	0.73^{cdef}	1.88	1.98	2.04	0.96	1.72^{FGHjkl}	0.46	0.34	0.35	0.67	0.46
31	W31	0.79	0.69	0.6	0.56	0.66^{def}	2.19	1.88	2.31	0.89	$1.82^{EFGHhijk}$	0.36	0.37	0.26	0.63	0.40
32	W32	0.87	0.85	0.86	0.63	0.80^{abcdef}	2.96	2.71	3.09	1.93	2.67^{ABab}	0.29	0.31	0.28	0.33	0.30
33	W33	1.05	0.77	0.96	0.9	0.92^{abc}	2.01	2.02	2.96	1.55	$2.14^{BCDEFdefghij}$	0.52	0.38	0.32	0.58	0.45

注：DT为旱处理，WT为水处理，DRC为抗旱系数，同列大写字母表示不同材料之间差异极显著（$P<0.01$），同列小写字母表示不同材料之间差异显著（$P<0.05$）。

5.3 根冠比

旱处理的根冠比多数大于水处理（表4），除W31、W32外，所有材料的抗旱系数均大于1，这可能是白三叶旱处理的根系发育相对来说优于水处理，干旱条件下通过根系的下扎来获得深层土壤水分，由此表明旱处理根系越发达，根冠比越大，抗旱性越强。经方差分析，旱处理和水处理下的根冠比差异明显，不同材料间的抗旱系数差异不显著。旱处理根冠比较大的是W3、W33、W20、W9、W28、W22、W8，较小的是W4、W26、W16、W5、W25、W24、W31；水处理根冠比较大的是W3、W10、W27、W33、W32、W22、W28，较小的是W13、W5、W4、W15、W24；抗旱系数较大的是W9、W20、W12、W33、W24、W15，较小的是W1、W29、W10、W32、W31。

表 4　根冠比调查表

序号	代号	DT					WT					DRC				
		1	2	3	4	平均	1	2	3	4	平均	1	2	3	4	平均
1	W1	0.53	0.27	0.35	0.37	0.38^{cdefg}	0.50	0.24	0.40	0.27	0.35^{ABCDEFGabcdefghi}	1.06	1.12	0.87	1.37	1.10
2	W2	0.36	0.37	0.46	0.40	0.39^{cdefg}	0.41	0.30	0.41	0.32	0.36^{ABCDEFGabcdefgh}	0.88	1.20	1.11	1.25	1.11
3	W3	0.47	0.62	0.54	0.58	0.55^{a}	0.52	0.36	0.45	0.38	0.42^{Aa}	0.90	1.71	1.21	1.54	1.34
4	W4	0.27	0.24	0.53	0.40	0.36^{efg}	0.27	0.28	0.33	0.28	0.29^{CDEFGhij}	1.01	0.87	1.61	1.43	1.23
5	W5	0.32	0.27	0.34	0.45	0.35^{fg}	0.35	0.23	0.32	0.28	0.29^{DEFGhij}	0.93	1.19	1.06	1.59	1.19
6	W6	0.40	0.32	0.42	0.54	0.42^{cdefg}	0.36	0.25	0.27	0.41	0.32^{ABCDEFGcdefghij}	1.11	1.27	1.57	1.34	1.32
7	W7	0.57	0.29	0.43	0.48	0.44^{bcdef}	0.36	0.33	0.28	0.36	0.33^{ABCDEFGbcdefghij}	1.61	0.88	1.52	1.31	1.33
8	W8	0.45	0.34	0.50	0.50	0.45^{bcdef}	0.43	0.32	0.36	0.33	0.36^{ABCDEFGabcdefgh}	1.04	1.08	1.40	1.52	1.26
9	W9	0.55	0.42	0.38	0.61	0.49^{abcd}	0.34	0.19	0.44	0.29	0.31^{BCDEFGdefghij}	1.63	2.23	0.87	2.15	1.72
10	W10	0.42	0.39	0.42	0.47	0.43^{bcdef}	0.48	0.30	0.43	0.42	0.40^{ABab}	0.89	1.30	0.97	1.13	1.07
11	W11	0.32	0.35	0.32	0.49	0.37^{cdefg}	0.41	0.27	0.40	0.31	0.35^{ABCDEFGabcdefghi}	0.78	1.29	0.81	1.57	1.11
12	W12	0.60	0.33	0.28	0.54	0.44^{bcdef}	0.34	0.25	0.32	0.28	0.30^{CDEFGfghij}	1.75	1.34	0.87	1.92	1.47
13	W13	0.28	0.35	0.41	0.49	0.38^{cdefg}	0.31	0.20	0.32	0.32	0.29^{EFGhij}	0.91	1.77	1.26	1.54	1.37
14	W14	0.34	0.36	0.43	0.59	0.43^{bcdefg}	0.34	0.23	0.36	0.33	0.31^{BCDEFGdefghij}	1.02	1.56	1.18	1.77	1.38
15	W15	0.51	0.21	0.36	0.46	0.38^{cdefg}	0.34	0.23	0.32	0.23	0.28^{FGij}	1.51	0.94	1.12	2.01	1.39
16	W16	0.33	0.39	0.32	0.35	0.35^{efg}	0.30	0.25	0.43	0.27	0.31^{BCDEFGefghij}	1.13	1.57	0.76	1.26	1.18
17	W17	0.29	0.37	0.40	0.52	0.39^{cdefg}	0.35	0.24	0.27	0.35	0.30^{CDEFGghij}	0.83	1.56	1.49	1.46	1.34
18	W18	0.48	0.36	0.35	0.43	0.40^{cdefg}	0.39	0.29	0.38	0.36	0.35^{ABCDEFGbcdefghi}	1.22	1.21	0.93	1.22	1.15
19	W19	0.44	0.39	0.48	0.37	0.42^{cdefg}	0.36	0.36	0.42	0.30	0.36^{ABCDEFGabcdefgh}	1.21	1.10	1.16	1.24	1.18
20	W20	0.65	0.48	0.35	0.50	0.50^{abc}	0.34	0.33	0.33	0.30	0.32^{BCDEFGcdefghij}	1.91	1.48	1.07	1.66	1.53
21	W21	0.45	0.37	0.53	0.39	0.44^{bcdef}	0.43	0.42	0.34	0.31	0.37^{ABCDEFabcdefg}	1.06	0.89	1.58	1.25	1.19
22	W22	0.36	0.29	0.80	0.38	0.45^{abcdef}	0.35	0.30	0.53	0.33	0.38^{ABCDEabcde}	1.02	0.95	1.50	1.16	1.15
23	W23	0.33	0.41	0.33	0.42	0.37^{defg}	0.39	0.34	0.28	0.32	0.33^{ABCDEFGbcdefghij}	0.86	1.20	1.20	1.31	1.14
24	W24	0.38	0.30	0.22	0.47	0.34^{fg}	0.25	0.28	0.30	0.21	0.26^{Gj}	1.53	1.08	0.73	2.26	1.40
25	W25	0.41	0.29	0.29	0.36	0.34^{fg}	0.40	0.19	0.36	0.28	0.31^{BCDEFGefghij}	1.02	1.52	0.80	1.31	1.16
26	W26	0.43	0.33	0.31	0.37	0.36^{efg}	0.42	0.25	0.24	0.27	0.30^{CDEFGhij}	1.02	1.33	1.25	1.37	1.24
27	W27	0.48	0.37	0.31	0.50	0.42^{cdefg}	0.36	0.50	0.39	0.32	0.39^{ABCabc}	1.35	0.75	0.79	1.56	1.11
28	W28	0.64	0.39	0.35	0.51	0.47^{abcde}	0.46	0.27	0.48	0.33	0.38^{ABCDEFabcdef}	1.40	1.44	0.73	1.53	1.27
29	W29	0.30	0.33	0.36	0.48	0.37^{cdefg}	0.44	0.34	0.38	0.27	0.36^{ABCDEFGabcdefghi}	0.68	0.97	0.93	1.77	1.09
30	W30	0.53	0.34	0.33	0.46	0.42^{cdefg}	0.32	0.37	0.41	0.25	0.34^{ABCDEFGbcdefghij}	1.64	0.93	0.79	1.80	1.29
31	W31	0.37	0.26	0.26	0.31	0.30^{g}	0.36	0.32	0.36	0.24	0.32^{BCDEFGcdefghij}	1.03	0.82	0.73	1.31	0.97
32	W32	0.56	0.30	0.30	0.34	0.38^{cdefg}	0.46	0.40	0.45	0.26	0.39^{ABCDabcd}	1.23	0.75	0.66	1.31	0.99
33	W33	0.60	0.59	0.46	0.55	0.55^{ab}	0.36	0.44	0.46	0.32	0.39^{ABCDabcd}	1.69	1.33	1.01	1.70	1.43

注：DT 为旱处理，WT 为水处理，DRC 为抗旱系数，同列大写字母表示不同材料之间差异极显著（$P<0.01$），同列小写字母表示不同材料之间差异显著（$P<0.05$）。

5.4 叶柄长度

旱处理的叶柄长度明显小于水处理（表 5），抗旱系数均小于 1，叶柄长度明显变短。经方差分析，从抗旱系数来看，不同材料间差异不显著，旱处理和水处理的不同材料间均差异极显著（$P<0.01$）。水处理叶柄长度较长的有 W32、W26、W25、W28、W8、W1，较短的是 W16、W14、W22、W10、W15；旱处理叶柄长度较长的是 W2、W7、W13、W8、W1、W6，较短的是 W18、W15、W10、W9、W22；从抗旱

系数来看，较高的是 W13、W14、W2、W20、W4、W10，较低的是 W29、W26、W28、W32、W25。

表 5　叶柄长度调查表

序号	代号	DT（mm）					WT（mm）					DRC				
		1	2	3	4	平均	1	2	3	4	平均	1	2	3	4	平均
1	W1	30.3	39.8	44.4	24.8	$34.8^{ABCDabc}$	77.1	107.6	87.9	78.9	$87.8^{ABCDabcd}$	0.39	0.37	0.51	0.31	0.40
2	W2	40.4	49.2	43.9	30.2	40.9^{Aa}	68.5	93.8	77.4	73.7	$78.3^{ABCDEFGHcdefgh}$	0.59	0.52	0.57	0.41	0.52
3	W3	28.2	31.9	32.1	22.3	$28.6^{BCDEFGHcdefghijk}$	59.8	77.5	45.9	65.9	$62.3^{GHIJKijklmno}$	0.47	0.41	0.70	0.34	0.48
4	W4	30.5	37.5	39.2	30.6	$34.4^{ABCDabcd}$	61.4	80.3	59.8	74.5	$69.0^{DEFGHIJKfghijklm}$	0.50	0.47	0.66	0.41	0.51
5	W5	29.2	39.0	41.5	27.3	$34.2^{ABCDEbcde}$	64.2	88.7	69.2	69.1	$72.8^{DEFGHIJefghijkl}$	0.46	0.44	0.60	0.39	0.47
6	W6	34.3	36.6	41.3	25.9	$34.5^{ABCDabcd}$	65.1	98.0	85.0	82.8	$82.7^{ABCDEFbcdefg}$	0.53	0.37	0.49	0.31	0.42
7	W7	35.3	45.2	41.7	24.8	36.7^{ABab}	68.4	95.6	95.3	74.0	$83.3^{ABCDEFabcdef}$	0.52	0.47	0.44	0.33	0.44
8	W8	35.9	34.1	40.7	28.5	$34.8^{ABCDabc}$	71.9	102.9	93.7	83.6	$88.0^{ABCDabcd}$	0.50	0.33	0.43	0.34	0.40
9	W9	21.1	30.0	23.9	21.5	24.1^{GHjk}	53.1	66.3	81.3	40.4	$60.3^{HIJKjklmno}$	0.40	0.45	0.29	0.53	0.42
10	W10	19.3	27.4	26.9	24.0	24.4^{FGHijk}	42.5	58.9	68.0	33.5	50.7^{Kno}	0.45	0.47	0.40	0.71	0.51
11	W11	27.6	36.4	36.9	30.1	$32.7^{ABCDEFGbcdefg}$	73.7	80.7	80.1	60.1	$73.6^{CDEFGHIJdefghijk}$	0.37	0.45	0.46	0.50	0.45
12	W12	25.9	36.2	35.1	32.6	$32.4^{ABCDEFGbcdefg}$	80.3	72.5	87.7	60.3	$75.2^{CDEFGHIdefghij}$	0.32	0.50	0.40	0.54	0.44
13	W13	41.7	33.8	36.7	33.6	36.4^{ABCab}	59.2	81.5	71.7	49.3	$65.4^{FGHIJKhijklmn}$	0.70	0.41	0.51	0.68	0.58
14	W14	28.9	23.8	35.2	24.5	$28.1^{CDEFGHdefghijk}$	47.4	71.4	62.7	37.0	54.6^{JKmno}	0.61	0.33	0.56	0.66	0.54
15	W15	22.3	17.3	35.6	23.6	$24.7^{FGHhijk}$	55.2	53.5	53.5	38.8	50.2^{Ko}	0.40	0.32	0.67	0.61	0.50
16	W16	33.5	21.0	30.2	26.2	$27.7^{CDEFGHefghijk}$	58.4	65.6	59.2	50.3	$58.4^{IJKlmno}$	0.57	0.32	0.51	0.52	0.48
17	W17	31.6	30.4	19.1	27.2	$27.1^{DEFGHfghijk}$	61.0	67.9	83.2	38.1	$62.5^{GHIJKijklmno}$	0.52	0.45	0.23	0.72	0.48
18	W18	22.4	32.6	21.3	25.7	$25.5^{EFGHhijk}$	57.2	61.9	88.1	34.0	$60.3^{HIJKjklmno}$	0.39	0.53	0.24	0.76	0.48
19	W19	30.2	38.0	25.7	35.8	$32.4^{ABCDEFGbcdefg}$	64.6	69.1	81.5	56.1	$67.8^{EFGHIJKghijklm}$	0.47	0.55	0.32	0.64	0.49
20	W20	32.0	29.1	27.0	29.1	$29.3^{BCDEFGHcdefghij}$	62.3	64.1	71.2	39.8	$59.4^{HIJKklmno}$	0.51	0.45	0.38	0.73	0.52
21	W21	33.1	30.0	29.7	15.8	$27.2^{DEFGHfghijk}$	53.1	82.2	72.1	54.1	$65.4^{FGHIJKhijklmn}$	0.62	0.37	0.41	0.29	0.42
22	W22	21.4	26.9	25.5	16.0	22.5^{Hk}	43.6	69.5	54.1	39.2	51.6^{Kno}	0.49	0.39	0.47	0.41	0.44
23	W23	32.2	34.7	36.6	28.7	$33.0^{ABCDEFbcdef}$	65.8	83.7	66.4	59.3	$68.8^{DEFGHIJKfghijklm}$	0.49	0.41	0.55	0.48	0.48
24	W24	29.5	32.6	35.2	20.2	$29.4^{BCDEFGHcdefghij}$	61.2	84.3	62.4	62.8	$67.7^{EFGHIJKghijklm}$	0.48	0.39	0.56	0.32	0.44
25	W25	25.6	35.0	22.4	29.6	$28.1^{CDEFGHdefghijk}$	100.3	95.6	90.9	85.5	93.1^{ABCabc}	0.26	0.37	0.25	0.35	0.30
26	W26	25.3	35.2	27.2	36.6	$31.1^{BCDEFGHbcdefgh}$	106.6	94.3	108.0	76.8	96.4^{ABab}	0.24	0.37	0.25	0.48	0.33
27	W27	24.3	31.0	30.8	27.4	$28.4^{BCDEFGHcdefghijk}$	95.5	92.1	100.6	39.2	$81.8^{ABCDEFGbcdefg}$	0.25	0.34	0.31	0.70	0.40
28	W28	22.8	30.8	34.2	24.1	$28.0^{CDEFGHdefghijk}$	94.2	90.1	95.2	73.8	$88.3^{ABCDabcd}$	0.24	0.34	0.36	0.33	0.32
29	W29	26.3	30.1	35.0	26.5	$29.5^{BCDEFGHcdefghij}$	75.5	102.3	94.4	76.5	$87.2^{ABCDEabcde}$	0.35	0.29	0.37	0.35	0.34
30	W30	26.2	30.0	33.9	26.4	$29.1^{BCDEFGHcdefghij}$	67.0	84.9	84.9	57.8	$73.6^{CDEFGHIJdefghijk}$	0.39	0.35	0.40	0.46	0.40
31	W31	24.2	27.6	30.2	22.8	$26.2^{DEFGHghijk}$	71.1	81.8	113.8	43.8	$77.6^{BCDEFGHIdefgh}$	0.34	0.34	0.27	0.52	0.37
32	W32	22.2	28.1	35.8	27.4	$28.4^{BCDEFGHcdefghijk}$	83.1	121.2	113.5	74.2	98.0^{Aa}	0.27	0.23	0.32	0.37	0.30
33	W33	27.9	27.3	41.7	27.2	$31.0^{BCDEFGHbcdefghi}$	48.1	88.6	84.3	85.5	$76.6^{BCDEFGHIdefghi}$	0.58	0.31	0.49	0.32	0.43

注：DT 为旱处理，WT 为水处理，DRC 为抗旱系数，同列大写字母表示不同材料之间差异极显著（$P<0.01$），同列小写字母表示不同材料之间差异显著（$P<0.05$）。

5.5　绿叶片数

旱处理下供试材料绿叶片数均小于水处理（表 6），不同材料抗旱性不同，绿叶片数越多抗旱性越强。经方差分析，旱处理、水处理及相应的抗旱系数均存在极显著性差异（$P<0.01$）。水处理绿叶片

数较多的是 W4、W9、W16、W10、W24、W25，较少的是 W23、W28、W7、W6、W33；旱处理较多的是 W30、W24、W25、W31、W27、W32，较少的是 W33、W6、W7、W1、W2；抗旱系数较大的有 W30、W27、W32、W31、W24、W25，较小的有 W9、W33、W6、W4、W1。

表 6　绿叶片数调查表

序号	代号	DT（片）					WT（片）					DRC				
		1	2	3	4	平均	1	2	3	4	平均	1	2	3	4	平均
1	W1	5.2	8.9	7.1	7.3	7.1^{HIJlmn}	16.8	12.8	16.2	16.6	$15.6^{CDEFGHIJghijklmn}$	0.31	0.70	0.43	0.44	0.47^{Ij}
2	W2	5.9	10.8	7.2	6.9	$7.7^{GHIJklmn}$	17.1	11.8	13.4	14.6	$14.2^{EFGHIJijklmno}$	0.35	0.92	0.54	0.47	$0.57^{DEFGHIghij}$
3	W3	6.7	12.4	6.6	6.6	$8.1^{FGHIJijklmn}$	18.1	13.6	12.7	12.7	$14.3^{EFGHIJijklmno}$	0.37	0.91	0.52	0.52	$0.58^{DEFGHIghij}$
4	W4	9.1	10.8	10.6	11.5	$10.5^{CDEFGdefghi}$	29.3	17.4	22.3	22.0	22.8^{Aa}	0.31	0.62	0.48	0.52	0.48^{HIij}
5	W5	8.2	10.7	9.5	9.4	$9.5^{EFGHIfghijklm}$	19.4	13.2	16.4	14.3	$15.8^{CDEFGHIJefghijklm}$	0.42	0.81	0.58	0.66	$0.62^{BCDEFGHIcdefghij}$
6	W6	5.4	7.7	6.1	5.6	6.2^{IJn}	13.2	12.6	13.9	10.7	12.6^{IJno}	0.41	0.61	0.44	0.52	0.49^{HIij}
7	W7	5.8	8.3	7.9	6.1	7.0^{HIJmn}	15.6	11.3	13.1	11.1	12.8^{HIJmno}	0.37	0.73	0.61	0.55	$0.56^{DEFGHIhij}$
8	W8	7.4	7.3	7.7	9.4	$7.9^{FGHIJjklmn}$	16.3	11.5	14.0	14.4	$14.0^{FGHIJjklmno}$	0.46	0.64	0.55	0.65	$0.57^{DEFGHIghij}$
9	W9	9.7	9.9	11.8	9.2	$10.1^{DEFGHefghijk}$	24.6	15.4	21.3	19.9	20.3^{ABab}	0.39	0.64	0.55	0.46	0.51^{GHIij}
10	W10	10.8	11.9	10.7	10.2	$10.9^{CDEFGdefgh}$	26.9	14.2	20.6	15.0	19.2^{ABCbcd}	0.40	0.84	0.52	0.68	$0.61^{CDEFGHIdefghij}$
11	W11	8.6	9.6	9.2	8.3	$8.9^{EFGHIJhijklm}$	18.7	13.8	17.1	17.6	$16.8^{BCDEFGHcdefghij}$	0.46	0.69	0.54	0.47	$0.54^{FGHIhij}$
12	W12	7.5	11.0	11.8	8.2	$9.6^{DEFGHefghijkl}$	20.0	13.0	21.4	17.3	$17.9^{BCDEFbcdefgh}$	0.38	0.85	0.55	0.47	$0.56^{DEFGHIghij}$
13	W13	8.6	8.2	9.7	8.9	$8.8^{EFGHIJhijklm}$	17.4	13.6	15.3	17.4	$15.9^{CDEFGHIJefghijkl}$	0.49	0.60	0.63	0.51	$0.56^{DEFGHIhij}$
14	W14	9.2	8.7	10.0	8.9	$9.2^{EFGHIJghijklm}$	16.2	17.2	18.0	16.2	$16.9^{BCDEFGcdefghij}$	0.57	0.51	0.55	0.55	$0.55^{EFGHIhij}$
15	W15	9.4	12.9	12.2	8.8	$10.8^{CDEFGdefgh}$	16.9	17.5	19.9	18.2	$18.1^{BCDEbcdefg}$	0.56	0.73	0.61	0.48	$0.60^{CDEFGHIfghij}$
16	W16	8.4	10.7	12.9	14.3	$11.6^{BCDEcdefg}$	22.6	17.2	19.9	18.8	19.6^{ABCbc}	0.37	0.62	0.65	0.76	$0.60^{CDEFGHIefghij}$
17	W17	9.3	10.6	8.8	7.3	$9.0^{EFGHIJhijklm}$	19.1	15.8	17.1	13.5	$16.4^{BCDEFGHIJdefghijk}$	0.49	0.67	0.51	0.54	$0.55^{FGHIhij}$
18	W18	9.9	11.9	10.5	8.8	$10.3^{CDEFGHefghij}$	19.5	16.7	16.1	11.3	$15.9^{CDEFGHIJefghijkl}$	0.51	0.71	0.65	0.78	$0.66^{ABCDEFGHIbcdefghi}$
19	W19	9.7	9.2	7.9	10.7	$9.3^{EFGHIJghijklm}$	18.2	12.6	17.0	18.4	$16.5^{BCDEFGHIdefghijk}$	0.53	0.73	0.46	0.58	$0.58^{DEFGHIghij}$
20	W20	13.8	8.0	10.6	9.8	$10.5^{CDEFGdefghi}$	21.0	15.8	17.8	20.8	$18.8^{ABCDbcde}$	0.66	0.50	0.60	0.47	$0.56^{DEFGHIghij}$
21	W21	13.3	11.9	12.4	7.6	$11.3^{BCDEFcdefgh}$	18.7	15.5	22.1	18.5	$18.7^{ABCDbcdef}$	0.71	0.77	0.56	0.41	$0.61^{CDEFGHIdfghij}$
22	W22	12.4	14.7	13.5	7.9	$12.1^{ABCDEbcde}$	15.8	14.1	19.9	13.2	$15.8^{CDEFGHIJefghijklm}$	0.79	1.04	0.68	0.60	$0.78^{ABCDEFabcde}$
23	W23	9.1	9.8	10.8	9.0	$9.7^{DEFGHefghijk}$	13.6	11.7	14.0	15.2	$13.6^{GHIJklmno}$	0.67	0.83	0.77	0.59	$0.72^{ABCDEFGHabcdefgh}$
24	W24	13.1	14.4	17.2	12.6	14.3^{ABab}	19.0	12.4	21.6	23.0	$19.0^{ABCDbcd}$	0.69	1.16	0.79	0.55	$0.80^{ABCDabc}$
25	W25	11.3	18.6	13.6	13.6	14.3^{ABab}	21.6	15.2	17.7	21.5	$19.0^{ABCDbcd}$	0.52	1.23	0.77	0.63	$0.79^{ABCDEabcd}$
26	W26	8.3	14.6	11.7	11.9	$11.6^{BCDEcdefg}$	15.7	14.7	15.4	17.5	$15.8^{CDEFGHIJfghijklm}$	0.53	0.99	0.76	0.68	$0.74^{ABCDEFGabcdefg}$
27	W27	10.5	12.2	16.3	12.4	$12.8^{ABCDabcd}$	15.2	13.0	16.2	15.4	$14.9^{DEFGHIJhijklmno}$	0.69	0.94	1.00	0.81	0.86^{Aa}
28	W28	7.1	12.5	11.9	8.0	$9.8^{DEFGHefghijk}$	13.6	10.7	13.6	15.0	$13.2^{GHIJlmno}$	0.52	1.18	0.87	0.53	$0.77^{ABCDEFabcdef}$
29	W29	12.5	14.5	11.3	9.4	$11.9^{ABCDEbcdef}$	14.5	14.2	20.6	17.5	$16.7^{BCDEFGHcdefghij}$	0.86	1.02	0.55	0.53	$0.74^{ABCDEFGabcdefg}$
30	W30	18.8	15.6	15.8	9.8	15.0^{Aa}	18.6	13.6	20.4	16.0	$17.1^{BCDEFGcdefghi}$	1.02	1.15	0.77	0.61	0.89^{Aa}
31	W31	10.0	13.5	18.8	11.9	13.6^{ABCabc}	19.6	14.5	16.1	16.5	$16.6^{BCDEFGHcdefghijk}$	0.51	0.93	1.17	0.72	0.83^{ABCab}
32	W32	9.7	12.3	15.0	11.5	$12.1^{ABCDEbcde}$	13.6	10.8	16.5	17.4	$14.5^{EFGHIJijklmno}$	0.71	1.14	0.91	0.66	0.86^{ABa}
33	W33	4.4	5.3	7.3	7.2	6.0^{Jn}	10.6	10.2	17.6	10.9	12.3^{Jo}	0.41	0.52	0.42	0.66	0.50^{GHIij}

注：DT 为旱处理，WT 为水处理，DRC 为抗旱系数，同列大写字母表示不同材料之间差异极显著（$P<0.01$），同列小写字母表示不同材料之间差异显著（$P<0.05$）。

5.6　匍匐茎长度

旱处理多数匍匐茎还没有发生而水处理的匍匐茎长度则在 50mm 左右（表 7），可见干旱胁迫下由于水分的缺乏白三叶匍匐茎不发生或生长长度很小；水处理下匍匐茎生长长度较大的有 W12、W24、W9、W32、W28、W25，较小的是 W6、W27、W18、W14、W2。

表7　匍匐茎长度

序号	代号	DT（mm）					WT（mm）					DRC				
		1	2	3	4	平均	1	2	3	4	平均	1	2	3	4	平均
1	W1	0.0	15.0	21.5	0.0	9.1	33.5	39.7	52.8	36.5	$40.6^{CDEFfghi}$	0.00	0.38	0.41	0.00	0.20
2	W2	0.0	10.0	17.5	9.0	9.1	19.1	28.8	40.4	31.7	30.0^{Fi}	0.00	0.35	0.43	0.28	0.27
3	W3	0.0	5.0	0.0	0.0	1.3	35.2	36.6	44.6	36.2	$38.1^{DEFfghi}$	0.00	0.14	0.00	0.00	0.03
4	W4	0.0	12.5	16.7	15.0	11.0	53.9	45.3	38.0	44.0	$45.3^{ABCDEFbcdefg}$	0.00	0.28	0.44	0.34	0.26
5	W5	12.5	12.5	13.3	11.4	12.4	42.9	45.6	48.0	33.9	$42.6^{ABCDEFdefgh}$	0.29	0.27	0.28	0.34	0.30
6	W6	0.0	5.0	30.0	0.0	8.8	24.4	33.2	49.6	31.2	34.6^{EFghi}	0.00	0.15	0.60	0.00	0.19
7	W7	0.0	25.0	20.0	0.0	11.3	41.5	35.4	52.8	37.3	$41.8^{ABCDEFefghi}$	0.00	0.71	0.38	0.00	0.27
8	W8	10.0	0.0	0.0	12.5	5.6	33.7	37.8	54.6	42.5	$42.1^{ABCDEFdefgh}$	0.30	0.00	0.00	0.29	0.15
9	W9	7.5	8.3	23.2	7.5	11.6	43.2	77.2	61.9	40.5	55.7^{ABCabc}	0.17	0.11	0.37	0.19	0.21
10	W10	10.0	13.3	12.5	0.0	9.0	23.5	66.7	54.2	14.8	$39.8^{CDEFfghi}$	0.43	0.20	0.23	0.00	0.21
11	W11	0.0	5.0	0.0	0.0	1.3	32.8	57.6	37.1	42.2	$42.4^{ABCDEFdefgh}$	0.00	0.09	0.00	0.00	0.02
12	W12	0.0	10.0	13.3	8.5	8.0	64.4	56.4	62.4	48.0	57.8^{Aa}	0.00	0.18	0.21	0.18	0.14
13	W13	0.0	7.5	10.0	11.0	7.1	47.2	60.4	49.7	34.8	$48.0^{ABCDabcdef}$	0.00	0.12	0.20	0.32	0.16
14	W14	5.0	0.0	14.0	8.3	6.8	27.1	39.6	37.8	27.3	32.9^{EFhi}	0.18	0.00	0.37	0.30	0.22
15	W15	0.0	5.0	19.1	0.0	6.0	60.6	42.2	38.7	42.7	$46.0^{ABCDEabcdefg}$	0.00	0.12	0.49	0.00	0.15
16	W16	10.0	15.0	17.7	20.0	15.7	51.6	59.3	34.7	43.4	$47.3^{ABCDEabcdef}$	0.19	0.25	0.51	0.46	0.35
17	W17	0.0	22.5	6.0	0.0	7.1	44.1	52.9	46.8	25.0	$42.2^{ABCDEFdefgh}$	0.00	0.42	0.13	0.00	0.14
18	W18	0.0	15.0	5.0	0.0	5.0	34.2	43.6	37.5	16.7	33.0^{EFhi}	0.00	0.34	0.13	0.00	0.12
19	W19	0.0	0.0	0.0	7.6	1.9	48.7	46.2	34.5	46.1	$43.8^{ABCDEFcdefgh}$	0.00	0.00	0.00	0.16	0.04
20	W20	0.0	10.0	7.5	7.5	6.3	44.7	41.5	38.1	32.1	$39.1^{DEFfghi}$	0.00	0.24	0.20	0.23	0.17
21	W21	0.0	10.0	10.0	0.0	5.0	36.9	58.3	50.8	23.8	$42.4^{ABCDEFdefgh}$	0.00	0.17	0.20	0.00	0.09
22	W22	0.0	12.0	15.0	0.0	6.8	40.9	55.5	48.3	22.2	$41.7^{ABCDEFefghi}$	0.00	0.22	0.31	0.00	0.13
23	W23	0.0	0.0	9.3	5.0	3.6	44.5	50.0	46.2	26.9	$41.9^{ABCDEFefghi}$	0.00	0.00	0.20	0.19	0.10
24	W24	0.0	11.7	10.0	5.0	6.7	64.3	62.9	48.6	51.2	56.7^{ABab}	0.00	0.19	0.21	0.10	0.12
25	W25	0.0	18.3	13.1	12.5	11.0	57.8	66.2	47.6	43.0	$53.6^{ABCDabcde}$	0.00	0.28	0.28	0.29	0.21
26	W26	0.0	10.8	15.0	8.3	8.5	40.8	48.7	42.8	25.6	$39.5^{DEFfghi}$	0.00	0.22	0.35	0.32	0.22
27	W27	0.0	10.0	13.8	10.0	8.4	40.3	33.7	45.5	13.0	33.1^{EFhi}	0.00	0.30	0.30	0.77	0.34
28	W28	0.0	10.7	8.3	0.0	4.8	54.5	55.5	61.3	43.8	$53.8^{ABCDabcde}$	0.00	0.19	0.14	0.00	0.08
29	W29	0.0	8.0	0.0	10.0	4.5	37.1	59.7	54.7	37.4	$47.2^{ABCDEabcdef}$	0.00	0.13	0.00	0.27	0.10
30	W30	0.0	10.5	12.0	0.0	5.6	39.7	46.4	51.6	27.5	$41.3^{BCDEFfghi}$	0.00	0.23	0.23	0.00	0.11
31	W31	20.0	16.3	12.4	9.0	14.4	42.8	44.6	66.2	26.2	$44.9^{ABCDEFbcdefgh}$	0.47	0.37	0.19	0.34	0.34
32	W32	0.0	11.7	10.6	10.0	8.1	48.2	58.8	66.7	42.7	$54.1^{ABCDabcd}$	0.00	0.20	0.16	0.23	0.15
33	W33	0.0	10.2	12.3	0.0	5.6	35.6	46.8	43.6	26.8	$38.2^{DEFfghi}$	0.00	0.22	0.28	0.00	0.13

注：DT为旱处理，WT为水处理，DRC为抗旱系数，同列大写字母表示不同材料之间差异极显著（$P<0.01$），同列小写字母表示不同材料之间差异显著（$P<0.05$）。

6　抗旱性评价

6.1　存活率评价

旱处理在供试材料均有死亡现象，存活率低于正常浇水处理（表 8）。按评价标准，所有材料均为抗旱性极强类型（1 级），经方差分析，各处理不同材料的存活率差异不明显。

表 8　存活率调查表

序号	代号	DT（%）					序号	代号	DT（%）				
		1	2	3	4	平均			1	2	3	4	平均
1	W1	100	92.5	100	100	98.1	18	W18	95	100	97.5	97.5	97.5
2	W2	97.5	95	100	100	98.1	19	W19	95	92.5	100	100	96.9
3	W3	92.5	77.5	95	100	91.3	20	W20	87.5	100	100	100	96.9
4	W4	97.5	100	100	97.5	98.8	21	W21	85	97.5	82.5	97.5	90.6
5	W5	97.5	100	100	97.5	98.8	22	W22	90	100	85	92.5	91.9
6	W6	97.5	92.5	100	97.5	96.9	23	W23	100	100	100	100	100
7	W7	97.5	100	97.5	97.5	98.1	24	W24	100	100	100	95	98.8
8	W8	97.5	100	100	100	99.4	25	W25	100	97.5	100	100	99.4
9	W9	97.5	97.5	100	100	98.8	26	W26	100	97.5	100	97.5	98.8
10	W10	90	100	100	100	97.5	27	W27	100	97.5	92.5	95	96.3
11	W11	100	97.5	100	97.5	98.8	28	W28	100	100	100	100	100
12	W12	100	90	100	100	97.5	29	W29	97.5	97.5	97.5	97.5	97.5
13	W13	100	100	97.5	97.5	98.8	30	W30	72.5	85	100	100	89.4
14	W14	82.5	95	100	100	94.4	31	W31	100	97.5	100	100	99.4
15	W15	90	95	100	85	92.5	32	W32	100	100	97.5	100	99.4
16	W16	90	100	100	100	97.5	33	W33	100	97.5	100	100	99.4
17	W17	87.5	92.5	100	90	92.5							

注：DT 为旱处理。

6.2　隶属函数法和标准差系数赋予权重法

采用各个单项指标及其抗旱系数来评价植物抗旱性，缺乏准确性和全面性，选择干旱胁迫下抗旱性密切相关的 6 个指标进行综合评价，可以克服单个指标评价的缺点，提高评价的全面性与准确性。综合评价时，首先将各指标的抗旱系数进行标准化处理（其中根冠比采用反隶属函数法），得到相应的隶属函数值，在此基础上，依据各个指标的相对重要性（权重）进行加权，便可得到各材料抗旱性的综合评价 D 值。

表 9 可以看出，匍匐茎长度和叶柄长度权重较高，根冠比权重最小。根据综合评价 D 值（表 9）可对参试材料抗旱性强弱进行排序，由强到弱顺序为 W27、W31、W16、W2、W7、W10、W5、W15、W14、W30、W22、W26、W4、W25、W23、W32、W13、W18、W9、W6、W20、W24、W28、W29、W33、W17、W1、W8、W21、W12、W3、W11、W19。

表 9　标准差系数赋予权重法综合评价

序号	代号	隶属函数值 μ（X_j）						综合评价 D 值	排序
		地上生物量	地下生物量	叶柄长度	绿叶片数	匍匐茎长度	根冠比		
1	W1	0.000	0.000	0.357	0.000	0.546	0.173	0.339	27
2	W2	0.450	0.423	0.786	0.238	0.758	0.187	0.612	4

（续）

序号	代号	隶属函数值 μ (X_j)						综合评价D值	排序
		地上生物量	地下生物量	叶柄长度	绿叶片数	匍匐茎长度	根冠比		
3	W3	0.400	0.615	0.643	0.262	0.030	0.493	0.302	31
4	W4	0.150	0.308	0.750	0.024	0.727	0.347	0.499	13
5	W5	0.250	0.346	0.607	0.357	0.849	0.293	0.600	6
6	W6	0.300	0.539	0.429	0.048	0.515	0.467	0.413	20
7	W7	0.650	0.731	0.500	0.214	0.758	0.480	0.605	5
8	W8	0.050	0.231	0.357	0.238	0.394	0.387	0.328	28
9	W9	0.250	0.885	0.429	0.095	0.576	1.000	0.426	19
10	W10	0.700	0.539	0.750	0.333	0.576	0.133	0.600	6
11	W11	0.450	0.346	0.536	0.167	0.000	0.187	0.267	32
12	W12	0.000	0.308	0.500	0.214	0.364	0.667	0.305	30
13	W13	0.150	0.423	1.000	0.214	0.424	0.533	0.435	17
14	W14	0.300	0.615	0.857	0.191	0.606	0.547	0.524	9
15	W15	0.750	0.885	0.714	0.310	0.394	0.560	0.526	8
16	W16	0.150	0.192	0.643	0.310	1.000	0.280	0.627	3
17	W17	0.050	0.308	0.643	0.191	0.364	0.493	0.342	26
18	W18	0.350	0.423	0.643	0.452	0.303	0.240	0.433	18
19	W19	0.100	0.192	0.679	0.262	0.061	0.280	0.253	33
20	W20	0.050	0.462	0.786	0.214	0.455	0.747	0.392	21
21	W21	0.250	0.269	0.429	0.333	0.212	0.293	0.318	29
22	W22	0.550	0.577	0.500	0.738	0.333	0.240	0.512	11
23	W23	0.500	0.539	0.643	0.595	0.242	0.227	0.464	15
24	W24	0.100	0.269	0.500	0.786	0.303	0.573	0.384	22
25	W25	0.350	0.346	0.000	0.762	0.576	0.253	0.496	14
26	W26	0.300	0.462	0.107	0.643	0.606	0.360	0.500	12
27	W27	1.000	1.000	0.357	0.929	0.970	0.187	0.880	1
28	W28	0.500	0.577	0.072	0.714	0.182	0.400	0.375	23
29	W29	0.350	0.231	0.143	0.643	0.242	0.160	0.361	24
30	W30	0.600	0.731	0.357	1.000	0.273	0.427	0.516	10
31	W31	0.800	0.500	0.250	0.857	0.970	0.000	0.791	2
32	W32	0.400	0.115	0.000	0.929	0.394	0.027	0.451	16
33	W33	0.300	0.692	0.464	0.072	0.333	0.613	0.354	25
权重		0.119	0.119	0.123	0.150	0.389	0.100		

7 小结

（1）干旱条件下植株的生长受到了明显的抑制，地上生物量、地下生物量明显下降，生长势明显减弱，叶柄长度、匍匐茎长度明显减小，甚至萎蔫死亡。除根冠比为正相关指标，抗旱系数大于1外，存活率、地上生物量、地下生物量、株高、分枝数均为负相关，抗旱系数均小于1。

（2）各个指标试验结果总体一致，并各不相同；采用任何一个指标评价其抗旱性都不够全面，因此将各个指标进行综合评价才更科学准确。

（3）按照存活率评价标准，各个材料均为抗旱性极强（1级），因此确定抗旱性差异需使用其他评价方法进行。

（4）采用隶属函数法和标准差系数赋予权重法综合评价，由强到弱顺序：W27、W31、W16、W2、W7、W10、W5、W15、W14、W30、W22、W26、W4、W25、W23、W32、W13、W18、W9、W6、W20、W24、W28、W29、W33、W17、W1、W8、W21、W12、W3、W11、W19。原编号为7808、7860－2、7523、7049、7343、7438、7308、7513、7509、7860－1、7661、7800、7143、7781、7719、7889、7478、7572、7404、7339、7590、7768、7842、7855、7899、7559、7043、7349、7625、7468、7096、7453、7579。

（5）试验结束时，白三叶基部没有分枝，基部着生很多叶片，因此调查了叶片数目；白三叶没有明显主茎，因此通过最长叶柄长度代表植株高度。

（6）反复干旱法2次后存活率均高于80%，是否由复水过早导致的，如果萎蔫15d，死亡率肯定会提高；旱处理在干旱条件下形成了较强的抗旱性是死亡率低的主要原因。该法判断复水的标准应该设定为连续萎蔫较长天数，根据不同物种确定胁迫强度较高条件下相应的萎蔫天数，从而使该法适用于不同物种。

66份白三叶芽期耐旱性指标筛选及综合评价

张鹤山[1]　张志飞[2]　刘洋[1]　武建新[2]　田宏[1]　熊军波[1]

（1. 湖北省农业科学院畜牧兽医研究所　2. 湖南农业大学）

摘要：以66份白三叶种质材料为研究材料，通过室内萌发试验，测定了与耐旱性有关的10个萌发特性指标，通过相关性分析、主成分分析确定本研究中白三叶耐旱性综合评价指标为相对活力指数、相对根系体积和相对根长比苗长。运用隶属函数法和聚类分析对66份白三叶种质材料耐旱性进行综合评价，将种质材料耐旱性分为强、中、弱3个等级，其中耐旱性较强的材料有海法、ZXY06P－2475、ZXY06P－2528、惠亚和ZXY06P－1879。

关键词：白三叶；耐旱性；指标筛选；综合评价

白三叶（*Trifolium repens* L.）是豆科三叶草属多年生牧草，主要起源于欧洲和地中海盆地，是世界上温带地区广为栽培的优质多年生豆科牧草。由于它产草量高，品质优良，各种家畜均喜采食，在草地中它兼有提供优质牧草和在土壤中固定氮素的双重作用，在农牧渔业生产中具有十分重要的地位。随着我国南方草地畜牧业的发展，白三叶栽培种植区域不断扩大，已在云南、贵州、四川、湖北、湖南、江苏、安徽等省份的人工草地建设中得到广泛应用，资料表明，在云南2.0×10^5 hm^2的人工草地上有近一半草地混播了白三叶[1]，湖北也有3.73×10^4 hm^2人工草地种植了白三叶[2]，成为当地当家草种之一。在这些地区存在夏秋季伏旱天气，造成白三叶植株枯死，越夏率下降，极大地限制了它的推广应用范围。

许多学者从白三叶芽期[3-5]、苗期[6,7]以及外源物影响[8,9]等方面对白三叶的耐旱性进行了研究，为开展白三叶耐旱性鉴定提供了技术参考。为评价白三叶种质材料的耐旱性能，获得优异的种质资源，本研究对66份白三叶种质材料开展芽期耐旱性鉴定，以期从中筛选出具有较强耐旱性适宜推广应用的白三叶种质材料，为白三叶耐旱性新品种选育提供科学依据。

1 材料与方法

1.1 材料来源

本试验所用 66 份白三叶种质材料中有 57 份来源于俄罗斯（由中国农业科学院北京畜牧兽医研究所提供，其中的 55 份具有中国牧草种质资源保存中心库统一编号），9 份是国内外育成的品种（自行搜集）。供试材料编号、名称及来源地信息见表 1。

表 1　66 份白三叶种质材料基本信息

编号	材料名称	中心库编号	来源地	编号	材料名称	中心库编号	来源地
1	ZXY06P-1616	CF022453	俄罗斯	34	ZXY06P-2340	CF022515	俄罗斯
2	ZXY06P-1636	CF022455	俄罗斯	35	ZXY06P-2344	CF022516	俄罗斯
3	ZXY06P-1686	CF022458	俄罗斯	36	ZXY06P-2348	—	俄罗斯
4	ZXY06P-1693	CF022459	俄罗斯	37	ZXY06P-2358	CF022517	俄罗斯
5	ZXY06P-1711	CF022461	俄罗斯	38	ZXY06P-2360	CF022518	俄罗斯
6	ZXY06P-1735	CF022462	俄罗斯	39	ZXY06P-2387	CF022519	俄罗斯
7	ZXY06P-1754	CF022464	俄罗斯	40	ZXY06P-2392	CF022520	俄罗斯
8	ZXY06P-1768	CF022466	俄罗斯	41	ZXY06P-2405	CF022521	俄罗斯
9	ZXY06P-1798	CF022469	俄罗斯	42	ZXY06P-2444	CF022524	俄罗斯
10	ZXY06P-1806	CF022470	俄罗斯	43	ZXY06P-2475	CF022528	俄罗斯
11	ZXY06P-1819	CF022471	俄罗斯	44	ZXY06P-2488	CF022529	俄罗斯
12	ZXY06P-1827	CF022472	俄罗斯	45	ZXY06P-2496	CF022530	俄罗斯
13	ZXY06P-1864	CF022475	俄罗斯	46	ZXY06P-2508	CF022531	俄罗斯
14	ZXY06P-1879	CF022476	俄罗斯	47	ZXY06P-2528	CF022533	俄罗斯
15	ZXY06P-1918	CF022479	俄罗斯	48	ZXY06P-2552	CF022535	俄罗斯
16	ZXY06P-1924	CF022480	俄罗斯	49	ZXY06P-2557	CF022536	俄罗斯
17	ZXY06P-1927	CF022481	俄罗斯	50	ZXY06P-2561	CF022537	俄罗斯
18	ZXY06P-1972	CF022484	俄罗斯	51	ZXY06P-2576	CF022538	俄罗斯
19	ZXY06P-2007	CF022487	俄罗斯	52	ZXY06P-2598	CF022540	俄罗斯
20	ZXY06P-2017	CF022488	俄罗斯	53	ZXY06P-2606	CF022541	俄罗斯
21	ZXY06P-2029	CF022490	俄罗斯	54	ZXY06P-2614	CF022542	俄罗斯
22	ZXY06P-2046	CF022491	俄罗斯	55	ZXY06P-2621	CF022543	俄罗斯
23	ZXY06P-2128	CF022498	俄罗斯	56	ZXY06P-2654	CF022544	俄罗斯
24	ZXY06P-2139	CF022499	俄罗斯	57	ZXY06P-2659	CF022545	俄罗斯
25	ZXY06P-2180	CF022502	俄罗斯	58	惠亚	—	新西兰
26	ZXY06P-2188	CF022503	俄罗斯	59	超级惠亚	—	澳大利亚
27	ZXY06P-2201	CF022504	俄罗斯	60	碧胜	—	阿根廷
28	ZXY06P-2206	CF022505	俄罗斯	61	鄂牧 1 号	—	中国
29	ZXY06P-2233	CF022508	俄罗斯	62	克赛	—	英国
30	ZXY06P-2245	CF022509	俄罗斯	63	克劳	—	法国
31	ZXY06P-2277	CF022510	俄罗斯	64	G18	—	新西兰
32	ZXY06P-2286	CF022511	俄罗斯	65	皮陶	—	新西兰
33	ZXY06P-2304	—	俄罗斯	66	海法	—	澳大利亚

1.2 试验方法

1.2.1 预备试验

为确定参试白三叶材料萌发期抗逆性评价的适宜胁迫浓度，所有试验均提前进行预备试验来筛选出适宜的胁迫浓度。从参试材料中随机选取4份俄罗斯种质材料和鄂牧1号、海法共6份种质材料，采用发芽盒滤纸法于人工气候培养箱中进行发芽试验。

干旱胁迫预备试验采用聚乙二醇（PEG-6000）溶液模拟干旱胁迫条件，质量体积浓度梯度设置为0（CK）、5%、10%、15%、20%、25%，对应溶液水势约为0、−0.054、−0.177、−0.393、−0.735、−1.25MPa。试验结果表明：在PEG-6000溶液质量浓度为10%时，6份白三叶材料各指标间差异最显著，其他浓度下材料间各观测指标差异均不显著，因此最终选择质量体积浓度为10%的PEG-6000溶液用于评价66份白三叶材料萌发期的耐旱性。

1.2.2 试验方法

依照GB/T 2930.4—2001《牧草种子检验规程发芽试验》中白三叶发芽试验规程，采用发芽盒滤纸法于人工气候箱中进行发芽试验。选取大小均匀一致、饱满、无病虫害的种子，用50%的多菌灵可湿性粉剂500倍液浸泡种子20min，蒸馏水清洗干净待用。将种子均匀置于发芽盒内，每个重复50粒种子，设4次重复，处理组每个发芽盒分别施加15mL 10%的PEG-6000溶液，对照组（CK）加15mL去离子水，试验过程中均不再加入任何溶液。于人工气候箱进行恒温培养（20℃，16h，光照；20℃，8h，黑暗），第10d结束试验。

1.2.3 指标测定

每隔24h观察记录发芽种子数，以胚根或胚芽突破种皮长于种子长度为发芽标准，并计算种子发芽势（%）、发芽率（%）、发芽指数和活力指数。计算公式如下：

发芽势=(试验第4d的发芽种子数/总种子数)×100%

发芽率=(试验第10d的发芽种子数/总种子数)×100%

发芽指数=$\sum$（Gt/Dt）（Gt为第t日种子的发芽量，Dt为相应的发芽试验天数）

活力指数=发芽指数×根长

试验结束时，每处理随机选取10株幼苗，用清水洗净，用LA-S系列植物根系分析系统软件进行扫描分析，获得幼苗的根长（mm）、苗长（mm）、根长/苗长、根系表面积（mm^2），根系体积（mm^3），根系平均直径（mm）6个性状指标数据。

1.2.4 数据处理

试验数据采用Excel 2010和SPSS 22分析软件进行处理与分析。

（1）隶属函数计算公式

正向隶属函数计算公式：$R(X_i)=(X_i-X_{min})/(X_{max}-X_{min})$

反向隶属函数计算公式：$R(X_i)=1-(X_i-X_{min})/(X_{max}-X_{min})$

式中：$R(X_i)$——各指标隶属函数值；

X_i——指标测定值；

X_{min}——所有参试材料某一指标的最小值；

X_{max}——所有参试材料某一指标的最大值。

（2）变异系数赋权计算公式

$$V_j=\frac{\sqrt{\sum_{i=1}^{n}(X_{ij}-\overline{X}_j)^2}}{\overline{X}_j}$$

$$W_j=\frac{V_j}{\sum_{j=1}^{m}V_j}$$

式中：$\overline{X}_j$——各材料第 j 个指标的平均值；

X_{ij}——i 材料 j 性状的隶属函数值；

V_j——第 j 个指标的标准差系数；

W_j——第 j 个指标的权重系数。

（3）综合隶属函数值的计算公式

综合评价值：$D = \sum_{j=1}^{n} [R(X_j) \cdot W_j]$

式中：W_j——第 j 个指标的权重；

D——各材料的抗逆性综合评价值，D 值越大，表明材料抗逆性越强。

2 结果与分析

2.1 干旱胁迫下白三叶种子萌发特性

表 2 是 66 份白三叶材料萌发期 10 项测定指标干旱组和对照组两组数据的基本统计结果。从表中可看出，胁迫组和对照组各指标均值变化有正有负，变化值为正表明胁迫条件下某项指标均值较对照组增加，为负则相反。与对照组数据相比，干旱胁迫组的发芽势、发芽率、发芽指数、活力指数、根长和根长比苗长 6 项指标均值都有所减少，苗长、根系表面积、根系体积和根系平均直径 4 项指标均值都有所增加。两组数据各指标均值的变化能在一定程度上反映出遭受胁迫后参试材料各性状指标受影响的变化趋势。总体来看，受到干旱胁迫时白三叶的萌发性状值会普遍下降，植株形态方面表现为根生长受到抑制，苗生长会有一定程度升高，根长与苗长比值会下降，而根系生长相关指标值会普遍升高。这说明白三叶在萌发期遭受干旱胁迫时会影响种子萌发状况，也会导致植株外观形态和根系生长等方面发生变化。

对照组各指标变异系数值均不相同，且根系体积、根长比苗长和活力指数等几项指标的变异系数较大，这说明 66 份白三叶材料的各指标性状本身存在着差异，且在根系体积、根长比苗长、活力指数等几项性状指标中差异最明显。干旱胁迫组中，变异系数值较大的指标有活力指数、根系体积、发芽指数和根系表面积等，表明在受到干旱胁迫时，参试材料在这几项性状指标中差异表现最大。

表 2 干旱胁迫下 66 份白三叶材料 10 项观测指标的变化情况

观测指标	对照组			干旱胁迫组			对比变化值	
	均值	标准差	变异系数	均值	标准差	变异系数	均值变化	变异系数变化
发芽势	83%	9	11.03%	72%	12	16.72%	−11%	5.69%
发芽率	87%	8	8.94%	79%	11	13.73%	−8%	4.79%
发芽指数	114.59	15.92	13.89%	75.66	16.80	22.20%	−38.93	8.31%
活力指数	4777.39	861.07	18.02%	2351.66	778.42	33.10%	−2425.73	15.08%
根长	41.68mm	4.70	11.27%	30.37mm	5.54	18.24%	−11.31mm	6.97%
苗长	7.46mm	1.19	15.96%	13.57mm	1.64	12.08%	6.11mm	−3.88%
根长比苗长	5.84	1.14	19.56%	2.35	0.43	18.20%	−3.49	−1.36%
根系表面积	37.58mm^2	6.06	16.12%	38.11mm^2	7.69	20.17%	0.53mm^2	4.05%
根系体积	2.82mm^3	0.71	24.98%	4.03mm^3	1.10	27.18%	1.21mm^3	2.20%
根系平均直径	2.83mm	0.33	11.64%	3.86mm	0.49	12.65%	1.03mm	1.01%

2.2 观测指标间相关性分析

表 3 是对 66 份白三叶材料萌发期耐旱性评价的相对发芽势、相对发芽率等 10 项测定指标相对值进

行的两两相关性分析。结果表明，同类指标间具有较高程度的相关关系，其中，相对发芽势、相对发芽率、相对发芽指数、相对活力指数 4 项指标间两两相关系数均在 0.6 以上，都有极显著相关性（$P<0.01$）；相对根长比苗长与相对根长、相对苗长也有较高的相关关系，相关性达到极显著（$P<0.01$），且相对根长比苗长与相对苗长呈负相关；相对根系体积与相对根长、相对根系表面积和相对根系平均直径的相关系数都较高，且相关性均达到极显著（$P<0.01$）。综上，10 项观测指标间各类型指标均存在较高的相关关系，且相关性都达到极显著或显著水平（$P<0.01$ 或 $P<0.05$），这说明 10 项观测指标相互关联程度较高，因而反映出的耐旱性信息有重叠，因此有必要对 10 项观测指标进行因子主成分分析来筛选出主要耐旱评价指标。

表 3　干旱胁迫下 66 份白三叶材料各指标间相关系数

观测指标	相对发芽势	相对发芽率	相对发芽指数	相对活力指数	相对根长	相对苗长	相对根长比苗长	相对根系表面积	相对根系体积
相对发芽率	0.923**								
相对发芽指数	0.906**	0.816**							
相对活力指数	0.801**	0.671**	0.844**						
相对根长	0.453**	0.343**	0.403**	0.816**					
相对苗长	0.268*	0.312*	0.234	0.265*	0.23				
相对根长比苗长	0.199	0.071	0.179	0.466**	0.617**	−0.591**			
相对根系表面积	0.356**	0.283*	0.294*	0.592**	0.729**	0.223	0.427**		
相对根系体积	0.21	0.173	0.158	0.353**	0.459**	0.165	0.255*	0.933**	
相对根系平均直径	0.037	0.046	0.023	−0.028	−0.072	0.079	−0.107	0.517**	0.710**

注：** 表示具有极显著相关性（$P<0.01$），* 表示具有显著相关性（$P<0.05$）。

2.3　耐旱性评价指标筛选

对 66 份白三叶材料的相对发芽势、相对发芽率等 10 项观测指标进行因子主成分分析（表 4）。从表中可看出，前 3 个成分的累积贡献率达到 85.828%，且特征值都大于 1，表明前 3 个成分已经把材料 85.828% 的耐旱性信息反映了出来。结合各因子载荷矩阵（表 5）可知，第一主成分特征值为 4.669，贡献率为 46.686%，对应特征向量中载荷较大的 3 个指标是相对活力指数、相对发芽势和相对发芽指数，分别为 0.936、0.846、0.807，这些指标都与种子萌发特性相关，因此可定义第一主成分为萌发特性因子。萌发特性因子中较大特征向量均为正值，说明白三叶的耐旱性与萌发指标呈正相关，耐旱性越好的材料萌发特性表现越好。第二主成分特征值为 2.152，贡献率为 21.518%，对应特征向量中载荷较大的 3 个指标为相对根系体积、相对根系平均直径和相对根系表面积，分别为 0.746、0.651、0.621，这些指标都与植株根系生长相关，因此可定义第二主成分为根系生长因子。根系生长因子中较大特征向量也都为正值，说明白三叶的耐旱性与植株根系生长呈正相关，耐旱性表现越好的材料根系生长越发达。第三主成分特征值为 1.762，贡献率为 17.624%，对应特征向量中载荷较大的前两个指标为相对根长比苗长和相对苗长，分别为 −0.844、0.740，其中相对苗长载荷为正值，相对根长比苗长的载荷为负值，根据实际考虑，第三主成分应是反映植株表观形态特征，因此可称为植株表观形态因子。说明在遭受干旱胁迫时，耐旱性越好的白三叶材料植株地上部生长受到的胁迫影响越小。

综合指标相关性分析和因子主成分分析结论，在第一主成分萌发特性因子中选择与其他指标存在极显著相关性且特征值最大的指标——相对活力指数，第二主成分根系生长因子中选择与其他根系指标存在极显著相关且特征值最大的指标——相对根系体积，第三主成分表观胁迫因子中选择与其他指标极显著相关且特征值绝对值最大的指标——相对根长比苗长。以上 3 个指标作为筛选后的指标用于对 66 份白三叶材料进行耐旱隶属函数综合评价。

表 4　3 个主成分的特征值以及贡献率

主成分	特征值	贡献率（%）	累积贡献率（%）
Ⅰ	4.669	46.686	46.686
Ⅱ	2.152	21.518	68.204
Ⅲ	1.762	17.624	85.828

表 5　各因子载荷矩阵

观测指标	主成分		
	Ⅰ	Ⅱ	Ⅲ
相对发芽势	0.846	−0.429	0.074
相对发芽率	0.759	−0.461	0.185
相对发芽指数	0.807	−0.455	0.050
相对活力指数	0.936	−0.176	−0.167
相对根长	0.783	0.173	−0.325
相对苗长	0.303	−0.198	0.740
相对根长比苗长	0.424	0.286	−0.844
相对根系表面积	0.759	0.621	0.067
相对根系体积	0.585	0.746	0.239
相对根系平均直径	0.215	0.651	0.515

2.4　66 份白三叶材料萌发期耐旱性综合评价

根据指标相关性分析和因子主成分分析的结果，筛选出相对活力指数、相对根系体积和相对根长比苗长 3 项耐旱评价指标。其中相对活力指数和相对根系体积为正向指标，相对根长比苗长为负向指标。根据变异系数赋权法公式，确定 3 项指标权重分别为：相对活力指数指标权重为 0.345、相对根长比苗长指标权重为 0.254、相对根系体积指标权重为 0.401。最后，利用综合隶属函数公式计算出 66 份白三叶材料的综合耐旱隶属函数值（*D* 值），结果见表 6。

表 6　66 份白三叶材料耐旱隶属函数值

品种	隶属函数值			*D* 值	排序	品种	隶属函数值			*D* 值	排序
	相对活力指数	相对根长比苗长	相对根系体积				相对活力指数	相对根长比苗长	相对根系体积		
1	0.285	0.700	0.080	0.308	61	9	0.495	0.630	0.236	0.425	38
2	0.772	0.216	0.285	0.435	34	10	0.492	0.727	0.468	0.542	11
3	0.254	0.617	0.130	0.296	64	11	0.533	0.678	0.530	0.569	8
4	0.505	0.201	0.325	0.356	52	12	0.458	0.714	0.258	0.443	30
5	0.658	0.544	0.182	0.438	32	13	0.640	0.630	0.398	0.540	12
6	0.398	0.574	0.428	0.455	23	14	1.000	0.800	0.326	0.679	3
7	0.535	0.840	0.428	0.570	7	15	0.306	0.975	0.271	0.461	22
8	0.549	0.713	0.517	0.578	6	16	0.231	0.671	0.248	0.350	53

（续）

品种	隶属函数值			D值	排序	品种	隶属函数值			D值	排序
	相对活力指数	相对根长比苗长	相对根系体积				相对活力指数	相对根长比苗长	相对根系体积		
17	0.336	0.383	0.149	0.273	65	43	0.716	0.779	0.665	0.711	2
18	0.882	0.000	0.492	0.502	15	44	0.427	0.405	0.527	0.462	21
19	0.451	0.911	0.195	0.465	20	45	0.473	0.801	0.288	0.482	16
20	0.473	0.624	0.181	0.394	47	46	0.373	0.807	0.199	0.413	42
21	0.478	0.713	0.314	0.472	17	47	0.560	0.327	0.931	0.650	5
22	0.504	0.503	0.319	0.429	37	48	0.508	0.238	0.219	0.324	57
23	0.306	0.451	0.201	0.301	62	49	0.392	0.964	0.143	0.437	33
24	0.453	0.600	0.356	0.451	27	50	0.663	0.585	0.191	0.454	24
25	0.566	0.862	0.066	0.441	31	51	0.614	0.463	0.206	0.412	44
26	0.311	0.668	0.216	0.363	50	52	0.399	0.488	0.183	0.335	55
27	0.368	0.699	0.179	0.376	49	53	0.462	0.641	0.225	0.412	43
28	0.209	0.702	0.157	0.313	58	54	0.596	0.492	0.577	0.562	9
29	0.329	0.364	0.258	0.309	59	55	0.929	0.285	0.341	0.529	13
30	0.273	0.656	0.372	0.410	45	56	0.454	0.740	0.217	0.431	36
31	0.247	0.842	0.416	0.466	19	57	0.389	0.893	0.086	0.395	46
32	0.739	0.338	0.192	0.418	41	58	0.628	0.749	0.661	0.672	4
33	0.546	0.551	0.078	0.359	51	59	0.447	0.941	0.296	0.512	14
34	0.467	0.408	0.448	0.444	29	60	0.440	0.716	0.286	0.448	28
35	0.020	1.000	0.000	0.261	66	61	0.276	0.643	0.416	0.425	39
36	0.225	0.821	0.237	0.381	48	62	0.269	0.478	0.510	0.419	40
37	0.394	0.737	0.364	0.469	18	63	0.209	0.592	0.186	0.297	63
38	0.138	0.919	0.069	0.309	60	64	0.297	0.804	0.367	0.453	25
39	0.256	0.952	0.256	0.432	35	65	0.282	0.727	0.166	0.349	54
40	0.000	0.909	0.235	0.325	56	66	0.596	0.526	1.000	0.740	1
41	0.536	0.631	0.497	0.545	10	权重	0.345	0.254	0.401		
42	0.281	0.874	0.332	0.452	26						

将66份白三叶材料的耐旱综合隶属函数值采用欧氏距离平均连锁法进行聚类分析（图1），结合耐旱综合隶属函数值大小排序结果，在欧式距离5处可将参试材料分为3个类群。第1类群包括编号为66、43、47、58、14的5个白三叶种质材料，约占所有白三叶材料的7.6%，该类群耐旱隶属函数值最大，表明耐旱性是最强的。第2类群包括编号为9、61、11、55等的40个白三叶种质材料，该类群耐旱隶属函数值在66份材料中排名居于中间，约占所有白三叶材料的60.6%，表明大多数种质材料的耐旱性是相对居于中间的。第3类群包括编号为16、65、4、52等的21个白三叶种质材料，约占所有白三叶材料的31.8%，该类群耐旱隶属函数值排名是66份白三叶材料中最靠后的，表明其耐旱性最差。

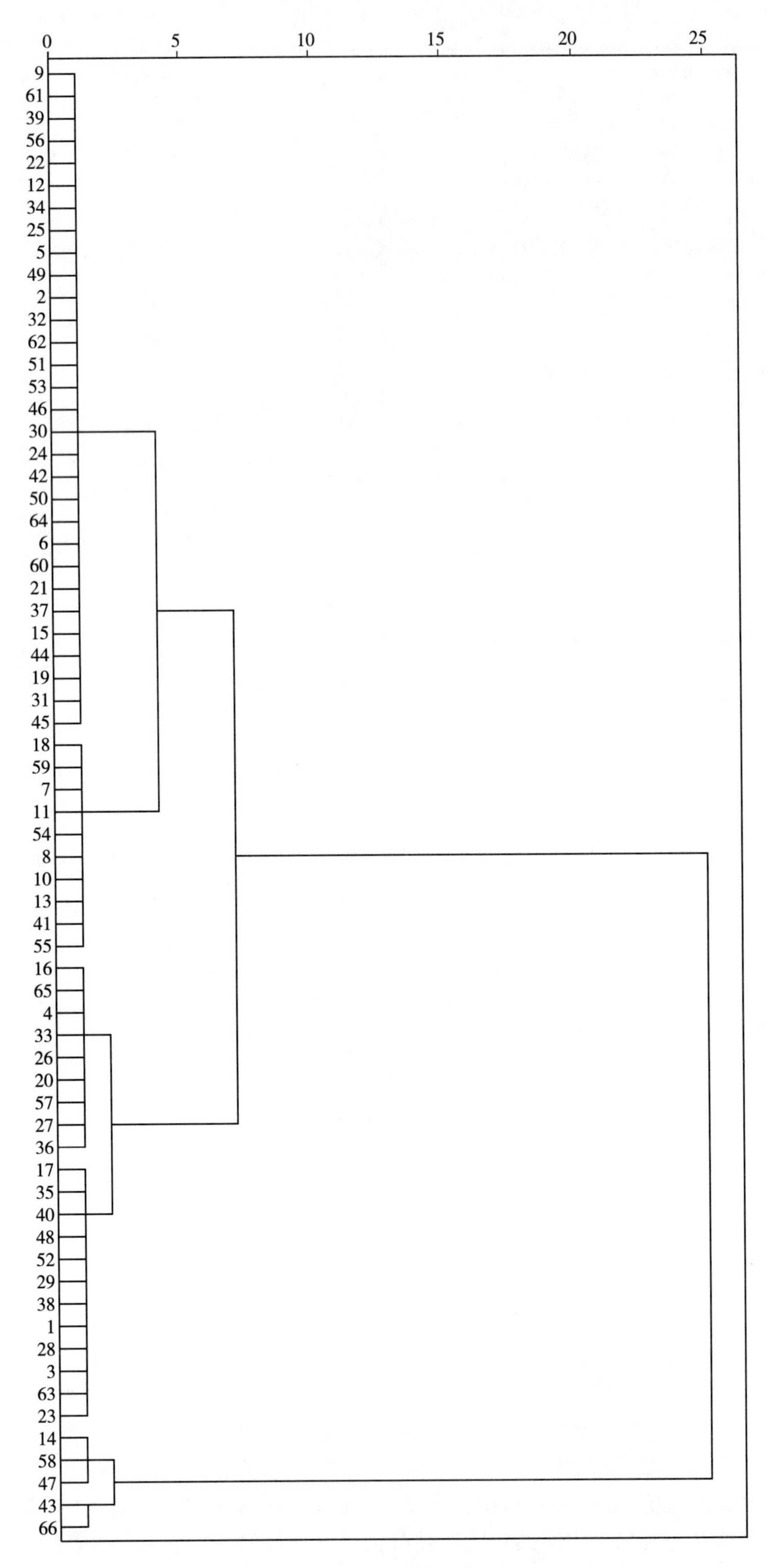

图 1　66 份白三叶材料耐旱性聚类图

3　讨论与结论

活力指数、根系体积、发芽指数和根系表面积这几项指标，无论受胁迫与否都是参试材料间差异表现最明显的性状指标，这在一定程度上可以说明，材料本身性状的差异和干旱胁迫后的抗性表现即材料的耐旱性差异是有联系的。

变异系数变化值较大的性状指标更能反映出材料间耐旱性的差异。本试验中，活力指数、发芽指数、根长等是变异系数变化值较大的指标，但最终通过相关性和主成分分析后选择的耐旱评价指标是相对活力指数、相对根系体积和相对根长比苗长，这说明耐旱评价指标不能简单依据反映耐旱信息的多少来判断，而应通过因子分析的方式来科学筛选。

本研究筛选出 5 个耐旱性较好的种质材料包括海法、ZXY06P－2475、ZXY06P－2528、惠亚和 ZXY06P－1879，其中海法和惠亚分别是澳大利亚和新西兰育成的白三叶品种，以其耐旱性强的特点被广泛推广种植[10,11]，证明本研究的结果与实际情况相符，未来可对 5 个耐旱白三叶材料开展进一步研究，为耐旱白三叶育种和推广提供科学依据。

（1）白三叶在萌发期遭受干旱胁迫时会影响种子萌发状况，也会导致幼苗植株形态和根系生长等方面发生变化。具体趋势表现为干旱胁迫下白三叶种子发芽势、发芽率、发芽指数和活力指数会普遍降低，幼苗根的伸长会受到明显抑制，幼苗苗长会有一定程度增加，根长与苗长比值会下降，根系表面积、根系体积和根系平均直径会增加。

（2）66 份白三叶材料本身在各性状指标的表现存在差异，在根系体积、根长比苗长、活力指数等几项性状指标中材料间差异表现最明显。受到干旱胁迫后，66 份白三叶材料的耐旱能力差别较大，在活力指数、根系体积、发芽指数和根系表面积等性状指标中差异表现较明显。

（3）根据指标相关性分析和因子主成分分析结果，筛选出 3 项指标，相对活力指数、相对根系体积和相对根长比苗长，可作为白三叶萌发期耐旱性评价的简化评价指标。

（4）将参试的 66 份白三叶材料耐旱性分为强、中、弱 3 个等级，其中耐旱性较好的材料有编号为 66、43、47、58、14 的 5 个白三叶种质材料，耐旱性居中的材料有编号为 9、61、11、55 等 40 个白三叶种质材料，耐旱性较弱的材料有编号为 16、65、4、52 等 21 个白三叶种质材料。因此，筛选出 5 个耐旱性较好的种质材料，即海法、ZXY06P－2475、ZXY06P－2528、惠亚和 ZXY06P－1879。

参　考　文　献

[1] 王跃东．三叶草［M］．昆明：云南科技出版社，2000：59.

[2] 鲍健寅，李维俊，冯蕊华，等．抗旱耐热新品种选育初报［J］．草地学报，1997，5（1）：15－19.

[3] 郭郁频，张吉民，刘贵河，等．3 种白三叶品种萌发期对干旱胁迫的响应及抗旱性评价［J］．种子，2015（7）：80－84.

[4] 马兴贇，铁媛．四种豆科牧草萌发与幼苗抗旱性试验［J］．黑龙江畜牧兽医，2012（13）：94－96.

[5] 陈小倩，徐庆国．PEG－6000 干旱胁迫对 5 种牧草种子萌发的影响研究［J］．中国农学通报，2015（26）：7－11.

[6] 周正贵．白三叶草苗期土壤干旱胁迫生理生化特性研究［D］．重庆：西南大学，2008.

[7] 韩建秋．白三叶对干旱胁迫的适应性研究［D］．泰安：山东农业大学，2008.

[8] 李亚萍，谢欢，雍斌，等．两个白三叶品种抗旱生理研究［J］．中国草地学报，2017（1）：63－70.

[9] 朱旺生．干旱胁迫对不同白三叶品种幼苗抗旱性的影响［J］．中国草食动物，2010（6）：39－41.

[10] 施忠辉，包法家．海法白三叶草的生物学特点、应用价值及栽培技术［J］．安徽农学通报，2013（11）：111－112.

[11] 张佳琪．山西晋中白三叶草坪建植试验初探［J］．科技情报开发与经济，2007（21）：169－170.

23 份红三叶苗期抗旱评价

王　赞　王学敏　高洪文

（中国农业科学院北京畜牧兽医研究所）

1　试验目的

采用温室盆栽土培法完成红三叶种质材料苗期抗旱鉴定工作，筛选出抗旱性强的种质材料。

2　试验材料

供试材料共 23 份，来源于中国农业科学院北京畜牧兽医研究所（表 1）。

表 1　试验材料一览表

编号	品种名称	编号	品种名称	编号	品种名称	编号	品种名称
R1	7142	R7	7397	R13	7662	R19	7841
R2	7258	R8	7403	R14	7721	R20	7861 - 1
R3	7307	R9	7429	R15	7767	R21	7861 - 2
R4	7348	R10	7455	R16	7780	R22	7888
R5	7361	R11	7558	R17	7807	R23	7898
R6	7389	R12	7653	R18	7815		

3　试验方法

3.1　材料准备

试验于 2012 年 3～6 月在河北省农林科学院旱作节水农业试验站日光温室进行，室内温度在 20～30℃。

培养土准备：将中等肥力的耕层土与沙土分别过筛，去掉杂质后按 1：1 比例混合均匀，然后装入无孔塑料箱（48.5cm×33.3cm×18cm）中，装土厚度 15cm；同时取土样测定土壤含水量（16.8%）以确定实际装入干土重。土壤养分含量测定结果为碱解氮 34.61mg/kg，有效磷 9.42mg/kg，速效钾 136.6mg/kg，有机质含量 0.83%，全氮含量 0.07%，全盐含量 0.15%，pH 为 7.7。

种子准备：每份材料挑选颗粒饱满、大小一致的种子 80～100 粒。

播种准备：播前灌水至土壤田间持水量的 75%～80%（土壤含水量 17.6%～20.8%），晾置 96h 后点播，播前保持土壤平整；每箱播种 4 份材料，株行距均匀分布，点穴播种。不同材料间距为 8.3cm，单株面积为 3.5cm×4cm。每穴 4～5 粒，播后覆土 1.5cm。

前期管理：三叶期前每份材料留健壮、均匀的幼苗 20 株，试验期间通过称重法及时补充蒸发损失的土壤水分。

3.2　胁迫处理

试验设置正常供水、干旱胁迫 2 个处理，每个处理 4 次重复，同时以装满培养土的空白箱作为对照用以观测土壤水分变化情况；水处理始终保持土壤水分为田间持水量的 80%左右；旱处理幼苗长至三叶期时停止供水，开始干旱胁迫，当土壤含水量降至田间持水量的15%～20%（土壤含水量3.3%～5.2%）时复水，使复水后得土壤水分达到田间持水量的80%左右，复水120h（5d）后调查存活苗数，以叶片转呈鲜绿色者为存活，第1次复水后即停止供水，开始第2次干旱胁迫，连续进行2次。

3.3　测定内容与方法

胁迫结束后调查植株存活率、地上生物量（干重）、地下生物量（干重）、叶柄长度、绿叶片数等并计算抗旱系数。

存活率（DS）：按公式（1）计算，式（1）中，DS为存活率，$DS1$为第1次干旱存活率，$DS2$为第2次干旱存活率，$\overline{X}_{DS1}$为第1次复水后4次重复存活苗数的平均值，$\overline{X}_{DS2}$为第2次复水后4次重复存活苗数的平均值，$\overline{X}_{TT}$为第1次干旱前4次重复总苗数的平均值。

$$DS = \frac{DS1 + DS2}{2} = \frac{\dfrac{\overline{X}_{DS1}}{\overline{X}_{TT}} + \dfrac{\overline{X}_{DS2}}{\overline{X}_{TT}}}{2} \times 100\% \tag{1}$$

抗旱系数（DRC）：采用公式（2）计算，式（2）中，Y_j为某材料旱处理下的测定值；Y_J为某材料水处理下的测定值。

$$DRC = Y_j / Y_J \tag{2}$$

地上生物量和地下生物量：收获后烘箱105℃杀青10min，然后80℃烘干至2次称量无误差为止。

叶柄长度：每株最长叶片从叶柄基部到顶端长度，测量每个材料所有植株。

绿叶片数：每株基部所有着生的绿色叶片数目。

根冠比：地下生物量/地上生物量。

3.4　试验管理

播前3月10日每箱浇水5 000mL，3月15日播种，3月20日出苗，4月7日间苗，4月17日定苗。

4　抗旱性评价

4.1　存活率评价

根据苗期反复干旱下的存活率，将抗旱性分为5级。1级为抗旱性极强（HR），干旱存活率≥80.0%；2级为抗旱性强（R），干旱存活率65%～79.9%；3级为抗旱性中等（MR），干旱存活率50.0%～64.9%；4级为抗旱性弱（S），干旱存活率35.0%～49.9%；5级为抗旱性极弱（HS），干旱存活率≤35.0%。

4.2　隶属函数法和标准差系数赋予权重法综合评价

A：运用隶属函数对各指标进行标准化处理。

$$\mu(X_{ij}) = \frac{X_{ij} - X_{\min}}{X_{\max} - X_{\min}} \tag{3}$$

B：采用标准差系数法确定指标的权重，用公式（4）计算第j个指标的标准差系数V_j，公式（5）归一化后得到第j指标的权重系数W_j。

$$V_j = \frac{\sqrt{\sum_{i=1}^{n}(X_{ij} - \overline{X}_j)^2}}{\overline{X}_j} \tag{4}$$

$$W_j = \frac{V_j}{\sum_{j=1}^{m} V_j} \tag{5}$$

C：用公式（6）计算各品种的综合评价值。

$$D=\sum_{i=1}^{n}[\mu(X_{ij})\cdot W_j] \qquad (j=1, 2, \cdots, n) \tag{6}$$

式中：X_{ij} 表示第 i 个材料第 j 个指标测定值；X_{min} 表示第 j 个指标的最小值；X_{max} 表示第 j 个指标的最大值，$\mu(X_{ij})$ 为隶属函数值，$\overline{X}_j$ 为第 j 个指标的平均值，D 值为各供试材料的综合评价值。

5 结果与分析

5.1 地上生物量

由表 2 可见，水处理、旱处理下各个材料之间地上生物量均存在极显著性差异（$P<0.01$），不同材料的抗旱系数差异不显著。旱处理地上生物量明显低于水处理，可见干旱导致地上生物量明显减小，起到明显抑制作用。水处理地上生物量较大的有 R7、R6、R19、R4、R5、R18，较小的是 R23、R16、R21、R14、R2；干旱处理地上生物量较大的是 R23、R19、R7、R17、R4、R18，较小的是 R16、R13、R10、R2、R3、R14；抗旱系数较大的是 R23、R19、R11、R17、R2、R4、R18，较小的是 R14、R22、R9、R1、R7、R6、R13、R3。

表 2 地上生物量调查表

序号	代号	DT (g)					WT (g)					DRC				
		1	2	3	4	平均	1	2	3	4	平均	1	2	3	4	平均
1	R1	1.57	2.78	2.21	1.26	1.96^{bcBCDEF}	6.94	8.42	9.49	5.81	7.67^{BCc}	0.23	0.33	0.23	0.22	0.25
2	R2	1.44	2.03	2.11	1.22	1.70^{BCdef}	5.6	6.57	6.39	4.88	5.86^{De}	0.26	0.31	0.33	0.25	0.29
3	R3	1.36	1.59	1.78	1.78	1.63^{Cf}	7.51	7.01	7.44	6.04	7.00^{CDcde}	0.18	0.23	0.24	0.29	0.24
4	R4	1.71	2.19	2.55	2.24	2.17^{BCbcd}	8.14	7.29	9.37	6.87	7.92^{ABCbc}	0.21	0.30	0.27	0.33	0.28
5	R5	1.63	2.45	2.21	1.97	2.07^{BCbcdef}	8.16	7.76	9.11	6.51	7.89^{ABCbc}	0.20	0.32	0.24	0.30	0.27
6	R6	1.45	2.62	2.5	1.92	2.12^{BCbcde}	8.46	10.68	10.77	6.44	9.09^{ABab}	0.17	0.25	0.23	0.30	0.24
7	R7	1.1	2.72	2.92	2.22	2.24^{ABCbc}	9.3	9.31	10.71	8.23	9.39^{Aa}	0.12	0.29	0.27	0.27	0.24
8	R8	1.4	2.27	2.27	2.03	1.99^{bcBCDEF}	7.64	7.83	9.07	6.53	7.77^{ABCc}	0.18	0.29	0.25	0.31	0.26
9	R9	1.54	1.83	2.74	1.43	1.89^{bcBCDEF}	8.52	7.72	7.96	5.7	7.48^{BCDcd}	0.18	0.24	0.34	0.25	0.25
10	R10	1.03	2.14	2.25	1.4	1.71^{BCdef}	8.77	7.24	7.94	4.14	7.02^{CDcde}	0.12	0.30	0.28	0.34	0.26
11	R11	2.27	2.15	2.1	1.99	2.13^{BCbcde}	7.1	6.91	8.58	5.89	7.12^{CDcd}	0.32	0.31	0.24	0.34	0.30
12	R12	1.82	2.02	2.07	2.17	2.02^{BCbcdef}	7.46	7.56	8.87	6.63	7.63^{BCcd}	0.24	0.27	0.23	0.33	0.27
13	R13	0.78	2.16	2.17	1.94	1.76^{BCcdef}	8.17	8.24	7.31	6.37	7.52^{BCcd}	0.10	0.26	0.30	0.30	0.24
14	R14	1.22	1.74	1.78	1.65	1.60^{Cf}	6.26	6.01	7.13	6.28	6.42^{CDde}	0.19	0.29	0.25	0.26	0.25
15	R15	1.09	1.94	2.77	1.42	1.81^{BCcdef}	7.55	8.19	8.79	4.26	7.20^{CDcd}	0.14	0.24	0.32	0.33	0.26
16	R16	0.93	1.58	2.32	2.21	1.76^{BCcdef}	5.79	7.36	9.39	4.87	6.85^{CDcde}	0.16	0.21	0.25	0.45	0.27
17	R17	1.8	2.44	2.78	1.83	2.21^{ABCbc}	6.81	8.33	7.76	7.82	7.68^{BCc}	0.26	0.29	0.36	0.23	0.29
18	R18	2.07	2.22	2.34	1.99	2.16^{BCbcd}	6.82	8.76	8.54	7.14	7.82^{ABCc}	0.30	0.25	0.27	0.28	0.28
19	R19	1.65	1.95	3.09	2.7	2.35^{ABab}	7.73	8.9	8.46	7.03	8.03^{ABCbc}	0.21	0.22	0.37	0.38	0.30
20	R20	1.23	1.8	2.14	2.5	1.92^{bcBCDEF}	7.97	7.74	7.98	6.09	7.45^{BCDcd}	0.15	0.23	0.27	0.41	0.27
21	R21	1.8	2.03	2.02	1.22	1.77^{BCcdef}	4.93	8.25	7.77	6.4	6.84^{CDcde}	0.37	0.25	0.26	0.19	0.27
22	R22	1.75	2.21	2.46	1.24	1.92^{bcBCDEF}	9.82	8.14	8.04	4.85	7.71^{BCc}	0.18	0.27	0.31	0.26	0.25
23	R23	3.02	2.5	3.07	2.79	2.85^{Aa}	7.96	6.23	7.58	5.88	6.91^{CDcde}	0.38	0.40	0.41	0.47	0.42

注：DT，旱处理；WT，水处理；DRC，抗旱系数。同列大写字母表示不同材料之间差异极显著（$P<0.01$），同列小写字母表示不同材料之间差异显著（$P<0.05$）。

5.2 地下生物量

由表3可知，干旱处理的地下生物量明显小于水处理，从而所有材料抗旱系数均小于1，这显示出干旱明显抑制了根系的发育。经方差分析，水处理和旱处理下各个材料间差异不显著，抗旱系数差异显著（$P<0.05$）。抗旱系数较高的有R23、R11、R2、R3、R4、R8，较低的有R14、R6、R17、R20、R22、R21。

表3 地下生物量调查表

序号	代号	DT（g）					WT（g）					DRC				
		1	2	3	4	平均	1	2	3	4	平均	1	2	3	4	平均
1	R1	0.95	0.77	0.8	0.59	0.78	3.78	2.72	2.78	2.94	3.06	0.25	0.28	0.29	0.20	0.26^{bcd}
2	R2	0.72	0.97	0.85	0.62	0.79	3.09	2.22	2.62	2.7	2.66	0.23	0.44	0.32	0.23	0.31^{bc}
3	R3	0.99	0.73	0.9	1.01	0.91	2.87	2.86	2.84	3.08	2.91	0.34	0.26	0.32	0.33	0.31^{bc}
4	R4	0.92	0.79	1.02	0.83	0.89	2.81	3.44	2.91	2.78	2.99	0.33	0.23	0.35	0.30	0.30^{bcd}
5	R5	0.87	0.81	1.01	0.75	0.86	3.24	3.39	2.86	2.85	3.09	0.27	0.24	0.35	0.26	0.28^{bcd}
6	R6	0.68	0.91	0.85	0.53	0.74	2.97	3.42	2.67	4.32	3.35	0.23	0.27	0.32	0.12	0.23^{cd}
7	R7	0.7	0.9	0.78	0.9	0.82	2.88	4.48	3.26	3.47	3.52	0.24	0.20	0.24	0.26	0.24^{cd}
8	R8	0.85	0.79	1.09	0.84	0.89	2.73	3.36	2.94	2.99	3.01	0.31	0.24	0.37	0.28	0.30^{bcd}
9	R9	0.96	0.75	1.02	0.57	0.83	3.15	3.22	2.73	3.36	3.12	0.30	0.23	0.37	0.17	0.27^{bcd}
10	R10	0.79	0.67	0.82	0.88	0.79	2.77	2.97	3.53	2.41	2.92	0.29	0.23	0.23	0.37	0.28^{bcd}
11	R11	1.33	0.74	0.94	0.97	1.00	2.38	2.76	3.53	3.05	2.93	0.56	0.27	0.27	0.32	0.35^{ab}
12	R12	0.97	0.73	0.95	0.78	0.86	2.99	3.18	3.01	3.23	3.10	0.32	0.23	0.32	0.24	0.28^{bcd}
13	R13	0.76	0.91	0.68	0.66	0.75	3.68	2.56	2.84	3.3	3.10	0.21	0.36	0.24	0.20	0.25^{cd}
14	R14	0.48	0.78	0.7	0.67	0.66	3.12	2.49	2.81	3.56	3.00	0.15	0.31	0.25	0.19	0.23^{cd}
15	R15	0.51	0.78	1.11	0.73	0.78	2.54	3.02	3.27	2.38	2.80	0.20	0.26	0.34	0.31	0.28^{bcd}
16	R16	0.56	0.62	0.97	0.85	0.75	2.03	2.7	3.25	3.16	2.79	0.28	0.23	0.30	0.27	0.27^{bcd}
17	R17	0.91	0.65	0.63	0.65	0.71	2.78	3.22	3.26	3.31	3.14	0.33	0.20	0.19	0.20	0.23^{cd}
18	R18	0.7	0.75	0.73	0.76	0.74	2.76	2.43	3.45	3.13	2.94	0.25	0.31	0.21	0.24	0.25^{cd}
19	R19	0.49	0.75	0.95	0.69	0.72	3.07	2.62	3.61	2.74	3.01	0.16	0.29	0.26	0.25	0.24^{cd}
20	R20	0.45	0.59	0.85	0.76	0.66	2.45	3.07	3.38	2.71	2.90	0.18	0.19	0.25	0.28	0.23^{cd}
21	R21	0.9	0.63	0.74	0.62	0.72	3.88	4.82	3.29	2.72	3.68	0.23	0.13	0.22	0.23	0.20^{d}
22	R22	0.72	0.63	0.64	0.52	0.63	2.81	3.29	3.47	2.02	2.90	0.26	0.19	0.18	0.26	0.22^{cd}
23	R23	0.37	0.82	1.48	1.37	1.01	1.01	2.67	3.76	2.08	2.38	0.37	0.31	0.39	0.66	0.43^{a}

注：DT，旱处理；WT，水处理；DRC，抗旱系数。同列大写字母表示不同材料之间差异极显著（$P<0.01$），同列小写字母表示不同材料之间差异显著（$P<0.05$）。

5.3 根冠比

根冠比越大，抗旱性越强，二者呈正相关。旱处理、水处理、抗旱系数均不存在明显差异（表4）。除R22、R18、R20、R14、R19、R17、R21外16份材料的抗旱系数均大于1，可见旱处理的根冠比高于水处理，这也说明旱处理在逆境条件下地下生长量要高于地上生长量，保证所吸收水分能够满足地上生长需要；而水处理的水分充足，地上生长量不受限制，生长旺盛，从而高于地下生长量。

表 4　根冠比调查表

序号	代号	DT					WT					DRC				
		1	2	3	4	平均	1	2	3	4	平均	1	2	3	4	平均
1	R1	0.61	0.28	0.36	0.47	0.43	0.54	0.32	0.29	0.51	0.42	1.11	0.86	1.24	0.93	1.03
2	R2	0.50	0.48	0.40	0.51	0.47	0.55	0.34	0.41	0.55	0.46	0.91	1.41	0.98	0.92	1.06
3	R3	0.73	0.46	0.51	0.57	0.57	0.38	0.41	0.38	0.51	0.42	1.90	1.13	1.32	1.11	1.37
4	R4	0.54	0.36	0.40	0.37	0.42	0.35	0.47	0.31	0.40	0.38	1.56	0.76	1.29	0.92	1.13
5	R5	0.53	0.33	0.46	0.38	0.43	0.40	0.44	0.31	0.44	0.40	1.34	0.76	1.46	0.87	1.11
6	R6	0.47	0.35	0.34	0.28	0.36	0.35	0.32	0.25	0.67	0.40	1.34	1.08	1.37	0.41	1.05
7	R7	0.64	0.33	0.27	0.41	0.41	0.31	0.48	0.30	0.42	0.38	2.05	0.69	0.88	0.96	1.15
8	R8	0.61	0.35	0.48	0.41	0.46	0.36	0.43	0.32	0.46	0.39	1.70	0.81	1.48	0.90	1.22
9	R9	0.62	0.41	0.37	0.40	0.45	0.37	0.42	0.34	0.59	0.43	1.69	0.98	1.09	0.68	1.11
10	R10	0.77	0.31	0.36	0.63	0.52	0.32	0.41	0.44	0.58	0.44	2.43	0.76	0.82	1.08	1.27
11	R11	0.59	0.34	0.45	0.49	0.47	0.34	0.40	0.41	0.52	0.42	1.75	0.86	1.09	0.94	1.16
12	R12	0.53	0.36	0.46	0.36	0.43	0.40	0.42	0.34	0.49	0.41	1.33	0.86	1.35	0.74	1.07
13	R13	0.97	0.42	0.31	0.34	0.51	0.45	0.31	0.39	0.52	0.42	2.16	1.36	0.81	0.66	1.25
14	R14	0.39	0.45	0.39	0.41	0.41	0.50	0.41	0.39	0.57	0.47	0.79	1.08	1.00	0.72	0.90
15	R15	0.47	0.40	0.40	0.51	0.45	0.34	0.37	0.37	0.56	0.41	1.39	1.09	1.08	0.92	1.12
16	R16	0.60	0.39	0.42	0.38	0.45	0.35	0.37	0.35	0.65	0.43	1.72	1.07	1.21	0.59	1.15
17	R17	0.51	0.27	0.23	0.36	0.34	0.41	0.39	0.42	0.42	0.41	1.24	0.69	0.54	0.84	0.83
18	R18	0.34	0.34	0.31	0.38	0.34	0.40	0.28	0.40	0.44	0.38	0.84	1.22	0.77	0.87	0.92
19	R19	0.30	0.38	0.31	0.26	0.31	0.40	0.29	0.43	0.39	0.38	0.75	1.31	0.72	0.66	0.86
20	R20	0.37	0.33	0.40	0.30	0.35	0.31	0.40	0.42	0.44	0.39	1.19	0.83	0.94	0.68	0.91
21	R21	0.50	0.31	0.37	0.51	0.42	0.79	0.58	0.42	0.43	0.55	0.64	0.53	0.87	1.20	0.81
22	R22	0.41	0.29	0.26	0.42	0.34	0.29	0.40	0.43	0.42	0.38	1.44	0.71	0.60	1.01	0.94
23	R23	0.12	0.33	0.48	0.49	0.36	0.13	0.43	0.50	0.35	0.35	0.97	0.77	0.97	1.39	1.02

注：DT，旱处理；WT，水处理；DRC，抗旱系数。同列大写字母表示不同材料之间差异极显著（$P<0.01$），同列小写字母表示不同材料之间差异显著（$P<0.05$）。

5.4　叶柄长度

表 5 水处理、旱处理方差分析结果表明，材料间差异均极显著，而抗旱系数则差异不明显；旱处理的叶柄长度明显小于水处理，由此可知，干旱环境下生长势明显比水处理弱，从而抗旱系数均小于 1。水处理叶柄长度较长的是 R7、R8、R19、R1、R13、R18，叶柄长度较短的是 R11、R21、R3、R14、R2；干旱处理叶柄长度较长的是 R18、R23、R1、R15、R8、R7，叶柄长度较短的是 R21、R10、R3、R2、R14。

表 5　叶柄长度调查表

序号	代号	DT（mm）					WT（mm）					DRC				
		1	2	3	4	平均	1	2	3	4	平均	1	2	3	4	平均
1	R1	68.5	50.4	49.3	29.8	49.5^{ABCabc}	118.9	101.9	100.5	91.4	103.1^{ABCab}	0.58	0.50	0.49	0.33	0.47
2	R2	37.8	31.3	35.5	19.2	30.9^{FGhi}	62.9	82.6	70.7	65.6	70.4^{Ih}	0.60	0.38	0.50	0.29	0.44
3	R3	32.3	30.5	39.8	28.6	32.8^{EFGghi}	80.5	88.6	82.9	77.5	82.4^{GHIfg}	0.40	0.34	0.48	0.37	0.40
4	R4	41.1	40.6	51.2	49.3	$45.5^{ABCDabcde}$	87.4	88.8	91.1	83.8	$87.7^{CDEFGHdefg}$	0.47	0.46	0.56	0.59	0.52

（续）

序号	代号	DT（mm）					WT（mm）					DRC				
		1	2	3	4	平均	1	2	3	4	平均	1	2	3	4	平均
5	R5	46.4	44.8	45.9	39.5	$44.1^{ABCDabcdef}$	100.6	102.3	108.4	86.1	$99.3^{ABCDEFabcd}$	0.46	0.44	0.42	0.46	0.45
6	R6	41.4	39.5	45.9	30.0	$39.2^{BCDEFdefgh}$	96.5	112.2	106.3	80.8	$98.9^{ABCDEFabcd}$	0.43	0.35	0.43	0.37	0.40
7	R7	42.9	51.2	50.0	39.6	$45.9^{ABCDabcd}$	97.8	115.6	116.3	105.3	108.7^{Aa}	0.44	0.44	0.43	0.38	0.42
8	R8	43.9	48.9	48.9	43.0	$46.2^{ABCDabcd}$	100.2	106.2	108.4	99.4	103.5^{ABab}	0.44	0.46	0.45	0.43	0.45
9	R9	40.5	34.0	44.7	33.2	$38.1^{DEFGdefgh}$	90.4	97.1	93.2	74.2	$88.7^{BCDEFGHcdefg}$	0.45	0.35	0.48	0.45	0.43
10	R10	34.6	35.7	41.7	36.2	$37.0^{DEFGfgh}$	94.0	82.4	93.7	67.8	84.5^{FGHIfg}	0.37	0.43	0.45	0.53	0.45
11	R11	48.0	37.2	36.4	33.9	$38.9^{CDEFdefgh}$	81.3	84.5	96.0	73.3	83.7^{FGHIfg}	0.59	0.44	0.38	0.46	0.47
12	R12	46.1	38.6	34.7	46.2	$41.4^{ABCDEFcdef}$	87.7	98.8	110.1	74.6	$92.8^{BCDEFGbcdef}$	0.53	0.39	0.32	0.62	0.46
13	R13	42.8	43.5	51.8	30.6	$42.2^{ABCDEbcdef}$	97.7	107.0	94.9	107.5	101.7^{ABCDab}	0.44	0.41	0.55	0.28	0.42
14	R14	27.1	25.4	30.9	24.7	27.0^{Gi}	71.1	76.2	84.5	76.6	77.1^{High}	0.38	0.33	0.37	0.32	0.35
15	R15	51.8	43.2	53.1	36.9	$46.3^{ABCDabcd}$	94.9	110.3	109.9	71.2	$96.6^{ABCDEFGbcde}$	0.55	0.39	0.48	0.52	0.48
16	R16	42.8	43.8	44.9	39.4	$42.7^{ABCDEabcdef}$	68.9	89.6	104.9	78.1	$85.3^{EFGHIefg}$	0.62	0.49	0.43	0.50	0.51
17	R17	45.7	43.2	52.8	41.6	$45.8^{ABCDabcd}$	84.0	110.9	97.2	102.1	$98.5^{ABCDEFabcd}$	0.54	0.39	0.54	0.41	0.47
18	R18	54.3	40.2	65.5	43.7	50.9^{Aa}	81.1	114.5	100.7	105.4	$100.4^{ABCDEabc}$	0.67	0.35	0.65	0.41	0.52
19	R19	39.8	34.5	56.7	41.0	$43.0^{ABCDEabcdef}$	100.1	112.9	110.7	89.6	103.3^{ABCab}	0.40	0.31	0.51	0.46	0.42
20	R20	37.1	33.9	53.2	35.6	$39.9^{ABCDEFdefg}$	98.1	107.9	105.4	84.1	$98.9^{ABCDEFabcd}$	0.38	0.31	0.51	0.42	0.40
21	R21	44.8	30.8	50.1	23.6	$37.3^{DEFGefgh}$	67.3	103.8	78.6	79.9	82.4^{GHIfg}	0.67	0.30	0.64	0.30	0.47
22	R22	48.8	34.7	43.0	25.7	$38.1^{DEFGdefgh}$	85.2	96.9	90.8	72.5	$86.3^{DEFGHefg}$	0.57	0.36	0.47	0.35	0.44
23	R23	53.3	41.8	64.0	42.0	50.3^{ABab}	85.5	88.4	85.5	84.6	$86.0^{EFGHIefg}$	0.62	0.47	0.75	0.50	0.59

注：DT，旱处理；WT，水处理；DRC，抗旱系数。同列大写字母表示不同材料之间差异极显著（$P<0.01$），同列小写字母表示不同材料之间差异显著（$P<0.05$）。

5.5 绿叶片数

由表6可知，旱处理各材料的绿叶片数均小于水处理，抗旱系数小于1，可见干旱抑制了红三叶绿叶的发生。水处理绿叶较多的是R20、R22、R21、R2、R14、R3，较少的是R5、R4、R15、R16、R7；干旱处理绿叶较多的是R2、R23、R21、R17、R20、R14；较少的是R15、R7、R13、R5；抗旱系数较大的是R23、R16、R4、R18、R15、R7，较小的是R8、R6、R3、R22、R20。

表6 绿叶片数调查表

序号	代号	DT（片）					WT（片）					DRC				
		1	2	3	4	平均	1	2	3	4	平均	1	2	3	4	平均
1	R1	4.4	5.8	4.8	3.7	$4.7^{ABCDbcdefgh}$	10.5	11.2	11.3	7.7	$10.2^{CDEFdef}$	0.41	0.52	0.42	0.48	0.46^{bcdef}
2	R2	4.8	6.2	6.6	4.8	5.6^{Aa}	11.8	13.8	11.4	10.2	11.8^{ABCabc}	0.40	0.45	0.58	0.47	0.47^{abcdef}
3	R3	4.2	3.7	5.0	4.9	$4.4^{ABCDbcdefgh}$	11.9	10.5	9.9	9.9	$10.5^{BCDEcde}$	0.35	0.35	0.51	0.50	0.43^{def}
4	R4	4.0	4.6	4.4	4.4	$4.4^{BCDbcdefgh}$	9.1	7.0	8.9	7.6	8.1^{GHhij}	0.44	0.65	0.50	0.58	0.54^{abc}
5	R5	4.2	4.4	3.6	3.8	4.0^{CDfgh}	9.2	9.3	8.6	7.0	$8.5^{FGHghij}$	0.46	0.47	0.42	0.54	0.47^{bcdef}
6	R6	3.7	4.6	4.1	3.8	4.0^{CDfgh}	9.8	9.5	9.3	7.7	$9.1^{EFGHfghij}$	0.37	0.48	0.44	0.49	0.44^{def}
7	R7	3.4	4.3	4.2	4.3	4.0^{Dgh}	7.9	7.4	8.5	7.0	7.7^{Hj}	0.43	0.58	0.50	0.61	0.53^{abcd}
8	R8	3.7	4.6	4.3	4.1	$4.2^{BCDdefgh}$	10.5	9.9	9.6	8.0	$9.5^{DEFGHefgh}$	0.36	0.46	0.45	0.51	0.44^{cdef}
9	R9	3.8	4.3	5.3	4.2	$4.4^{BCDcdefgh}$	10.0	9.9	11.7	7.6	$9.8^{DEFGdefg}$	0.38	0.43	0.45	0.55	0.45^{cdef}

（续）

序号	代号	DT（片）					WT（片）					DRC				
		1	2	3	4	平均	1	2	3	4	平均	1	2	3	4	平均
10	R10	4.5	4.7	4.1	3.5	4.2^{BCDefgh}	11.8	9.4	9.4	6.7	9.3^{DEFGHefghi}	0.38	0.51	0.44	0.53	0.46^{bcdef}
11	R11	4.9	4.9	4.7	5.0	4.9^{ABCDabcde}	11.7	9.4	10.5	9.3	10.2^{CDEFdef}	0.42	0.52	0.44	0.54	0.48^{abcdef}
12	R12	4.6	5.0	3.7	5.7	4.8^{ABCDabcdefgh}	11.2	9.9	11.4	9.2	10.4^{BCDEFcdef}	0.41	0.51	0.33	0.62	0.47^{abcdef}
13	R13	3.9	4.4	3.7	4.1	4.0^{Dh}	10.1	9.8	8.9	7.5	9.1^{EFGHfghij}	0.38	0.45	0.42	0.54	0.45^{cdef}
14	R14	5.1	5.2	4.1	5.2	4.9^{ABCDabcdef}	10.8	11.0	12.5	10.0	11.0^{ABCDbcd}	0.47	0.47	0.33	0.52	0.45^{cdef}
15	R15	4.2	4.3	4.2	3.9	4.2^{BCDefgh}	8.7	8.6	9.7	5.6	8.1^{GHhij}	0.48	0.50	0.43	0.70	0.53^{abcd}
16	R16	4.0	3.8	4.5	4.4	4.2^{BCDefgh}	7.6	8.7	9.6	5.8	7.9^{GHij}	0.53	0.44	0.47	0.75	0.55^{ab}
17	R17	5.1	6.3	4.5	4.3	5.0^{ABCDabcd}	9.6	11.2	10.3	9.5	10.1^{CDEFdef}	0.53	0.56	0.44	0.45	0.50^{abcde}
18	R18	5.3	4.9	4.4	4.5	4.8^{ABCDabcdefgh}	9.0	9.6	9.2	8.3	9.0^{EFGHfghij}	0.59	0.51	0.47	0.55	0.53^{abcd}
19	R19	4.2	3.9	5.2	5.8	4.8^{ABCDabcdefgh}	9.3	10.0	10.9	9.2	9.8^{DEFGdefg}	0.45	0.39	0.48	0.63	0.49^{abcdef}
20	R20	4.2	4.1	5.2	6.2	4.9^{ABCDabcdefg}	13.5	12.8	14.9	10.2	12.9^{Aa}	0.31	0.32	0.35	0.60	0.40^{f}
21	R21	5.3	5.9	5.2	4.4	5.2^{ABab}	9.2	12.7	14.3	11.1	11.8^{ABCabc}	0.57	0.46	0.36	0.40	0.45^{bcdef}
22	R22	5.5	5.3	4.8	3.9	4.9^{ABCDabcdefg}	14.4	12.4	13.9	8.1	12.2^{ABab}	0.38	0.43	0.35	0.49	0.41^{ef}
23	R23	4.5	5.0	5.1	6.4	5.2^{ABCabc}	9.1	8.4	11.2	8.8	9.3^{DEFGHefghi}	0.49	0.60	0.45	0.72	0.57^{a}

注：DT，旱处理；WT，水处理；DRC，抗旱系数。同列大写字母表示不同材料之间差异极显著（$P<0.01$），同列小写字母表示不同材料之间差异显著（$P<0.05$）。

6 抗旱性评价

6.1 存活率评价

从表 7 可以看出，水处理也有一定死亡率，旱处理下的存活率稍有降低，但仍高于 80%，按评价标准，所有材料均为抗旱性极强类型（1 级），这反映出干旱胁迫可以导致存活率的降低，但是干旱胁迫会逐渐提高红三叶的抗旱性，从而降低死亡概率，从而导致死亡率较低。而且不能区分出各个材料的抗旱性强弱，如果加重复水前的萎蔫程度，存活率评价标准才能应用于红三叶。

表 7 存活率调查表

序号	代号	DT（%）					序号	代号	DT（%）				
		1	2	3	4	平均			1	2	3	4	平均
1	R1	82.5	97.5	100	97.5	94.4	13	R13	62.5	92.5	100	95	87.5
2	R2	92.5	100	97.5	97.5	96.9	14	R14	92.5	95	97.5	95	95.0
3	R3	97.5	95	85	100	94.4	15	R15	67.5	87.5	97.5	90	85.6
4	R4	90	92.5	95	100	94.4	16	R16	55	87.5	97.5	100	85.0
5	R5	92.5	100	100	100	98.1	17	R17	87.5	90	97.5	97.5	93.1
6	R6	77.5	100	100	97.5	93.8	18	R18	85	97.5	100	100	95.6
7	R7	72.5	97.5	100	100	92.5	19	R19	92.5	90	97.5	100	95.0
8	R8	95	97.5	100	100	98.1	20	R20	90	100	97.5	100	96.9
9	R9	92.5	100	100	95	96.9	21	R21	90	92.5	97.5	95	93.8
10	R10	77.5	95	95	95	90.6	22	R22	82.5	92.5	90	92.5	89.4
11	R11	100	100	100	100	100.0	23	R23	90	92.5	100	97.5	95.0
12	R12	92.5	92.5	97.5	97.5	95.0							

6.2 隶属函数法和标准差系数赋予权重法

用各个单项指标及其抗旱系数来评价植物抗旱性，结果趋势一致但各不相同，因此，选择了反映干旱胁迫下与抗旱性密切相关的6个指标进行综合评价，以克服单个指标评价的缺点，提高评价的全面性与准确性，是评价抗旱性的最佳途径。隶属函数法分析首先将各指标的抗旱系数进行标准化处理（其中根冠比采用反隶属函数法），得到相应的隶属函数值，在此基础上，依据各个指标的相对重要性（权重）进行加权，便可得到各材料抗旱性的综合评价 D 值。

从表8可以看出，地下生物量和根冠比的权重较高，存活率权重最小。根据综合评价 D 值可对参试材料耐盐性强弱进行排序，由强到弱顺序为R23、R18、R11、R4、R17、R2、R19、R16、R15、R12、R5、R21、R1、R8、R9、R20、R7、R14、R10、R22、R6、R3、R13。

表8 标准差系数赋予权重法综合评价

序号	代号	隶属函数值 $\mu(X_j)$						综合评价 D 值	排序
		存活率	地上生物量	地下生物量	株高	分枝数	根冠比		
1	R1	0.6000	0.0556	0.2609	0.5000	0.3530	0.3929	0.359	13
2	R2	0.8000	0.2778	0.4783	0.3750	0.4118	0.4464	0.448	6
3	R3	0.6000	0.0001	0.4783	0.2084	0.1765	1.0000	0.216	22
4	R4	0.6000	0.2223	0.4348	0.7083	0.8235	0.5714	0.498	4
5	R5	0.9333	0.1667	0.3479	0.4167	0.4118	0.5357	0.390	11
6	R6	0.6000	0.0001	0.1305	0.2084	0.2353	0.4286	0.246	21
7	R7	0.5334	0.0001	0.1739	0.2917	0.7647	0.6071	0.303	17
8	R8	0.9333	0.1112	0.4348	0.4167	0.2353	0.7321	0.339	14
9	R9	0.8000	0.0556	0.3044	0.3334	0.2942	0.5357	0.320	15
10	R10	0.4667	0.1112	0.3479	0.4167	0.3530	0.8214	0.287	19
11	R11	1.0000	0.3334	0.6522	0.5000	0.4706	0.6250	0.508	3
12	R12	0.6667	0.1667	0.3479	0.4584	0.4118	0.4643	0.395	10
13	R13	0.2001	0.0001	0.2174	0.2917	0.2942	0.7857	0.196	23
14	R14	0.6667	0.0556	0.1305	0.0000	0.2942	0.1607	0.289	18
15	R15	0.1334	0.1112	0.3479	0.5417	0.7647	0.5536	0.396	9
16	R16	0.0001	0.1667	0.3044	0.6667	0.8824	0.6071	0.412	8
17	R17	0.5334	0.2778	0.1305	0.5000	0.5883	0.0357	0.466	5
18	R18	0.7334	0.2223	0.2174	0.7083	0.7647	0.1964	0.515	2
19	R19	0.6667	0.3334	0.1739	0.2917	0.5294	0.0893	0.445	7
20	R20	0.8667	0.1667	0.1305	0.2084	0.0001	0.1786	0.311	16
21	R21	0.6000	0.1667	0.0000	0.5000	0.2942	0.0000	0.383	12
22	R22	0.2667	0.0556	0.0870	0.3750	0.0589	0.2322	0.267	20
23	R23	0.6667	1.0000	1.0000	1.0000	1.0000	0.3750	0.905	1
权重		0.059	0.192	0.259	0.157	0.135	0.197		

7 小结

（1）干旱条件下植株的生长受到了明显的抑制，生物量降低，绿叶片数减少，叶柄长度变短，这是红三叶在适应干旱时发生的一系列变化，这样可以克服水源不足的问题，降低蒸腾，求得生存。根冠比与抗旱性呈正相关，抗旱系数大部分大于 1，存活率、地上生物量、地下生物量、株高、分枝数均为负相关，抗旱系数均小于 1。

（2）经过多年抗旱试验，地下生物量在水处理和旱处理下不同材料之间的差异总是不很明显，可能这与 4 个材料在同一箱内培养有关，主根不会混淆，但是须根相互缠绕在一起，导致材料之间差异不明显，建议将每个品种分开来培养。

（3）按照存活率评价标准，所有材料均为抗旱性极强（1 级），因此采用本标准应该在第 1 次和第 2 次复水前间隔时间延长，扩大死亡率，可以更为直观，否则此法难以确定各个材料的抗旱性。

（4）从每个单一指标来看各个材料的抗旱性，结果存在一致性但各不相同；采用标准差系数法综合评价，结果更加真实可靠。由强到弱顺序：R23、R18、R11、R4、R17、R2、R19、R16、R15、R12、R5、R21、R1、R8、R9、R20、R7、R14、R10、R22、R6、R3、R13，原编号为 7898、7815、7558、7348、7807、7258、7841、7780、7767、7653、7361、7861－2、7142、7403、7429、7861－1、7397、7721、7455、7888、7389、7307、7662。

57 份山羊豆抗旱性鉴定

李　源[1]　高洪文[2]

（1. 河北省农林科学院旱作农业研究所　2. 中国农业科学院北京畜牧兽医研究所）

摘要：为筛选优异的抗旱种质材料，以来自俄罗斯的 57 份山羊豆种质材料为试验材料，采用室内盆栽法，在人工模拟干旱胁迫条件下，通过测定存活率、株高、地上生物量、地下生物量等形态指标，并运用反复干旱后的存活率对引进种质材料的抗旱性进行评价鉴定。结果表明：干旱胁迫下不同山羊豆的存活率、株高、地上生物量、地下生物量均呈下降趋势。试验筛选出抗旱性极强的种质材料 3 份，分别是 ZXY06P－1951（88.0%）、ZXY06P－2443（81.8%）和 ZXY06P－1788（81.0%）；抗旱性强的种质材料 12 份；抗旱性中等种质材料 21 份。

关键词：干旱胁迫；山羊豆；苗期；抗旱性；评价鉴定

1　材料与方法

1.1　试验材料

试验材料为 57 份俄罗斯引进野生山羊豆种质材料，由中国农业科学院北京畜牧兽医研究所牧草遗传资源研究室提供。

1.2　试验方法

试验于 2009 年 3～5 月在河北省农林科学院旱作节水农业试验站的干旱棚内进行。选用试验田壤土，去掉杂质、捣碎过筛。试验前预先测定土壤含水量（13.6%）和田间持水量（23.8%）。试验时将过筛后的土壤装入无孔的塑料箱中（48.5cm×33.3cm×18.0cm）。以实际测定的土壤含水量（13.6%）来确定装入箱中的干土重量。播种时每个塑料箱种 4 份种质材料，行距 4cm，株距 3.5cm。出苗后间苗，两叶期定苗，每份材料保留长势一致、均匀分布的苗 20 棵。2009 年 4 月 7 日幼苗生长到三叶期开始进行干旱处理。试验采用反复干旱法，分对照和干旱两组，4 次重复。对照幼苗保持正常供水，干旱组幼苗停止供水，当土壤含水量降至田间持水量的25%～30%时复水，复水后的土壤含水量达到田间持水量的80%±5%，以此类推两次重复之后，调查不同材料的存活苗数，同时取样测定各抗旱鉴定指标。

1.3　测定内容

试验结束后调查幼苗存活株数、株高、地上生物量（干重）、地下生物量（干重）、根冠比等指标。

1.4　数据处理与评价方法

试验数据采用SAS软件进行方差分析，用Excel进行制表作图。通过计算各性状的抗旱系数（Drought resistance coefficient，DRC）来揭示干旱胁迫对不同品种生长特性的影响，以反复干旱后幼苗存活率（Drought survival rate，DS）对不同山羊豆种质材料的抗旱性进行鉴定。计算公式如下。

$$DRC = GY_{S.T} \cdot GY_{S.W}^{-1}$$

$$DS = (X_{DS1} \cdot X_{TT}^{-1} \cdot 100 + X_{DS2} \cdot X_{TT}^{-1} \cdot 100) \cdot 2^{-1}$$

式中：$GY_{S.T}$——某种质材料干旱胁迫处理下的性状值；

$GY_{S.W}$——某品种正常浇水处理下的性状值；

DS——干旱存活率的实测值；

X_{DS1}——第1次复水后4次重复存活苗数的平均值；

X_{TT}——第1次干旱前4次重复总苗数的平均值；

X_{DS2}——第2次复水后4次重复存活苗数的平均值。

2　结果与分析

2.1　干旱胁迫对各性状的影响

表1可以看出，与正常浇水相比，不同种质材料在干旱胁迫下株高、地上生物量和地下生物量均呈下降趋势。相同处理下不同种质材料抗旱系数不同，表明不同种质材料对干旱胁迫的反应不同。

表1　干旱胁迫对不同山羊豆种质材料各性状指标的影响

原编号	种质编号	株高（cm）		抗旱系数	地上生物量（g）		抗旱系数	地下生物量（g）		抗旱系数
		对照	胁迫		对照	胁迫		对照	胁迫	
D1	ZXY06P-1619	4.88	1.05	21.54%	1.97	0.30	15.37%	1.39	0.52	37.66%
D2	ZXY06P-1635	6.88	2.75	40.00%	4.85	0.89	18.31%	2.25	0.62	27.41%
D3	ZXY06P-1663	4.10	2.13	51.83%	2.06	0.27	12.90%	1.07	0.30	27.74%
D4	ZXY06P-1670	5.88	2.48	42.13%	2.12	0.82	38.49%	0.98	0.43	44.02%
D5	ZXY06P-1678	5.48	1.55	28.31%	4.63	0.65	13.93%	1.81	0.41	22.51%
D6	ZXY06P-1684	3.35	2.53	75.37%	2.45	1.02	41.62%	0.82	0.79	96.32%
D7	ZXY06P-1718	6.13	1.75	28.57%	3.33	0.38	11.50%	1.87	0.47	25.07%
D8	ZXY06P-1727	9.20	2.78	30.16%	5.69	1.00	17.62%	2.74	0.63	23.06%
D9	ZXY06P-1746	6.20	2.25	36.29%	5.65	0.97	17.09%	2.42	0.77	31.92%
D10	ZXY06P-1773	5.18	2.30	44.44%	2.68	0.65	24.39%	1.25	0.49	39.00%
D11	ZXY06P-1779	2.10	1.03	48.81%	1.91	0.07	3.54%	1.05	0.27	25.24%
D12	ZXY06P-1788	11.50	3.43	29.78%	6.53	2.15	32.87%	3.07	1.14	36.94%
D13	ZXY06P-1799	5.63	1.43	25.33%	3.16	0.37	11.64%	1.75	0.39	22.03%
D14	ZXY06P-1807	4.53	1.38	30.39%	2.91	0.53	18.13%	1.44	0.41	28.52%

（续）

原编号	种质编号	株高（cm）		抗旱系数	地上生物量（g）		抗旱系数	地下生物量（g）		抗旱系数
		对照	胁迫		对照	胁迫		对照	胁迫	
D15	ZXY06P-1831	10.63	2.78	26.12%	4.62	1.12	24.16%	2.40	0.73	30.52%
D16	ZXY06P-1842	7.48	2.70	36.12%	4.58	0.93	20.27%	2.00	0.64	31.84%
D17	ZXY06P-1889	4.80	4.13	85.94%	3.07	1.13	36.87%	1.35	0.94	69.70%
D18	ZXY06P-1894	9.35	1.83	19.52%	3.02	0.37	12.34%	0.92	0.16	17.34%
D19	ZXY06P-1951	4.40	2.35	53.41%	2.43	1.02	41.86%	1.46	0.56	38.01%
D20	ZXY06P-1963	2.78	0.25	9.01%	0.03	0.02	80.00%	1.06	0.09	8.29%
D21	ZXY06P-1970	11.15	4.10	36.77%	5.87	1.81	30.81%	4.99	0.72	14.49%
D22	ZXY06P-1980	5.70	2.33	40.79%	0.53	0.22	41.98%	2.62	0.20	7.53%
D23	ZXY06P-1989	2.33	0.78	33.33%	1.30	0.04	2.69%	0.94	0.07	7.49%
D24	ZXY06P-2000	9.25	1.93	20.81%	5.04	0.58	11.42%	2.59	0.25	9.46%
D25	ZXY06P-2009	4.95	0.90	18.18%	3.33	0.61	18.33%	1.44	0.34	23.69%
D26	ZXY06P-2039	5.80	2.45	42.24%	1.26	0.57	44.84%	0.63	0.37	57.94%
D27	ZXY06P-2053	9.38	0.80	8.53%	3.38	0.20	5.84%	1.56	0.10	6.58%
D28	ZXY06P-2061	6.90	1.00	14.49%	1.95	0.35	17.84%	1.50	0.28	18.50%
D29	ZXY06P-2116	3.75	1.43	38.00%	1.27	0.11	8.68%	0.90	0.19	20.89%
D30	ZXY06P-2121	9.85	2.63	26.65%	5.24	2.33	44.53%	1.33	0.53	39.40%
D31	ZXY06P-2168	9.23	1.18	12.74%	1.53	0.44	28.71%	1.61	0.22	13.53%
D32	ZXY06P-2178	7.70	1.80	23.38%	4.26	0.76	17.73%	1.03	0.40	38.83%
D33	ZXY06P-2186	2.90	0.00	0.00%	3.39	0.85	25.11%	1.48	0.35	23.69%
D34	ZXY06P-2203	6.55	0.63	9.54%	2.71	1.05	38.78%	1.39	1.02	73.65%
D35	ZXY06P-2216	8.03	1.13	14.02%	2.72	1.21	44.26%	1.25	1.05	84.54%
D36	ZXY06P-2227	5.75	0.88	15.22%	0.82	0.57	69.63%	0.45	0.08	16.85%
D37	ZXY06P-2267	9.85	0.90	9.14%	5.15	0.18	3.55%	2.14	1.08	50.53%
D38	ZXY06P-2275	3.30	0.85	25.76%	1.87	0.09	4.81%	0.69	0.23	33.58%
D39	ZXY06P-2314	5.00	1.38	27.50%	4.00	0.59	14.69%	2.10	0.24	11.20%
D40	ZXY06P-2320	9.03	1.03	11.36%	2.13	1.41	65.96%	1.25	0.43	34.14%
D41	ZXY06P-2361	4.43	2.15	48.59%	1.45	0.24	16.61%	1.27	0.18	14.43%
D42	ZXY06P-2367	4.13	1.85	44.85%	1.79	0.15	8.10%	0.50	0.11	20.90%
D43	ZXY06P-2375	8.48	1.65	19.47%	0.96	0.78	81.72%	4.23	1.05	24.84%
D44	ZXY06P-2394	7.13	0.38	5.26%	2.03	0.06	2.96%	0.66	0.02	3.05%
D45	ZXY06P-2407	12.28	0.58	4.68%	2.47	2.13	86.13%	2.18	0.06	2.63%
D46	ZXY06P-2414	3.88	1.38	35.48%	2.30	0.28	12.05%	1.50	0.22	14.72%
D47	ZXY06P-2443	4.40	1.38	31.25%	0.65	0.44	67.83%	2.36	0.21	8.70%
D48	ZXY06P-2458	10.00	1.68	16.75%	2.59	0.41	15.64%	1.62	0.17	10.17%
D49	ZXY06P-2466	3.63	1.08	29.66%	1.34	0.21	15.30%	1.69	0.29	17.28%
D50	ZXY06P-2509	9.55	1.05	10.99%	3.16	0.50	15.77%	1.64	0.22	13.15%
D51	ZXY06P-2522	9.28	2.35	25.34%	6.97	0.38	5.42%	2.57	1.18	46.01%
D52	ZXY06P-2563	5.33	1.05	19.72%	0.91	0.25	27.55%	2.46	1.17	47.76%
D53	ZXY06P-2573	5.83	1.83	31.33%	2.73	0.89	32.39%	1.24	0.49	39.03%
D54	ZXY06P-2623	6.88	4.23	61.45%	1.53	0.81	53.28%	0.96	0.40	41.88%
D55	ZXY06P-2628	3.93	1.80	45.86%	2.12	0.29	13.56%	2.60	1.15	44.37%
D56	ZXY06P-2635	9.63	1.40	14.55%	4.12	0.26	6.37%	2.60	1.15	44.13%
D57	ZXY06P-2641	6.03	2.68	44.40%	4.54	0.59	12.94%	1.87	0.37	19.89%

2.2 不同种质材料抗旱性评价

不同山羊豆种质材料反复干旱后的存活率明显不同，存活率在 12.1%～88.8%变化。编号为 ZXY06P-1951 的山羊豆种质材料存活率最高，达 88.0%。经试验筛选出抗旱性极强的山羊豆种质材料 3 份，分别为 ZXY06P-1951（88.0%）、ZXY06P-2443（81.8%）和 ZXY06P-1788（81.0%），抗旱性强的种质材料 12 份，抗旱性中等种质材料 21 份（表 2）。

表 2 不同山羊豆种质材料抗旱性评价结果

原编号	种质编号	存活率	抗旱性排序	抗旱级别	原编号	种质编号	存活率	抗旱性排序	抗旱级别
D1	ZXY06P-1619	62.5%	19	Ⅲ	D30	ZXY06P-2121	71.4%	10	Ⅱ
D2	ZXY06P-1635	72.6%	8	Ⅱ	D31	ZXY06P-2168	66.7%	13	Ⅱ
D3	ZXY06P-1663	48.1%	37	Ⅳ	D32	ZXY06P-2178	43.8%	39	Ⅳ
D4	ZXY06P-1670	64.6%	16	Ⅲ	D33	ZXY06P-2186	58.3%	24	Ⅲ
D5	ZXY06P-1678	60.3%	22	Ⅲ	D34	ZXY06P-2203	19.0%	55	Ⅴ
D6	ZXY06P-1684	73.8%	6	Ⅱ	D35	ZXY06P-2216	29.4%	46	Ⅴ
D7	ZXY06P-1718	55.2%	29	Ⅲ	D36	ZXY06P-2227	25.0%	52	Ⅴ
D8	ZXY06P-1727	52.4%	33	Ⅲ	D37	ZXY06P-2267	28.6%	47	Ⅴ
D9	ZXY06P-1746	64.6%	17	Ⅲ	D38	ZXY06P-2275	26.9%	49	Ⅴ
D10	ZXY06P-1773	58.1%	26	Ⅲ	D39	ZXY06P-2314	52.5%	32	Ⅲ
D11	ZXY06P-1779	44.4%	38	Ⅳ	D40	ZXY06P-2320	26.5%	50	Ⅴ
D12	ZXY06P-1788	81.0%	3	Ⅰ	D41	ZXY06P-2361	24.0%	53	Ⅴ
D13	ZXY06P-1799	60.5%	21	Ⅲ	D42	ZXY06P-2367	38.5%	40	Ⅳ
D14	ZXY06P-1807	61.7%	20	Ⅲ	D43	ZXY06P-2375	56.8%	28	Ⅲ
D15	ZXY06P-1831	69.0%	12	Ⅱ	D44	ZXY06P-2394	12.5%	56	Ⅴ
D16	ZXY06P-1842	73.2%	7	Ⅱ	D45	ZXY06P-2407	12.1%	55	Ⅴ
D17	ZXY06P-1889	76.5%	4	Ⅱ	D46	ZXY06P-2414	63.3%	18	Ⅲ
D18	ZXY06P-1894	70.0%	11	Ⅱ	D47	ZXY06P-2443	81.8%	2	Ⅰ
D19	ZXY06P-1951	88.0%	1	Ⅰ	D48	ZXY06P-2458	35.0%	43	Ⅳ
D20	ZXY06P-1963	37.5%	41	Ⅳ	D49	ZXY06P-2466	26.5%	51	Ⅴ
D21	ZXY06P-1970	57.4%	27	Ⅲ	D50	ZXY06P-2509	27.6%	48	Ⅴ
D22	ZXY06P-1980	30.0%	45	Ⅴ	D51	ZXY06P-2522	50.0%	36	Ⅲ
D23	ZXY06P-1989	58.3%	23	Ⅲ	D52	ZXY06P-2563	66.7%	14	Ⅱ
D24	ZXY06P-2000	51.5%	34	Ⅲ	D53	ZXY06P-2573	51.4%	35	Ⅲ
D25	ZXY06P-2009	53.7%	30	Ⅲ	D54	ZXY06P-2623	65.9%	15	Ⅱ
D26	ZXY06P-2039	75.0%	5	Ⅱ	D55	ZXY06P-2628	58.3%	25	Ⅲ
D27	ZXY06P-2053	30.4%	44	Ⅴ	D56	ZXY06P-2635	23.4%	54	Ⅴ
D28	ZXY06P-2061	53.3%	31	Ⅲ	D57	ZXY06P-2641	36.9%	42	Ⅳ
D29	ZXY06P-2116	72.2%	9	Ⅱ					

3 小结

干旱胁迫下不同山羊豆的存活率、株高、地上生物量、地下生物量均呈下降趋势。试验筛选出抗旱性极强的种质材料 3 份分别是 ZXY06P－1951（88.0%）、ZXY06P－2443（81.8%）和 ZXY06P－1788（81.0%），抗旱性强的种质材料 12 份，抗旱性中等种质材料 21 份。因试验中部分种质材料出苗不整齐，还有出苗后发现部分苗有死亡现象，给结果造成一定误差，仅供参考。

24 份柱花草种子萌发期抗旱性研究

刘 娥[1] 唐燕琼[1] 何华玄[2]

（1. 华南热带农业大学 2. 中国热带农业科学院热带作物品种资源研究所）

摘要：通过采用不同浓度的 PEG（聚乙二醇）高渗溶液产生水分胁迫进行柱花草种子萌发试验，对 TPRC90139、澳克雷①等 24 种柱花草的抗旱性进行了初步研究。从种子发芽率、种子发芽势、种子萌发耐旱指数等方面进行了评价。低水势对部分柱花草种子萌发和抗旱性有促进作用，随着 PEG 浓度的升高柱花草种子胚根长、胚芽长都受一定的抑制作用。结果表明，TPRC90139 柱花草抗旱性综合评价最好。

关键字：柱花草；萌发期；抗旱性

1 前言

柱花草（*Stylosanthes* spp.），英文名 Stylo，又名笔花豆[1]，原产于南美洲及加勒比海地区，适宜在南北纬 23°之间生长，是全球热带地区栽培面积最大、应用最广的一类优良热带豆科牧草[2]。我国最早于 1962 年引进巴西苜蓿（*Stylosanthes gracilis*）[3] 作为橡胶园的覆盖作物，大量引进柱花草种质材料始于 1982 年，目前，中国热带农业科学院热带作物品种资源研究所已收集整理柱花草种质材料 200 多份，已选出热研 2 号、5 号、7 号等多个优质的耐旱品种[2,3]。柱花草已经被推广种植到广西、福建及云南、贵州、四川攀枝花等干热河谷地区，成为我国热带、亚热带地区建立人工草地和发展节粮型畜牧业的主要牧草品种[4]。

水分是影响植物生长发育的重要因素之一，水分亏缺对植物的影响是非常广泛而深刻的。干旱是一个突出的世界性问题，世界上干旱半干旱区遍及 50 个国家和地区，其总面积约占地球陆地面积的 34.9%，而对耕地而言，有灌溉条件的不到 10%～15%，其余皆为雨养农业[5]。据统计，每年由于水分胁迫所造成的粮食生产损失，几乎等于其他所有环境因子造成的损失总和。尤其近年来，气候的全球性恶化引起干旱发生越来越频繁，程度越来越严重，对粮食生产已构成了严重威胁。我国是一个农业国家，且干旱半干旱耕地面积约占总面积的 51%，干旱造成的农业损失非常严重，每年我国干旱造成的直接和间接损失达到 2 600 亿元。我国的沙漠化地区也很多，牧草在阻止荒漠化过程和减少干旱的损失中发挥了不可估量的作用。本研究以 24 份柱花草种质材料为研究对象，筛选出抗旱性强的种质材料，为以后的实验和生产实践提供依据。

2 材料及方法

2.1 试验材料

参加试验的柱花草种质材料 24 份（表 1），均由中国热带农业科学院热带作物品种资源研究所提供。

表1　参试24份柱花草种质材料

材料号	种质材料名称	品种（种质）名	材料号	种质材料名称	品种（种质）名
3	TPRC90139	*S. guianensis* 'TPRC90139'	21	热研7号	*S. guianensis* 'Reyan No. 7'
4	澳克雷①	*S. guianensis* 'Oxley'	23	Tardio柱花草	*S. guianensis* 'Tardio CIAT1283'
5	CIAT11369	*S. guianensis* 'CIAT11369'	26	CIAT11368（L8）	*S. guianensis* 'CIAT11368'（L8）
6	格拉姆	*S. guianensis* 'Graham'	28	TPRC R93	*S. guianensis* ' TPRC R93'
8	CIAT11362	*S. guianensis* 'CIAT11362'	29	GC1480	*S. guianensis* 'GC1480'
12	USF 873015（黑种）	*S. guianensis* 'USF 873015'（black seed）	30	GC1463	*S. guianensis* 'GC1463'
13	TPRC90089	*S. guianensis* 'TPRC90089'	31	GC1579	*S. guianensis* 'GC1579'
14	TPRC R291	*S. guianensis* 'TPRC R291'	36	格拉姆②	*S. guianensis* 'Graham'
16	热研10号	*S. guianensis* 'Reyan No. 10'	37	爱德华②	*S. guianensis* 'Endeavour'
17	COOK	*S. guianensis* 'COOK'	40	907	*S. guianensis* '907'
18	TPRC90028	*S. guianensis* 'TPRC90028'	43	TPRC2001-81	*S. guianensis* 'TPRC2001-81'
20	TPRCR273	*S. guianensis* 'TPRCR273'	45	TPRC90037②	*S. guianensis* 'TPRC90037②'

2.2　试验方法

将各品种柱花草种子分别放入不同的尼龙网袋中，于80℃热水中浸泡3min后，再浸入0.1%多菌灵灭菌30min，清水洗净晾干后放入垫有双层滤纸的培养皿中。

试验设4个水势梯度，即用PEG（聚乙二醇）配制浓度为0、15%、21%、27%的溶液，每个梯度3次重复，24份柱花草种质材料，共需288个培养皿（直径12cm培养皿，放入8mL PEG溶液）。培养皿上注明置床日期、品种名、处理编号、重量及重复次数等。

将预处理好的柱花草种子放入垫有双层滤纸培养皿中，每个培养皿中放入100粒种子，分别加入各浓度的PEG溶液，并称重。将培养皿放入培养箱中，在25～30℃下恒温培养。每日称重并补充蒸发水分，从第2d开始，每2d记录一次发芽数，第5d和第10d记录发芽数和幼苗的根长和芽长。PEG处理10d后结束，计算各品种种子的发芽势和发芽率（发芽势和发芽率按国际种子检验规程中各种子检验规定天数计，用相对值比较品种间发芽势、发芽率、种子萌发耐旱指数、胚芽长、胚根长和根芽比的差异）[6,7]。

2.3　测定方法

2.3.1　发芽期指标的测定

（1）种子相对发芽率、种子相对发芽势　种子相对发芽率＝处理发芽率/对照发芽率×100%，种子相对发芽势＝处理发芽势/对照发芽势×100%。

（2）种子萌发耐旱指数　种子萌发耐旱指数＝处理种子萌发指数（PId）/对照种子萌发指数（PIck），其中，PI＝1.00×nd2＋0.75×nd4＋0.50×nd6＋0.25×nd8，nd2、nd4、nd6、nd8分别为第2d、第4d、第6d、第8d种子发芽率。

（3）种子胚根和胚芽测定　直尺测量法：在种子培养的第5d、第10d，在0，15%，21%，27% 4个PEG浓度梯度中随机选择8株，用直尺测量其胚根和胚芽长度，并记录。

相对胚芽长＝处理胚芽长/对照胚芽长×100%，相对胚根长＝处理胚根长/对照胚根长×100%，相对根芽比＝处理根芽比/对照根芽比×100％。

2.3.2　种子萌发期耐旱性综合评价的方法

隶属函数值分析：$R(X_i)=(X_i-X_{min})/(X_{max}-X_{min})$，正向相关，其中，$R(X_i)$ 表示各材料某一指标的隶属函数值，X_i 为某一指标测定值，在本试验中 X_i 表示各柱花草品种的平均相对发芽势、平均相对发芽率和平均耐旱指数的测定值，X_{min}、X_{max} 为所有参试材料此指标的最小值和最大值。如果是负相关，则转化为［$1-R(X_i)$］然后求隶属函数的平均值。

2.3.3　数据处理

用 Excel 进行数据处理，SAS 9.0 软件进行统计分析。采用隶属函数法进行抗旱性指标的综合评价，在 DPS 8.0 中根据类平均法（UPGMA）进行聚类分析。

3　结果与分析

3.1　柱花草种子发芽率的比较

柱花草种子发芽率是指其 10d 内发芽的百分数，相对发芽率则是指处理发芽率和对照发芽率的比值。相对发芽率高，表示其受到水分胁迫的影响较小，抗旱性也越强。

由图 1 可见，参试的 24 个品种在不同 PEG 浓度处理时的相对发芽率相比，3 号、5 号、14 号、16 号、45 号在浓度为 15％时相对发芽率较高，31 号较低；在浓度为 21％时 4 号、16 号相对发芽率较高，且 4 号与浓度为 15％时的相对发芽率接近，相对发芽率较高，其余皆有明显降低趋势；在浓度为 27％时，多数都受到很大程度上的抑制，5 号、14 号的相对发芽率都非常的低，只有 31 号、20 号的较高。因此随着 PEG 浓度的增加，种子发芽率受到了不同程度的影响，各品种的相对发芽率随着 PEG 浓度的增加呈下降的趋势，品种不同，下降的程度也不同，且各柱花草种子在不同水势下，其相对发芽率表现不全一致。

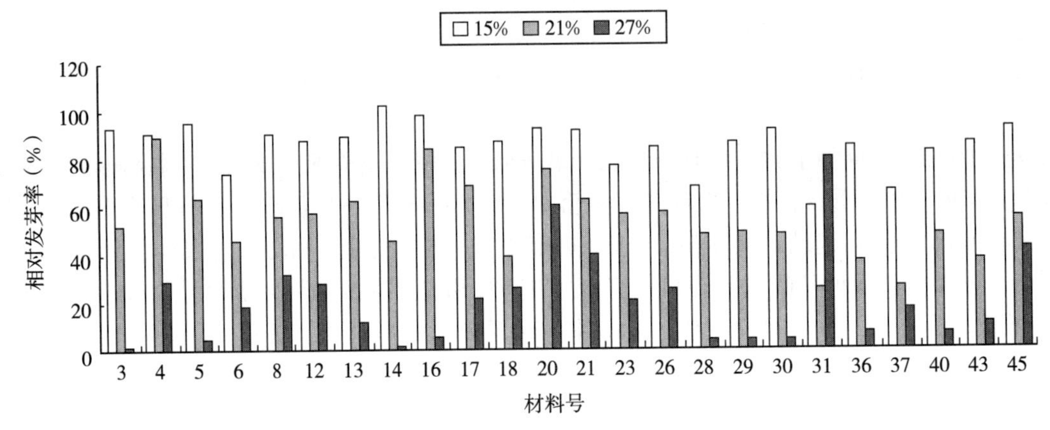

图 1　柱花草相对发芽率的比较

3.2　柱花草种子发芽势的比较

柱花草种子发芽势是指 5d 内发芽的百分数，相对发芽势则是指处理发芽势和对照发芽势的比值。相对发芽势高，表示其受到水分胁迫的影响较小，抗旱性也越强。

由图 2 可知，在 15％浓度下 3 号、4 号的相对发芽势都超过了 100％，这说明轻微干旱胁迫 3 号、4 号柱花草的相对发芽势有一定的促进作用；在 21％、27％时各柱花草种子的相对发芽势皆有不同程度的降低，3 号、4 号在 21％时相对较高，6 号、14 号、28 号在 27％浓度时相对发芽势为 0，相对发芽势最高的 21 号也才达到 17.78％；图 2 表明，3 号、4 号、13 号、17 号、20 号、21 号在较干旱的情况下仍能保持较高的发芽势，对水分胁迫不是很敏感，40 号在各个浓度下发芽势都较其他品种的低。

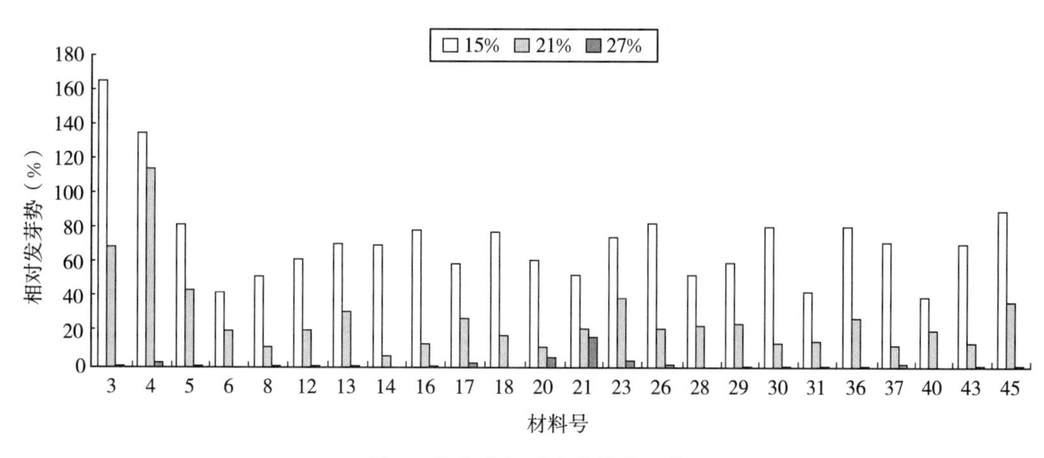

图 2 柱花草相对发芽势的比较

3.3 胚根长、胚芽长及相对根芽比

3.3.1 不同浓度处理对胚根的作用

胚根长是指在发芽的第 5d 测量的胚根长，相对胚根长是指处理胚根长和对照胚根长的比值。相对胚根长越大，表示处理和对照差别越大，但相对胚根长越大，又可能是因为要依靠更多的根才能维持生长，所以一般比较其变化幅度，变化幅度越小，表明其受水分胁迫的影响较小，抗旱性也较强。低 PEG 处理对这些柱花草胚根有一定的促进作用，表现出了很强的抗旱性。

在干旱胁迫条件下，胚根都会受到抑制，并在较高的水分胁迫下条件下通过自我调节机制迫使胚根伸长以吸收更多的水分来减少伤害（具体分析见相对根芽比）。

3.3.2 不同 PEG 浓度处理对胚芽的作用

胚芽长是指在发芽的第 5d 测量的胚芽长，相对胚芽长是指处理胚芽长和对照胚芽长的比值。相对胚芽长越大，表示其受到水分胁迫的影响越小，抗旱性也越强。随着 PEG 浓度的增加，种子胚芽生长受到了影响，各品种的相对胚芽大小随着 PEG 浓度的增加呈下降的趋势，品种不同，下降的程度也不同。在干旱胁迫条件下，胚芽长都会受到不同程度的抑制，但在不同浓度下，抑制的程度变化不是一致的，所以很难比较其相对胚芽长大小。于是结合相对胚根长与相对根芽比进行分析（具体分析见相对根芽比）。

3.3.3 相对根芽比

植物在水分胁迫条件下会提高根芽比来抵御干旱。相对根芽比较大的，其受到水分胁迫的影响较大，但也有可能是其调节能力更强的表现。因此和相对胚根长一样，比较其变化幅度，变化幅度越小的，才表明其受到水分胁迫的影响较小，抗旱性较强（表 2）。

表 2 不同 PEG 浓度下柱花草种间相对根芽比（%）

材料号	品种名	相对根芽比		
		PEG15%	PEG21%	PEG27%
3	TPRC90139	0.26	0.65	0.91
4	澳克雷①	1.56	1.74	4.85
5	CIAT11369	1.25	2.34	6.55
6	格拉姆	2.05	2.17	3.54
8	CIAT11362	0.49	3.06	4.10
12	USF8730（黑种）	1.98	3.25	8.51

（续）

材料号	品种名	相对根芽比		
		PEG15%	PEG21%	PEG27%
13	TPRC90089	1.27	2.13	4.51
14	TPRCR291	0.83	4.37	7.72
16	热研 10 号	0.66	2.85	0.10
17	COOK	0.71	1.88	5.61
18	TPRC90028	2.62	4.94	2.68
20	TPRCR273	2.71	1.43	4.44
21	热研 7 号	0.54	4.53	4.24
23	Tardio 柱花草	2.30	4.70	7.75
26	CIAT11368（L8）	2.40	1.98	3.98
28	TPRCR93	2.75	4.22	4.61
29	GC1480	3.99	3.99	6.77
30	GC1463	2.94	4.22	4.48
31	GC1579	3.36	4.02	5.92
36	格拉姆②	1.51	3.98	3.09
37	爱德华②	1.08	2.27	2.37
40	907	2.57	2.52	5.84
43	TPRC2001-81	2.25	3.89	4.34
45	TPRC90037②	1.87	3.12	2.78

据图 3 比较 24 种柱花草在不同浓度的 PEG 高渗溶液中相对根芽比的大小，从纵向来看，柱花草种子随着 PEG 浓度的升高，相对根芽比也越来越大，其受到水分胁迫的影响也越大，抗旱性也越弱。在15%的浓度时，3 号、8 号、21 号的相对根芽比较小，则表明其受到水分胁迫的影响较小，抗旱性较强，29 号、31 号的相对根芽比较大，受到水分胁迫的影响较大，抗旱性较弱；在 21%的浓度时，3 号、17 号的相对根芽比较小，18 号、23 号、29 号的相对根芽比较大；在 27%的浓度时，3 号的相对根芽比最小；16 号在 27%与 21%的浓度时的相对根芽比相同，则说明 21%的浓度是其对水分胁迫的临界，而 18 号、23 号、29 号变化幅度较大，受到水分胁迫的影响较大，抗旱性较弱。

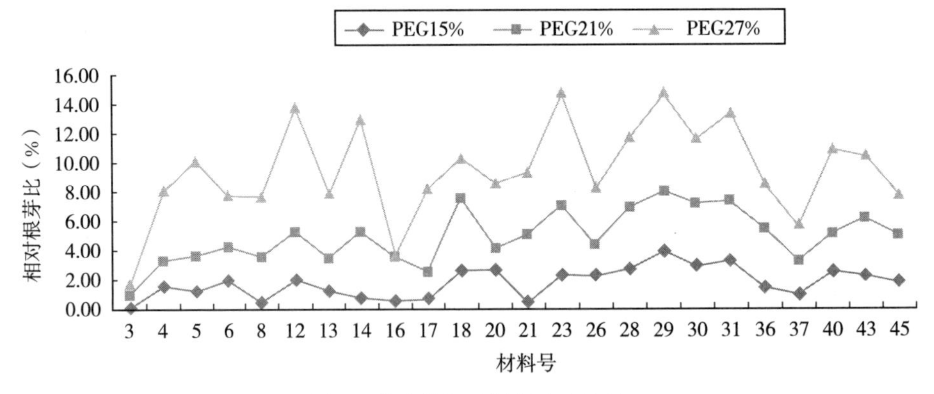

图 3　柱花草相对根芽比的比较

从图 3 的纵向比较同一柱花草在不同 PEG 高渗溶液中相对根芽比的变化幅度大小：3 号在 15%、21%、27%的浓度下的相对根芽比都最小；而 16 号在 21%和 27%时的相对根芽比几乎一样，说明 16 号在 27%时相对根芽比较稳定了，受到水分胁迫的影响较小，对水分胁迫不是很敏感；23 号、29 号相对根芽比较大，受到水分胁迫的影响较大，抗旱性相对较弱。

3.4　种子萌发耐旱指数

种子萌发耐旱指数反映了种子在PEG高渗溶液中的发芽率和发芽势，是一个可靠的评价种子萌发期抗旱性的指标。而且萌发耐旱指数越大，表示其受到水分胁迫的影响越小，抗旱性也越强。从表3中可知：15%浓度时柱花草45号与3号、5号差异显著，3号与5号差异不显著；21%时3号、4号、23号差异不显著，与17号差异显著；27%时3号与21号差异不显著，与其余的差异显著，其中16号、28号、29号之间差异不显著。3号在21%、27%的耐旱指数相对较高，其受到水分胁迫的影响较小，抗旱性也较强。

表3　各PEG浓度下柱化草种间耐旱指数的差异（%）

材料号	15%	21%	27%
3	75.99　ba	39.72　a	15.44　a
4	66.30　ebdac	36.88　a	10.95　cb
5	76.34　ba	32.63　bac	2.48　gjfih
6	47.03　g	25.22　efdc	4.65　gjfdieh
8	53.08　egd	16.44　gfih	7.93　cde
12	63.52　ebdfc	21.89　gefdih	7.75　cde
13	55.54　egdf	25.28　efdc	3.62　gjfieh
14	65.32　ebdac	17.84　gefih	0.58　j
16	63.59　ebdfc	24.02　gefdc	1.34　ji
17	61.34　edfc	39.22　ba	6.76　gcfdeh
18	71.15　bac	23.87　gefdc	7.52　cfde
20	68.95　bdac	22.92　gefdch	13.53　b
21	63.34　ebdfc	30.40　bdc	19.24　a
23	62.77　ebdfc	40.11　a	8.81　cd
26	68.01　bdac	21.70　gefdih	6.07　gcfdieh
28	50.27　gf	24.53　gefdc	1.21　ji
29	56.48　egdf	22.68　gefdch	1.45　ji
30	68.76　bdac	14.79　gih	1.65　jih
31	48.02　g	12.10　i	2.58　gjfih
36	68.86　bdac	22.53　gefdch	2.25　gjih
37	65.58　ebdac	16.57　gfih	7.16　gcfde
40	46.93　g	19.61　gefih	1.47　ji
43	61.94　edfc	13.57　ih	2.15　gjih
45	77.96　a	27.96　edc	1.72　jih

注：以竖行做比较，字母相同者差异不显著，有相同字母者差异显著；$\alpha=0.5\%$。

3.5　柱花草品种萌发期抗旱性综合评价

3.5.1　隶属函数值分析

植物在水分胁迫下表现抗旱性是一个复杂的过程，其抗旱能力的大小是多种代谢的综合表现，如果只根据单一的指标来评价植物的抗旱性大小，不能客观地反映植物的真实抗旱性，于是采用隶属函数值法对参试品种进行耐盐性综合评价。隶属函数值计算公式：$R(X_i)=(X_i-X_{min})/(X_{max}-X_{min})$。其中$R(X_i)$表示各材料某一指标的隶属函数值，$X_i$为某一指标测定值，在本试验中$X_i$表示各柱花草品种的平均相对发芽势、平均相对发芽率和平均耐旱指数的测定值；X_{min}、X_{max}为所有参试材料此指标的最小值和最大值。然后对平均隶属函数值按照大小顺序排列，该值越大抗旱性越好。

由表4可以看出，各品种抗旱性优劣前十位排序是：TPRC90139＞热研10号＞澳克雷①＞格拉姆＞CIAT11362＞CIAT11369＞TPRC90089＞COOK＞USF8730（黑种）＞TPRCR273。

表4 柱花草品种萌发期抗旱性综合评价

材料号	品 种	隶属函数值					
		发芽率	发芽势	耐旱指数	相对根芽比	平均值	排名
3	TPRC9013	0.58	1.00	0.75	1.00	0.83	1
4	澳克雷①	0.79	0.60	0.90	0.51	0.70	3
5	CIAT11369	0.96	0.43	0.82	0.36	0.64	6
6	格拉姆	0.72	0.47	1.00	0.54	0.68	4
8	CIAT11362	0.83	0.35	0.93	0.55	0.66	5
12	USF8730（黑种）	0.64	0.69	0.73	0.08	0.54	9
13	TPRC90089	0.70	0.40	0.90	0.53	0.63	7
14	TPRCR291	1.00	0.16	0.79	0.14	0.52	11
16	热研10号	0.81	0.64	0.48	0.87	0.71	2
17	COOK	0.55	0.49	0.83	0.51	0.59	8
18	TPRC90028	0.63	0.64	0.41	0.35	0.51	13
20	TPRCR273	0.96	0.15	0.56	0.48	0.54	10
21	热研7号	0.63	0.61	0.39	0.42	0.51	12
23	Tardio柱花草	0.69	0.50	0.40	0.00	0.40	18
26	CIAT11368（L8）	0.60	0.31	0.49	0.49	0.47	14
28	TPRCR93	0.61	0.21	0.57	0.25	0.41	17
29	GC1480	0.50	0.53	0.33	0.00	0.34	23
30	GC1463	0.71	0.39	0.25	0.24	0.40	19
31	GC1579	0.00	0.67	0.61	0.11	0.35	22
36	格拉姆②	0.76	0.14	0.27	0.48	0.41	16
37	爱德华②	0.58	0.31	0.26	0.70	0.46	15
40	907	0.56	0.27	0.28	0.30	0.35	21
43	TPRC2001-81	0.62	0.29	0.00	0.54	0.36	20
45	TPRC90037②	0.58	0.00	0.10	0.63	0.33	24

3.5.2 聚类分析

利用平均隶属函数平均值计算欧氏距离，根据类平均法（UPGMA）进行聚类分析，在DPS 8.0中选用欧氏距离为相似尺度，采用最长距离法进行聚类，得到抗旱性生物学指标聚类图（图4）。从聚类结果看，以欧氏距离（0.15）作为阈值，将24种柱花草种子耐旱性分为4类：Ⅰ类为强抗旱柱花草（8份），Ⅱ类为抗旱性柱花草（7份），Ⅲ类为低抗盐旱柱花草（4份），Ⅳ类为不抗旱性柱花草（5份）。

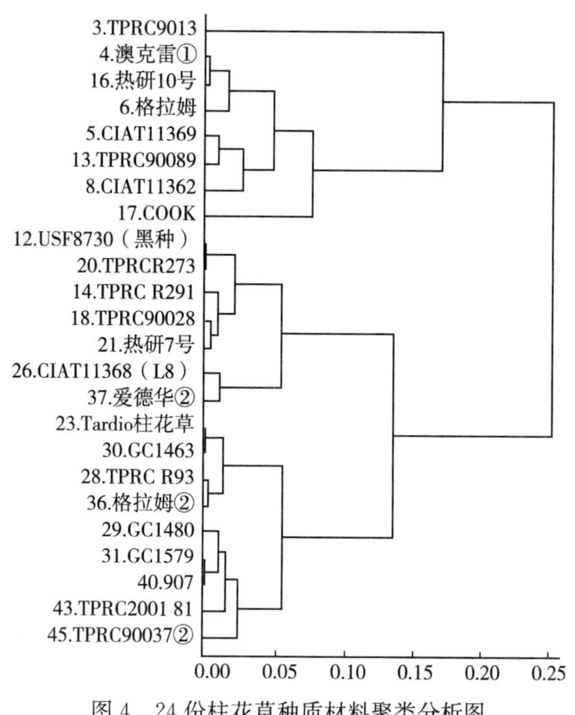

图 4 24 份柱花草种质材料聚类分析图

4 讨论与结论

参试的 24 份种质材料的柱花草在不同 PEG 浓度处理时的相对发芽率的比较，其中 3 号、5 号、14 号、16 号、45 号在 15%浓度时相对发芽率较高，31 号较低；在浓度 21%时 4 号、16 号相对发芽率较高，其余皆有明显降低趋势；在浓度 27%时，多数都受到很大程度上的抑制，5 号、14 号的相对发芽率都非常的低，只有 31 号、20 号的较高。因此随着 PEG 浓度的增加，各柱花草种子在不同水势下，其相对发芽率表现不全一致。

在 15%浓度下 3 号、4 号的相对发芽势都超过了 100%，在 21%、27%时各柱花草种子的相对发芽势皆有不同程度的降低，3 号、4 号在 21%时相对较高，3 号、4 号、13 号、17 号、20 号、21 号、23 号在较干旱的情况下仍能保持较高的发芽势，6 号、40 号在各个浓度下其发芽势都较其他品种的低。

相对根芽比比较中 3 号在 15%、21%、27%的浓度下皆为最小。在进行种子萌发试验时，发芽率、发芽势和胚根胚芽的比较中，其抑制率都是比较大的，这可能是因为种子硬实率较高的原因。种子硬实也是对干旱环境适应的一种结果，通过种子不发芽来避开恶劣的环境，因此其抗旱性较强。其实这就可以从中得出一些经验：对抗旱机理不同的柱花草品种，仅进行种子萌发试验是远不够的，但对同一品种或同一机理在种子萌发期进行试验是可行的，毕竟可以节约人力物力。

综合各项指标，3 号即 TPRC90139 柱花草的综合评价较高，抗旱性较好。24 份柱花草种质材料的排序是抗旱性大小为：TPRC90139＞热研 10 号＞澳克雷①＞格拉姆＞CIAT11362＞CIAT11369＞TPRC90089＞COOK＞USF8730（黑种）＞TPRCR273＞TPRCR291＞热研 7 号＞TPRC90028＞CIAT11368（L8）＞爱德华②＞格拉姆②＞TPRCR93＞Tardio 柱花草＞GC1463＞TPRC2001 - 81＞907＞GC1579＞GC1480＞TPRC90037②。

参 考 文 献

［1］武保国．柱花草［J］．农村养殖技术，2003，8（1）：24.

[2] 唐湘梧．热带北缘早熟热抗病柱花草选育研究［J］．热带作物学报，1996，16（2）：103-109.
[3] 刘国道，白昌军．热研5号柱花草选育研究［J］．草地研究，2001，9（1）：1-7.
[4] 张绪元．热带牧草抗旱性初步评价［D］．海口：华南热带农业大学，2005.
[5] 王洪春．植物抗性研究的进展［M］．北京：科学出版社，1987.
[6] 全国牧草品种审定委员会．中国牧草登记品种集［C］．北京：中国农业大学出版社，1996：167.
[7] EDVE L A. Commercial development of *Stylosanthes* Pastures in Northern Australia. I：Cultivar Development within *Stylosanthes* in Australia［J］．Tropical Grasslands，1997（31）：503-508.

44份柱花草种质材料的抗旱性研究

唐燕琼　胡新文　罗运军　汪丽英　吴紫云　蒙秋伊

（华南热带农业大学）

摘要：本试验对44份柱花草种质材料进行不同程度干旱胁迫（最大田间持水量的38%～40%、28%～30%、18%～20%）试验，分别测定不同材料在不同干旱胁迫下植株的株高和生物量，进行综合评价和分析各材料的抗旱性，最终给出各材料的抗旱顺序。

关键词：柱花草；抗旱性；株高；存活率

柱花草是重要的优良豆科牧草，具有适应性广，抗逆性强等特点，已成为我国热带、亚热带地区建立人工草地，发展节粮型畜牧业的主要牧草品种[1]。柱花草营养丰富、富含蛋白质及各类氨基酸，是我国热带及南亚热带地区重要的蛋白质饲料。此外，还是一种优良的绿肥覆盖作物，种植于幼林胶园、果园等热带作物种植园中，不但可以获得一定的青饲料，而且还可以防止土壤冲刷，减少种植园的水土流失；压制杂草，减少除草用工；涵养土壤水分，缓解干旱对作物的影响；提高土壤肥力，促进主作物的生长[2]。不同的柱花草品种有不同的抗旱适应性，选择抗旱性强的品种对于以水分为限制因子的干旱半干旱地区的人工草地建设，尤其是基于土壤水分的人工草地建设极其重要[3]。

本研究对来自国内外的44份柱花草种质材料，在人工控水干旱胁迫下进行抗旱试验，拟通过测定种质材料在苗期的株高和生物量，来综合评价和分析这些材料的抗旱性，以便筛选出抗旱性较强的柱花草种质材料。

1　材料与方法

1.1　材料

本试验所用的44份种质材料的具体信息见表1。

1.2　试验方法

本试验在中国热带农业科学院热带作物品种资源研究所牧草研究中心基地透光大棚进行。

采用盆栽法，选用田间土壤，过筛后装入无孔塑料花盆（16cm×15cm），每盆装土4.5kg（干土），2006年4月21日播种，待出苗后间苗，2～3叶时定株，每盆保留6株生长健壮的幼苗。

干旱处理：实验室测田间持水量为26%，相当于用仪器测的绝对含水量为30%。按田间最大持水量的40%、30%、20%设3个梯度，即相当于TSCⅡ型土壤水分测定仪测定土壤含水量为11%～12%、8%～9%、5%～6%处理，加上对照（正常浇水），即共4个水分胁迫处理，采用完全随机区组设计重复3次。2006年5月26日开始，每天使用TSCⅡ型土壤水分测定仪测定土壤含水量，适量补水，从而保证盆中土壤含水量控制在相应4个梯度。

表1　试验材料及其来源

序号	种质名称	品种（种质）名	来源地
1	有钩柱花草（维拉诺）	*Stylosanthes hmamata* ‘Verano’	澳大利亚
2	西卡柱花草	*Stylosanthes scabra* ‘Seca’	澳大利亚
3	90139	*Stylosanthes guianensis* ‘TPRC90139’	三亚种子田
4	澳克雷	*Stylosanthes guianensis* ‘Oxley’	澳大利亚
5	E4（CIAT11369）	*Stylosanthes guianensis* ‘TPRC E4’	CIAT
6	格拉姆柱花草	*Stylosanthes guianensis* ‘Graham’	澳大利亚
7	土黄 USF 873015	*Stylosanthes guianensis* ‘USF 873015’	美国
8	CIAT11362 柱花草	*Stylosanthes guianensis* ‘TPRC90075’	CIAT
9	爱德华	*Stylosanthes guianensis* ‘Endeavour’	澳大利亚
10	热研5号柱花草	*Stylosanthes guianensis* ‘Reyan No. 5’	儋州热农院
11	黑种 USF 873016	*Stylosanthes guianensis* ‘USF 873016’	美国
12	黑种 USF 873015	*Stylosanthes guianensis* ‘USF 873015’	美国
13	90089	*Stylosanthes guianensis* ‘TPRC90089’	三亚种子田
14	R291	*Stylosanthes guianensis* ‘TPRC R291’	三亚种子田
15	土黄 USF 873016	*Stylosanthes guianensis* ‘USF 873016’，TPRC252	美国
16	热研10号柱花草	*Stylosanthes guianensis* ‘Reyan No. 10’	东方试验地
17	COOK 柱花草	*Stylosanthes guianensis* ‘COOK’	澳大利亚
18	TPRC90028 柱花草	*Stylosanthes guianensis* ‘TPRC90028’	三亚种子田
19	TPRC90037③柱花草	*Stylosanthes guianensis* ‘TPRC90037③’	三亚种子田
20	TPRCR273 柱花草	*Stylosanthes guianensis* ‘TPRC R273’	三亚种子田
21	热研7号柱花草	*Stylosanthes guianensis* ‘Reyan No. 7’	三亚种子田
22	热研13柱花草 CIAT1044	*Stylosanthes sympodialis* ‘Reyan No. 13’	CIAT
23	Tardio 柱花草	*Stylosanthes guianensis* tardio ‘CIAT1283’	CIAT
24	250 西卡柱花草	*Stylosanthes scabra* spp.	澳大利亚
25	87830 柱花草	*Stylosanthes guianensis* ‘87830’，TPRC252	菲律宾
26	CIAT11368（L8）	*Stylosanthes guianensis* ‘TPRC90071’（L8）	东方试验地
27	TPRC Y3（E9）	*Stylosanthes guianensis* ‘TPRC Y3’（E9）	三亚种子田
28	TPRC R93	*Stylosanthes guianensis* ‘TPRC R93’	三亚种子田
29	GC1480（IRRI）	*Stylosanthes guianensis* ‘GC1480’（IRRI）	菲律宾
30	GC1463	*Stylosanthes guianensis* ‘ GC1463’	菲律宾
31	GC1579（EMBRAPA）	*Stylosanthes guianensis* ‘ GC1579’（EMBRAPA）	菲律宾
32	热研2号柱花草	*Stylosanthes guianensis* ‘Reyan No. 2’	CIAT
33	Mineirao 柱花草	*Stylosanthes guianensis* ‘Mineirao’	
34	GC1581	*Stylosanthes guianensis* ‘GC1581’	菲律宾
35	斯柯非柱花草	*Stylosanthes guianensis* ‘Schotield’	澳大利亚
36	格拉姆柱花草	*Stylosanthes guianensis* ‘Graham’	澳大利亚

（续）

序号	种质名称	品种（种质）名	来源地
37	爱德华柱花草	*Stylosanthes guianensis* 'Endeavour'	澳大利亚
38	2323柱花草	*Stylosanthes seabrana* 'CISRO' 2323	澳大利亚
39	907柱花草	*Stylosanthes guianensis* '907'	广西畜牧所
40	TPRC2000-71太空柱花草	*Stylosanthes guianensis* 'TPRC2000-71'	CIAT
41	TPRC2001-24太空柱花草	*Stylosanthes guianensis* 'TPRC2001-24'	CIAT
42	TPRC2001-81太空柱花草	*Stylosanthes guianensis* 'TPRC2001-81'	CIAT
43	CPI18750A	*Stylosanthes guianensis* 'CPI18750A'	澳大利亚
44	TPRC90037②柱花草	*Stylosanthes guianensis* 'TPRC90037②'	三亚种子田

1.3 测定指标及测定方法

1.3.1 株高

在水分胁迫的第30d（7月29日），用直尺测定每棵苗从露土的茎至最高的节的距离，以每盆中6棵苗，3个重复区的平均值作为株高（cm）。

$$相对株高=盐处理植株高度/对照植株的高度\times100$$

1.3.2 总生物量

地上生物量测定：加盐后30d，用剪刀齐地表将地上植株剪下，先放入80℃烘箱中杀青，然后在105℃烘箱中烘24h，在干燥器中冷却到室温后用天平称重（精确到0.001g），以每盆中所有植株地上部分的总干重作为各材料的地上生物量。

地下生物量测定：在地上生物量测定后取其地下根部，用纱布将盆中带根的土壤包住，在流水中不断冲洗，将冲洗干净的根放入105℃烘箱中烘24h，然后称量烘干后的根重。总生物量的计算公式如下。

$$总生物量=地上生物量+地下生物量$$

$$相对总生物量=盐处理植株总生物量/对照植株总生物量\times100\%$$

1.3.3 数据处理方法

利用SAS和EXCEL软件对数据进行处理。

1.4 水分胁迫综合评价方法

综合评价采用打分法，根据材料各个指标变化率的大小进行打分，打分的标准是把每一种标准的最大变化率与最小变化率之间的差值均分为10个级别，每级分别赋予不同的得分，即1分、2分……10分。在各种指标中均以受害最轻的材料得分最高，即10分，受害最重的材料得分最低，即1分。以此类推，最后把各个指标的得分相加得到试验材料苗期的抗旱性总分。根据各材料苗期的抗旱性总分可得到试验材料的抗旱性排序。

2 结果与分析

2.1 水分胁迫对柱花草种质材料株高的影响

从表2可知，随着干旱胁迫强度的增加，株高呈现明显下降的趋势。与对照相比，水分11%～12%的柱花草株高明显低于对照，但也有8号、13号、15号、22号、28号、30号、31号、34号和37号柱花草株高高于对照。水分8%～9%的柱花草相对株高平均值为64.58，28号和30号柱花草株高高于对照，低于水分11%～12%的处理。水分5%～6%的柱花草相对株高平均值仅为37.86。以干旱处理5%～6%的相对株高进行变化率的计算，根据变化率，最后得到各材料的抗旱性得分，抗旱性得分最高是16号、28号和31号，得分最低的2号、24号和25号。

表2　44份材料在不同控水处理下的幼苗株高

试验材料	CK（X，cm）	11%～12%		8%～9%		5%～6%		变化率[(X−Y)/X×100,%]	抗旱得分
		株高（cm）	相对株高	株高（cm）	相对株高	株高（Y，cm）	相对株高		
1	38.58	31.95	82.81	22.75	58.97	9.38	24.31	75.69	3
2	50.5	33.67	66.67	19.13	37.88	6	11.88	88.12	1
3	35.75	29.8	83.36	20.25	56.64	14.63	40.92	59.08	6
4	41	33.38	81.41	22.25	54.27	12.75	31.1	68.9	5
5	44.35	37.18	83.83	24.38	54.97	20.13	45.39	54.61	7
6	44.5	41.75	93.82	29.78	66.92	8.75	19.66	80.34	2
7	50.38	50.25	99.74	36.75	72.95	17.13	34	66	5
8	56.83	61.33	107.92	32.63	57.42	22.88	40.26	59.74	6
9	51.5	50.25	97.57	31.5	61.17	25	48.54	51.46	8
10	54.5	51.88	95.19	33.38	61.25	22.63	41.52	58.48	7
11	51.5	42.38	82.29	50	97.09	21.5	41.75	58.25	7
12	51.13	48	93.88	33.75	66.01	22.13	43.28	56.72	7
13	44.75	49.25	110.06	29.63	66.21	19.5	43.58	56.42	7
14	46.13	37.88	82.12	35.5	76.96	13.88	30.09	69.91	4
15	43.63	49.75	114.03	32.88	75.36	21.38	49	51	8
16	32.38	25.75	79.52	15.38	47.5	27.63	85.33	14.67	10
17	33.5	26.18	78.15	20.25	60.45	16.13	48.15	51.85	8
18	75.75	30.5	40.26	23.5	31.02	16.5	21.78	78.22	3
19	79	28.63	36.24	26.63	33.71	14.13	17.89	82.11	2
20	41.88	41.75	99.69	28	66.86	23.43	55.95	44.05	9
21	50.63	41.75	82.46	31.38	61.98	12.88	25.44	74.56	3
22	44.25	45.13	101.99	30.63	69.22	15.25	34.46	65.54	5
23	38.13	32.75	85.89	25.13	65.91	11.25	29.5	70.5	4
24	42.75	33.13	77.5	19.25	45.03	5	11.7	88.3	1
25	50.5	32.38	64.12	24	47.52	6.38	12.63	87.37	1
26	46.5	33.63	72.32	28.88	62.11	21.78	46.84	53.16	8
27	45	38.88	86.4	32.28	71.73	16	35.56	64.44	5
28	35.5	66.63	187.69	63.88	179.94	35.25	99.3	0.7	10
29	54.25	51.88	95.63	43	79.26	18	33.18	66.82	5
30	39.63	49.25	124.27	40.13	101.26	16.63	41.96	58.04	7
31	36	39.13	108.69	26	72.22	21.75	60.42	39.58	10
32	44.13	37.88	85.84	23	52.12	9.75	22.09	77.91	3
33	49.5	38.3	77.37	29.65	59.9	8	16.16	83.84	2
34	43.5	47.75	109.77	26.63	61.22	14.5	33.33	66.67	5

（续）

试验材料	CK（X，cm）	11%～12%		8%～9%		5%～6%		变化率[(X−Y)/X×100,%]	抗旱得分
		株高（cm）	相对株高	株高（cm）	相对株高	株高（Y，cm）	相对株高		
35	44.3	34.5	77.88	22.13	49.95	18	40.63	59.37	6
36	42.13	34.25	81.3	19.13	45.41	21	49.85	50.15	8
37	34.88	39.63	113.62	26.88	77.06	19.25	55.19	44.81	9
38	53	44.25	83.49	27.75	52.36	10.88	20.53	79.47	2
39	50.63	47.43	93.68	33.75	66.66	23.63	46.67	53.33	8
40	43.5	38.05	87.47	27	62.07	13.38	30.76	69.24	4
41	47	42	89.36	28.4	60.43	21.25	45.21	54.79	7
42	52.75	46	87.2	37	70.14	21.25	40.28	59.72	6
43	44.38	34	76.61	26.5	59.71	10.88	24.52	75.48	3
44	47.38	42.25	89.17	30.75	64.9	16.75	35.35	64.65	5
平均值	46.54	40.74	89.73	29.35	64.58	16.91	37.86		
$P=0.1\%$	A*		B*		C*		D*		

注：大写字母表示不同材料间存在极显著差异，下表同。

2.2 水分胁迫对柱花草种质材料生物量的影响

从表3可知，随着干旱胁迫强度的增加，总生物量呈现明显下降的趋势。与对照相比，水分11%～12%的柱花草总生物量全都低于对照，相对总生物量变化范围在23.37～99.09，均值为61.823，6号、2号和14号柱花草相对总生物量为前三位。水分8%～9%的柱花草相对总生物量变化范围在11.71～77.24，平均值为34.34，5号、30号和21号柱花草相对总生物量为前三位。水分5%～6%的柱花草相对总生物量变化范围在1.73～47.98，平均值为12.99，37号、5号、10号、12号、39号和4号柱花草相对总生物量为前三位，24号、25号、38号、34号、16号和29号柱花草相对总生物量较低。以干旱处理5%～6%的相对总生物量进行变化率的计算，根据变化率，最后得到各材料的抗旱得分，抗旱得分最高是37号，得分最低的38号、24号和25号。

表3 44份材料在不同控水处理下的生物量

试验材料	CK（X，g）	11%～12%		8%～9%		5%～6%		变化率[(X−Y)/X×100,%]	抗旱得分
		总生物量（g）	相对总生物量	总生物量（g）	相对总生物量	总生物量（Y，g）	相对总生物量		
1	2.244	1.224	54.55	0.722	32.17	0.256	11.41	88.59	3
2	1.87	1.807	96.63	0.607	32.46	0.164	8.77	91.23	2
3	2.302	1.204	52.3	0.703	30.54	0.27	11.73	88.27	3
4	2.802	1.653	58.99	0.803	28.66	0.62	22.13	77.87	5
5	1.362	1.232	90.46	1.052	77.24	0.42	30.84	69.16	7
6	1.76	1.744	99.09	1.058	60.11	0.093	5.28	94.72	2
7	1.303	1.103	84.65	0.762	58.48	0.131	10.05	89.95	3
8	6.505	1.52	23.37	0.762	11.71	0.386	5.93	94.07	2
9	2.582	1.764	68.32	1.222	47.33	0.37	14.33	85.67	4

（续）

试验材料	CK（X，g）	11%～12%		8%～9%		5%～6%		变化率[(X−Y)/X×100，%]	抗旱得分
		总生物量（g）	相对总生物量	总生物量（g）	相对总生物量	总生物量（Y，g）	相对总生物量		
10	2.222	1.731	77.9	0.653	29.39	0.603	27.14	72.86	6
11	4.11	1.281	31.17	1.765	42.94	0.66	16.06	83.94	4
12	1.682	1.436	85.37	0.762	45.3	0.444	26.4	73.6	6
13	1.902	1.081	56.83	0.922	48.48	0.324	17.03	82.97	4
14	1.642	1.586	96.59	0.522	31.79	0.22	13.4	86.6	3
15	2.601	1.481	56.94	0.722	27.76	0.42	16.15	83.85	4
16	2.903	1.081	37.24	0.482	16.6	0.124	4.27	95.73	2
17	2.022	1.484	73.39	0.253	12.51	0.244	12.07	87.93	3
18	2.542	1.687	66.37	0.582	22.9	0.204	8.03	91.97	2
19	3.103	1.27	40.93	0.642	20.69	0.193	6.22	93.78	2
20	2.582	1.437	55.65	0.562	21.77	0.236	9.14	90.86	3
21	2.302	1.587	68.94	1.428	62.03	0.184	7.99	92.01	2
22	2.822	1.956	69.31	0.642	22.75	0.324	11.48	88.52	3
23	1.303	0.82	62.93	0.483	37.07	0.118	9.06	90.94	3
24	1.622	0.603	37.18	0.228	14.06	0.028	1.73	98.27	1
25	2.402	1.904	79.27	1.022	42.55	0.093	3.87	96.13	1
26	3.102	1.024	33.01	0.503	16.22	0.44	14.18	85.82	4
27	2.822	1.524	54	1.182	41.89	0.381	13.5	86.5	3
28	3.162	2.024	64.01	1.158	36.62	0.424	13.41	86.59	3
29	2.942	2.004	68.12	0.542	18.42	0.137	4.66	95.34	2
30	1.702	1.22	71.68	1.102	64.75	0.136	7.99	92.01	2
31	2.152	1.644	76.39	0.822	38.2	0.384	17.84	82.16	4
32	2.622	0.77	29.37	0.502	19.15	0.123	4.69	95.31	2
33	2.304	1.264	54.86	1.253	54.38	0.12	5.21	94.79	2
34	2.428	1.17	48.19	0.702	28.91	0.103	4.24	95.76	2
35	3.142	1.303	41.47	0.522	16.61	0.206	6.56	93.44	2
36	3.568	1.27	35.59	0.602	16.87	0.787	22.06	77.94	5
37	1.882	1.17	62.17	0.908	48.25	0.903	47.98	52.02	10
38	1.802	0.92	51.05	0.222	12.32	0.07	3.88	96.12	1
39	1.882	1.387	73.7	0.702	37.3	0.464	24.65	75.35	6
40	1.282	1.17	91.26	0.378	29.49	0.187	14.59	85.41	4
41	2.082	1.253	60.18	0.482	23.15	0.287	13.78	86.22	3
42	1.762	1.12	63.56	0.742	42.11	0.303	17.2	82.8	4
43	2.422	1.164	48.06	0.762	31.46	0.257	10.61	89.39	3
44	1.278	0.884	69.17	0.733	57.36	0.181	14.16	85.84	4
平均值	2.383	1.36	61.823	0.754	34.34	0.3	12.99		
P=0.1%	A*		B*		C*		D*		

2.3 柱花草种质材料抗旱性综合评价

将柱花草各材料的株高、相对总生物量的抗旱得分相加得到抗旱总得分（表 4），可知柱花草抗旱性排序。

表 4 综合得分

试验材料	抗旱指标		抗旱总得分	试验材料	抗旱指标		抗旱总得分
	株高	生物量			株高	生物量	
1	3	3	6	23	4	3	7
2	1	2	3	24	1	1	2
3	6	3	9	25	1	1	2
4	5	5	10	26	8	4	12
5	7	7	14	27	5	3	8
6	2	2	4	28	10	3	13
7	5	3	8	29	5	2	7
8	6	2	8	30	7	2	9
9	8	4	12	31	10	4	14
10	7	6	13	32	3	2	5
11	7	4	11	33	2	2	4
12	7	6	13	34	5	2	7
13	7	4	11	35	6	2	8
14	4	3	7	36	8	5	13
15	8	4	12	37	9	10	19
16	10	2	12	38	2	1	3
17	8	3	11	39	8	6	14
18	3	2	5	40	4	4	8
19	2	2	4	41	7	3	10
20	9	3	12	42	6	4	10
21	3	2	5	43	3	3	6
22	5	3	8	44	5	4	9

3 结论与讨论

（1）水分胁迫对柱花草植株的株高有明显的影响。抗旱性与株高呈正相关，抗旱性越强植物就越高。同样总生物量与植物的抗旱性呈正相关。在其他植物的研究上，许多研究者也得到了与本研究结果相同的结论，株高和总生物量可以作为植物抗旱性的鉴定指标。

（2）许多研究者在研究柱花草的抗旱性上采用生理和生化指标测定，这样加大了工作量，试验操作复杂，易受试验条件限制，本试验通过形态指标打分法对植物的抗旱性进行综合评价，操作简单，省时省力，在实际工作中便于操作。

（3）在控水量为最大持水量 20%的处理下，各种质材料均能存活，通过综合评价最终得到 44 份柱花草的抗旱性排序。其中抗旱性较强的材料有 10 号、12 号、28 号、36 号、5 号、31 号、39 号和 37 号，而抗旱性较弱的材料有 24 号、25 号、2 号和 38 号。

参 考 文 献

[1] 蒋昌顺．我国对柱花草属不同种的研究与利用 [J]. 热带农业科学，1995 (3)：64-69.
[2] 刘国道．热带牧草栽培学 [M]. 北京：中国农业出版社．2006.
[3] 魏永胜，梁宗锁，山仑．草地退化的水分因素 [J]. 草业科学，2004，21 (10)：13-18.

PEG-6000干旱胁迫对85份空间诱变柱花草种子萌发的影响

严琳玲 白昌军

（中国热带农业科学院热带作物品种资源研究所）

摘要：以PEG-6000溶液模拟干旱胁迫条件，研究空间诱变柱花草种子的萌发对干旱胁迫的响应。结果表明：PEG胁迫降低了空间诱变柱花草种质材料的发芽势和发芽率，阻碍了胚芽和胚根的生长，种质材料间表现出较大差异。用隶属函数法对85份柱花草萌发期进行抗旱性综合评价，其中抗旱型品系为品系1、4、5、40。

关键词：柱花草；空间诱变；水分胁迫；萌发特性

柱花草（*Stylosanthes* spp.）是热带、亚热带地区重要的豆科牧草和饲料植物资源，主要用于草地良种化改造和林、果、草生态工程建设，还在水土流失治理和退耕还林（草）中发挥重要作用。柱花草原产于南美洲及加勒比海地区，我国最早引入柱花草始于20世纪60年代[1]，于20世纪80年代初开始大量引入[2]，但柱花草抗旱性、耐寒性和抗炭疽病性较低等问题，严重威胁柱花草的生产和推广种植。

PEG-6000用于模拟干旱胁迫的研究在很多植物上已经报道[3]，本研究旨在利用筛选模拟干旱胁迫的条件，分析空间诱变柱花草种子萌发对干旱胁迫的响应，为筛选抗旱柱花草材料建立研究方法，为抗旱柱花草品种的选育研究打下基础。

1 材料与方法

1.1 材料

中国热带农业科学院热带牧草研究中心于1996年10月20日至1996年11月4日利用返地卫星成功搭载热研2号柱花草（*Stylosanthes guianensis* Sw. ‘Reyan No. 2’）种子，进行空间诱变处理。返地后，以热研2号为对照品种，进行种植，育种过程见表1。本试验选用的材料为SP_5代的84份空间诱变柱花草（除6号外）及原对照品种热研2号柱花草，共85份柱花草种质材料。

表1 空间辐射育种过程

年份	育种过程	选育结果
1997	空间辐射热研2号柱花草10g，装袋育苗，接种柱花草炭疽病原菌	接种鉴定，选择抗病SP_1^0代单株12株，单株收种

（续）

年份	育种过程	选育结果
1998	播种 SP_1^0，12 单株装袋育苗 2 400 株，接种柱花草炭疽病原菌，选择	接种鉴定 SP_1^1，选择抗病 SP_2^0 代单株 54 株，单株收种
1999	播种 SP_2^0，54 单株装袋育苗 10 525 株，接种柱花草炭疽病原菌，选择	接种鉴定 SP_2^1，选择抗病 SP_3^0 单株 401 株，单株收种
2000	播种 SP_3^0，401 单株装袋育苗 1 342 株，接种柱花草炭疽病原菌，选择	接种鉴定 SP_3^1，选择抗病 SP_4^0 单株 312 株，单株收种
2004	播种 SP_4^0，接种炭疽病鉴定，选择	鉴定 SP_4^1，选择 84 个 SP_5^0 系，进行品系比较试验

1.2 方法

1.2.1 种子预处理

选择籽粒饱满、大小基本一致、无虫孔的柱花草种子，放入 60℃热水中浸泡 5min，然后进行 PEG 干旱胁迫处理。

1.2.2 PEG 处理

设 10%和 20% PEG（与之相对应的溶液水势约为－0.12MPa 和－0.6MPa[2]）两个不同渗透势浓度的 PEG 溶液，对空间诱变柱花草种子分别进行干旱胁迫处理。处理采用滤纸上发芽，首先在培养皿内铺 2 层滤纸，将预处理的种子置于滤纸上，然后加入等量的 PEG 溶液进行萌发，以清水为对照。每个处理 3 次重复，每重复 30 粒种子。放置于光照培养箱中，光照 8h、温度 35℃，黑暗 16h、温度 25℃。观察时以胚根长度等于种子长度为发芽标准。第 4d 测定其发芽势，第 8d 测定其发芽率。

1.3 测定项目及数据分析

1.3.1 测定项目

（1）发芽率　发芽率＝发芽的种子数/供试种子数×100%。

（2）发芽势　发芽势＝规定时间内发芽的种子数/供试种子数×100%。

（3）胚根与胚轴的比值　在第 8d 时测定胚根、胚轴长度，并计算胚根与胚轴的比值。

1.3.2 萌发抗旱指数的计算

萌发抗旱指数（Germination drought resistance index，GDRI）＝渗透胁迫下萌发指数/对照萌发指数[4]，其中，萌发指数＝1.00×nd2＋0.75×nd4＋0.50×nd6＋0.25×nd8，（nd2、nd4、nd6、nd8 分别为第 2、4、6、8d 种子萌发率）。

1.3.3 相对发芽势及相对发芽率

$$\text{相对发芽势}=\frac{\text{处理发芽势}}{\text{对照发芽势}}\times 100\%$$

$$\text{相对发芽率}=\frac{\text{处理发芽率}}{\text{对照发芽率}}\times 100\%$$

1.3.4 相对胚芽长及相对胚根长

试验结束后，每份材料随机选取 10 株幼苗，测定胚芽长和胚根长。

$$\text{相对胚芽长}=\frac{\text{处理胚芽长}}{\text{对照胚芽长}}\times 100\%$$

$$\text{相对胚根长}=\frac{\text{处理胚根长}}{\text{对照胚根长}}\times 100\%$$

1.4 数据处理

1.4.1 数据处理

为了减少各材料间固有的差异，采用性状相对值进行抗旱性的综合评价。

$$性状相对值=\frac{渗透胁迫下各性状测定值}{对照各性状测定值}\times 100\%$$

1.4.2 抗旱性综合评价

材料各指标隶属函数值计算公式[5-7]为：

$$\mu(X_j)=\frac{X_j-X_{\min}}{X_{\max}-X_{\min}}\quad (j=1,2,\cdots,n) \tag{1}$$

式中：X_j——第 j 个指标值；

$X_{\min}$——第 j 个指标的最小值；

$X_{\max}$——第 j 个指标的最大值。

采用标准差系数法（S），用公式（2）计算标准差系数 V_j，公式（3）归一化后得到各指标的权重系数 W_j。

$$V_j=\frac{\sqrt{\sum(X_{ij}-\overline{X}_j)^2}}{\overline{X}_j} \tag{2}$$

$$W_j=\frac{V_j}{\sum_{j=1}^{m}V_j} \tag{3}$$

最后用公式（4）计算各材料综合抗旱能力即 D：

$$D=\sum_{j=1}^{n}[\mu(X_j)\cdot W_j] \tag{4}$$

1.4.3 抗旱性评价分级标准

将各材料综合抗旱能力 D 值分为三级进行评价：1 级的综合评价值在 0.7 以上，为抗旱型；2 级的综合评价值在 0.4～0.7，为中间型；3 级的综合评价值在 0.4 以下，为不抗旱型。

2 结果与分析

2.1 不同品系柱花草的发芽率和发芽势

在 85 个柱花草株系中，有 22 个株系的发芽势高于对照品种（86 号），其中品系 1、4、5、44 极显著高于对照，品系 1 发芽势高达 75.6%，比对照提高了 28.3%，61 个株系的发芽势低于对照，1 个株系的发芽势与对照一样。31 个株系的发芽率高于对照，其中株系 1、44、40、38、5 的发芽率极显著高于对照，分别提高了 24.2%、22.5%、20.9%、17.7%、16.1%，7 个株系的发芽率与对照一致，46 个株系的发芽率低于对照（表 2）。

表 2 柱花草在 PEG 处理下的发芽势和发芽率

品系	发芽势			发芽率		
	0	10%PEG	20%PEG	0	10%PEG	20%PEG
1	75.6%	68.9%	12.2%	85.6%	73.3%	30.0%
2	64.4%	50.0%	8.9%	67.8%	56.7%	14.4%
3	46.7%	48.9%	11.1%	53.3%	52.2%	20.0%

（续）

品系	发芽势			发芽率		
	0	10%PEG	20%PEG	0	10%PEG	20%PEG
4	74.4%	75.6%	28.9%	75.6%	76.7%	34.4%
5	74.4%	64.4%	21.1%	80.0%	68.9%	31.1%
7	56.7%	48.9%	3.3%	72.2%	56.7%	8.9%
8	46.7%	47.8%	8.9%	70.0%	56.7%	17.8%
9	44.4%	42.2%	13.3%	62.2%	52.2%	31.1%
10	55.6%	42.2%	17.8%	68.9%	54.4%	35.6%
11	58.9%	43.3%	5.6%	67.8%	35.6%	33.3%
12	66.7%	60.0%	7.8%	78.9%	57.8%	23.3%
13	43.3%	38.9%	14.4%	61.1%	44.4%	22.2%
14	44.4%	46.7%	1.1%	52.2%	51.1%	8.9%
15	56.7%	45.6%	4.4%	67.8%	51.1%	23.3%
16	41.1%	52.2%	3.3%	61.1%	57.8%	17.8%
17	61.1%	42.2%	8.9%	72.2%	48.9%	17.8%
18	50.0%	44.4%	14.4%	62.2%	47.8%	26.7%
19	55.6%	48.9%	15.6%	76.7%	56.7%	31.1%
20	63.3%	57.8%	21.1%	77.8%	67.8%	33.3%
21	62.2%	64.4%	12.2%	68.9%	68.9%	31.1%
22	53.3%	54.4%	15.6%	62.2%	56.7%	27.8%
23	37.8%	30.0%	4.4%	60.0%	34.4%	18.9%
24	57.8%	50.0%	10.0%	66.7%	57.8%	20.0%
25	52.2%	48.9%	8.9%	67.8%	54.4%	32.2%
26	60.0%	58.9%	6.7%	76.7%	65.6%	21.1%
27	55.6%	50.0%	17.8%	68.9%	57.8%	35.6%
28	56.7%	47.8%	7.8%	71.1%	60.0%	14.4%
29	56.7%	41.1%	14.4%	67.8%	46.7%	25.6%
30	52.2%	54.4%	8.9%	64.4%	56.7%	18.9%
31	61.1%	58.9%	11.1%	74.4%	66.7%	25.6%
32	38.9%	30.0%	4.4%	52.2%	37.8%	24.4%
33	46.7%	52.2%	11.1%	61.1%	58.9%	33.3%
34	35.6%	36.7%	3.3%	55.6%	42.2%	16.7%
35	40.0%	32.2%	5.6%	48.9%	35.6%	15.6%
36	38.9%	37.8%	4.4%	46.7%	41.1%	23.3%
37	48.9%	44.4%	4.4%	58.9%	46.7%	18.9%
38	67.8%	68.9%	17.8%	81.1%	71.1%	35.6%
39	71.1%	55.6%	7.8%	75.6%	63.3%	31.1%
40	73.3%	68.9%	21.1%	83.3%	70.0%	53.3%
41	57.8%	54.4%	17.8%	71.1%	57.8%	27.8%
42	43.3%	27.8%	7.8%	48.9%	31.1%	28.9%
43	53.3%	45.6%	10.0%	56.7%	53.3%	24.4%
44	74.4%	66.7%	17.8%	84.4%	47.8%	43.3%
45	48.9%	44.4%	6.7%	63.3%	48.9%	25.6%
46	54.4%	56.7%	5.6%	66.7%	61.1%	21.1%

（续）

品系	发芽势			发芽率		
	0	10%PEG	20%PEG	0	10%PEG	20%PEG
47	45.6%	40.0%	5.6%	60.0%	43.3%	25.6%
48	52.2%	34.4%	4.4%	63.3%	41.1%	7.8%
49	47.8%	44.4%	5.6%	58.9%	46.7%	14.4%
50	51.1%	33.3%	3.3%	71.1%	41.1%	11.1%
51	56.7%	51.1%	2.2%	68.9%	56.7%	10.0%
52	52.2%	37.8%	2.2%	73.3%	50.0%	8.9%
53	51.1%	46.7%	3.3%	71.1%	52.2%	21.1%
54	51.1%	37.8%	7.8%	61.1%	43.3%	20.0%
55	53.3%	51.1%	8.9%	68.9%	58.9%	32.2%
56	33.3%	23.3%	2.2%	52.2%	34.4%	14.4%
57	53.3%	35.6%	4.4%	68.9%	42.2%	17.8%
58	61.1%	46.7%	5.6%	71.1%	52.2%	31.1%
59	54.4%	50.0%	10.0%	64.4%	53.3%	18.9%
60	52.2%	52.2%	5.6%	72.2%	61.1%	17.8%
61	48.9%	47.8%	12.2%	67.8%	54.4%	28.9%
62	47.8%	41.1%	8.9%	64.4%	45.6%	13.3%
63	48.9%	34.4%	3.3%	62.2%	44.4%	24.4%
64	67.8%	52.2%	12.2%	78.9%	58.9%	27.8%
65	63.3%	60.0%	1.1%	73.3%	64.4%	11.1%
66	57.8%	41.1%	7.8%	71.1%	48.9%	21.1%
67	41.1%	38.9%	10.0%	63.3%	45.6%	17.8%
68	64.4%	50.0%	4.4%	77.8%	54.4%	15.6%
69	47.8%	56.7%	0.0%	61.1%	60.0%	11.1%
70	54.4%	38.9%	16.7%	64.4%	48.9%	27.8%
71	63.3%	55.6%	11.1%	70.0%	64.4%	21.1%
72	60.0%	44.4%	5.6%	68.9%	53.3%	26.7%
73	57.8%	48.9%	7.8%	71.1%	54.4%	21.1%
74	50.0%	43.3%	12.2%	61.1%	50.0%	14.4%
75	43.3%	40.0%	1.1%	63.3%	50.0%	13.3%
76	36.7%	37.8%	2.2%	52.2%	42.2%	12.2%
77	42.2%	33.3%	14.4%	53.3%	36.7%	21.1%
78	47.8%	30.0%	3.3%	58.9%	38.9%	26.7%
79	57.8%	50.0%	4.4%	73.3%	51.1%	28.9%
80	63.3%	48.9%	5.6%	73.3%	57.8%	28.9%
81	67.8%	61.1%	3.3%	74.4%	65.6%	23.3%
82	34.4%	28.9%	0.0%	60.0%	41.1%	5.6%
83	25.6%	24.4%	2.2%	46.7%	35.6%	10.0%
84	40.0%	30.0%	10.0%	67.8%	48.9%	32.2%
85	45.6%	45.6%	7.8%	65.6%	53.3%	27.8%
86	58.9%	51.1%	6.7%	68.9%	54.4%	16.7%

2.2 渗透胁迫对柱花草萌发特性的影响

由图 1 中可以看出，对照及 10% PEG 的发芽率明显高于 20% PEG，当 PEG 浓度为 10%时，除品系 4 略高于对照处理的发芽率及品系 21 与对照处理发芽率一致外，其余的品系随着 PEG 浓度的增大，发芽率受到显著的抑制。例如品系 82，当 PEG 浓度为 20%时，发芽率仅为 5.6%。方差分析表明，对照与各处理间差异达极显著水平（$F=1.72$，$Pr<0.0001$）。

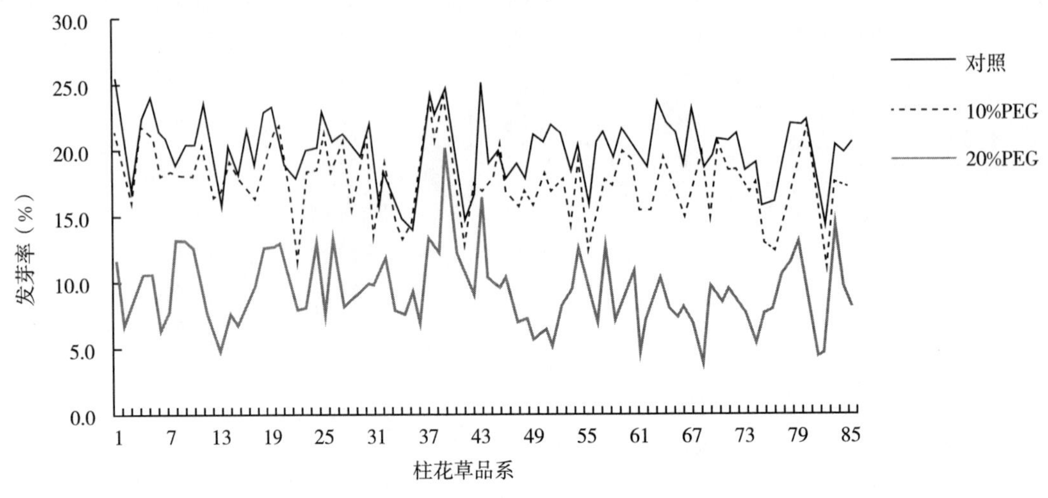

图 1 不同浓度 PEG 处理的柱花草发芽率

2.3 渗透胁迫对柱花草抗旱指数的影响

由图 2 可以看出，各品系柱花草在 10% PEG 浓度下的萌发抗旱指数均大于 20% PEG 浓度。在 10% PEG 浓度下，有 25 个品系的萌发抗旱指数高于对照（萌发抗旱指数为 35.5），其中品系 4、40、38 极显著高于对照（$F=6.78$，$Pr<0.0001$），分别提高了 45.9%、36.8%、34.9%；而品系 23、56、83 的萌发抗旱指数最小，仅为 19.6、19.5、15.1；在 20% PEG 浓度下，有 53 个品系的萌发抗旱指数大于对照，30 个品系的萌发抗旱指数小于对照品种，1 个品系与对照品种相同。

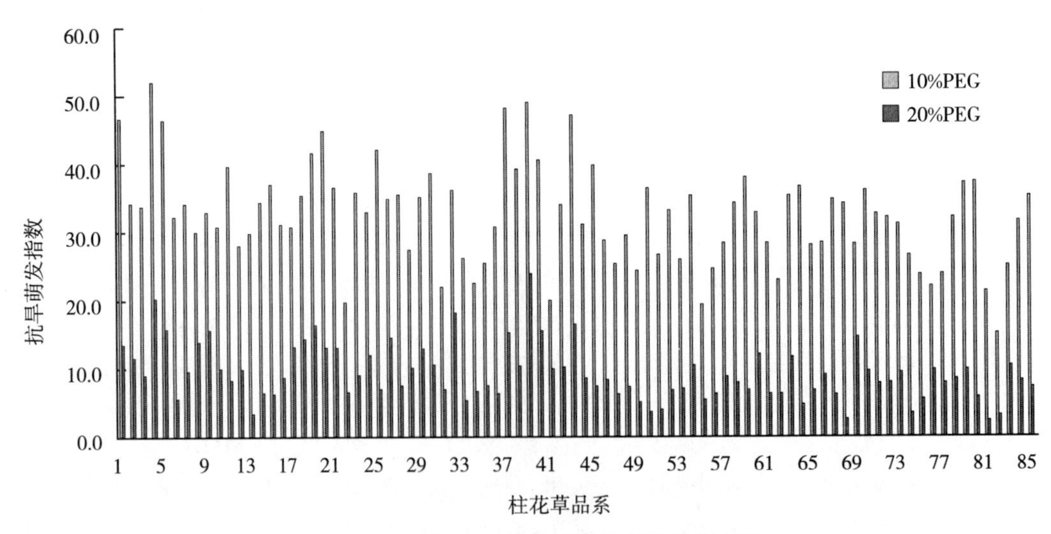

图 2 不同浓度 PEG 的柱花草的萌发抗旱指数

2.4 渗透胁迫下柱花草萌发期抗旱性的综合评价

利用模糊数学中隶属函数方法，用相对发芽势、相对发芽率、相对胚根长、相对胚轴长对 85 个柱花草品系进行隶属函数值分析，得出不同品系抗旱隶属函数综合评价值。结果表明，有 45 个品系的抗旱性优于对照品种，其中品系 40 的综合评价值最高，为 0.76，说明在 85 个株系中品系 40 最抗旱；其次为品系 4、1、5，总平均值分别为 0.75、0.73、0.71，品系 34、82、83 的综合评价值最低，仅为 0.26，说明其抗旱能力极差（表 3）。

表 3 不同柱花草品系的隶属函数值及综合评价

品系	隶属函数值				综合评价值	排序
	相对发芽势	相对发芽率	相对胚根长	相对胚轴长		
1	0.76	0.81	0.75	0.57	0.73	3
2	0.53	0.43	0.32	0.27	0.39	57
3	0.43	0.31	0.60	0.43	0.44	35
4	0.99	0.78	0.78	0.45	0.75	2
5	0.83	0.74	0.69	0.59	0.71	4
7	0.41	0.43	0.27	0.37	0.37	62
8	0.40	0.47	0.27	0.45	0.40	53
9	0.40	0.47	0.52	0.61	0.50	23
10	0.53	0.57	0.34	0.50	0.48	27
11	0.41	0.41	0.39	0.54	0.44	35
12	0.60	0.59	0.39	0.44	0.51	21
13	0.38	0.34	0.34	0.32	0.35	70
14	0.29	0.22	0.37	0.32	0.30	76
15	0.40	0.45	0.41	0.33	0.40	53
16	0.33	0.40	0.35	0.50	0.40	53
17	0.46	0.43	0.29	0.26	0.36	64
18	0.46	0.40	0.63	0.48	0.49	24
19	0.54	0.62	0.78	0.44	0.60	9
20	0.71	0.73	0.52	0.46	0.61	7
21	0.65	0.64	0.69	0.46	0.61	7
22	0.56	0.47	0.20	0.24	0.37	62
23	0.18	0.23	0.31	0.38	0.27	82
24	0.50	0.47	0.31	0.29	0.39	57
25	0.44	0.54	0.34	0.33	0.41	48
26	0.53	0.62	0.47	0.31	0.48	27
27	0.57	0.59	0.46	0.56	0.55	15
28	0.45	0.48	0.50	0.31	0.44	35
29	0.49	0.43	0.17	0.44	0.38	59
30	0.48	0.43	0.46	0.34	0.43	41
31	0.59	0.64	0.34	0.49	0.52	19
32	0.18	0.23	0.34	0.59	0.33	75

（续）

品系	隶属函数值				综合评价值	排序
	相对发芽势	相对发芽率	相对胚根长	相对胚轴长		
33	0.45	0.52	0.35	0.44	0.44	35
34	0.19	0.23	0.33	0.30	0.26	83
35	0.22	0.12	0.45	0.33	0.28	80
36	0.23	0.20	0.27	0.74	0.36	64
37	0.34	0.31	0.37	0.34	0.34	73
38	0.78	0.80	0.67	0.48	0.68	5
39	0.60	0.66	0.53	0.50	0.57	12
40	0.85	0.93	0.54	0.71	0.76	1
41	0.62	0.56	0.76	0.44	0.60	9
42	0.24	0.18	0.34	0.38	0.28	80
43	0.44	0.38	0.43	0.46	0.43	41
44	0.81	0.71	0.44	0.56	0.63	6
45	0.37	0.41	0.60	0.46	0.46	31
46	0.47	0.50	0.41	0.45	0.46	31
47	0.30	0.34	0.59	0.42	0.41	48
48	0.30	0.23	0.36	0.48	0.34	73
49	0.35	0.28	0.24	0.35	0.30	76
50	0.27	0.32	0.57	0.47	0.41	48
51	0.41	0.41	0.38	0.53	0.43	41
52	0.30	0.39	0.57	0.52	0.44	35
53	0.36	0.47	0.36	0.52	0.43	41
54	0.35	0.31	0.29	0.46	0.35	70
55	0.46	0.58	0.57	0.64	0.56	13
56	0.08	0.13	0.53	0.44	0.30	76
57	0.31	0.36	0.58	0.35	0.40	53
58	0.45	0.54	0.57	0.50	0.52	19
59	0.48	0.41	0.30	0.48	0.42	46
60	0.43	0.52	0.42	0.46	0.46	31
61	0.45	0.51	0.15	0.30	0.36	64
62	0.36	0.31	0.51	0.48	0.41	48
63	0.26	0.36	0.40	0.48	0.38	59
64	0.61	0.63	0.36	0.52	0.53	17
65	0.50	0.51	0.35	0.45	0.45	34
66	0.42	0.45	0.40	0.48	0.44	35
67	0.32	0.33	0.32	0.49	0.36	64
68	0.48	0.51	0.45	0.47	0.48	27
69	0.36	0.37	0.45	0.45	0.41	48
70	0.48	0.44	0.56	0.44	0.48	27
71	0.59	0.55	0.36	0.74	0.56	13

（续）

品系	隶属函数值				综合评价值	排序
	相对发芽势	相对发芽率	相对胚根长	相对胚轴长		
72	0.43	0.50	0.55	0.68	0.54	16
73	0.47	0.49	0.51	0.50	0.49	24
74	0.43	0.32	0.24	0.44	0.36	64
75	0.24	0.33	0.56	0.29	0.36	64
76	0.19	0.17	0.47	0.33	0.29	79
77	0.34	0.21	0.66	0.32	0.38	59
78	0.23	0.31	0.44	0.44	0.35	70
79	0.44	0.54	0.50	0.58	0.51	21
80	0.48	0.59	0.60	0.73	0.60	9
81	0.56	0.61	0.31	0.63	0.53	17
82	0.09	0.19	0.45	0.30	0.26	83
83	0.03	0.06	0.54	0.39	0.26	83
84	0.25	0.50	0.61	0.37	0.43	41
85	0.36	0.48	0.54	0.59	0.49	24
86	0.48	0.44	0.29	0.48	0.42	46

根据抗旱性评价分级标准，可将材料分为3类：抗旱型，品系1、4、5、40；中间型，品系3、8～12、15、16、18～21、25～28、30、31、33、38、39、41、43～47、50～53、55、57～60、62、64～66、68～73、79～81、84～86；不抗旱型，品系2、7、13、14、17、22～24、29、32、34～37、42、48、49、54、56、61、63、67、74～78、82、83。

3 讨论

PEG模拟干旱胁迫，是通过调节溶液的渗透压来达到限制水分进入种子的目的。在某种意义上，PEG处理对种子萌发来说，起到了水分胁迫的作用[8]。在本试验中，设立10%、20% PEG两个浓度，在10% PEG浓度时，种子基本上可以发芽，但当达到20% PEG浓度时，发芽率明显降低，因此，太空诱变柱花草的萌发期抗旱性鉴定的水分胁迫浓度应在10%～20%，有待进一步试验证明。

种子发芽过程本身是一个极复杂的生理生化过程，而柱花草发芽期渗透胁迫受多种因素影响。因此，要综合评价柱花草种质资源的抗旱性，应该以多个指标为依据综合考虑。同时，由于抗旱性是一个受多种因素影响的复杂的数量性状，在萌芽期鉴定出的抗旱性较强的种质材料是否在苗期乃至全生育期也具有较强的抗旱性，以及与苗期、全生育期抗旱性相关程度还有待进一步的研究。

4 结论

本试验通过设置10%、20%两个PEG浓度对柱花草进行萌发期的抗旱性试验，结果表明：10% PEG的发芽率、萌发抗旱指数均明显高于20% PEG，采用相对发芽势、相对发芽率、相对胚根长、相对胚轴长4项指标，用隶属函数法对85份柱花草种质材料进行萌发期抗旱性综合评价，抗旱性可分为3类，其中抗旱型有品系1、4、5、40。

参 考 文 献

[1] 唐湘梧．热带北缘早熟抗病柱花草选育研究［J］．热带作物学报，1996，16（2）：103－109.
[2] GUODAO L，PHAIKAEW C，STUR W W. Status of *Stylosanthes* development in other countries. II. *Stylosanthes* development and utilization in China and south-east Asia［J］．Tropical Grasslands，1997，31：460－466.
[3] 龚子端，李高阳．PEG 干旱胁迫对植物的影响［J］．河南林业科技，2006，26（3）：21－23.
[4] 安永平，强爱玲．渗透胁迫下水稻种子萌发特性及抗旱性鉴定指标研究［J］．植物遗传资源学报，2006，7（4）：421－426.
[5] 景蕊莲，昌小平．用渗透胁迫鉴定小麦种子萌发期抗旱性的方法分析［J］．植物遗传资源学报，2003，4（4）：292－296.
[6] 孙景宽，张文辉．种子萌发期 4 种植物对干旱胁迫的响应及其抗旱性评价研究［J］．西北植物学报，2006，26（9）：1811－1818.
[7] 周广生，梅方竹．小麦不同品种耐湿性生理指标综合评价及其预测［J］．中国农业科学，2003，36（11）：1378－1382.
[8] 王颖，穆春生，王靖，等．松嫩草地主要豆科牧草种子萌发期耐旱性差异研究［J］．中国草地学报，2006，28（1）：72－21.

98 份银合欢种子萌发期的耐旱性鉴定

严琳玲　张　瑜　白昌军

（中国热带农业科学院热带作物品种资源研究所）

摘要：以 15%的 PEG－6000（聚乙二醇）溶液作为渗透介质，对 98 份银合欢种质材料进行萌芽期人工水分胁迫试验，预期筛选出萌芽期耐旱的银合欢种质材料，为进一步研究和生产应用提供依据。结果表明：PEG 胁迫降低了银合欢种质材料的发芽率、发芽指数、活力指数、根重、芽重、根长、芽长，种质材料间表现出较大差异。对相对发芽势、相对发芽率、相对根长、相对芽长、相对根重、相对芽重、萌发抗旱指数 7 个指标应用模糊数学中的隶属函数法进行耐旱性综合评价，其中抗旱型种质材料有 070108001 银合欢、CIAT 7930 银合欢、CIAT 17492 银合欢、CIAT 7384 银合欢、070113002 银合欢、CIAT 9438 银合欢、CIAT 17488 银合欢、hybrid86 杂交银合欢、菲 19 银合欢、050307504 银合欢、070110015 银合欢、050217064 银合欢、050302442 银合欢，不抗旱型种质材料包括 061021037 银合欢、hybrid122 杂交银合欢、CIAT 17474 银合欢、070315004 银合欢，其余 81 份银合欢种质材料为中间型。

关键词：银合欢；萌芽期；抗旱性；鉴定

银合欢［*Leucaena leucocephala*（Lam.）de Wit］，原产于北美洲的沿海地区，由于营养丰富，蛋白质含量高[1]，可达 21%～29%，被誉为“奇迹树”“蛋白仓库”。银合欢可被用作饲料或绿肥作物，热带种植作物的荫蔽树和攀缘植物的活支柱，并被用作木材、薪材等，水土保持及固氮，还可开发银合欢“天然钙保健茶”系列产品，为人类直接利用高蛋白银合欢开辟了新路[2]。银合欢常生于低海拔的荒地或疏林中，喜温热湿润气候，最适生长温度为 20～30℃，耐热，气温高于 35℃仍能维持生长，耐旱，不耐水淹，对土壤要求不严，在中性至微碱性土壤上生长最好，在酸性红壤土（pH 为 5～6.5）仍能生长。

牧草抗旱性鉴定是牧草抗旱品种选育的关键内容之一，尽早鉴定牧草的抗旱性有利于加速抗旱育种的进程[3]。种子萌发是种子植物生长过程的关键阶段，也是进行植物抗旱研究的重要时期。近年来，PEG高渗溶液法已经成为研究种子萌发性状的重要方法，在苜蓿[4]、老芒麦[5]、偃麦草[6]及高羊茅[7]等牧草上广泛应用。本试验采用PEG-6000溶液模拟干旱胁迫条件，研究在渗透胁迫下银合欢种子的萌发特性，并运用隶属函数法进行萌发期抗旱性综合评价，以期为银合欢抗旱种质鉴定评价及抗旱品种选育提供依据。

1 材料与方法

1.1 供试材料

供试材料共98份，其中41份采自广西、广东、云南、福建、海南的不同生态环境，56份从美国夏威夷大学引入，1份从泰国引入。

1.2 试验方法

选择籽粒饱满、无病虫害且大小均一的健康种子30粒，用70%酒精消毒30～60s，蒸馏水冲洗干净置于培养皿中，以双层滤纸为发芽床。用15%的PEG-6000溶液10mL模拟干旱胁迫处理，对照加入等量的蒸馏水，每个处理重复3次，置于光照培养箱，培养温度为25℃、光照8h，温度18℃、黑暗16h。

1.3 指标测定

从种子置床之日起开始观察，以种子露白为发芽的开始，参照《种子检验学》进行相关数据的测定[8]，每天定时记录每个培养皿内种子萌发数，萌发结束后（萌发后期连续3d无萌发种子），随机抽取5株幼苗，测定根、芽的长度，以及幼苗的鲜重。根、芽长度用游标卡尺测量，幼苗鲜重用万分之一天平称量。各指标具体计算方法如下。

1.3.1 种子活力的测定

$$相对发芽率=\frac{处理发芽率}{对照发芽率}\times 100\%$$

$$相对发芽势=\frac{处理发芽势}{对照发芽势}\times 100\%$$

$$相对根长=\frac{处理根长}{对照根长}\times 100\%$$

$$相对芽长=\frac{处理芽长}{对照芽长}\times 100\%$$

$$相对根重=\frac{处理根重}{对照根重}\times 100\%$$

$$相对芽重=\frac{处理芽重}{对照芽重}\times 100\%$$

1.3.2 萌发抗旱指数[3]的计算

$$萌发抗旱指数（GDRI）=\frac{对照萌发指数}{处理萌发指数}$$

其中萌发指数$=1.00\times nd2+0.75\times nd4+0.50\times nd6+0.25\times nd8$（nd2、nd4、nd6、nd8分别为第2、4、6、8d种子萌发率）

1.4 数据处理

1.4.1 原始数据分析

为了减少各材料间固有的差异，采用性状相对值进行抗旱性的综合评价。使用相对发芽率、相对发芽势、相对胚根长、相对胚芽长、相对胚根重、相对胚芽重6个指标。

1.4.2 抗旱性综合评价

抗旱性综合评价采用隶属函数法，在进行抗旱隶属函数值计算时，需利用以下公式进行标准化处理：

$$\mu(X_j)=\frac{X_j-X_{min}}{X_{max}-X_{min}} \quad (j=1,2,\cdots,n) \tag{1}$$

式中：X_j——第j个指标值；

X_{min}——第j个指标的最小值；

X_{max}——第j个指标的最大值。

采用标准差系数法（S），用公式（2）计算标准差系数V_j，公式（3）归一化后得到各指标的权重系数W_j，公式（4）计算隶属综合值D，隶属综合值越大，表示银合欢种质材料在PEG胁迫下抗旱性越强。

$$V_j=\frac{\sqrt{\sum(X_{ij}-\overline{X}_j)^2}}{\overline{X}_j} \tag{2}$$

$$W_j=\frac{V_j}{\sum_{j=1}^{m}V_j} \tag{3}$$

$$D=\sum_{j=1}^{n}[\mu(X_j)\cdot W_j] \tag{4}$$

1.4.3 抗旱性评价分级标准

将各材料综合评价值分为三级进行评价：1级为抗旱型，其综合评价值为0.4～0.6；2级为中间型，其综合评价值为0.2～0.4；3级为不抗旱型，其综合评价值为0～0.2。

2 结果与分析

2.1 PEG-6000胁迫对银合欢种子活力的影响

各指标的相对值反映PEG-6000胁迫下种子萌发的受抑制程度，相对值越高，说明忍受干旱胁迫的能力越强。从表1可看出，98份银合欢的相对发芽势差异极显著（$P<0.01$），大部分银合欢种质材料在PEG-6000胁迫下发芽势降低，只有10份银合欢种质材料在干旱胁迫下的发芽势比对照高，包括CIAT7930银合欢、CIAT7384银合欢、CIAT9993银合欢、CIAT17492银合欢、070302021银合欢、070113002银合欢、CIAT17488银合欢、061115006银合欢、070108001银合欢、070316005银合欢，其中CIAT7930银合欢的相对发芽势极显著高于剩下的97份银合欢，高达263.75%；98份银合欢的相对发芽率间的差异显著（$P<0.05$），有8份银合欢种质材料的相对发芽率大于100%，说明在15%的PEG-6000溶液下有8份银合欢种质材料的发芽率高于对照，分别是KX1杂交银合欢、070113002银合欢、CIAT9438银合欢、070316005银合欢、070112007银合欢、hybrid86杂交银合欢、070111026银合欢、050302442银合欢，其中KX1杂交银合欢的相对发芽率显著高于剩下的97份银合欢，高达258.55%。

2.2 PEG-6000胁迫对银合欢幼苗生长的影响

在PEG-6000胁迫下，大部分银合欢种质材料幼苗的生长受到不同程度的抑制，包括根及芽的长度、质量；但也有极少数的银合欢种质材料表现出较对照更好的效果。98份银合欢的相对根长间差异极显著（$P<0.01$），其中有22个银合欢种质材料的相对根长大于100%，菲19银合欢的相对根长极显著高于其他98份银合欢种质材料，达128.86%，061021037银合欢的相对根长最小，仅17.54%；只有CIAT7930银合欢和CIAT7384银合欢的相对芽长大于100%，分别为112.13%及109.97%，且差异极显著（$P<0.01$），相对芽长最小的也是061021037银合欢；相对根重在干旱胁迫下差异达极显著（$P<$

0.01)，有 21 个银合欢种质材料的相对根重大于 100%，其中 050302442 银合欢的相对根重极显著高于其他种质材料，达 266.83%；相对芽重的差异达极显著（$P<0.01$），其中 070108001 银合欢、CIAT7930 银合欢的相对芽重极显著高于其他 96 份银合欢种质材料，分别为 202.24%、112.25%。

2.3 PEG-6000 胁迫对银合欢萌发抗旱指数的影响

在干旱胁迫下，不同银合欢种质材料间的萌发抗旱指数差异显著（$P<0.05$），其中萌发抗旱指数大于 1 的有 061021037 银合欢、070113002 银合欢、070108001 银合欢，分别为 2.00、1.04、1.03；大部分银合欢种质材料的萌发抗旱指数在 0.2～0.7；萌发抗旱指数 0.7～1.0 的有 061115006 银合欢、CIAT7384 银合欢、CIAT9133 银合欢、CIAT7930 银合欢、070316005 银合欢、CIAT9438 银合欢、070110015 银合欢、CIAT17492 银合欢、KX1 杂交银合欢、hybrid86 杂交银合欢；萌发抗旱指数小于 0.2 的银合欢种质材料有 070315004 银合欢、CIAT17474 银合欢、hybrid122 杂交银合欢。

2.4 PEG-6000 胁迫下银合欢萌发期抗旱性的综合评价

采用隶属函数法，以相对发芽率、相对发芽势、相对芽长、相对根长、相对芽重、相对根重、萌发抗旱指数共 7 个指标为依据，对银合欢种质材料萌芽期的抗旱性进行综合评价。隶属综合值越高，说明银合欢种质材料萌芽期的抗旱能力越强。由表 1 可看出，98 份银合欢种质材料间的隶属综合值差异较大，在 0.035～0.621。其中，抗旱型种质材料包括 070108001 银合欢、CIAT7930 银合欢、CIAT17492 银合欢、CIAT7384 银合欢、070113002 银合欢、CIAT9438 银合欢、CIAT17488 银合欢、hybrid86 杂交银合欢、菲 19 银合欢、050307504 银合欢、070110015 银合欢、050217064 银合欢、050302442 银合欢，不抗旱型种质材料包括 061021037 银合欢、hybrid122 杂交银合欢、CIAT17474 银合欢、070315004 银合欢，其余 81 份银合欢种质材料为中间型。

表 1　银合欢种质材料的来源及抗旱胁迫下的影响

采集编号及种质名称	采集地点及来源	相对发芽势（%）	相对发芽率（%）	相对根长（%）	相对芽长（%）	相对根重（%）	相对芽重（%）	萌发抗旱指数	隶属综合值	排名
040308014 新银合欢	广西百色平果县	37.94	44.37	60.67	56.43	60.52	67.69	0.31	0.242	87
041113014 银合欢	海南白沙上坊镇	43.08	52.48	77.44	48.88	98.51	77.61	0.43	0.298	59
041117004 银合欢	海南三亚	23.36	32.12	61.74	61.73	75.20	79.95	0.26	0.250	82
041130013 银合欢	海南白沙龙江五队	22.22	74.36	59.68	60.82	82.54	79.55	0.47	0.289	62
050217064 银合欢	云南潞江坝	55.23	77.39	109.80	61.07	141.87	89.88	0.48	0.416	12
050227349 普通银合欢	云南勐海县	32.68	46.90	81.13	44.55	168.65	69.53	0.36	0.317	51
050302442 银合欢	云南元江县	50.00	101.39	68.14	46.81	266.83	66.08	0.55	0.411	13
050307503 普通银合欢	广西田林县潞城营盘村	50.66	76.44	98.03	46.43	46.91	52.55	0.44	0.290	61
050307504 银合欢	广西田林县潞城营盘村	68.40	68.73	115.64	59.69	149.47	89.65	0.49	0.428	10
050308525 银合欢	广西百色田阳县那坡镇	44.44	75.90	101.13	56.17	81.08	73.16	0.44	0.340	38
050308526 银合欢	广西德保县隆桑镇	56.13	81.82	102.47	59.86	61.90	99.87	0.50	0.371	28
050309532 普通银合欢	广西靖西市	43.06	69.16	67.40	45.66	92.37	70.44	0.41	0.279	66
050311570 银合欢	广西钦州那丽镇	71.10	76.78	75.79	42.50	91.86	67.46	0.54	0.312	54
060228001 银合欢	广西大岭公路旁	27.81	50.92	71.74	54.64	78.76	70.51	0.35	0.267	72
060228008 银合欢	海南昌江叉河镇	50.79	43.57	72.74	52.63	44.90	59.14	0.38	0.248	84
060301019 异叶银合欢	海南天涯公路旁	13.01	74.92	55.47	61.07	79.16	70.90	0.31	0.259	76
060301020 异叶银合欢	海南崖城高速公路旁	51.68	73.60	77.46	63.14	67.45	77.54	0.50	0.322	46

（续）

采集编号及种质名称	采集地点及来源	相对发芽势（%）	相对发芽率（%）	相对根长（%）	相对芽长（%）	相对根重（%）	相对芽重（%）	萌发抗旱指数	隶属综合值	排名
061021037 银合欢	海南儋州三都	33.33	33.33	17.54	12.45	17.96	18.54	2.00	0.175	95
061115006 银合欢	海南儋州王五镇	113.06	95.56	81.67	57.74	82.46	73.89	0.71	0.387	19
061118031 银合欢	海南儋州王五镇	82.76	73.85	67.74	53.49	82.33	72.43	0.61	0.326	45
061127029 普通银合欢	海南东方市新街镇	46.99	78.59	87.48	69.88	93.41	83.26	0.50	0.365	29
061129058 银合欢	海南三亚亚龙湾	39.25	59.26	78.39	52.18	70.52	72.39	0.39	0.283	65
070103004 银合欢	广东湛江官渡镇	45.83	68.15	58.87	47.85	51.07	60.77	0.49	0.247	85
070108001 银合欢	广东深圳皇岗区	111.11	58.33	107.67	94.55	164.46	202.24	1.03	0.621	1
070110015 银合欢	广东汕尾	99.40	98.32	103.92	58.88	84.69	73.13	0.86	0.423	11
070110042 银合欢	广东陆丰葵潭镇	77.12	84.58	101.74	62.67	81.08	74.14	0.61	0.386	20
070111001 银合欢	广东汕头	63.14	76.65	55.09	47.36	41.27	62.72	0.48	0.251	80
070111026 银合欢	广东潮州钱东镇	66.03	104.11	71.91	52.00	107.74	73.39	0.56	0.349	36
070111034 银合欢	福建漳州诏安县	80.05	95.14	70.69	47.06	67.61	72.76	0.68	0.328	43
070112007 银合欢	福建厦门	89.07	119.44	85.71	49.64	55.42	77.91	0.59	0.360	31
070113002 银合欢	福建厦门	168.33	193.33	102.10	41.28	64.81	61.33	1.04	0.480	5
070114001 银合欢	福建江萍研究中心基地	35.00	66.02	66.68	44.33	61.80	48.94	0.39	0.235	90
070116011 银合欢	福建永安	29.06	54.86	70.27	44.26	53.28	60.87	0.49	0.241	88
070117001 银合欢	广东梅州	37.56	67.62	60.77	50.11	67.91	91.83	0.36	0.272	70
070118001 银合欢	广东惠州	78.13	96.44	99.61	54.03	100.77	77.49	0.62	0.393	16
070227056 银合欢	云南红河州红河县	44.76	55.02	112.10	81.82	101.08	83.64	0.35	0.392	17
070302021 银合欢	云南河口瑶族自治县	172.38	71.06	80.74	59.68	57.54	70.60	0.61	0.382	23
070315004 银合欢	广西河池都小镇	0.00	8.93	28.14	21.07	19.81	28.75	0.04	0.035	98
070316005 银合欢	广西柳州官塘	101.19	130.83	84.45	53.40	64.66	70.41	0.76	0.389	18
070319024 银合欢	广西岑溪三堡镇	50.82	61.51	89.06	54.53	49.30	69.42	0.41	0.294	60
CIAT7384 银合欢	美国夏威夷大学引入	234.44	68.17	99.43	109.97	93.31	96.87	0.73	0.560	4
CIAT7385 银合欢	美国夏威夷大学引入	42.58	62.68	85.00	56.40	61.04	77.86	0.46	0.305	56
CIAT7452 银合欢	美国夏威夷大学引入	49.18	65.69	73.49	42.04	144.50	67.81	0.43	0.313	53
CIAT7929 银合欢	美国夏威夷大学引入	18.25	52.62	76.35	47.30	86.89	55.00	0.35	0.251	81
CIAT7930 银合欢	美国夏威夷大学引入	263.75	95.26	117.55	112.13	67.06	112.25	0.76	0.617	2
CIAT7986 银合欢	美国夏威夷大学引入	32.80	55.31	99.51	67.67	74.69	81.08	0.41	0.337	39
CIAT9119 银合欢	美国夏威夷大学引入	46.92	68.75	105.82	59.28	87.54	75.32	0.45	0.354	32
CIAT9133 银合欢	美国夏威夷大学引入	61.45	78.55	82.25	78.20	60.97	77.34	0.75	0.373	26
CIAT9377 银合欢	美国夏威夷大学引入	16.67	45.56	59.37	53.14	54.10	58.67	0.33	0.215	93
CIAT9438 银合欢	美国夏威夷大学引入	4.17	142.59	83.82	97.95	132.19	92.80	0.81	0.466	6
CIAT9442 银合欢	美国夏威夷大学引入	11.90	43.03	73.82	44.91	90.22	67.56	0.31	0.244	86
CIAT9464 银合欢	美国夏威夷大学引入	30.00	72.94	51.30	50.93	50.33	64.62	0.37	0.230	91
CIAT9993 银合欢	美国夏威夷大学引入	190.66	42.85	85.26	51.43	64.03	63.12	0.37	0.351	34
CIAT17217 银合欢	美国夏威夷大学引入	31.37	61.14	72.83	48.72	73.40	73.57	0.40	0.271	71
CIAT17218 银合欢	美国夏威夷大学引入	22.54	53.01	82.25	52.65	71.99	73.41	0.35	0.274	69
CIAT17221 银合欢	美国夏威夷大学引入	28.10	57.60	116.14	49.29	74.83	68.27	0.35	0.316	52

（续）

采集编号及种质名称	采集地点及来源	相对发芽势（%）	相对发芽率（%）	相对根长（%）	相对芽长（%）	相对根重（%）	相对芽重（%）	萌发抗旱指数	隶属综合值	排名
CIAT17222 银合欢	美国夏威夷大学引入	35.67	75.02	101.18	70.12	104.63	87.87	0.44	0.380	24
CIAT17474 银合欢	美国夏威夷大学引入	9.51	16.67	50.00	45.71	32.54	56.35	0.12	0.143	97
CIAT17475 银合欢	美国夏威夷大学引入	45.83	90.19	118.31	52.77	70.30	78.81	0.55	0.373	27
CIAT17476 银合欢	美国夏威夷大学引入	39.39	80.26	85.35	56.15	70.58	74.21	0.49	0.318	50
CIAT17478 银合欢	美国夏威夷大学引入	5.56	43.22	91.75	43.15	238.45	55.68	0.22	0.330	42
CIAT17481 银合欢	美国夏威夷大学引入	33.33	45.90	68.36	68.59	58.26	69.23	0.41	0.274	68
CIAT17482 银合欢	美国夏威夷大学引入	28.33	69.90	77.77	57.19	52.33	78.33	0.40	0.284	63
CIAT17486 银合欢	美国夏威夷大学引入	41.63	66.79	105.01	50.38	94.76	72.53	0.43	0.337	40
CIAT17488 银合欢	美国夏威夷大学引入	153.03	71.44	93.86	78.44	109.59	97.00	0.47	0.456	7
CIAT17491 银合欢	美国夏威夷大学引入	58.33	60.00	49.25	49.93	62.04	58.01	0.56	0.249	83
CIAT17492 银合欢	美国夏威夷大学引入	175.71	85.30	104.78	97.30	166.75	86.39	0.88	0.572	3
CIAT17498 银合欢	美国夏威夷大学引入	11.11	38.69	89.73	73.33	45.37	80.67	0.27	0.284	64
CIAT18478 银合欢	美国夏威夷大学引入	13.89	51.26	77.89	64.53	50.86	70.40	0.32	0.263	74
CIAT18479 银合欢	美国夏威夷大学引入	31.31	70.48	109.86	57.81	87.21	71.07	0.49	0.349	35
CIAT18480 银合欢	美国夏威夷大学引入	30.94	86.51	97.58	66.46	94.63	94.51	0.59	0.384	22
CIAT18483 银合欢	美国夏威夷大学引入	3.70	38.53	79.43	62.48	59.00	75.20	0.25	0.253	78
hybrid76 杂交银合欢	美国夏威夷大学引入	29.17	73.20	95.89	64.68	70.98	88.93	0.56	0.351	33
hybrid85 杂交银合欢	美国夏威夷大学引入	17.80	64.38	95.40	60.31	98.03	83.67	0.38	0.331	41
hybrid86 杂交银合欢	美国夏威夷大学引入	7.70	114.44	107.86	86.11	85.56	92.08	0.94	0.448	8
hybrid122 杂交银合欢	美国夏威夷大学引入	4.76	27.39	42.60	49.09	29.28	55.04	0.19	0.144	96
hybrid123 杂交银合欢	美国夏威夷大学引入	2.22	74.52	74.48	52.43	100.24	73.21	0.31	0.279	67
hybrid125 杂交银合欢	美国夏威夷大学引入	13.33	40.00	64.70	68.31	64.65	88.78	0.26	0.263	75
K8 银合欢	美国夏威夷大学引入	35.02	58.65	99.00	50.34	69.67	73.66	0.41	0.306	55
K28 银合欢	美国夏威夷大学引入	24.44	60.72	102.26	55.68	184.12	82.23	0.33	0.380	25
K29 银合欢	美国夏威夷大学引入	53.59	96.41	81.63	59.58	61.84	74.40	0.68	0.344	37
K62 银合欢	美国夏威夷大学引入	31.99	58.89	92.07	58.08	63.52	76.34	0.34	0.300	57
K67 银合欢	美国夏威夷大学引入	34.63	31.67	81.36	53.50	59.93	65.71	0.29	0.251	79
K132 银合欢	美国夏威夷大学引入	18.89	30.07	72.00	46.34	51.76	61.85	0.24	0.208	94
K584 银合欢	美国夏威夷大学引入	24.18	41.19	70.78	48.91	71.23	67.84	0.29	0.239	89
K784 银合欢	美国夏威夷大学引入	9.10	53.66	57.41	55.48	57.87	68.27	0.33	0.226	92
KX1 杂交银合欢	美国夏威夷大学引入	25.56	258.55	69.37	47.34	66.99	56.43	0.92	0.395	15
菲 2 银合欢	美国夏威夷大学引入	24.67	88.23	85.50	55.87	174.06	89.78	0.49	0.386	21
菲 19 银合欢	美国夏威夷大学引入	55.59	81.43	128.86	69.98	112.74	84.69	0.53	0.438	9
菲 42 银合欢	美国夏威夷大学引入	50.32	76.92	84.89	47.49	47.86	76.75	0.51	0.300	58
Levew584 银合欢	美国夏威夷大学引入	5.55	54.22	85.35	42.52	86.11	74.41	0.24	0.256	77
细叶银合欢	美国夏威夷大学引入	37.09	67.25	88.40	62.43	66.68	84.11	0.49	0.328	44
香港银合欢	美国夏威夷大学引入	19.28	56.57	98.03	58.52	96.34	74.15	0.39	0.321	48
肯宁银合欢	美国夏威夷大学引入	33.33	52.22	69.45	61.52	47.55	69.18	0.46	0.267	73
细享尼银合欢	美国夏威夷大学引入	17.68	66.35	88.88	58.64	103.41	79.11	0.37	0.320	49

（续）

采集编号及种质名称	采集地点及来源	相对发芽势（%）	相对发芽率（%）	相对根长（%）	相对芽长（%）	相对根重（%）	相对芽重（%）	萌发抗旱指数	隶属综合值	排名
Ldiv4 异叶银合欢	美国夏威夷大学引入	27.93	70.25	96.72	53.21	70.40	87.36	0.41	0.321	47
埃握雷克斯银合欢	泰国引入	42.67	73.85	113.54	49.60	112.14	74.18	0.42	0.362	30
新银合欢	中国热带农业科学院热带牧草研究中心育成品种	44.93	68.98	108.05	68.01	114.84	84.70	0.51	0.396	14

3 讨论

种子萌发过程是一个极复杂的生理生化过程，抗旱性也受多个因素影响，若用单一抗旱性指标来鉴定评价植物萌发期的耐旱性具有一定的片面性。许多研究表明采用模糊数学中求隶属函数值平均法和聚类分析可消除单因素评定的差异，全面反映植物的抗旱性。季杨[9]等对鸭茅种子的萌发抗旱指数、活力抗旱指数、相对发芽率、相对发芽势、相对胚芽长（干重）和相对胚根长（干重）6个指标，应用模糊隶属函数法进行耐旱性综合评价。本试验的银合欢种子抗旱性鉴定评价与季杨等的方法相似，对相对发芽势、相对发芽率、相对根长、相对芽长、相对根重、相芽重、萌发抗旱指数7个指标应用模糊隶属函数法进行耐旱性综合评价。刘藜[10]等人对银合欢种子进行PEG胁迫，采用的PEG浓度包括10%、15%、20%、25%、30%，结果表明，在PEG浓度为0～15%种子可以发芽，当PEG浓度大于15%时，种子不能发芽，故本试验采用的水分胁迫PEG浓度为15%。

目前，在牧草中较普遍的育种方式还是常规育种，即收集资源后发掘有某种特性的优良材料进而选育出新的品系或品种。银合欢种质材料在全国范围内采集，并从国外引进种质材料共98份，希望从中筛选出抗旱性强的材料，由于影响抗旱性的因素有很多，因此在进行抗旱性鉴定时，不仅要从植株的外观形态、生理、生化等多个方面进行综合评价，也需要从种子萌芽期、苗期、开花期乃至整个生育期进行监控与评价，这样才会使鉴定结果更加全面、准确，本试验从种子的萌芽期开始逐步筛选，为苗期的鉴定工作奠定基础。

4 结论

PEG胁迫降低了银合欢种质材料的发芽率、发芽指数、活力指数、根重、芽重、根长、芽长，种质材料间表现出较大差异。对相对发芽势、相对发芽率、相对根长、相对芽长、相对根重、相对芽重、萌发抗旱指数7个指标应用模糊隶属函数法进行耐旱性综合评价，其中抗旱型种质材料有070108001银合欢、CIAT7930银合欢、CIAT17492银合欢、CIAT7384银合欢、070113002银合欢、CIAT9438银合欢、CIAT17488银合欢、hybrid86杂交银合欢、菲19银合欢、050307504银合欢、070110015银合欢、050217064银合欢、050302442银合欢；不抗旱型种质材料包括061021037银合欢、hybrid122杂交银合欢、CIAT17474银合欢、070315004银合欢；其余81份银合欢种质材料为中间型。

参考文献

[1] 文亦芾，张发兵，曹国军．几种处理对银合欢种子活力的影响研究［J］．草业与畜牧，2007，4：9-11，14.
[2] 刘国道．世界银合欢研究进展［J］．热带作物研究，1995，2：78-81.
[3] 王赞，李源，吴欣明，等．PEG渗透胁迫下鸭茅种子萌发特性及抗旱性鉴定［J］．中国草地学报，2008，30（1）：50-55.

[4] 穆怀彬，伏兵哲，德英，等．PEG-6000胁迫下10个苜蓿品种幼苗期抗旱性比较[J]．草业科学，2011，28（10）：1809-1814.
[5] 张晨妮，周青平，颜红波，等．PEG-6000对老芒麦种质材料萌发期抗旱性影响的研究[J]．草业科学，2010，27（1）：119-123.
[6] 李培英，孙宗玖，阿不来提．PEG模拟干旱胁迫下29份偃麦草种质种子萌发期抗旱性评价[J]．中国草地学报，2010，32（1）：32-38.
[7] 兰剑，沈艳，谢应忠，等．PEG-6000对高羊茅萌发胁迫效应的研究[J]．安徽农业科学，2011，39（25）：15586-15587，15596.
[8] 张庆春．种子检验学[M]．北京：高等教育出版社，2006：75.
[9] 季杨，张新全，彭燕，等．鸭茅种子萌发对渗透胁迫响应与耐旱性评价[J]．草地学报，2013，21（4）：737-743.
[10] 刘藜，喻理飞．水分胁迫对银合欢种子萌发的影响[J]．贵州农业科学，2007，35（2）：49-50.

20份灰毛豆种质材料的抗旱性研究

王晓雷[1]　李志丹[2]　张晓波[1]

（1. 海南大学农学院草业科学系　2. 中国热带农业科学院热带作物品种资源研究所）

摘要：本试验选择不同地点采集20份灰毛豆种质材料，通过抗旱棚里的盆栽试验，对20份灰毛豆材料进行抗旱能力的鉴定，确定它们抗旱性的强弱，通过对照，反复干旱，持续干旱，来筛选抗旱能力最强的种质材料。结果表明20份灰毛豆种质材料中抗旱性最强的为041117011，抗旱性最弱的为041117019。

关键词：灰毛豆；抗旱性评价

干旱对农业生产的威胁是世界性的问题。尤其近年来，全球性气候恶变引发干旱发生的周期越来越短，程度越来越严重，对粮食生产构成严重的威胁[1]。另外，淡水资源短缺也成为一个世界性的问题，世界上已有43个国家和地区缺水，10亿人得不到良好的饮用水[2]。即使改进耕作栽培技术，如采用少耕、免耕、地膜覆盖等抗旱耕作方式也不能从根本上解决问题[3]。防御干旱、提高干旱条件下农田生产力应该从两方面入手：一方面改善农田水分环境，使之适应作物生长发育的要求；另一方面是改善作物，使之适应干旱环境条件，让作物在逆境条件下能顺利生长发育，并达到较高的产量。选取抗旱品种无疑是一种有效的方法。高产、抗旱、优质兼备的作物新品种对农业具有十分重要的意义，具有促进农业增产增收、防风固沙保持水土和改善生态环境的效应[4]。

灰毛豆（*Tephrosia purpurea*）是豆科灰毛豆属植物，又名野青树、假靛青、山青树等。灰毛豆具有抗旱性强、耐酸性强、抗虫抗病性高等优点，是一种优良的绿色肥料。灰毛豆主要分布于越南、老挝、柬埔寨、印度、巴基斯坦、缅甸和中国的福建、海南、广东、广西、云南及湖南的江永县等地。在巴基斯坦，灰毛豆是一种传统医用药品[5]。灰毛豆在国内没有被开发利用和研究，仅海南个别地区用灰毛豆作为绿肥。本研究通过对灰毛豆的抗旱性筛选来为灰毛豆的开发利用提供基础。

1 试验材料与方法

1.1 试验材料

选用20份采自海南不同地区的灰毛豆种质材料进行试验（表1）。

表 1　灰毛豆种质材料来源

采集号	采集地点	试验编号	采集号	采集地点	试验编号
041117011	海南三亚	1	041117019	海南陵水提蒙	11
041117012	海南三亚	2	041130067	海南大广坝	12
041130085	海南东方江边乡	3	041130309	海南琼山演丰	13
041130100	海南乐东	4	041130215	海南琼山灵山	14
041104053	海南白沙农场	5	041130297	海南文昌昌洒	15
041130023	海南昌江大坡	6	041130163	海南陵水苯号	16
041130105	海南乐东	7	041130229	海南白瑭水库	17
041130193	海南万宁新中农场	8	041117019	海南陵水提蒙	18
041130291	海南文昌东阁	9	041130149	海南陵水文罗	19
041104065	海南白沙细水	10	041130253	海南琼海塔洋	20

1.2　试验方法

1.2.1　抗旱棚或盆栽直接鉴定法

采用花盆（40cm，内径 25cm）盆栽，内装试验田土壤，并拌入适量腐熟有机肥。

1.2.2　试验处理设计

用培养皿发芽后点播在花盆土中，点播时每穴可点播 2 粒种子，出苗后每穴保留 1 株。每个处理 10 盆，设置反复干旱、持续干旱、CK3 个处理，不设重复。露天育苗。

1.2.3　试验管理

苗期正常管理，观察生长情况，当幼苗长到三叶期或分枝（分蘖）期时即可移苗入旱棚进行干旱处理。

1.2.4　试验处理

反复干旱处理法，幼苗移入旱棚恢复生长后停止浇水，为第一次干旱处理。当供试植株有 50%表现萎蔫症状时浇水，3d 内调查其成活率。以此类推重复 2 次后，比较不同材料在每次复水后的成活率，即可评定不同材料的抗旱性。对照材料正常浇水。干旱处理期间注意观测气温、相对湿度及风速的变化，幼苗萎蔫同时测定土壤含水量，以便比较分析。

持续干旱处理，另一组第一次停水后，连续干旱，观察不同时期萎蔫和死亡情况。并在 30%、60%、80%、100%萎蔫和死亡的时候记录时间（表 2）。

1.2.5　观察和测定各项指标

存活率指标：一组反复干旱，观察植株萎蔫状况，立即复水后的第 3d 观测存活植株，这样反复干旱 3 次，观测每次的存活植株数；另一组停止供水，连续进行干旱处理，分别于停水的当日和停水后每隔 2d 及复水后的第 2d 采样，并记录不同时期萎蔫和死亡情况。

1.3　抗旱性确定

对观测的数据和资料进行统计分析，分析比较同一指标不同材料抗旱性差异及其程度并排序，根据对照品种来确定种质材料的抗旱级别。抗旱级别分为 5 级：极低、低、中、高、极高。

2　结果与分析

2.1　持续干旱试验中的种质材料抗旱性表现

由表 2 可以得出，在持续干旱处理中，1～8 号种质材料在达到 100%死亡都在第 40d 左右，表现出优良的抗旱性；16～20 号的种质材料死亡达到 100%的时间是第 30d 左右，抗旱性是中等；9～15 号种质材料全部死亡的时间是第 20d 左右，抗旱性较差。

试验中 1 号种质材料的抗旱性表现特别突出，全部死亡的时间是第 56d，是 20 个种质材料中最晚的，也是在试验中抗旱性表现最强的。

4 号种质材料在试验中表现也尤为突出，萎蔫 100%的时间是第 26d，是 20 个种质材料中萎蔫时间最长的，死亡率达到 100%的时候是第 43d，在试验中也表现出了优良的抗旱性。

11 号种质材料在试验中表现出的抗旱性最差，在第 9d 就已经全部处于萎蔫状态，第 18d 死亡率也达到了 100%，也是 20 个种质材料中最早的。

表 2 不同灰毛豆种质材料对持续干旱处理的表现

试验编号	萎蔫（d）				死亡（d）			
	30%	60%	80%	100%	30%	60%	80%	100%
1	7	13	14	16	37	44	48	56
2	5	10	14	20	30	36	41	46
3	4	7	9	13	30	35	40	44
4	6	13	17	26	36	40	42	43
5	4	9	12	22	29	36	39	41
6	6	11	13	23	28	35	39	41
7	4	7	11	16	20	24	32	37
8	4	7	9	13	29	36	38	41
9	3	5	7	11	13	16	18	20
10	3	6	9	12	14	16	18	20
11	3	5	7	9	13	14	16	18
12	6	6	8	9	16	17	19	22
13	3	5	7	10	13	15	17	19
14	3	6	8	9	16	18	19	20
15	3	6	7	8	16	18	21	23
16	5	11	13	20	17	18	20	29
17	5	8	12	14	17	19	22	30
18	4	5	9	12	17	20	25	32
19	4	11	13	17	18	20	27	31
20	4	8	11	16	16	18	21	31

2.2 反复干旱试验中的种质材料抗旱性的表现

由表 3 可分析得出 1 号种质材料在试验中的成活率很高，成活率两次都是 80%，16 号种质材料也表现出优良的抗旱性，成活率一次为 80%，另一次为 70%。其他的种质材料复水后的成活率大多数都是在 50%左右，抗旱性表现一般。其中 4 号种质材料只复水了一次，说明也有比较高的抗旱性，但是复水后成活率较低。11 号种质材料的抗旱性表现最差，复水后成活率仅 35%。

表 3 不同灰毛豆种质材料在反复干旱处理的表现

试验编号	复水时间	3d 后的成活率	复水时间	3d 后的成活率
1	11 月 10 日	80%	12 月 9 日	80%
2	11 月 10 日	60%	12 月 5 日	50%
3	11 月 6 日	40%	12 月 9 日	50%
4	11 月 18 日	60%	萎蔫度未达到	50%
5	11 月 7 日	70%	12 月 5 日	40%

（续）

试验编号	复水时间	3d 后的成活率	复水时间	3d 后的成活率
6	11 月 21 日	80%	12 月 16 日	40%
7	11 月 9 日	70%	11 月 26 日	70%
8	11 月 6 日	80%	11 月 28 日	60%
9	11 月 13 日	30%	12 月 9 日	50%
10	11 月 5 日	50%	11 月 21 日	30%
11	11 月 5 日	40%	11 月 21 日	30%
12	11 月 5 日	40%	11 月 21 日	40%
13	11 月 5 日	50%	11 月 21 日	40%
14	11 月 7 日	40%	12 月 5 日	40%
15	11 月 10 日	50%	11 月 28 日	50%
16	11 月 10 日	80%	11 月 26 日	70%
17	11 月 5 日	60%	11 月 21 日	50%
18	11 月 10 日	40%	11 月 21 日	60%
19	11 月 5 日	70%	11 月 26 日	60%
20	11 月 5 日	60%	11 月 21 日	40%

3 结论

试验结果表明：持续干旱试验中采集号为 041117011 的种质材料的抗旱性表现最高，同时它在反复抗旱试验中也具有良好的抗旱性；反复干旱的试验中采集号为 041117011 的种质材料抗旱性表现最高，同时它在持续干旱的试验中也具有良好的抗旱性（表 4）。

通过反复干旱试验和持续干旱试验中的表现可以得出，采集号为 041117011 的种质材料抗旱性最强，采自海南三亚，是最值得我们去推广的种质材料。

采集号为 041117019 的种质材料在持续干旱试验和反复干旱试验中都表现出最差的抗旱性。

虽然通过试验结果可以看出种质材料的抗旱性的差异，但是进行试验的时间是海南省的冬季，空气中的湿度相对比较大，所以本试验结果仅供参考。

表 4　通过持续干旱和反复干旱处理结果综合分析确定 20 份种质材料的抗旱性

试验编号	持续干旱试验表现（致死天数，d）	反复干旱试验表现（复水后的成活率）	试验编号	持续干旱试验表现（致死天数，d）	反复干旱试验表现（复水后的成活率）
1	极高（56）	极高（80%）	11	极低（18）	极低（35%）
2	高（46）	中（55%）	12	极低（22）	极低（40%）
3	高（44）	低（45%）	13	极低（19）	低（45%）
4	高（43）	中（60%）	14	极低（20）	极低（40%）
5	高（41）	中（55%）	15	极低（23）	低（50%）
6	高（41）	中（60%）	16	低（29）	高（75%）
7	中（37）	中（70%）	17	低（30）	中（55%）
8	高（41）	中（70%）	18	中（32）	高（50%）
9	极低（20）	极低（40%）	19	低（31）	中（65%）
10	极低（20）	极低（40%）	20	低（31）	中（50%）

参 考 文 献

[1] 代永江，王咏涛．农业减灾指南［M］．北京：中国农业出版社，1996.
[2] 张启舜，沈振荣．中国农业持续发展的水危机及其对策［J］．作物杂志，1997（6）：9-12.
[3] 卢布，段桂荣，冯利平，等．调控旱地玉米生长发育及其土地环境的几种覆盖方式的研究［J］．山西农业大学学报，1995，15（4）：352-356.
[4] 景蕊莲．作物抗旱研究的现状与思考［J］．干旱地区农业研究，1999，17（2）：79-82.

30份胡枝子属植物抗旱性鉴定

张鹤山　刘洋　田宏

（湖北省农业科学院畜牧兽医研究所）

胡枝子属植物为豆科灌木或半灌木，不仅在草食畜牧业生产中作为优质饲草被利用，而且在生态护坡或风沙治理中也得到广泛应用。因此，开展胡枝子属植物的抗旱性研究对于筛选能在干旱地区推广种植和用于半干旱地区生态保护建设的胡枝子属植物材料具有重要意义。

1　材料与方法

1.1　试验材料

试验材料为全国各地收集的胡枝子属野生种质资源，其中湖北地区21份，其他地区9份。

1.2　试验方法

利用PEG-6000模拟干旱环境，在10%浓度（−0.2MPa）下开展发芽试验。

种子用75%的酒精消毒10s，然后用1%次氯酸钠溶液消毒3～5min，再用蒸馏水冲洗干净，吸干种子表面水分，在加等量5mL不同浓度溶液的培养皿中铺放两张滤纸，每皿50粒种子，3次重复。以水处理为对照，将种子放入25℃培养箱中观察发芽情况，发芽标准为胚芽长度达种子一半，胚根长度与种子等长。每天向滤纸加等量不同浓度的PEG-6000溶液2mL，以保持水势恒定。

每天记录发芽数，直至连续4d不再发芽为试验末期。在发芽结束后随机取10株正常生长的幼苗，用直尺分别测定胚芽长度和胚根长度。

1.3　指标测定

由于本试验中材料间存在种间差异，为消除这种差异，本文中所有指标均为相对值，即试验处理与对应材料对照处理的比值。

发芽率＝供试种子发芽数/供试种子总数×100%

$$GI = \sum Gt/Dt$$

式中：GI——发芽指数；

Gt——当日的发芽数（个）；

Dt——发芽天数（d）。

胚芽长度：随机取10个正常生长的幼苗，用直尺分别测幼苗长度（cm），取平均值作为胚芽长度。

胚根长度：随机取10个正常生长的幼苗，用直尺分别测幼苗的根长（cm），取平均值作为胚根长度。

1.4 评价方法

本研究采用5级指标法，即对所有测定指标进行标准化，消除不同指标差异，其换算公式如下。

$$\lambda = \frac{X_{j\max} - X_{j\min}}{5} \tag{1}$$

$$Z_{ij} = \frac{X_{ij} - X_{j\min}}{\lambda} \tag{2}$$

式中：$X_{j\max}$——第j个指标测定的最大值；

$X_{j\min}$——第j个指标测定的最小值；

X_{ij}——第i份材料第j项指标测定的实测值；

λ——得分极差（每得1分之差）；

Z_{ij}——第i份材料第j项指标的级别值。

根据各指标的变异系数确定各指标参与综合评价的权重系数。其计算公式如下。

$$W_j = \frac{\delta_j}{\sum_{j=1}^{n} \delta_j} \tag{3}$$

$$V_j = \sum Z_{ij} \times W_j \quad (i = 1, 2\cdots\cdots 40; j = 1, 2\cdots\cdots 4) \tag{4}$$

式中：W_j——第j项指标的权重系数；

δ_j——第j项指标的变异系数；

V_i——每一份材料的综合评价值。

2 试验结果

2.1 发芽率、发芽指数、胚根长度和胚芽长度

所有胡枝子属植物种子干旱胁迫下萌发特性见表1。结果表明，不同材料发芽率有很大差别，发芽率最高的是材料k18，发芽率为76%，最低的是k30，发芽率为36.7%；发芽指数也有很大区别，变化范围为8.0～46.6；胚根长度变化范围为0.9～2.66cm，胚芽长度变化范围为0.65～2.11cm。较大的指标差异性为胡枝子属不同种质材料抗旱性评价奠定基础。

表1 各材料原始值和标准值

材料编号	原始值				标准值			
	发芽率（%）	发芽指数	胚根长度（cm）	胚芽长度（cm）	发芽率	发芽指数	胚根长度	胚芽长度
k01	47.0	11.8	1.88	1.29	1.31	0.49	2.77	2.18
k02	51.0	21.9	1.81	1.64	1.82	1.80	2.59	3.38
k03	59.0	25.3	2.66	1.40	2.84	2.24	5.00	2.56
k04	55.0	22.6	1.38	0.68	2.33	1.89	1.35	0.09
k05	50.0	19.2	1.75	1.24	1.69	1.45	2.41	2.01
k06	49.0	20.5	0.91	0.73	1.57	1.62	0.04	0.26
k07	44.0	12.5	2.13	1.74	0.93	0.58	3.48	3.72
k08	68.0	34.8	1.83	1.16	3.98	3.48	2.62	1.75
k09	45.0	12.5	1.93	1.44	1.06	0.58	2.91	2.69
k10	59.0	25.1	1.58	0.88	2.84	2.21	1.91	0.77

（续）

材料编号	原始值				标准值			
	发芽率（%）	发芽指数	胚根长度（cm）	胚芽长度（cm）	发芽率	发芽指数	胚根长度	胚芽长度
k11	67.0	28.3	2.03	1.15	3.86	2.63	3.19	1.71
k12	47.0	13.9	1.20	0.88	1.31	0.76	0.85	0.77
k13	46.0	15.1	1.75	1.33	1.19	0.92	2.41	2.31
k14	44.0	14.2	1.00	0.65	0.93	0.81	0.28	0.00
k15	51.0	19.1	1.76	1.23	1.82	1.44	2.45	1.97
k16	58.0	25.7	1.93	1.43	2.71	2.30	2.91	2.65
k17	74.0	43.6	1.59	0.94	4.75	4.61	1.95	0.98
k18	76.0	46.6	2.09	1.69	5.00	5.00	3.37	3.55
k19	47.0	12.7	2.09	1.79	1.31	0.61	3.37	3.89
k20	59.0	26.0	2.13	1.73	2.84	2.34	3.48	3.68
k21	62.0	25.7	1.11	0.96	3.22	2.29	0.60	1.07
k22	67.0	31.2	1.03	0.85	3.86	3.00	0.35	0.68
k23	50.0	21.3	1.68	1.45	1.69	1.72	2.20	2.74
k24	48.0	17.6	0.90	0.70	1.44	1.24	0.00	0.17
k25	42.0	9.7	1.63	1.35	0.68	0.22	2.06	2.39
k26	60.0	27.2	1.60	1.38	2.97	2.48	1.99	2.48
k27	52.0	17.0	1.36	1.13	1.95	1.17	1.31	1.62
k28	56.0	17.4	2.09	1.94	2.46	1.22	3.37	4.40
k29	67.0	28.8	1.83	1.85	3.86	2.70	2.62	4.10
k30	36.7	8.0	2.54	2.11	0.00	0.00	4.65	5.00
权重值					0.154	0.359	0.223	0.266

2.2　综合评价

经公式（1）和（2）得出发芽率、发芽指数、胚根长度和胚芽长度的权重系数分别为 0.154、0.359、0.223 和 0.266。经公式（3）和（4）计算出各材料抗旱性综合评价得分见表 2。结果表明，得分在 0～1 的材料有 4 份，得分在 1～2 的材料有 11 份，得分在 2～3 的材料有 10 份，得分在 3～4 的材料有 4 份，得分超过 4 分的有 1 份。

表 2　各材料抗旱性综合评价结果

材料编号	评价得分	材料编号	评价得分	材料编号	评价得分
k01	1.57	k11	2.70	k21	1.73
k02	2.40	k12	0.87	k22	1.93
k03	3.04	k13	1.66	k23	2.10
k04	1.36	k14	0.50	k24	0.71
k05	1.85	k15	1.86	k25	1.28
k06	0.90	k16	2.59	k26	2.45
k07	2.11	k17	3.08	k27	1.44
k08	2.91	k18	4.26	k28	2.73
k09	1.73	k19	2.20	k29	3.23
k10	1.86	k20	3.03	k30	2.36

3 结论

（1）通过芽期鉴定胡枝子属植物的抗旱性是可行的，通过模拟干旱胁迫可以筛选出抗旱的种质材料。

（2）胡枝子属植物抗旱性等级多为中等，即得分在1～3分，有21份，占总材料的70%；而抗旱性较强的材料有k18、k29和k17。

第二部分　禾 本 科

39份无芒雀麦种质材料苗期抗旱性综合评价

毛培春[1]　孟　林[1]　高洪文[2]　张国芳[1]

（1. 北京市农林科学院北京草业与环境研究发展中心　2. 中国农业科学院北京畜牧兽医研究所）

摘要： 在温室条件下，采用反复干旱法，通过对国外引进的39份无芒雀麦（*Bromus inermis*）种质材料的存活率、株高、绿叶数、地上生物量、地下生物量、根冠比等指标的测定，进行苗期抗旱性的综合评价。结果表明，39份材料按照抗旱性能强弱划分为3个级别，抗旱性强的有16个材料，抗旱性中等的有16个材料，抗旱性弱的有7个材料，并用标准差系数赋予权重法求得综合评价 D 值，将各材料抗旱性能进行排序，其中ZXY05P－0854苗期抗旱性最强，ZXY05P－1135最弱。

关键词： 无芒雀麦；苗期；抗旱性；综合评价

干旱是一个长期存在的世界性难题，因气候干燥、年降水量少、蒸发剧烈等原因，严重制约着植物的生长发育[1,2]，特别是近年来由于环境恶化、气温转暖、水资源缺乏导致各地旱情频发，抗旱性强的牧草品种的推广应用已经对我国草业和畜牧业生产发展发挥了重要作用[3]。而无芒雀麦（*Bromus inermis*）为禾本科雀麦属多年生牧草，具有抗旱、耐寒、营养价值高、适口性好等优良特性，已经成为我国北方地区具有重要栽培应用价值的优质禾本科牧草[4]。早在1923年，我国东北地区就开始引种栽培，因其产草量较高，耐践踏，是刈牧兼用的优良牧草，同时也是一种理想的水土保持植物[5]。因此，国内外众多学者相继开展了无芒雀麦的播种建植方式[6,7]、施肥增产效果[8]、刈割利用[6]、青贮方式、种子生产以及种质材料间的耐盐性比较等研究，取得了可喜的成绩。而无芒雀麦广泛分布于亚洲、欧洲和北美洲的温带地区，在我国东北、华北、西北等地区多生于草甸、林地、山间谷地、河边及路边草地[5]。因此，从国内外广泛收集无芒雀麦的种质材料，开展其抗旱性的鉴定评价，对我国北方干旱半干旱地区草业和畜牧业生产发展具有重要现实意义。本试验在温室条件下，采用反复干旱法，对国外引进的39份无芒雀麦种质材料进行苗期抗旱性的综合评价，筛选出抗旱性较强的优质种质材料，旨在为无芒雀麦抗旱新品种选育以及生产实践提供科学理论依据。

1　材料与方法

1.1　试验材料

由中国农业科学院北京畜牧兽医研究所牧草遗传资源研究室提供的从匈牙利、俄罗斯、摩尔多瓦、哈萨克斯坦、美国、加拿大6个国家引进的39份无芒雀麦种质材料为试验材料。

1.2　试验方法

试验于2009年2～5月在北京市农林科学院日光温室中进行，采用反复干旱法，温室光照充足，试验期间，温室昼夜平均气温为28.9℃和13.6℃，温室昼夜平均相对湿度为48％和80％，选用中等肥力的大田土（前茬为玉米），去除石块及杂质，装入48.5cm×33.3cm×20cm（长×宽×高）的塑料箱，每箱装土25kg，取样测定土壤含水量并计算干土质量。塑料箱用塑料板间隔成4个部分，每部分种植1份材料，出苗后间苗定株，每份材料定植20株幼苗。幼苗生长到三叶期开始进行干旱胁迫处理，分对照和干旱胁迫2组，3次重复。处理前全部浇水，使土壤含水量达到17.6％～20.8％，然后，对照组的幼苗正常供水保持土壤含水量17.6%～20.8%，干旱组的幼苗停止供水，当土壤含水量降至3.3%～5.2%时第一次复水（只灌水一次），将土壤含水量恢复到17.6%～20.8%，再次干旱胁迫，当土壤含水量降到3.3%～5.2%时第二次复水，方法同第一次复水，当土壤含水量再次降到3.3%～5.2%时结束试验。

干旱胁迫试验结束时，对其存活率、株高、绿叶数、地上生物量和地下生物量进行测定，并通过地下生物量与地上生物量指标计算根冠比。

1.3 数据处理

单项指标抗旱系数由下面公式计算：各指标抗旱系数=各指标处理测定值/各指标对照测定值。

Excel数据处理，SAS软件进行方差分析和聚类分析。标准差系数赋予权重法进行抗旱性综合评价，步骤为：通过公式（1）计算隶属函数值$\mu(X_j)$，用公式（2）计算标准差系数V_j，公式（3）归一化后得到各指标的权重W_j，用公式（4）计算各材料的综合评价值D，并根据D值排序。

$$\mu(X_j)=\frac{X_j-X_{min}}{X_{max}-X_{min}} \tag{1}$$

$$V_j=\frac{\sqrt{\sum_{j=1}^{n}(X_{ij}-\overline{X}_j)^2}}{\overline{X}_j} \tag{2}$$

$$W_j=\frac{V_j}{\sum_{j=1}^{m}V_j} \tag{3}$$

$$D=\sum_{j=1}^{n}[\mu(X_j)\cdot W_j] \tag{4}$$

式中：$\mu(X_j)$——第j个指标的隶属函数值；

X_j——第j个指标值；

X_{min}——第j个指标最小值；

X_{max}——第j个指标最大值；

$\overline{X}_j$——第j个指标平均值；

X_{ij}——i材料j性状的隶属函数值；

V_j——第j个指标标准差系数；

W_j——第j个指标权重；

D——各材料的综合评价值。

2 结果与分析

2.1 干旱胁迫下各指标抗旱系数值的变化

由表1可见，39个无芒雀麦种质材料的存活率抗旱系数差别较大，其中ZXY05P-1183最大为0.9，ZXY05P-1135最小仅为0.45，差异性显著（$P<0.05$），反映了各材料抗旱性能的差异。各材料的株高、绿叶数、地下生物量的抗旱系数值也呈现显著性差异（$P<0.05$），可见在干旱胁迫下各材料地上生长受到影响，生长速度下降，绿叶数减少，进而导致地下生物量积累下降，其中ZXY05P-0754的地下生物量抗旱系数值最高，为0.893，ZXY05P-1050的最低，为0.657，可见ZXY05P-0754在干旱胁迫下生长情况强于ZXY05P-1050，表现较强的抗旱性能。同时，地上生物量在干旱胁迫下积累量下降，且不同材料的抗旱系数值呈显著差异（$P<0.05$），ZXY06P-2587的最高为0.82，ZXY05P-1004的最低为0.57，表明在干旱胁迫下ZXY06P-2587的地上生长情况较好，抗旱性较强。根冠比变

化则相反，主要由于抗旱性较弱的材料地下生物量较地上生物量大，表现在抗旱系数值上则较大，且差异显著（$P<0.05$）。综上可见，各指标抗旱系数值反映了各材料抗旱性能的强弱，抗旱性强则其抗旱系数值较大，但仅用各单项指标进行抗旱评价，结果具有很大局限性，必须进行多指标综合评价以获得更科学合理的结果。

表1　39个无芒雀麦材料来源及各指标抗旱系数值

材料编号	来源地	存活率	株高	绿叶数	地下生物量	地上生物量	根冠比
ZXY05P-0684	匈牙利	0.857^{bac}	0.847^{ebdac}	0.893^{a}	0.877^{bdac}	0.773^{ba}	1.143^{bdc}
ZXY05P-0693	匈牙利	0.690^{kmjli}	0.743^{mjlihgk}	0.677^{jlmk}	0.793^{eidghf}	0.627^{ijkhl}	1.147^{bdc}
ZXY05P-0754	俄罗斯	0.823^{ebdacf}	0.840^{ebdacf}	0.770^{fbdiehcg}	0.893^{a}	0.747^{bc}	1.173^{bdac}
ZXY05P-0805	俄罗斯	0.820^{ebdcf}	0.863^{bac}	0.780^{fbdehcg}	0.697^{klj}	0.597^{kl}	1.163^{bdac}
ZXY05P-0854	摩尔多瓦	0.893^{ba}	0.883^{a}	0.840^{bac}	0.860^{ebdac}	0.723^{ecd}	1.133^{dc}
ZXY05P-0865	摩尔多瓦	0.460^{p}	0.670^{mon}	0.540^{n}	0.873^{ebdac}	0.740^{bc}	1.277^{ba}
ZXY05P-1004	俄罗斯	0.540^{o}	0.673^{mlon}	0.540^{n}	0.700^{klj}	0.570^{l}	1.220^{bdac}
ZXY05P-1050	俄罗斯	0.597^{on}	0.640^{on}	0.720^{fjlihkg}	0.657^{l}	0.610^{jkl}	1.253^{bac}
ZXY05P-1087	俄罗斯	0.787^{ehdgcf}	0.823^{ebdagcf}	0.843^{ba}	0.820^{ebdgcf}	0.717^{becd}	1.140^{dc}
ZXY05P-1100	俄罗斯	0.827^{ebdacf}	0.830^{ebdagcf}	0.760^{fdiehcg}	0.890^{bac}	0.740^{bc}	1.113^{d}
ZXY05P-1110	俄罗斯	0.720^{khjli}	0.783^{ejdihgcf}	0.747^{fjdiehg}	0.800^{edghcf}	0.680^{fiejchdg}	1.190^{bdac}
ZXY05P-1135	俄罗斯	0.450^{p}	0.637^{o}	0.617^{m}	0.650^{l}	0.570^{l}	1.290^{a}
ZXY05P-1183	哈萨克斯坦	0.900^{a}	0.840^{ebdacf}	0.810^{bdec}	0.893^{ba}	0.703^{fbecdg}	1.107^{d}
ZXY05P-1203	俄罗斯	0.817^{ebdgcf}	0.850^{bdac}	0.780^{fbdehcg}	0.830^{ebdgcf}	0.720^{becd}	1.157^{bdac}
ZXY05P-1211	俄罗斯	0.683^{kmjl}	0.757^{jlihgkf}	0.730^{fjliehkg}	0.767^{ikghjf}	0.650^{fiejkhg}	1.190^{bdac}
ZXY05P-1238	俄罗斯	0.847^{bdac}	0.820^{ebdagcf}	0.830^{bac}	0.730^{iklhj}	0.753^{bc}	1.150^{bdc}
ZXY05P-1255	俄罗斯	0.690^{kmjli}	0.760^{ejihgkf}	0.760^{fdiehcg}	0.790^{eidghf}	0.653^{fiejkhdg}	1.200^{bdac}
ZXY05P-1262	俄罗斯	0.680^{kmjl}	0.707^{mjliokn}	0.707^{jlihk}	0.707^{iklj}	0.610^{jkl}	1.150^{bdc}
ZXY05P-1332	俄罗斯	0.657^{mln}	0.700^{mjlokn}	0.667^{jlmk}	0.700^{klj}	0.600^{kl}	1.197^{bdac}
ZXY05P-1343	俄罗斯	0.777^{ehdgf}	0.793^{ebdihgcf}	0.727^{fjlihkg}	0.830^{ebdgcf}	0.713^{becd}	1.140^{dc}
ZXY05P-1363	俄罗斯	0.680^{kmjl}	0.750^{mjlihgk}	0.660^{lmk}	0.727^{iklhj}	0.637^{fijkhlg}	1.180^{bdac}
ZXY05P-1376	俄罗斯	0.810^{edgcf}	0.840^{ebdacf}	0.740^{jdiehkg}	0.840^{ebdacf}	0.720^{becd}	1.143^{bdc}
ZXY05P-1427	俄罗斯	0.800^{edgcf}	0.820^{ebdagcf}	0.793^{fbdecg}	0.927^{a}	0.710^{fbecd}	1.177^{bdac}
ZXY05P-1448	俄罗斯	0.863^{bac}	0.827^{ebdagcf}	0.830^{bac}	0.827^{ebdgcf}	0.750^{bc}	1.113^{d}
ZXY05P-1462	俄罗斯	0.710^{khjli}	0.790^{ebdihgcf}	0.800^{fbdec}	0.807^{ebdghcf}	0.650^{fiejkhg}	1.150^{bdc}
ZXY06P-1770	俄罗斯	0.683^{kmjl}	0.780^{ejdihgcf}	0.710^{jlihkg}	0.747^{ikghj}	0.680^{fiejchdg}	1.170^{bdac}
ZXY06P-1881	俄罗斯	0.720^{khjli}	0.787^{edihgcf}	0.737^{fjiehkg}	0.813^{ebdghcf}	0.690^{fiechdg}	1.190^{bdac}
ZXY06P-2010	哈萨克斯坦	0.677^{kml}	0.720^{mjlihkn}	0.623^{m}	0.870^{ebdac}	0.620^{ijkl}	1.137^{dc}
ZXY06P-2117	俄罗斯	0.840^{ebdac}	0.877^{ba}	0.820^{bdac}	0.887^{bac}	0.730^{bcd}	1.153^{bdc}
ZXY06P-2170	俄罗斯	0.603^{on}	0.763^{ejdihgkf}	0.653^{lm}	0.687^{kl}	0.617^{ijkl}	1.217^{bdac}
ZXY06P-2296	俄罗斯	0.760^{hjgif}	0.830^{ebdagcf}	0.710^{jlihkg}	0.820^{ebdgcf}	0.700^{fbechdg}	1.137^{dc}
ZXY06P-2389	俄罗斯	0.613^{mn}	0.683^{mlokn}	0.670^{jlmk}	0.710^{iklj}	0.597^{kl}	1.223^{bdac}
ZXY06P-2420	匈牙利	0.807^{edgcf}	0.800^{ebdhgcf}	0.787^{fbdehcg}	0.860^{ebda}	0.720^{becd}	1.163^{bdac}

（续）

材料编号	来源地	存活率	株高	绿叶数	地下生物量	地上生物量	根冠比
ZXY06P - 2440	匈牙利	0.690^{kmjli}	$0.757^{jlihgkf}$	$0.720^{fjlihkg}$	0.783^{eighjf}	$0.690^{fiechdg}$	1.170^{bdac}
ZXY06P - 2481	美国	0.750^{khjgif}	$0.810^{ebdagcf}$	$0.740^{fjdiehkg}$	0.827^{ebdgcf}	0.710^{fbecd}	1.187^{bdac}
ZXY06P - 2541	加拿大	0.687^{kmjli}	$0.790^{ebdihgcf}$	0.693^{jlimk}	0.753^{ikghjf}	0.630^{ijkhlg}	1.157^{bdac}
ZXY06P - 2587	加拿大	0.763^{ehgif}	$0.813^{ebdagcf}$	$0.727^{fjlihkg}$	0.830^{ebdgcf}	0.820^{a}	1.153^{dc}
ZXY07P - 3141	俄罗斯	0.740^{khjgi}	$0.790^{ebdihgcf}$	0.703^{jlihk}	0.800^{edghcf}	0.710^{fbecd}	1.137^{dc}
ZXY07P - 4156	俄罗斯	0.820^{ebdcf}	$0.817^{ebdagcf}$	$0.787^{fbdehcg}$	0.833^{ebdgcf}	0.720^{becd}	1.123^{dc}

注：表中不同小写字母表示在 0.05 水平上差异性显著。

2.2 聚类分析

以存活率、株高、绿叶数、地上生物量、地下生物量和根冠比 6 个指标的抗旱系数值，利用欧氏距离聚类法进行综合聚类分析，将 39 份无芒雀麦的苗期抗旱性划分成 3 个抗旱性能级别（图 1）。其中，抗旱性较强的有 16 个材料，包括 ZXY05P - 0684，ZXY05P - 0754，ZXY05P - 0805，ZXY05P - 0854，ZXY05P - 1087，ZXY05P - 1100，ZXY05P - 1183，ZXY05P - 1203，ZXY05P - 1238，ZXY05P - 1376，ZXY05P - 1427，ZXY05P - 1448，ZXY06P - 2117，ZXY06P - 2420，ZXY06P - 2587，ZXY07P - 4156；

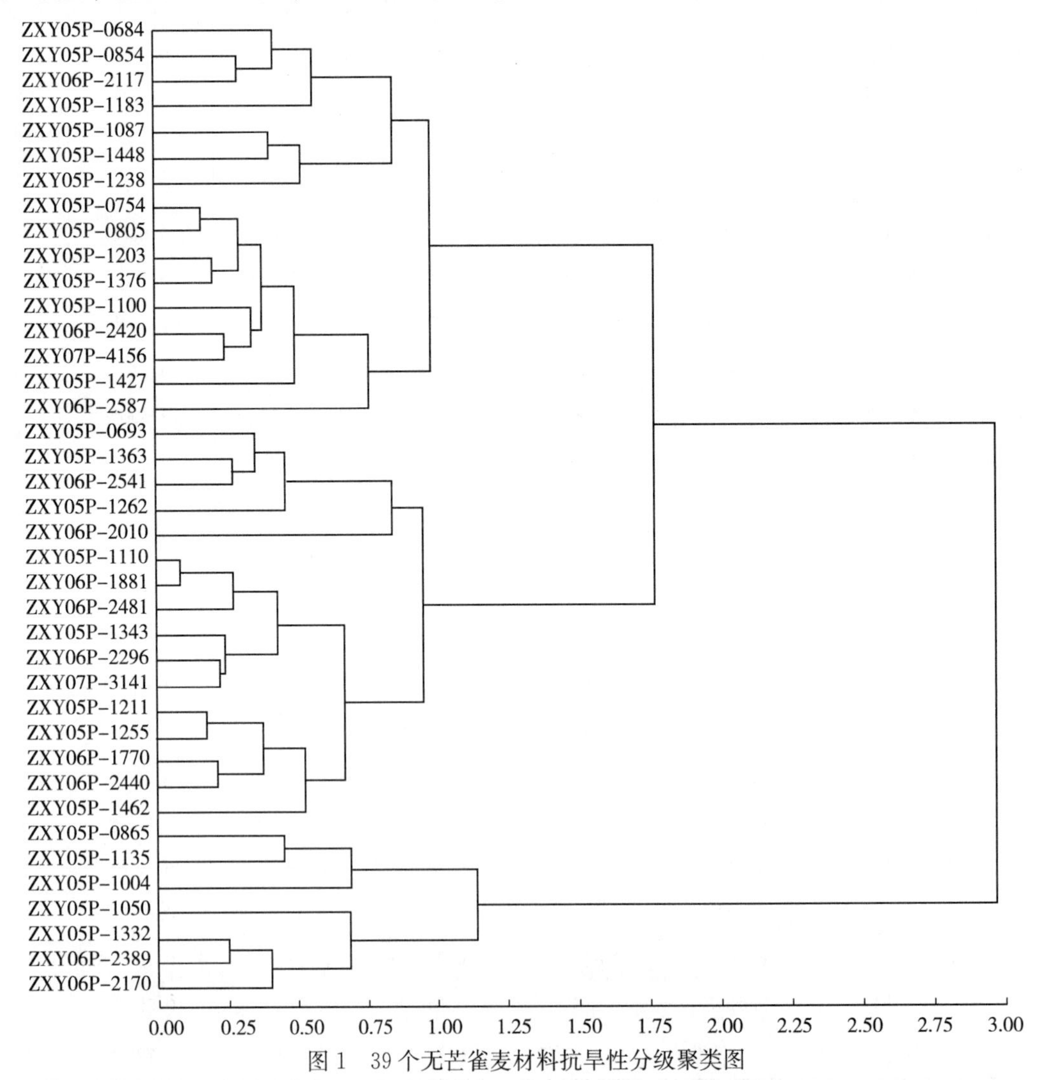

图 1　39 个无芒雀麦材料抗旱性分级聚类图

抗旱性较弱有 7 个材料，包括 ZXY05P - 0865，ZXY05P - 1004，ZXY05P - 1050，ZXY05P - 1135，ZXY05P - 1332，ZXY06P - 2389，ZXY06P - 2170；抗旱性居中的有 16 个材料，包括 ZXY05P - 0693，ZXY05P - 1110，ZXY05P - 1211，ZXY05P - 1255，ZXY05P - 1262，ZXY05P - 1343，ZXY05P - 1363，ZXY05P - 1462，ZXY06P - 1770，ZXY06P - 1881，ZXY06P - 2010，ZXY06P - 2296，ZXY06P - 2440，ZXY06P - 2481，ZXY06P - 2541，ZXY07P - 3141。聚类分析的结果是将抗旱性不同的种质材料聚为一类，而同一类不同材料的抗旱能力无定量表达，为了对各无芒雀麦材料抗旱性定量分析利用数学方法进一步进行抗旱性综合分析。

2.3　无芒雀麦材料苗期抗旱性综合评价

采用标准差系数赋予权重法，对 39 份无芒雀麦种质材料的苗期抗旱性进行综合评价（表 2），综合评价结果为各材料在干旱胁迫下的抗旱性综合评价值，*D* 值越大，表明该材料抗旱性越强。依此，39 份无芒雀麦种质材料的苗期抗旱性从强到弱的顺序为 ZXY05P - 0854>ZXY05P - 0684>ZXY05P - 1183>ZXY06P - 2117>ZXY05P - 1448>ZXY05P - 1100>ZXY05P - 0805>ZXY05P - 1427>ZXY06P - 2587>ZXY07P - 4156>ZXY05P - 1087>ZXY05P - 0754>ZXY05P - 1203>ZXY05P - 1376>ZXY06P - 2420>ZXY05P - 1238>ZXY05P - 1343>ZXY06P - 2296>ZXY06P - 2481>ZXY07P - 3141>ZXY05P - 1462>ZXY06P - 1881>ZXY05P - 1110>ZXY06P - 2440>ZXY06P - 1770>ZXY05P - 1255>ZXY06P - 2010>ZXY06P - 2541>ZXY05P - 1211>ZXY05P - 0693>ZXY05P - 1363>ZXY05P - 1262>ZXY06P - 2170>ZXY05P - 1332>ZXY06P - 2389>ZXY05P - 1050>ZXY05P - 1004>ZXY05P - 0865>ZXY05P - 1135。

表 2　39 个无芒雀麦材料苗期抗旱性综合评价

编　号	隶属函数值						综合评价 *D* 值	排序
	μ (1)	μ (2)	μ (3)	μ (4)	μ (5)	μ (6)		
ZXY05P - 0684	0.133	0.143	0.156	0.168	0.154	0.107	0.861	2
ZXY05P - 0693	0.078	0.073	0.061	0.048	0.097	0.102	0.459	30
ZXY05P - 0754	0.122	0.136	0.102	0.127	0.142	0.083	0.712	12
ZXY05P - 0805	0.121	0.152	0.106	0.141	0.151	0.091	0.762	7
ZXY05P - 0854	0.145	0.175	0.133	0.147	0.164	0.113	0.876	1
ZXY05P - 0865	0.003	0.023	0.002	0.023	0.032	0.008	0.090	38
ZXY05P - 1004	0.030	0.026	0.000	0.000	0.034	0.050	0.139	37
ZXY05P - 1050	0.048	0.000	0.080	0.034	0.005	0.026	0.191	36
ZXY05P - 1087	0.110	0.127	0.134	0.122	0.115	0.109	0.717	11
ZXY05P - 1100	0.123	0.130	0.098	0.141	0.162	0.128	0.782	6
ZXY05P - 1110	0.088	0.101	0.091	0.091	0.101	0.069	0.542	23
ZXY05P - 1135	0.000	0.001	0.034	0.000	0.000	0.013	0.049	39
ZXY05P - 1183	0.147	0.135	0.119	0.110	0.164	0.133	0.810	3
ZXY05P - 1203	0.120	0.145	0.105	0.124	0.122	0.095	0.711	13
ZXY05P - 1211	0.076	0.081	0.084	0.067	0.079	0.073	0.459	29
ZXY05P - 1238	0.129	0.127	0.128	0.152	0.054	0.101	0.690	16
ZXY05P - 1255	0.079	0.081	0.095	0.069	0.095	0.061	0.480	26
ZXY05P - 1262	0.076	0.047	0.074	0.034	0.038	0.100	0.369	32
ZXY05P - 1332	0.068	0.046	0.056	0.025	0.034	0.065	0.294	34
ZXY05P - 1343	0.107	0.107	0.083	0.119	0.122	0.110	0.648	17

（续）

编　号	隶属函数值						综合评价 D值	排序
	μ（1）	μ（2）	μ（3）	μ（4）	μ（5）	μ（6）		
ZXY05P-1363	0.076	0.078	0.054	0.056	0.052	0.080	0.395	31
ZXY05P-1376	0.116	0.138	0.088	0.124	0.128	0.106	0.701	14
ZXY05P-1427	0.114	0.126	0.112	0.116	0.187	0.082	0.738	8
ZXY05P-1448	0.135	0.129	0.129	0.149	0.120	0.128	0.790	5
ZXY05P-1462	0.085	0.103	0.114	0.067	0.106	0.100	0.575	21
ZXY06P-1770	0.077	0.097	0.076	0.091	0.066	0.086	0.493	25
ZXY06P-1881	0.088	0.102	0.087	0.100	0.110	0.069	0.556	22
ZXY06P-2010	0.074	0.055	0.037	0.042	0.149	0.109	0.466	27
ZXY06P-2117	0.127	0.164	0.124	0.133	0.160	0.098	0.806	4
ZXY06P-2170	0.050	0.087	0.051	0.039	0.025	0.050	0.302	33
ZXY06P-2296	0.100	0.131	0.075	0.108	0.115	0.109	0.639	18
ZXY06P-2389	0.054	0.033	0.057	0.023	0.040	0.045	0.253	35
ZXY06P-2420	0.117	0.111	0.108	0.124	0.142	0.090	0.693	15
ZXY06P-2440	0.079	0.081	0.080	0.100	0.090	0.085	0.514	24
ZXY06P-2481	0.099	0.117	0.089	0.116	0.120	0.074	0.616	19
ZXY06P-2541	0.077	0.102	0.069	0.050	0.070	0.096	0.462	28
ZXY06P-2587	0.102	0.120	0.082	0.207	0.122	0.097	0.731	9
ZXY07P-3141	0.095	0.105	0.073	0.116	0.101	0.111	0.602	20
ZXY07P-4156	0.121	0.122	0.109	0.124	0.124	0.120	0.720	10
权重	0.144	0.167	0.150	0.202	0.206	0.131		

注：表中μ（1）、μ（2）、μ（3）、μ（4）、μ（5）、μ（6）分别代表不同无芒雀麦种质材料抗旱指标存活率、株高、绿叶数、地上生物量、地下生物量、根冠比的隶属函数值。

3 讨论与结论

干旱胁迫直接影响植物的存活，因此，存活率可以作为抗旱鉴定最直接的指标，同时，在干旱胁迫下，株高、绿叶数、地上生物量、地下生物量和根冠比等形态指标的变化也可综合反映出植物的抗旱性能。孙彩霞等研究认为生长发育和形态指标均可作为抗旱性能鉴定评价指标。试验表明株高、绿叶数、地下生物量和地上生物量抗旱系数与存活率抗旱系数呈负相关，即在干旱胁迫下，存活率高的材料，其株高、绿叶数和地上生物量与对照比较相差较小，反映在抗旱系数值上则抗旱系数值较小；根冠比抗旱系数与存活率抗旱系数呈正相关，即在干旱胁迫下，存活率高的材料，其地下生物量和根冠比与对照比较相差较大，反映在抗旱系数值上则抗旱系数值较大，干旱胁迫下各指标抗旱系数值呈显著差异（$P<0.05$），各材料在干旱胁迫下生长发育和形态指标的差异反映了抗旱性能的差异。

张惠霞、彭明俊等研究表明，用单个指标评判和多个指标综合评判得出的结果也不完全一致，这表明用单一指标评价种子萌发期的抗旱性存在着片面性，采用多项指标综合评价，更能提高抗旱性鉴定结果的准确性和可靠性。辛国荣等研究认为抗旱性是一个较复杂的指标，鉴定一个品种的抗旱性强弱应取若干指标进行综合评价。本试验综合 6 个生长形态指标的特征，采用聚类分析和隶属函数法，对 39 份无芒雀麦种质材料的苗期抗旱性进行综合评价，以获得准确的评价结果，结果表明，39 份无芒雀麦种质材料可划分为 3 个不同抗旱类型，其中，抗旱性较强的有 16 个材料，抗旱性较弱的有 7 个材料，抗旱性居中的有 16 个材料，根据隶属函数法得到的综合评价 D 值获得了 39 个无芒雀麦材料抗旱性排序，其中 ZXY05P - 0854 最强，ZXY05P - 1135 最弱。

参 考 文 献

[1] 户连荣，郎南军，郑利．植物抗旱性研究进展及发展趋势 [J]. 安徽农业科学，2008，36 (7)：2652 - 2654.

[2] 李原园，李英能，苏人琼，等．中国农业水危机及其对策 [R]. 北京：中国国家科学技术委员会农村科技司，1997：52 - 54.

[3] 孟林，毛培春，张国芳，等．17 个苜蓿品种苗期抗旱性鉴定 [J]. 草业科学，2008，25 (1)：21 - 25.

[4] 陈默君，贾慎修．中国饲用植物 [M]. 北京：中国农业出版社，2002.

[5] 陈宝书．牧草饲料作物栽培学 [M]. 北京：中国农业出版社，2001.

[6] 张仁平，于磊，鲁为华．混播比例和刈割期对混播草地产量及品质影响的研究 [J]. 草业科学，2009，26 (5)：139 - 143.

[7] 张宏宇，杨恒山，肖艳云，等．播种方式对紫花苜蓿＋无芒雀麦产量及冠层结构的影响 [J]. 黑龙江畜牧兽医，2008 (5)：52 - 53.

[8] 张淑艳，张玉龙，王晓东，等．氮肥对无芒雀麦生理特性影响的初步研究 [J]. 草业科学，2009，26 (10)：109 - 112.

36 份看麦娘苗期抗旱性评价

王　赞　王学敏　高洪文

（中国农业科学院北京畜牧兽医研究所）

据统计，世界上 1/3 的可耕地处于干旱或半干旱状态，其他耕地也因常受到周期性或难以预期的干旱影响而减产。世界性的干旱导致的减产超过了其他因素造成的减产总和。在我国北方，多数地区干旱少雨，干旱是造成草地牧草产量下降、畜牧业生产经济损失最主要的自然灾害之一。特别是牧草苗期生长对水分的缺乏较为敏感，此时如果遇到干旱胁迫不仅威胁幼苗生存，且对后期产量、越冬等都有一定影响。

看麦娘属约有 30 种，多产于温带与寒带。我国有 6 种，多数为饲料植物。看麦娘为一年生或多年生草本植物，生长期较长。以生长早、抗寒性强、多叶且富含营养而被视为优良牧草。目前关于看麦娘属牧草抗旱性方面的研究未见报道。本研究旨在对引进的 36 份看麦娘的抗旱性进行评价，以期为看麦娘牧草的选育及其资源的开发提供科学依据。

1　材料与方法

1.1　试验材料

供试材料为俄罗斯引进 36 份看麦娘种质材料（表 1）。

表 1　试验材料及来源

序号	材料编号	来源地	序号	材料编号	来源地
1	ZXY2010P - 7302	芬兰	4	ZXY2010P - 7604	俄罗斯
2	ZXY2010P - 7556	拉脱维亚	5	ZXY2010P - 7516	德国
3	ZXY2010P - 7473	匈牙利	6	ZXY2010P - 7506	捷克

（续）

序号	材料编号	来源地	序号	材料编号	来源地
7	ZXY2010P-7650	俄罗斯	22	ZXY2010P-7196	俄罗斯
8	ZXY2010P-7826	波兰	23	ZXY2010P-7282	俄罗斯
9	ZXY2010P-7145	俄罗斯	24	ZXY2010P-7743	俄罗斯
10	ZXY2010P-7584	芬兰	25	ZXY2010P-7817	波兰
11	ZXY2010P-7182	俄罗斯	26	ZXY2010P-7907	蒙古
12	ZXY2010P-7038	俄罗斯	27	ZXY2010P-7293	俄罗斯
13	ZXY2010P-7917	俄罗斯	28	ZXY2010P-7051	俄罗斯
14	ZXY2010P-7391	俄罗斯	29	ZXY2010P-7092	俄罗斯
15	ZXY2010P-7465	匈牙利	30	ZXY2010P-7864	俄罗斯
16	ZXY2010P-7249	俄罗斯	31	ZXY2010P-7427	加拿大
17	ZXY2010P-7387	俄罗斯	32	ZXY2010P-7941	蒙古
18	ZXY2010P-7850	波兰	33	ZXY2010P-7138	俄罗斯
19	ZXY2010P-7237	俄罗斯	34	ZXY2010P-7384	俄罗斯
20	ZXY2010P-7245	俄罗斯	35	ZXY2010P-7289	俄罗斯
21	ZXY2010P-7709	蒙古	36	ZXY2010P-7013	俄罗斯

1.2 试验方法

本试验于2011年12月至2012年3月，在山西省农业科院畜牧兽医研究所温室进行，采用反复干旱法，选用塑料箱［32cm（宽）×48cm（长）］，用瓦楞纸将塑料箱平均分隔成4份，取试验田表层土壤，混合均匀，等量放入盆中，每盆播种30粒，出苗期间，定期定量浇水，浇水量为田间持水量的75%～80%。苗齐后间苗，每盆留长势均匀健壮苗10株。从出苗四周开始进行干旱胁迫试验，干旱处理当天浇足水，每份材料随机分成两组，一组为对照正常浇水，另一组为干旱处理组。干旱处理组20d浇水1次，而后再次干旱胁迫，每组3次重复，连续胁迫3个周期。第3次胁迫结束开始测定各项指标。

1.3 测定指标及测定方法

（1）植株高度　测定植株的绝对高度（cm），5次重复，然后统计每份材料的平均高度。

（2）地上生物量　收集每盆植株的地上部分，放入纸袋，置于80℃恒温烘箱烘至恒重后称重（g）。

（3）地下生物量　试验结束，将地上部分收集完后，将瓦楞纸隔开的土壤倒在网袋中，然后用清水洗净，80℃烘至恒重称重（g）。

（4）存活率　试验结束时，记录干旱胁迫处理的每盆植株的存活苗数，计算存活率。

1.4 统计分析

利用DPS 7.05软件进行方差分析，对36份看麦娘种质材料的抗旱性进行评价。

2 结果与分析

2.1 干旱对株高的影响

由表2可见，干旱胁迫下看麦娘植株与对照比较明显受到抑制，且随着胁迫次数的增加，植株高度下降越明显，对照与处理间差异极显著。经方差分析表明，材料19与8、36、35、7、17、31、13、10、32、24、16、15、20、25、21、14、12有极显著差异。其他材料介于它们之间。从变化率来看，变化率越大，受害越轻，反之越重。从表 2 可见材料 8 变化率最大。材料 1、2、3、19、23、27 变化较小，表明受害较重。

2.2 干旱对地上生物量的影响

干旱胁迫下，植株生长受到抑制，地上部分的生物量严重减少，对照与处理间差异极显著。各材料间的减少程度有一定差异。表 2 可见，处理组材料 18、22 与材料 28、21、12、24、25、34、35、36、9、33、27、32 差异显著。其他材料介于它们之间。从变化率角度分析可见，大于或等于 70%的材料为 16、20、25、28、32、33；小于 55%的材料为 3、7、12、14、22、23、24、27。以地上生物量的变化率为评价抗旱性的指标，可明显看出在苗期看麦娘抗旱性的强弱。

2.3 干旱对地下生物量的影响

根系是植物的重要器官，在植物生长发育、生理功能和物质代谢过程中发挥重要的作用，因此通过研究干旱胁迫对根系的影响来评价、选育抗旱品系，提高干旱胁迫下的产量，都具有重要理论和实践意义。由表 2 可见，对照的地下生物量可为处理的 2 倍以上，差异极显著。从处理组方差分析结果可见，材料 18、3、20 与材料 6、25、8、9、34、32、16、28 差异显著。从变化率角度分析，变化率达到 70%以上的材料是 6、13、32、8、16、28，这 6 份材料受害较轻。变化率低于 55%的材料为 17、1、36、24、23、2、22、33、3、12、27，这 11 份材料受到胁迫较重。

2.4 干旱对存活率的影响

反复干旱后的存活率可以反映植株在干旱条件下的生存能力，抗旱性强的材料在水分胁迫下应有较高的存活率。本研究表明，反复干旱处理后不同的看麦娘材料的存活率存在显著差异。材料 11、18、23、30 较材料 2、20、25、27 差异显著。前 4 份材料的存活率为 94%及以上；后 4 份材料的存活率为 70%及以下。以 11、18、23、30 作为抗旱性选育的材料为宜。

表 2 36 份看麦娘种质材料的各指标的分析结果

序号	株高			地上生物量			地下生物量			存活率（%）
	对照（cm）	处理（cm）	变化率（%）	对照（g）	处理（g）	变化率（%）	对照（g）	处理（g）	变化率（%）	
1	31.53	23.72	0.25	5.39	2.23	0.59	1.67	0.80	0.52	0.92ab
2	35.15	25.44	0.28	4.49	1.69	0.62	1.64	0.84	0.49	0.69c
3	33.95	24.83	0.27	5.10	2.67	0.48	1.61	1.07	0.34	0.74abc
4	35.78	24.05	0.33	5.17	2.17	0.58	1.58	0.64	0.60	0.83abc
5	38.28	24.61	0.36	5.74	2.40	0.58	1.74	0.59	0.66	0.89abc
6	34.06	22.61	0.34	6.25	2.45	0.61	1.73	0.51	0.71	0.87abc
7	34.22	18.61	0.46	4.97	2.26	0.54	1.32	0.55	0.58	0.88abc
8	40.44	18.94	0.53	6.48	2.61	0.60	1.88	0.45	0.76	0.83abc
9	29.48	19.00	0.36	3.38	1.11	0.67	1.25	0.44	0.65	0.82abc
10	35.00	19.94	0.43	5.84	2.03	0.65	1.98	0.64	0.68	0.87abc
11	30.50	20.00	0.34	4.66	1.82	0.61	1.96	0.65	0.67	0.96a
12	30.94	18.94	0.39	3.53	1.61	0.54	1.19	0.80	0.32	0.87abc
13	32.33	18.39	0.43	5.72	2.16	0.62	2.61	0.76	0.71	0.89abc
14	32.45	19.72	0.39	4.83	2.20	0.54	1.46	0.63	0.57	0.84abc
15	36.94	21.78	0.41	5.41	2.34	0.57	1.97	0.72	0.63	0.85abc
16	37.89	22.28	0.41	7.10	2.12	0.70	1.88	0.42	0.78	0.83abc

（续）

序号	株高			地上生物量			地下生物量			存活率（%）
	对照（cm）	处理（cm）	变化率（%）	对照（g）	处理（g）	变化率（%）	对照（g）	处理（g）	变化率（%）	
17	35.39	19.95	0.44	6.39	2.55	0.60	2.19	1.00	0.54	0.87abc
18	33.22	22.39	0.33	6.17	2.74	0.56	2.59	1.08	0.58	0.94a
19	35.45	28.94	0.18	4.18	1.77	0.58	1.77	0.69	0.61	0.89abc
20	34.61	20.89	0.40	6.80	1.85	0.73	2.90	1.04	0.64	0.67c
21	39.28	24.06	0.39	4.98	1.62	0.67	1.43	0.64	0.56	0.82abc
22	34.50	22.72	0.34	6.22	2.84	0.54	1.78	0.93	0.48	0.89abc
23	31.89	21.56	0.32	4.51	2.37	0.47	1.41	0.70	0.50	0.94a
24	30.44	17.56	0.42	4.29	1.50	0.65	1.60	0.80	0.50	0.82abc
25	34.22	20.89	0.39	5.29	1.38	0.74	1.22	0.50	0.59	0.70abc
26	35.39	23.17	0.35	6.09	1.94	0.68	2.07	0.77	0.63	0.75abc
27	31.44	23.97	0.24	1.96	0.97	0.50	0.75	0.62	0.18	0.46d
28	36.39	24.22	0.33	5.82	1.68	0.71	1.68	0.34	0.80	0.79abc
29	34.80	25.67	0.26	5.29	2.27	0.57	2.48	0.88	0.65	0.89abc
30	36.55	24.61	0.33	6.30	2.10	0.67	2.19	0.84	0.62	0.94a
31	39.67	22.78	0.43	6.68	2.19	0.67	2.07	0.84	0.59	0.84abc
32	36.28	21.00	0.42	3.09	0.64	0.79	1.67	0.43	0.74	0.78abc
33	30.74	20.50	0.33	4.16	1.02	0.75	1.88	0.98	0.48	0.83abc
34	31.72	20.28	0.36	3.17	1.37	0.57	1.16	0.44	0.62	0.87abc
35	31.00	16.61	0.46	3.50	1.29	0.63	1.88	0.73	0.61	0.86abc
36	32.56	17.50	0.46	3.83	1.24	0.68	1.55	0.77	0.50	0.92a

3 结论

关于看麦娘抗旱性的研究很少有报道，本研究参考前人研究结果，选用简便且常用的方法测定株高、地上生物量、地下生物量、存活率4项指标测定，对36份看麦娘种质材料进行抗旱性评价。

本研究结果表明干旱胁迫限制了看麦娘的生长发育，所有供试材料株高、生物量都与对照有极显著的差异。地上部分和地下部分受到不同程度的抑制，其抑制程度因各材料不同而有所差异。地下部分较地上部分的变化率大。说明干旱胁迫下，看麦娘的根系对水分胁迫更敏感，这与前人的研究结果相似。

根据评价结果可知，材料18、20、25、28、32抗旱性较优，材料3、4、20、27抗旱性较差。

50份野生老芒麦种质材料苗期抗旱性鉴定报告

卢素锦[1]　周青平[2]　刘文辉[3]　陈有军[2]

（1. 青海大学生态环境工程学院　2. 西南民族大学　3. 青海省畜牧兽医科学院草原所）

摘要： 盆栽模拟土壤干旱条件，对采自我国不同生境披碱草属的老芒麦（*Elymus*

sibiricus L.）50份野生种质材料苗期形态学和生理生化指标进行研究，旨在了解干旱胁迫下苗期抗旱特征及其抗旱能力，为披碱草属种质材料抗旱新品种选育、种质资源的开发利用提供理论依据。对选取的50份老芒麦种质材料进行抗旱性研究，苗期进行连续干旱，测定干旱第0d、5d、10d的细胞膜透性（电导法）、丙二醛（蒽酮法）、脯氨酸（酸性茚三酮法）、叶绿素（丙酮提取法）和可溶性糖的含量（蒽酮乙酸乙酯法），并运用模糊数学中隶属函数法进行抗旱性综合评判，比较50种材料的抗旱性强弱。结果表明，随干旱胁迫时间增加，相对含水量和叶绿素都呈现下降的趋势，而电导率、脯氨酸、丙二醛（MDA）均呈现上升的趋势。经评定披碱草属50种老芒麦苗期抗旱性强弱顺序为NM05-152>中畜-363>蒙99-101>XJ-185>中畜-521>GS-188>NM05-189>NM03-017>GS0292>NM03-083>SCH02-158>中畜-362>CHQ2004-364>中畜-524>中畜-378>XJ-014>中畜-511>蒙16>中畜-514>B441>中畜-534>中畜-355>SCH02-157>蒙189>NM05-173>GS0044>中畜-357>中畜-352>NM05-035>中畜-520>中畜-427>O2459>中畜-348>NM03-086>NM05-080>中畜-360>NM05-0155>GS0045>中畜-354>O2456>中畜-405>GS511>中畜-126>中畜-452>中畜-687>中畜-516>中畜-361>中畜-431>中畜-167>中畜-349。

关键词：野生老芒麦种质；苗期抗旱性；生理生化指标；细胞膜透性；脯氨酸；丙二醛（MDA）；叶绿素；可溶性糖。

我国北方多数地区春季干旱少雨，干旱胁迫是牧草生长最普遍的限制因子[1]。了解干旱胁迫下牧草苗期抗旱性特征，揭示其抗旱能力，培育抗旱性强的优良牧草种质，对人工草地建植和草地生产力的提高都具有重要的意义。老芒麦为禾本科披碱草属多年生优良牧草，具有麦类作物所缺乏的抗病、抗虫、抗旱、耐盐等优良抗逆基因[2,3]，是现代麦类作物育种的重要基因来源。目前研究植物的抗旱性较为科学的方法是在干旱胁迫的情况下测定植物的相关生理指标，如叶片相对含水量、脯氨酸含量、叶绿素含量、相对电导率和渗透势等，以此来了解干旱对作物种的影响情况。

披碱草属（*Elymus* Linn.）是禾本科（Gramineae）小麦族（Triticeae）重要的一个属，主要分布在欧亚大陆和北美洲北部[4]。垂直分布范围为与海平面几乎等高的海滩到海拔5 200m以上的喜马拉雅山区[5]。披碱草属植物的多数物种为草原和草甸的重要组成成分，许多种类是饲用价值较高的优良牧草。披碱草属牧草分布广泛、种类繁多，广义的披碱草属包括近150个种，而在我国，则比较接受狭义披碱草属的概念，即有12余种[6]。披碱草属牧草为中生-旱中生多年生优良牧草，是草原和草甸的重要组成部分，饲用价值极高[6]。

干旱是植物最易遭受的逆境胁迫，也是影响植物生长发育和产量形成的重要自然灾害[6]。在水资源匮乏和人类对农作物需求日益增长的矛盾下，对农作物进行抗旱性分析已成为重要的研究内容。本试验选取我国不同地区50份披碱草属的老芒麦（*Elymus sibiricus* L.）野生种质材料进行苗期抗旱性分析，使其成为能反应作物产量和品质的综合性指标，以推进作物抗旱性研究的不断深入，促进节水农业的发展。

1　材料与方法

1.1　试验材料及处理

试验材料由国家草种质资源中期库提供，材料来源见表1。

表1　50份老芒麦种质材料原产地

序号	库编号	材料编号	原产地	序号	库编号	材料编号	原产地
1	CF008592	B441	内蒙古和林格尔	3	CF003886	GS0044	甘肃天祝
2	CF016991	CHQ2004-364	四川眉山洪雅柳江	4	CF003887	GS0045	甘肃兰州

（续）

序号	库编号	材料编号	原产地	序号	库编号	材料编号	原产地
5	CF003888	GS0292	甘肃碌曲	28	CF016999	中畜-516	北京灵山
6	CF016983	GS-188	青海果洛	29	CF007370	中畜-405	新疆乌鲁木齐谢家沟
7	CF016992	GS511	山西沁源	30	CF007133	中畜-167	甘肃古浪黄羊川
8	CF016985	NM03-017	内蒙古乌兰察布凉城蛮汉山	31	CF016994	中畜-511	山西五台山怀镇
9	CF016986	NM03-083	内蒙古呼伦贝尔	32	CF017014	中畜-452	北京灵山
10	CF016987	NM03-086	内蒙古锡林郭勒盟西苏旗新民	33	CF006992	中畜-126	山西沁源
11	CF017025	NM05-0155	内蒙古克什克腾旗	34	CF016997	中畜-514	北京百花山
12	CF017023	NM05-035	内蒙古多伦县	35	CF007343	中畜-378	新疆乌鲁木齐
13	CF017028	NM05-080	内蒙古白旗	36	CF007325	中畜-360	新疆乌苏
14	CF017031	NM05-152	内蒙古正蓝旗	37	CF007313	中畜-348	新疆乌鲁木齐谢家沟
15	CF017032	NM05-173	内蒙古阿巴嘎旗	38	CF007320	中畜-355	新疆乌鲁木齐甘沟
16	CF017034	NM05-189	内蒙古呼和浩特	39	CF007319	中畜-354	新疆巴里坤石仁子
17	CF002418	O2456	新疆谢家沟	40	CF017005	中畜-524	河北雾灵山
18	CF002419	O2459	新疆乌鲁木齐南山	41	CF017003	中畜-520	北京雾灵山
19	CF001779	SCH02-157	四川红原	42	CF007326	中畜-361	新疆昌吉厅台大板沟
20	CF001778	SCH02-158	四川红原	43	CF017007	中畜-427	北京雾灵山
21	CF016989	XJ-014	新疆伊犁昭苏	44	CF007317	中畜-352	新疆伊犁昭苏阿合牙子
22	CF017015	XJ-185	新疆巴里坤	45	CF007327	中畜-362	新疆博乐温泉
23	CF016979	蒙16	内蒙古赤峰巴林右旗	46	CF006203	中畜-521	青海同德牧场
24	CF016980	蒙189	内蒙古呼和浩特	47	CF006204	中畜-534	山西陈家窑
25	CF016978	蒙99-101	内蒙古锡林郭勒盟呼热园苏木	48	CF017010	中畜-431	山西五台山台怀镇
26	CF017019	中畜-687	山西左云陈家窑	49	CF007328	中畜-363	山西沁源
27	CF007314	中畜-349	新疆乌鲁木齐谢家沟井场	50	CF007322	中畜-357	新疆伊犁昭苏加曼台

将50份材料种子经粒选之后用0.1%的氯化汞溶液灭菌30min后置于培养皿中24h，使水分蒸发。24h后将各材料种子播种到塑料花盆中。在生长期间按常规进行统一管理，待长到叶片有发黄迹象时，进行干旱胁迫处理。对照试验材料保持水土湿润，干旱5d与10d的试验材料不再浇水进行干旱对比。指标测定时间为自干旱胁迫处理开始的第0、5、10d，每次每盆取同一水平的样品进行各指标的测定。

1.2 测定指标及方法

1.2.1 细胞膜透性

采用电导法。取不同处理的老芒麦幼苗的新鲜叶片，用去离子水冲洗3次，再用洁净滤纸吸净表面水分，用锋利刀片将叶片截取为1～2cm的碎片，称取0.2g叶片置入试管中，吸取20mL去离子水，用真空泵抽气10min，以抽出细胞间隙的空气。当缓缓放入空气时，水即渗入细胞间隙，叶块变成透明状，沉入水下。1h后将各试管充分摇匀，用电导仪测定初电导率。然后把试管放入沸水中煮10min（加塞），冷却至室温后，放置20min，摇匀，测定煮沸电导率。

$$REC = C_1 / C_2 \times 100\%$$

式中：REC——相对电导率；

C_1——初电导率；

C_2——煮沸电导率。

1.2.2　叶绿素

采用丙酮提取法[7]。取新鲜的同位叶片，洗净、剪碎（去叶脉）、混匀，称取剪碎的新鲜样品0.2g，每处理重复3次，加入少量石英砂和碳酸钙粉及2～3mL的80%丙酮，研成匀浆，再加80%丙酮10mL，继续研磨至组织变白，静置3～5min，然后将溶液过滤到25mL容量瓶中，用丙酮反复清洗研钵、研棒以及滤纸上的残渣数次，最后用丙酮定容至25mL。以80%丙酮为对照测定提取液在470、646、663nm波长下的吸光值。

$$C_a = 12.21 \times D_{663} - 2.81 \times D_{646}$$

$$C_b = 20.13 \times D_{646} - 5.03 \times D_{663}$$

$$C = C_a + C_b$$

$$C_{x \cdot c} = (1\ 000 \times D_{470} - 3.27 \times C_a - 104 \times C_b)/229$$

$$叶绿素含量 = \frac{色素浓度（mg/mL）\times 提取液总量（mL）\times 稀释倍数 \times 1\ 000}{样品鲜重（g）}$$

式中：C——叶绿素总浓度；

C_a——叶绿素 a 的浓度；

C_b——叶绿素 b 的浓度；

$C_{x \cdot c}$——类胡萝卜素的总浓度。

1.2.3　游离脯氨酸

采用酸性茚三酮法[8]。取剪碎叶片0.2g用蒸馏水洗净后，分别置于20mL试管中，加入5mL 3%磺基水杨酸溶液，管口加盖玻璃球，于沸水中浸提10min。取出试管待冷却至室温后，吸取上清液2mL，加入2mL冰乙酸和3mL显色液（2.5%酸性茚三酮），于沸水中加热显色40min，冷却后向各试管加入5mL甲苯充分振荡，以萃取红色物质。静置待分层后吸取甲苯层以“0”管为对照在波长520nm下比色，并通过脯氨酸标准曲线计算得到提取液中脯氨酸的浓度，计算脯氨酸含量。

$$\mathrm{Pro} = \frac{C \times V}{a \times W}$$

式中：Pro——脯氨酸含量（μg/g）；

C——提取液中脯氨酸的浓度（μg），由标准曲线求得；

V——提取液总体积（mL）；

a——测定时所用体积（mL）；

W——样品鲜重（g）。

1.2.4　MDA和可溶性糖

采用硫代巴比妥酸（TBA）比色法，采用双组分分光光度计法可同时测定MDA和可溶性糖的含量[7]。称取剪碎的鲜样试材0.5g，加入2mL 5%TCA（三氯乙酸）和少量石英砂，研磨至匀浆，再加8mL TCA进一步研磨，4 000r/min离心10min，上清液即为提取液，取上清液并测其体积。吸取离心的上清液2mL（对照加2mL蒸馏水），加入2mL 0.3% TBA溶液，混匀于沸水浴中放置15min，立即冷却，再3 000r/min离心15min，取上清液测定450、532、600nm波长下的吸光值。

按 $C=6.45\times(D_{532}-D_{600})-0.56\times D_{450}$，单位为μmol/L，$C$ 为提取液中MDA的浓度，计算出植物样品提取液中MDA的浓度，再计算出测定样品中MDA的含量。

$$\mathrm{MDA} = \frac{C \times V}{W}$$

式中：MDA——丙二醛含量（μmol/g）；

C——提取液中丙二醛浓度（μmol/L）；

V——提取液体积（mL）；

W——样品鲜重（g）。

称取剪碎混匀的供试叶片0.5g，放入试管中加入10mL蒸馏水，塑料薄膜封口，于沸水中提取30min，冷却后吸取2mL提取液于试管中，加入0.5mL蒽酮乙酸乙酯试剂和5mL浓硫酸，充分振荡，立即将试管放入沸水浴中，逐管准确保温1min，冷却至室温后以蒸馏水作为对照，在630nm波长下测其吸光值，查标准曲线。

$$可溶性糖含量（\mu g/g）=\frac{C\times V}{a\times W}$$

式中：C——由标准曲线求得（μg）；

V——提取液总体积（mL）；

a——测定时所吸取的体积（mL）；

W——样品重（g）。

1.3 综合评价方法

应用模糊数学中隶属函数法[8,9]进行综合评判，其计算公式如下。

与抗旱性呈正相关的参数脯氨酸、叶绿素含量和可溶性糖含量采用公式（1）：

$$U(X_{ijk})=(X_{ijk}-X_{min})/(X_{max}-X_{min}) \quad (1)$$

与抗旱性呈负相关的参数MDA、相对电导率采用公式（2）：

$$U(X_{ijk})=1-(X_{ijk}-X_{min})/(X_{max}-X_{min}) \quad (2)$$

式中：$U(X_{ijk})$——第i个草种第j个温度阶段第k项指标的隶属度，且$U(X_{ijk})\in[0,1]$；

X_{ijk}——第i个草种第j个温度阶段第k项指标测定值；

X_{max}——所有参试种中第k项指标的最大值；

X_{min}——所有参试种中第k项指标的最小值。

用每一种源各项指标隶属度的平均值作为种源抗旱能力综合评判标准，进行比较。

1.4 数据处理

所得试验数据用SAS统计软件进行数学统计分析，采用Duncan多重比较[10]。

2 结果与分析

2.1 细胞膜相对透性（相对电导率）

幼苗相对电导率的测定反映了各老芒麦苗期在不同干旱处理下的细胞膜完整性，相对电导率测定结果见表2，各草种随着胁迫时间增加，相对电导率逐渐增大，其中B441、中畜-360的增幅最大。

表2 不同干旱处理下50份老芒麦种质材料细胞膜相对透性（相对电导率）比较（%）

编号	0d	5d	10d	编号	0d	5d	10d
B441	28.922^b±0.235	30.234^b±0.426	79.492^a±0.231	NM03-086	35.494^b±0.256	38.692^b±0.279	75.872^a±0.210
CHQ2004-364	30.369^b±0.750	32.500^b±0.110	76.148^a±0.023	NM05—0155	31.786^b±0.254	32.942^b±0.694	81.923^a±0.281
GS0044	31.943^b±0.407	36.341^b±0.239	77.264^a±0.533	NM05-035	32.349^b±0.189	34.483^b±0.772	89.47^a±0.196
GS0045	30.304^b±0.577	38.122^b±0.124	69.991^a±0.207	NM05-080	35.479^b±0.079	38.83^b±0.443	75.174^a±0.794
GS0292	32.000^b±0.206	33.750^b±0.049	85.546^a±0.186	NM05-152	35.596^b±0.005	38.462^b±0.119	75.267^a±0.093
GS-188	34.028^b±0.156	35.443^b±0.256	81.299^a±0.561	NM05-173	37.262^b±0.369	40.000^b±0.452	75.000^a±0.256
GS511	41.232^b±0.450	42.647^b±0.235	77.212^a±0.452	NM05-189	37.931^b±0.006	39.130^b±0.907	75.863^a±0.623
NM03-017	27.452^b±0.069	30.202^b±0.023	77.064^a±0.594	O2456	38.893^b±0.003	40.169^b±0.456	81.015^a±0.365
NM03-083	36.735^b±0.464	38.360^b±0.336	68.065^a±0.140	O2459	36.774^b±0.442	39.420^b±0.560	84.300^a±0.112

（续）

编号	0d	5d	10d	编号	0d	5d	10d
SCH02-157	37.426^{b}±0.527	41.108^{b}±0.881	77.809^{a}±0.088	中畜-361	31.629^{b}±0.256	33.582^{b}±0.279	80.656^{a}±0.210
SCH02-158	30.958^{b}±0.542	31.008^{b}±0.409	73.344^{a}±0.165	中畜-362	35.593^{b}±0.254	36.154^{b}±0.694	78.211^{a}±0.281
XJ-014	33.102^{c}±0.484	40.176^{b}±0.505	81.481^{a}±0.477	中畜-363	35.510^{b}±0.189	36.842^{b}±0.772	72.846^{a}±0.196
XJ-185	33.805^{b}±0.221	37.017^{b}±0.752	74.645^{a}±0.001	中畜-378	27.481^{c}±0.079	36.044^{b}±0.443	78.521^{a}±0.794
蒙16	37.08^{b}±0.590	37.471^{b}±0.531	79.572^{a}±0.115	中畜-405	36.721^{b}±0.005	37.234^{b}±0.119	81.349^{a}±0.093
蒙189	31.255^{b}±0.332	31.902^{b}±0.223	77.173^{a}±0.250	中畜-427	36.461^{b}±0.369	35.526^{b}±0.452	74.507^{a}±0.256
蒙99-101	30.090^{b}±0.899	33.333^{b}±0.405	78.608^{a}±0.499	中畜-431	35.375^{b}±0.006	37.746^{b}±0.907	79.828^{a}±0.623
中畜-126	36.522^{b}±0.235	39.722^{b}±0.426	75.494^{a}±0.231	中畜-452	36.776^{b}±0.003	37.778^{b}±0.456	72.072^{a}±0.365
中畜-167	36.555^{b}±0.750	37.084^{b}±0.110	79.772^{a}±0.023	中畜-511	31.298^{c}±0.442	35.572^{b}±0.560	79.537^{a}±0.112
中畜-348	35.277^{b}±0.407	36.261^{b}±0.239	77.275^{a}±0.533	中畜-514	28.022^{b}±0.527	32.500^{b}±0.881	77.766^{a}±0.088
中畜-349	35.182^{b}±0.577	38.253^{b}±0.124	70.682^{a}±0.207	中畜-516	33.382^{b}±0.542	35.087^{b}±0.409	76.579^{a}±0.165
中畜-352	32.876^{b}±0.206	35.250^{b}±0.049	75.221^{a}±0.186	中畜-520	35.510^{b}±0.484	37.003^{b}±0.505	76.388^{a}±0.477
中畜-354	35.510^{b}±0.156	35.897^{b}±0.256	80.603^{a}±0.561	中畜-521	35.169^{b}±0.221	38.333^{b}±0.752	75.191^{a}±0.001
中畜-355	35.412^{c}±0.450	39.776^{b}±0.235	74.683^{a}±0.452	中畜-524	36.735^{b}±0.590	37.074^{b}±0.531	80.337^{a}±0.115
中畜-357	32.423^{b}±0.069	34.500^{b}±0.023	77.120^{a}±0.594	中畜-534	35.673^{b}±0.332	37.215^{b}±0.223	73.866^{a}±0.250
中畜-360	30.198^{b}±0.464	33.403^{b}±0.336	82.075^{a}±0.140	中畜-687	32.120^{c}±0.899	47.534^{b}±0.406	77.948^{a}±0.499

注：同行不同小写字母间差异显著（$P<0.05$），下同。

2.2 MDA含量的变化

表3表明，随着干旱处理时间的延长，除中畜-352、中畜-452两个草种的MDA含量略有降低外，其余各老芒麦MDA含量均呈显著增加的趋势（$P<0.05$）。从各老芒麦MDA含量的增幅可知，中畜-362最大，蒙16增幅最小。

表3　不同干旱处理下50份老芒麦种质材料丙二醛（MDA）含量比较（μmol/g）

编号	0d	5d	10d	编号	0d	5d	10d
B441	23.994^{c}±0.189	28.341^{b}±0.189	35.644^{a}±0.198	NM05-173	16.826^{a}±0.829	18.959^{a}±0.719	19.436^{a}±0.190
CHQ2004-364	7.377^{c}±0.634	14.108^{b}±0.762	18.808^{a}±0.852	NM05-189	19.036^{a}±0.819	22.847^{a}±0.818	25.348^{a}±0.199
GS0044	10.99^{b}±0.387	16.755^{a}±0.878	19.131^{a}±0.395	O2456	25.912^{b}±0.867	26.594^{b}±0.1815	35.800^{a}±0.178
GS0045	23.511^{c}±0.177	33.574^{b}±0.189	41.042^{a}±0.178	O2459	17.196^{b}±0.702	18.317^{b}±0.478	24.046^{a}±0.978
GS0292	7.130^{b}±0.044	12.212^{a}±0.123	14.439^{a}±0.087	SCH02-157	24.155^{b}±0.618	24.965^{b}±0.994	29.919^{a}±0.220
GS-188	11.674^{b}±0.190	18.959^{a}±0.891	19.170^{a}±0.178	SCH02-158	17.359^{c}±0.829	23.523^{b}±0.719	40.045^{a}±0.190
GS511	19.241^{c}±0.177	23.806^{b}±0.189	27.720^{a}±0.178	XJ-014	24.788^{c}±0.712	33.218^{b}±0.199	39.844^{a}±0.918
NM03-017	12.53^{b}±0.810	19.585^{a}±0.190	22.061^{a}±0.199	XJ-185	7.647^{b}±0.180	16.968^{a}±0.179	18.813^{a}±0.190
NM03-083	11.077^{b}±0.189	19.077^{a}±0.178	18.564^{a}±0.821	蒙16	21.173^{a}±0.044	19.501^{a}±0.123	22.459^{a}±0.087
NM03-086	19.221^{b}±0.189	18.976^{b}±0.117	23.777^{a}±0.179	蒙189	22.094^{b}±0.702	26.515^{a}±0.479	29.743^{a}±0.978
NM05-0155	27.086^{c}±0.819	33.891^{b}±0.818	38.925^{a}±0.199	蒙99-101	8.423^{b}±0.819	19.06^{a}±0.818	19.282^{a}±0.199
NM05-035	20.385^{b}±0.712	25.382^{a}±0.199	25.934^{a}±0.918	中畜-126	23.568^{b}±0.190	24.050^{b}±0.891	31.601^{a}±0.178
NM05-080	19.028^{b}±0.634	19.683^{b}±0.762	24.893^{a}±0.852	中畜-167	22.536^{c}±0.044	27.277^{b}±0.123	38.873^{a}±0.087
NM05-152	13.467^{b}±0.190	18.873^{a}±0.279	22.950^{a}±0.189	中畜-348	10.359^{b}±0.209	16.057^{a}±0.076	18.697^{a}±0.609

（续）

编号	0d	5d	10d	编号	0d	5d	10d
中畜-349	25.264^{b}±0.189	26.117^{b}±0.287	30.931^{a}±0.179	中畜-427	22.665^{b}±0.189	24.519^{b}±0.178	28.547^{a}±0.821
中畜-352	20.816^{a}±0.618	18.749^{a}±0.994	18.068^{a}±0.220	中畜-431	32.903^{b}±0.387	34.270^{b}±0.878	38.485^{a}±0.395
中畜-354	21.655^{c}±0.180	33.016^{b}±0.179	40.936^{a}±0.190	中畜-452	26.439^{a}±0.867	21.012^{b}±0.683	16.873^{c}±0.178
中畜-355	11.338^{b}±0.189	19.523^{a}±0.287	19.627^{a}±0.179	中畜-511	7.201^{c}±0.017	14.428^{b}±0.070	19.643^{a}±0.147
中畜-357	23.850^{c}±0.634	28.904^{b}±0.762	36.105^{a}±0.852	中畜-514	4.921^{c}±0.189	14.585^{b}±0.189	19.254^{a}±0.198
中畜-360	25.326^{c}±0.209	29.883^{b}±0.076	38.099^{a}±0.609	中畜-516	19.294^{b}±0.017	22.643^{b}±0.070	28.690^{a}±0.147
中畜-361	24.741^{a}±0.810	25.521^{a}±0.190	26.824^{a}±0.199	中畜-520	23.833^{b}±0.189	23.504^{b}±0.1249	32.250^{a}±0.179
中畜-362	20.543^{c}±0.017	32.968^{b}±0.070	40.144^{a}±0.147	中畜-521	7.908^{b}±0.712	17.524^{a}±0.199	18.715^{a}±0.918
中畜-363	7.12^{c}±0.177	14.932^{b}±0.189	19.310^{a}±0.178	中畜-524	18.929^{b}±0.209	21.257^{b}±0.076	27.381^{a}±0.609
中畜-378	19.613^{b}±0.189	20.828^{b}±0.189	27.281^{a}±0.198	中畜-534	19.720^{b}±0.387	24.092^{a}±0.878	28.688^{a}±0.395
中畜-405	24.618^{b}±0.190	27.141^{b}±0.279	31.030^{a}±0.189	中畜-687	19.451^{a}±0.180	24.205^{a}±0.179	25.384^{a}±0.190

2.3 叶绿素含量

表 4 表明，在干旱胁迫下，各草种叶绿素含量均比对照有不同程度的降低，不同处理间均呈显著性差异（$P<0.05$）。比较 50 种披碱草属老芒麦的叶绿素含量变化可知，下降幅度最大的是 NM05－189，下降幅度最小的是中畜-360。

表 4　不同干旱处理下 50 份老芒麦种质材料叶绿素含量比较（mg/g）

编号	0d	5d	10d	编号	0d	5d	10d
B441	15.065^{a}±0.149	9.606^{b}±0.148	7.039^{b}±0.369	XJ－014	16.814^{a}±0.723	12.856^{b}±0.586	9.819^{c}±0.462
CHQ2004－364	14.061^{a}±0.024	7.437^{b}±0.105	5.936^{b}±0.321	XJ－185	16.609^{a}±0.236	13.533^{a}±0.445	9.995^{b}±0.336
GS0044	12.906^{a}±0.445	8.530^{b}±0.625	6.066^{b}±0.014	蒙 16	17.084^{a}±0.448	14.225^{a}±0.147	10.227^{b}±0.236
GS0045	12.517^{a}±0.072	8.555^{b}±0.033	6.064^{b}±0.262	蒙 189	17.674^{a}±0.076	13.155^{b}±0.013	10.562^{c}±0.369
GS0292	11.518^{a}±0.134	9.218^{a}±0.072	6.536^{a}±0.223	蒙 99－101	16.773^{a}±0.017	13.580^{b}±0.075	10.920^{c}±0.025
GS－188	16.233^{a}±0.258	9.175^{b}±0.114	7.016^{b}±0.156	中畜-126	15.875^{a}±0.149	9.653^{b}±0.118	7.593^{b}±0.083
GS511	13.150^{a}±0.123	9.435^{b}±0.231	6.535^{b}±0.146	中畜-167	9.769^{a}±0.134	8.942^{a}±0.072	6.086^{a}±0.223
NM03－017	13.245^{a}±0.149	9.553^{b}±0.118	7.021^{b}±0.083	中畜-348	13.396^{a}±0.587	10.872^{b}±0.189	6.589^{c}±0.324
NM03－083	13.253^{a}±0.231	9.481^{b}±0.302	7.110^{b}±0.049	中畜-349	9.343^{a}±0.024	8.672^{a}±0.105	4.202^{b}±0.321
NM03－086	13.786^{a}±0.265	9.677^{b}±0.258	7.313^{b}±0.145	中畜-352	13.914^{a}±0.584	12.264^{a}±0.207	9.241^{b}±0.033
NM05－0155	15.496^{a}±0.147	9.774^{b}±0.129	7.473^{b}±0.026	中畜-354	12.438^{a}±0.232	10.554^{b}±0.041	6.124^{c}±0.129
NM05－035	13.983^{a}±0.587	9.952^{b}±0.189	7.578^{b}±0.324	中畜-355	12.873^{a}±0.014	10.927^{b}±0.099	8.406^{c}±0.285
NM05－080	14.277^{a}±0.014	10.708^{b}±0.099	7.997^{b}±0.285	中畜-357	16.999^{a}±0.017	15.151^{a}±0.075	10.891^{b}±0.025
NM05－152	14.703^{a}±0.232	9.575^{b}±0.041	8.568^{b}±0.129	中畜-360	12.300^{a}±0.147	10.672^{a}±0.129	9.572^{a}±0.026
NM05－173	13.658^{a}±0.426	10.515^{b}±0.665	8.494^{b}±0.498	中畜-361	11.528^{a}±0.457	11.455^{a}±0.557	6.267^{b}±0.235
NM05－189	17.451^{a}±0.164	11.245^{b}±0.706	8.622^{b}±0.236	中畜-362	14.797^{a}±0.377	12.158^{b}±0.289	7.493^{c}±0.488
O2456	15.762^{a}±0.457	11.057^{b}±0.557	8.472^{b}±0.235	中畜-363	17.042^{a}±0.076	14.346^{b}±0.013	9.461^{c}±0.369
O2459	13.699^{a}±0.456	11.470^{b}±0.167	8.987^{b}±0.253	中畜-378	11.330^{a}±0.265	11.064^{a}±0.258	4.409^{b}±0.145
SCH02－157	15.857^{a}±0.584	11.911^{b}±0.207	9.480^{b}±0.033	中畜-405	11.874^{a}±0.072	8.585^{b}±0.033	4.974^{c}±0.262
SCH02－158	16.303^{a}±0.377	12.157^{b}±0.289	9.617^{c}±0.488	中畜-427	15.032^{a}±0.456	11.753^{b}±0.167	10.501^{b}±0.253

（续）

编号	0d	5d	10d	编号	0d	5d	10d
中畜-431	13.687^{a}±0.448	13.871^{a}±0.147	8.652^{b}±0.236	中畜-520	13.499^{a}±0.164	12.086^{a}±0.706	8.783^{b}±0.236
中畜-452	11.684^{a}±0.123	8.976^{b}±0.231	6.950^{b}±0.146	中畜-521	14.320^{a}±0.723	13.563^{a}±0.586	9.290^{b}±0.462
中畜-511	12.950^{a}±0.258	9.590^{b}±0.114	6.255^{c}±0.156	中畜-524	13.938^{a}±0.426	12.231^{a}±0.665	8.117^{b}±0.498
中畜-514	12.208^{a}±0.231	10.830^{a}±0.302	7.867^{b}±0.049	中畜-534	17.231^{a}±0.236	13.263^{b}±0.445	11.383^{b}±0.336
中畜-516	9.847^{a}±0.445	8.369^{a}±0.625	6.101^{b}±0.014	中畜-687	9.574^{a}±0.149	8.406^{a}±0.148	5.826^{b}±0.369

2.4 游离脯氨酸含量

表5表明，在干旱胁迫下，随着干旱处理时间的延长，50份老芒麦脯氨酸含量均呈显著上升趋势（$P<0.05$），干旱第10d，中畜-524游离脯氨酸含量最高，高达260.078μg/g，NM05-152游离脯氨酸含量最低，为142.248μg/g。

表5 不同干旱处理下50份老芒麦种质材料游离脯氨酸含量比较（μg/g）

编号	0d	5d	10d	编号	0d	5d	10d
B441	39.922^{c}±0.286	115.762^{b}±0.737	161.240^{a}±0.601	中畜-126	42.506^{c}±0.226	162.791^{b}±0.873	214.470^{a}±0.563
CHQ2004-364	43.669^{c}±0.445	145.349^{b}±0.448	205.168^{a}±0.775	中畜-167	34.755^{c}±0.621	113.049^{b}±0.450	147.933^{a}±0.471
GS0044	62.403^{c}±0.952	179.974^{b}±0.703	208.14^{a}±0.424	中畜-348	48.191^{c}±0.110	156.072^{b}±0.721	210.336^{a}±0.777
GS0045	63.437^{c}±0.336	156.460^{b}±0.113	210.724^{a}±0.488	中畜-349	52.713^{c}±0.295	160.594^{b}±0.212	202.842^{a}±0.596
GS0292	67.054^{c}±0.286	144.832^{b}±0.737	187.855^{a}±0.601	中畜-352	46.770^{c}±0.250	125.969^{b}±0.965	189.922^{a}±0.269
GS-188	64.599^{c}±0.775	111.499^{b}±0.896	178.811^{a}±0.258	中畜-354	76.227^{c}±0.295	125.840^{b}±0.212	183.850^{a}±0.596
GS511	47.158^{c}±0.251	123.256^{b}±0.114	191.602^{a}±0.336	中畜-355	65.891^{c}±0.354	124.160^{b}±0.269	193.669^{a}±0.077
NM03-017	50.517^{c}±0.935	156.977^{b}±0.099	205.426^{a}±0.157	中畜-357	38.243^{c}±0.354	118.734^{b}±0.269	190.052^{a}±0.077
NM03-083	56.072^{c}±0.282	132.429^{b}±0.903	164.083^{a}±0.104	中畜-360	68.605^{c}±0.145	147.158^{b}±0.558	204.134^{a}±0.114
NM03-086	64.858^{c}±0.558	128.295^{b}±0.943	180.103^{a}±0.711	中畜-361	79.974^{c}±0.552	127.907^{b}±0.404	173.643^{a}±0.953
NM05-0155	43.023^{c}±0.145	115.504^{b}±0.558	164.083^{a}±0.114	中畜-362	64.341^{c}±0.559	159.432^{b}±0.115	183.592^{a}±0.226
NM05-035	65.504^{c}±0.256	137.209^{b}±0.156	185.271^{a}±0.156	中畜-363	75.452^{c}±0.935	122.739^{b}±0.099	183.333^{a}±0.157
NM05-080	69.121^{c}±0.445	139.664^{b}±0.448	212.145^{a}±0.775	中畜-378	81.783^{c}±0.559	203.230^{b}±0.115	253.876^{a}±0.226
NM05-152	33.850^{c}±0.256	111.499^{b}±0.156	142.248^{a}±0.156	中畜-405	106.460^{c}±0.558	158.915^{b}±0.943	218.992^{a}±0.711
NM05-173	72.481^{c}±0.251	156.977^{b}±0.114	191.86^{a}±0.336	中畜-427	84.884^{c}±0.775	202.196^{b}±0.896	221.447^{a}±0.258
NM05-189	74.935^{c}±0.110	139.664^{b}±0.721	174.935^{a}±0.777	中畜-431	78.553^{c}±0.115	124.806^{b}±0.446	166.150^{a}±0.114
O2456	45.220^{c}±0.045	143.928^{b}±0.964	192.894^{a}±0.477	中畜-452	74.16^{c}±0.165	168.475^{b}±0.044	211.886^{a}±0.234
O2459	56.848^{c}±0.235	127.003^{b}±0.449	173.773^{a}±0.115	中畜-511	69.638^{c}±0.045	172.997^{b}±0.964	198.062^{a}±0.477
SCH02-157	76.615^{c}±0.282	124.548^{b}±0.903	176.098^{a}±0.104	中畜-514	80.233^{c}±0.952	121.447^{b}±0.703	175.969^{a}±0.424
SCH02-158	77.649^{c}±0.235	126.744^{b}±0.449	173.385^{a}±0.115	中畜-516	58.915^{c}±0.115	158.656^{b}±0.446	197.028^{a}±0.114
XJ-014	69.767^{c}±0.250	131.008^{b}±0.965	182.171^{a}±0.269	中畜-520	67.313^{c}±0.226	159.432^{b}±0.873	216.279^{a}±0.563
XJ-185	80.749^{c}±0.336	170.930^{b}±0.113	196.899^{a}±0.488	中畜-521	76.357^{c}±0.116	123.514^{b}±0.579	184.496^{a}±0.156
蒙16	47.674^{c}±0.165	131.654^{b}±0.044	188.630^{a}±0.234	中畜-524	119.509^{c}±0.075	203.618^{b}±0.747	260.078^{a}±0.444
蒙189	54.522^{c}±0.116	169.380^{b}±0.579	194.832^{a}±0.156	中畜-534	65.116^{c}±0.075	144.315^{b}±0.747	199.096^{a}±0.444
蒙99-101	61.240^{c}±0.552	157.881^{b}±0.404	193.023^{a}±0.953	中畜-687	65.762^{c}±0.621	126.744^{b}±0.450	186.047^{a}±0.471

2.5 可溶性糖含量

表6表明，在干旱胁迫下，随着干旱处理时间的延长，50份老芒麦可溶性糖含量均呈显著上升趋势（$P<0.05$），干旱第10d，中畜-352和中畜-360可溶性糖含量最高，高达29.44μg/g，中畜-363和SCH02-158可溶性糖含量最低，为15.00μg/g。

表6 不同干旱处理下50份老芒麦种质材料可溶性糖含量比较（μg/g）

编号	0d	5d	10d	编号	0d	5d	10d
B441	$17.18^{b}\pm0.980$	$24.24^{a}\pm0.179$	$26.32^{a}\pm0.128$	中畜-126	$9.35^{c}\pm0.718$	$15.77^{b}\pm0.166$	$22.61^{a}\pm0.218$
CHQ2004-364	$11.29^{c}\pm0.192$	$19.44^{b}\pm0.676$	$24.51^{a}\pm0.543$	中畜-167	$14.19^{c}\pm0.291$	$24.42^{b}\pm0.853$	$27.45^{a}\pm0.485$
GS0044	$10.52^{b}\pm0.186$	$17.54^{a}\pm0.166$	$16.77^{a}\pm0.179$	中畜-348	$10.48^{c}\pm0.244$	$15.14^{b}\pm0.628$	$19.53^{a}\pm0.685$
GS0045	$13.87^{c}\pm0.728$	$19.98^{b}\pm0.218$	$27.58^{a}\pm0.217$	中畜-349	$10.48^{c}\pm0.128$	$15.14^{b}\pm0.167$	$19.53^{a}\pm0.717$
GS0292	$16.59^{b}\pm0.291$	$22.7^{a}\pm0.853$	$24.69^{a}\pm0.485$	中畜-352	$15.91^{c}\pm0.127$	$23.06^{b}\pm0.433$	$29.44^{a}\pm0.401$
GS-188	$14.19^{c}\pm0.718$	$24.42^{b}\pm0.166$	$27.45^{a}\pm0.218$	中畜-354	$13.38^{c}\pm0.178$	$19.44^{b}\pm0.121$	$24.69^{a}\pm0.178$
GS511	$12.33^{c}\pm0.728$	$21.38^{b}\pm0.218$	$25.86^{a}\pm0.217$	中畜-355	$12.74^{b}\pm0.128$	$21.93^{a}\pm0.167$	$23.24^{a}\pm0.717$
NM03-017	$17.18^{b}\pm0.718$	$24.24^{a}\pm0.133$	$26.32^{a}\pm0.121$	中畜-357	$13.87^{c}\pm0.192$	$15.82^{b}\pm0.676$	$21.93^{a}\pm0.543$
NM03-083	$16.72^{b}\pm0.127$	$22.92^{a}\pm0.728$	$23.60^{a}\pm0.189$	中畜-360	$15.91^{c}\pm0.244$	$23.06^{b}\pm0.628$	$29.44^{a}\pm0.685$
NM03-086	$13.38^{c}\pm0.173$	$19.44^{b}\pm0.166$	$24.69^{a}\pm0.288$	中畜-361	$10.66^{b}\pm0.718$	$16.32^{a}\pm0.133$	$18.58^{a}\pm0.121$
NM05-0155	$14.78^{c}\pm0.18$	$22.43^{b}\pm0.505$	$26.32^{a}\pm0.493$	中畜-362	$17.4^{c}\pm0.164$	$22.52^{b}\pm0.302$	$26.59^{a}\pm0.427$
NM05-035	$13.29^{c}\pm0.190$	$21.34^{b}\pm0.827$	$23.83^{a}\pm0.782$	中畜-363	$11.84^{c}\pm0.728$	$18.17^{a}\pm0.218$	$15.00^{b}\pm0.217$
NM05-080	$11.66^{c}\pm0.192$	$16.27^{b}\pm0.676$	$22.06^{a}\pm0.543$	中畜-378	$17.40^{b}\pm0.980$	$22.06^{a}\pm0.179$	$24.46^{a}\pm0.128$
NM05-152	$17.40^{c}\pm0.167$	$22.52^{b}\pm0.178$	$26.59^{a}\pm0.127$	中畜-405	$11.66^{c}\pm0.167$	$23.01^{b}\pm0.178$	$26.54^{a}\pm0.127$
NM05-173	$13.87^{b}\pm0.121$	$15.82^{b}\pm0.667$	$21.93^{a}\pm0.231$	中畜-427	$12.47^{c}\pm0.127$	$21.88^{b}\pm0.728$	$25.86^{a}\pm0.189$
NM05-189	$16.59^{c}\pm0.18$	$22.70^{b}\pm0.505$	$24.69^{a}\pm0.493$	中畜-431	$11.66^{c}\pm0.186$	$16.27^{b}\pm0.166$	$22.06^{a}\pm0.179$
O2456	$12.74^{b}\pm0.320$	$21.93^{a}\pm0.718$	$23.24^{a}\pm0.129$	中畜-452	$14.28^{c}\pm0.320$	$24.42^{b}\pm0.718$	$27.63^{a}\pm0.129$
O2459	$13.87^{c}\pm0.134$	$19.98^{b}\pm0.475$	$27.58^{a}\pm0.481$	中畜-511	$9.35^{c}\pm0.164$	$15.77^{b}\pm0.302$	$22.61^{a}\pm0.427$
SCH02-157	$14.78^{b}\pm0.127$	$22.88^{a}\pm0.433$	$23.33^{a}\pm0.401$	中畜-514	$12.47^{c}\pm0.980$	$21.88^{b}\pm0.179$	$25.86^{a}\pm0.128$
SCH02-158	$11.84^{c}\pm0.121$	$18.17^{a}\pm0.667$	$15.00^{b}\pm0.231$	中畜-516	$12.65^{b}\pm0.164$	$24.42^{a}\pm0.302$	$26.59^{a}\pm0.427$
XJ-014	$14.28^{b}\pm0.190$	$24.42^{a}\pm0.827$	$27.63^{a}\pm0.782$	中畜-520	$16.72^{b}\pm0.173$	$22.92^{a}\pm0.166$	$23.60^{a}\pm0.288$
XJ-185	$10.66^{b}\pm0.178$	$16.32^{a}\pm0.121$	$18.58^{a}\pm0.178$	中畜-521	$14.78^{b}\pm0.190$	$22.88^{a}\pm0.827$	$23.33^{a}\pm0.782$
蒙16	$14.78^{c}\pm0.291$	$22.43^{b}\pm0.853$	$26.32^{a}\pm0.485$	中畜-524	$13.10^{c}\pm0.244$	$19.44^{b}\pm0.628$	$29.17^{a}\pm0.685$
蒙189	$10.52^{b}\pm0.134$	$17.54^{a}\pm0.475$	$16.77^{a}\pm0.481$	中畜-534	$11.29^{c}\pm0.186$	$19.44^{b}\pm0.166$	$24.51^{a}\pm0.179$
蒙99-101	$11.66^{c}\pm0.18$	$23.01^{b}\pm0.505$	$26.54^{a}\pm0.493$	中畜-687	$12.74^{c}\pm0.178$	$22.38^{b}\pm0.121$	$25.14^{a}\pm0.178$

2.6 抗旱性综合评价

牧草抗旱性是许多指标综合作用的结果，评价指标和方法的选取非常重要，本文采用隶属函数法，综合评价这些老芒麦的抗旱性。运用上述公式（1）、（2）求出各草种各指标参数的隶属函数值，再将各老芒麦各项指标的隶属函数值加起来求其平均值得其综合评价值，综合评价值越大，抗旱性越强，反之则弱。表7是50份老芒麦5项抗旱参数的综合评判结果，其抗旱性的顺序为NM05-152>中畜-363>蒙99-101>XJ-185>中畜-521>GS-188>NM05-189>NM03-017>GS0292>NM03-083>SCH02-158>中畜-362>CHQ2004-364>中畜-524>中畜-378>XJ-014>中畜-511>蒙16>中畜-514>B441>中畜-534>中畜-355>SCH02-157>蒙189>NM05-173>GS0044>中畜-357>中畜-352>

NM05 - 035>中畜- 520>中畜- 427>O2459>中畜- 348>NM03 - 086>NM05 - 080>中畜- 360>NM05 -0155>GS0045>中畜- 354>O2456>中畜- 405>GS511>中畜- 126>中畜- 452>中畜- 687>中畜- 516>中畜- 361>中畜- 431>中畜- 167>中畜- 349。

表 7　50 份老芒麦种质材料抗旱性强弱综合评价

编号	草种	丙二醛	电导率	可溶性糖	脯氨酸	叶绿素	综合评价值	抗旱性强弱
B441	老芒麦	0.472	0.976	0.39	0.027	0.806	0.534	20
CHQ2004 - 364	老芒麦	0.932	0.953	0.097	0.043	0.732	0.551	13
GS0044	老芒麦	0.832	0.928	0.058	0.126	0.646	0.518	26
GS0045	老芒麦	0.485	0.954	0.225	0.131	0.617	0.482	38
GS0292	老芒麦	0.939	0.927	0.36	0.147	0.543	0.583	9
GS - 188	老芒麦	0.813	0.894	0.241	0.136	0.893	0.595	6
GS511	老芒麦	0.604	0.778	0.148	0.059	0.664	0.451	42
NM03 - 017	老芒麦	0.789	1	0.39	0.074	0.671	0.585	8
NM03 - 083	老芒麦	0.83	0.85	0.367	0.098	0.672	0.563	10
NM03 - 086	老芒麦	0.604	0.87	0.201	0.137	0.711	0.505	34
NM05 - 0155	老芒麦	0.386	0.93	0.27	0.041	0.838	0.493	37
NM05 - 035	老芒麦	0.572	0.921	0.196	0.14	0.726	0.511	29
NM05 - 080	老芒麦	0.609	0.871	0.115	0.156	0.748	0.5	35
NM05 - 152	老芒麦	0.763	0.869	0.401	0.343	0.779	0.631	1
NM05 - 173	老芒麦	0.67	0.842	0.225	0.171	0.702	0.522	25
NM05 - 189	老芒麦	0.609	0.831	0.36	0.182	0.983	0.593	7
O2456	老芒麦	0.419	0.816	0.169	0.05	0.858	0.462	40
O2459	老芒麦	0.66	0.85	0.225	0.102	0.705	0.508	32
SCH02 - 157	老芒麦	0.468	0.839	0.27	0.189	0.865	0.526	23
SCH02 - 158	老芒麦	0.656	0.943	0.124	0.194	0.898	0.563	11
XJ - 014	老芒麦	0.45	0.909	0.245	0.159	0.936	0.54	16
XJ - 185	老芒麦	0.925	0.898	0.065	0.207	0.921	0.603	4
蒙 16	老芒麦	0.55	0.845	0.27	0.061	0.956	0.536	18
蒙 189	老芒麦	0.525	0.939	0.058	0.091	1	0.523	24
蒙 99 - 101	老芒麦	0.903	0.957	0.115	0.121	0.933	0.606	3
中畜- 126	老芒麦	0.484	0.854	0	0.038	0.866	0.448	43
中畜- 167	老芒麦	0.512	0.853	0.241	0.004	0.413	0.405	49
中畜- 348	老芒麦	0.849	0.874	0.056	0.063	0.682	0.505	33
中畜- 349	老芒麦	0.437	0.875	0.056	0.083	0.382	0.367	50
中畜- 352	老芒麦	0.56	0.913	0.327	0.057	0.721	0.515	28
中畜- 354	老芒麦	0.537	0.87	0.201	0.187	0.611	0.481	39
中畜- 355	老芒麦	0.822	0.872	0.169	0.142	0.644	0.53	22
中畜- 357	老芒麦	0.476	0.92	0.225	0.019	0.95	0.518	27
中畜- 360	老芒麦	0.435	0.956	0.327	0.154	0.601	0.494	36
中畜- 361	老芒麦	0.451	0.933	0.065	0.204	0.544	0.439	47

（续）

编号	草种	丙二醛	电导率	可溶性糖	脯氨酸	叶绿素	综合评价值	抗旱性强弱
中畜-362	老芒麦	0.567	0.869	0.401	0.135	0.786	0.552	12
中畜-363	老芒麦	0.939	0.87	0.124	0.184	0.953	0.614	2
中畜-378	老芒麦	0.593	1	0.401	0.212	0.529	0.547	15
中畜-405	老芒麦	0.455	0.851	0.115	0.321	0.569	0.462	41
中畜-427	老芒麦	0.509	0.855	0.155	0.226	0.804	0.51	31
中畜-431	老芒麦	0.225	0.872	0.115	0.198	0.704	0.423	48
中畜-452	老芒麦	0.404	0.85	0.245	0.178	0.555	0.447	44
中畜-511	老芒麦	0.937	0.938	0	0.158	0.649	0.536	17
中畜-514	老芒麦	0.732	0.991	0.155	0.205	0.594	0.536	19
中畜-516	老芒麦	0.602	0.904	0.164	0.111	0.419	0.44	46
中畜-520	老芒麦	0.476	0.87	0.367	0.148	0.69	0.51	30
中畜-521	老芒麦	0.917	0.876	0.27	0.188	0.751	0.6	5
中畜-524	老芒麦	0.612	0.85	0.187	0.379	0.723	0.55	14
中畜-534	老芒麦	0.59	0.867	0.097	0.138	0.967	0.532	21
中畜-687	老芒麦	0.598	0.925	0.169	0.141	0.399	0.446	45

3 讨论与结论

（1）相对电导率是反映植物膜系统的状况的一个指标。植物在受到逆境胁迫或者其他损伤的情况下细胞膜容易破裂，膜蛋白受伤害因而胞质的胞液外渗而使相对电导率增大，其反映直接、实际，是一个比较有用而测量方法简单的数据。本试验中老芒麦受到干旱的胁迫故而相对电导率呈现上升的趋势，且相对电导率随着胁迫强度的增大及时间的增加而增大。

（2）叶绿素是绿色植物进行光合作用的主要色素，其含量的多少与老芒麦的光合作用及其强度有密切的关系[11]。水分胁迫使植株体内水分亏缺达一定程度时，会造成叶绿体的变形和片层结构的破坏，叶绿素含量也会发生变化。本试验在干旱胁迫下，老芒麦叶片叶绿素含量随着干旱胁迫强度的增大及时间的增加而减少，这与Bingru Hang等[12]报道一致，但也有不同结果，如李俊庆等[13]对花生苗期抗旱的研究表明，水分胁迫使花生叶片中叶绿素含量逐渐升高。

（3）目前对逆境条件下植物体内游离脯氨酸含量变化研究较多，但研究结果不尽相同。Xu等[14]对沙冬青的研究发现在水分胁迫时游离脯氨酸大量积累，对植物的渗透调节起着重要作用，但也有研究持不同意见，如周瑞莲等[15]对几种沙生植物调节物的研究认为胁迫时虽然游离脯氨酸增加，但与胁迫后植物存活状况结合起来，对于有些植物表现抗逆性状，有些却表现受害性状。本试验表明，不同材料在干旱胁迫下，叶片游离脯氨酸含量与对照比较显著的积累，且随着干旱时间的延长，积累量呈增加趋势。

（4）MDA是膜脂过氧化的产物，其含量的多少与膜脂过氧化程度的高低密切相关。本试验中随着干旱胁迫的增强及干旱时间的增加MDA的含量也呈现增加的趋势，这与白志英等[16]的测定中的结果一致。

（5）可溶性糖如葡萄糖、蔗糖，在植物的生命周期中具有重要作用，可溶性糖能提高细胞的渗透调节能，使植物在一定逆境中正常生长发育。在干旱条件下，牧草通过积累大量的可溶性糖来提高其对水分的吸收能力。本试验中随着干旱胁迫的增强及干旱时间的增加，50份老芒麦种质材料的可溶性糖含量均呈显著上升趋势（$P<0.05$），这与靳军英等[17]的试验结果一致。

（6）本文采用隶属函数法，综合评价披碱草属老芒麦牧草的抗旱性。得出披碱草属老芒麦50份牧草苗期抗旱性顺序为 NM05-152>中畜-363>蒙 99-101>XJ-185>中畜-521>GS-188>NM05-189>NM03-017>GS0292>NM03-083>SCH02-158>中畜-362>CHQ2004-364>中畜-524>中畜-378>XJ-014>中畜-511>蒙 16>中畜-514>B441>中畜-534>中畜-355>SCH02-157>蒙 189>NM05-173>GS0044>中畜-357>中畜-352>NM05-035>中畜-520>中畜-427>O2459>中畜-348>NM03-086>NM05-080>中畜-360>NM05-0155>GS0045>中畜-354>O2456>中畜-405>GS511>中畜-126>中畜-452>中畜-687>中畜-516>中畜-361>中畜-431>中畜-167>中畜-349。

参考文献

[1] 刘祖祺，张石城．植物抗性生理学 [M]. 北京：中国农业出版社，1994：121-124.

[2] VON BOTHMER R，SEBERG，JACOBSEN N. Genetic resources in the fruiceae [J]. Hereditas，116：141-150.

[3] SHARMA H C，GILL B S，CYEMOTO J K. High level of resistance in Agropyrora species to barely yellow dwarf and wheat streak mosaic viruses [J]. Journay of phytopathology，1984，110 (2)：143-147.

[4] TOMASZ HURA，STANISLAW GRZESIAK，KATARZYNA HURA，et al. Physiological and biochemical tools useful in drought - tolerance detection in genotypes of winter t riticale：Accumulation of ferulic acid correlates with drought tolerance [J]. Annals of Botany，2007，100 (4)：767-775.

[5] 卢宝荣．披碱草属与大麦属系统关系的研究 [J]. 植物分类学报，1997，35 (3)：193-207.

[6] 孙建萍，袁庆华．披碱草属种质资源研究进展 [J]. 草业科学，2005 (12)：2-5.

[7] 邹琦．植物生理学实验指导 [M]. 北京：中国农业出版社，2000.

[8] 刘贵河，郭郁频，任永霞，等．PEG 胁迫下 5 种牧草饲料作物种子萌发期的抗旱性研究 [J]. 种子，2013，32 (1)：15-19.

[9] 黎燕琼，刘兴良，郑绍伟，等．岷江上游干旱河谷四种灌木的抗旱生理动态变化 [J]. 生态学报，2007，27 (3)：870-878.

[10] 李松岗．实用生物统计 [M]. 北京：北京大学出版社，2002：134-139.

[11] 祁娟，徐柱，王海清，等．披碱草与老芒麦苗期抗旱性综合评价 [J]. 草地学报，2009，(1)：36-42.

[12] HUANG B，RY J WANG B. Water relations and canopy charaeteristics of tall fescue cultivars during and after drought stress [J]. Hort. scienc，1998，33：837-840.

[13] 李俊庆．水分胁迫对不同抗旱型花生生长发育及生理特征的影响 [J]. 中国农业气象，1996，17 (1)：11-17.

[14] XU S J，AN L Z，FENG H Y，et al. The seasonal effects of water stress on Ammopiptanthus mongolicus in destert environment [J]. Journal of Arid Environments，2002，51：437-447.

[15] 周瑞莲，孙国钧，王海鸥．沙生植物渗透调节物对干旱、高温的响应及其在逆境中的作用 [J]. 中国沙漠，1999，19：18-22.

[16] 白志英，李存东，吴同燕，等．干旱胁迫条件下小麦旗叶酶活性和丙二醛含量的染色体定位 [J]. 植物遗传资源学报，2009，10 (2)：255-261.

[17] 靳军英，张卫华，袁玲．三种牧草对干旱胁迫的生理响应及抗旱性评价 [J]. 草业学报，2015，24 (10)：157-165.

40 份高羊茅种质材料抗旱性综合评价

袁庆华 赵相勇 刘占彬

（中国农业科学院北京畜牧兽医研究所）

摘要： 本试验对来自国内外的 40 份高羊茅种质材料，在自然干旱胁迫下进行抗旱试验，通过测定种质材料在苗期的形态指标和植株的存活率，来综合评价和分析40个材料的抗旱性，试验结果表明，抗旱性最强的材料有阿拉木和中畜-620高羊茅，抗旱性较好的材料有93-23、中畜-588、92-78、翠碧A、92-97、中畜-617、中畜-615、86-44、92-94、92-110这10个品种，抗旱性最差的种质材料有87-28、83-434、92-108、74-107、92-100。

关键词： 羊茅属；抗旱性；水分胁迫；株高；叶面积；地上生物量；根干重；根冠比

高羊茅（*Festuca arundinacea*）是禾本科羊茅属多年生草本植物，为冷季型禾本科中抗热、抗旱性最强的草种。在抗旱性方面，国内外许多研究者认为高羊茅比其他冷季性草坪草具有更强的抗旱性。本研究对来自国内外的40份高羊茅种质材料，在自然干旱胁迫下进行抗旱试验，拟通过测定种质材料在苗期的株高、叶面积、地上生物量、根干重、根冠比等形态指标和植株的存活率，来综合评价和分析40份材料的抗旱性，以便筛选出抗旱性较强的种质材料。

1 材料和方法

1.1 材料

本试验所用的40份种质材料由中国农业科学院北京畜牧兽医研究所牧草资源室提供，各种质材料的具体信息见表1。

表1 试验材料及来源

编号	种名	采集地或原产地	采集或引种时间	编号	种名	采集地或原产地	采集或引种时间
87-28	高羊茅	荷兰	1987	92-110	高羊茅	加拿大	1992
84-718	高羊茅	美国	1984	92-119	高羊茅	俄罗斯	1992
93-27	高羊茅	美国	1993	92-107	高羊茅	美国	1992
93-24	高羊茅	美国	1993	92-103	高羊茅	俄罗斯	1992
93-25	高羊茅	美国	1983	92-94	高羊茅	西班牙	1992
83-434	高羊茅	美国	1983	aribia	高羊茅	东方草业公司	2005
83-96	高羊茅	荷兰	1983	爱瑞3	高羊茅	东方草业公司	2005
93-23	高羊茅	美国	1993	翠碧A	高羊茅	东方草业公司	2005
86-18	高羊茅	荷兰	1983	阿拉木	高羊茅	东方草业公司	2005
83-95	高羊茅	荷兰	1986	中畜588	高羊茅	新疆乌鲁木齐南戈壁	2004
86-44	高羊茅	法国	1993	中畜-615	高羊茅	新疆塔城车效河滩	2004
93-26	高羊茅	美国	1993	中畜-377	高羊茅	新疆阿尔泰	2004
74-107	高羊茅	澳大利亚	1974	中畜-616	高羊茅	甘肃	
93-11	高羊茅	美国	1992	中畜-617	高羊茅	新疆	
92-78	高羊茅	日本	1992	中畜-618	高羊茅	甘肃河西	
92-96	高羊茅	西班牙	1992	中畜-418	高羊茅	新疆伊犁昭苏	2004
92-89	高羊茅	法国	1992	中畜-134	高羊茅	青海祁连	2004
92-100	高羊茅	俄罗斯	1992	中畜-404	高羊茅	新疆伊犁新源	2004
92-108	高羊茅	俄罗斯	1992	中畜-419	高羊茅	新疆博乐赛里木湖	2004
92-97	高羊茅	西班牙	1992	中畜-620	高羊茅	北京郊区	

1.2　试验方法

本试验在中国农业科学院北京畜牧兽医研究所温室内进行。采用盆栽法，选用田间土壤，过筛后装入无孔塑料花盆（16cm×15cm），每盆装土 2.0kg（干土），2005 年 9 月 10 日播种，待出苗后间苗，2～3 片真叶时定株，每盆保留 15 株生长健壮的幼苗。待生长到 3～4 片真叶时进行 3 次反复干旱处理，即从 10 月 18 日进行第一次干旱处理，每次干旱间隔时间为 15d。设干旱处理与对照（正常浇水）两组，3 次重复。

1.3　测定指标及测定方法

（1）存活率　当试验结束时测定干旱胁迫处理的每盆植株的存活率。

（2）株高　测量干旱胁迫下幼苗的自然株高和对照下幼苗的自然株高（每盆 10 株），取其平均值。

（3）叶面积　用直尺测量叶片长度、叶片最大宽度（每盆 10 片叶片），取其平均值。然后计算水稻叶面积，公式如下。

$$S=KLD$$

式中：S——叶面积；

K——$K=0.813e^{\frac{1.7879}{x}}$，$x=L/D$；

L——叶宽；

D——叶长。

（4）地上生物量　收集每盆的地上部分植株烘干后测定其干重。

（5）根干重　地上部分收集完后，将花盆内的土一次倒出，用网袋收集植株的地下部分，然后用清水洗净，烘干后测定其干重。

（6）根冠比　根冠比＝植株的根干重/地上生物量。

1.4　各指标抗旱系数的计算

各指标抗旱系数＝水分胁迫下性状值/对照性状值

2　结果与分析

植物对水分的需求及对水分亏缺的反应，与植物本身地上、地下部分的外部形态特征、生长状况及生态条件密切相关。一般来说，当水分条件不能满足植株需求时，即会产生一系列的缺水生理反应，以适应水分不足的条件，维持植株的生存，经过长期的作用，就会逐渐表现出适应性的外部形态特征。随着水分亏缺程度的加重，地上地下生长均受到影响，甚至全株枯死。由于植物种类及受水分胁迫的状况不同，其规律性及表现也不完全一致。

2.1　干旱对株高的影响

对 40 份高羊茅种质材料株高的抗旱性进行多重比较。从表 2 可知，高羊茅在受到水分胁迫时，植株的生长速度显著减缓。与对照相比，株高抗旱系数都小于 1，说明水分胁迫下的 40 份高羊茅种质材料的株高显著下降，各不同品种间株高抗旱系数存在一定差异。株高抗旱系数的变化率在 0.587 4～0.849 8，变化幅度较大。株高抗旱系数在 0.8 以上的有 13 份种质材料，在 0.7 以上 0.8 以下的有 15 份种质材料，0.7 以下的共 12 份种质材料。株高抗旱系数最高的是阿拉木（0.849 8），来自东方草业公司；最低的是 92－100（0.587 4），来自俄罗斯。其余各品种株高抗旱系数在这两者之间或没有差异性。

2.2 干旱对叶面积的影响

干旱对细胞伸长的影响大于对细胞分裂的影响，干旱使细胞扩散受阻，新叶形成受到抑制，下部分叶死亡脱落，因而叶面积比正常灌溉下明显减少。从 40 份高羊茅种质材料叶面积抗旱系数的多重比较（表 2）可知，不同材料间存在显著差异。其中，以 93－26 和 74－107 两品种叶面积抗旱系数最小，其抗旱系数分别为 0.469 9 和 0.470 5，它们在干旱条件下的叶面积抗旱系数较同品种在灌水条件下的叶面积抗旱系数小 20%～50%，最大的为 92－110，其干旱条件下的叶面积抗旱系数是其在灌水条件下的叶面积抗旱系数的 72.32%，其余品种在干旱条件下的叶面积抗旱系数较其在灌水条件下的叶面积抗旱系数均在 30%～50%。叶面积抗旱系数大，说明该品种在干旱条件下能够保持较大的叶面积来维持光合作用。因此，根据叶面积抗旱系数的多重比较结果可知，92－110 的抗旱性较强，93－26 和 74－107 的抗旱性最弱，其余的各品种的抗旱性在 23－26 和 92－110 之间或没有差异性。

2.3 干旱对地上生物量的影响

当高羊茅受到水分胁迫时，地上生物量严重减少，各个品种的减少程度存在一定的差异。从表 2 可以看出，不同材料地上生物量间存在显著差异，其地上生物量的抗旱系数最大的是 92－94（0.487 1），最小的是中畜-377（0.189），其余各品种的地上生物量的抗旱系数在 0.189～0.487 1。说明 92－94 的抗旱性较强，中畜-377 的抗旱性最弱，其余各品种的抗旱性在这两个品种之间或没有差异性。

2.4 干旱对根干重的影响

在干旱胁迫下，根系干重是植物适应干旱的重要指标。当植物受到干旱胁迫时，根干重增大，有助于植物从干旱的土壤中吸收水分，保持体内水分平衡，减少因干旱造成的损失。由表 2 可知，干旱胁迫下，高羊茅各个种质材料的根干重比灌水条件下同品种严重下降，说明严重干旱条件下，高羊茅各个品种的地下生物量积累严重减少。其下降的幅度因品种不同而存在一定的差异性，其中以 83－434、92－100 两个品种的根干重最小，其根干重的抗旱系数分别为 0.103 3 和 0.108 9，他们在干旱条件下的根干重抗旱系数较同品种在灌水条件下的根干重抗旱系数小 75%～90%，最大的为 86－44，其干旱条件下的根干重抗旱系数是其在灌水条件下的根干重抗旱系数的 24.43%，其余品种在干旱条件下的根干重抗旱系数较其在灌水条件下的根干重抗旱系数均在 80%～90%。根干重抗旱系数大，说明该品种在干旱条件下能够保持较大的根系来维持水分和营养物质的吸收。因此，根据根干重抗旱系数的多重比较可知，86－44 的抗旱性最强，83－434 和 92－100 的抗旱性最弱，其余的各品种抗旱性在 86－44 和 83－434 之间或没有差异性。

2.5 干旱对根冠比的影响

从表 2 可知，在干旱胁迫下，高羊茅各个种质材料根冠比的抗旱系数均有所下降，但其下降幅度比地上生物量和根干重小得多，说明在干旱过程中高羊茅各个种质材料的根系比其地上部分有所增加。其中以 92－119、中畜-134 两个品种的根冠比最小，其根冠比的抗旱系数分别为 0.342 2 和 0.343 6，他们在干旱条件下的根冠比抗旱系数较同品种在灌水条件下的根冠比抗旱系数小 40%～60%，最大的为 86－44，其干旱条件下的根干重抗旱系数是其在灌水条件下的根干重抗旱系数的 76.53%，其余品种在干旱条件下的根干重抗旱系数较其在灌水条件下的根干重抗旱系数均在 30%～60%，不同品种间存在一定的差异性，根冠比是植物苗期抗旱育种的重要指标，抗旱性越强的品种（种）苗期根冠比越大，因此，根据根干重抗旱系数的多重比较可知，86－44 的抗旱性最强，中畜-134 和 92－119 的抗旱性最弱，其余的各品种的抗旱性在 86－44 和 92－119 之间或没有差异性。

2.6 干旱对植株存活率的影响

反复干旱后的存活率可以反映植株在干旱条件下的生存能力，抗旱性强的基因型在水分胁迫下应有较高的存活率。本研究表明（表 2），反复干旱处理后基因型不同高羊茅种质材料的存活率存在显著差异，有的品种在干旱过程中没有死亡的植株，如阿拉木、翠碧 A、中畜-620、中畜-588、92-97 这 5 个品种，其存活率为 100%；而 92-100 和 92-108 有一半的植株死亡，其存活率为 42.22%。

表 2　方差分析结果

编号	株高	叶面积	地上生物量	根干重	根冠比	存活率（%）
87-28	0.6910ab	0.5265bc	0.2928cd	0.1289de	0.4396cd	58.11ef
84-718	0.7295ab	0.6312ab	0.3112cd	0.1371cd	0.4433cd	71.11bc
93-27	0.8387a	0.6783ab	0.2551fg	0.1377cd	0.5465bc	84.45ab
93-24	0.7571ab	0.5245bc	0.2446gh	0.1266ef	0.5174bc	68.88cd
93-25	0.7015ab	0.5472ab	0.3532bc	0.1777ab	0.5041cd	64.45de
83-434	0.7059ab	0.571ab	0.265ef	0.1033j	0.3895ef	55.56fg
83-96	0.6634bc	0.6865ab	0.2398hi	0.1941ab	0.4949cd	77.78bc
93-23	0.8096ab	0.6826ab	0.3659bc	0.2087ab	0.5694bc	77.78bc
86-18	0.6458de	0.6074ab	0.271de	0.139bc	0.5117bc	75.56bc
83-95	0.6199ef	0.5255bc	0.2922cd	0.1506bc	0.515bc	73.33bc
86-44	0.7638ab	0.4926de	0.3191bc	0.2443a	0.7653a	80.00ab
93-26	0.8468a	0.4699e	0.3207bc	0.1965ab	0.6129ab	80.00ab
74-107	0.7039ab	0.4705e	0.2725de	0.115hi	0.4235de	55.55fg
93-11	0.8202ab	0.5923ab	0.2825de	0.1465bc	0.5188bc	77.78bc
92-78	0.8327ab	0.6428ab	0.3532bc	0.1868ab	0.5285bc	88.89ab
92-96	0.6323ef	0.5796ab	0.2971cd	0.1397bc	0.4683cd	69.57bc
92-89	0.6912ab	0.5773ab	0.2961cd	0.1548bc	0.5256bc	80ab
92-100	0.5874g	0.4941de	0.206ij	0.1089ij	0.5319bc	42.22i
92-108	0.6083fg	0.5525ab	0.3099cd	0.1349cd	0.4357cd	42.22i
92-97	0.7146ab	0.6535ab	0.4273ab	0.1974ab	0.4624cd	100.00a
92-110	0.7449ab	0.7232a	0.3635bc	0.1689bc	0.4706cd	77.78bc
92-119	0.6211ef	0.555ab	0.3987ab	0.1364cd	0.3422g	64.44de
92-107	0.6542cd	0.5395ab	0.3783ab	0.1375cd	0.3675fg	64.45de
92-103	0.6899ab	0.6223ab	0.3659bc	0.1508bc	0.4159de	77.78bc
92-94	0.7556ab	0.6265ab	0.4871a	0.1941ab	0.4013de	86.67a
aribia	0.8337a	0.5089cd	0.2801de	0.1182gh	0.4247de	68.89cd
爱瑞 3	0.7807ab	0.7103ab	0.2713de	0.1247fg	0.4673cd	68.89cd
翠碧 A	0.8066ab	0.5941ab	0.3325bc	0.194ab	0.5834ab	100.00a
阿拉木	0.8498a	0.6787ab	0.359bc	0.1833ab	0.511bc	100.00a
中畜 588	0.8209ab	0.6363ab	0.356bc	0.181ab	0.5096bc	100.00a
中畜-615	0.8213ab	0.7084ab	0.2925cd	0.1566bc	0.5321bc	91.11ab
中畜-377	0.8223ab	0.49e	0.189j	0.1309de	0.6958ab	51.11gh
中畜-616	0.718ab	0.5973ab	0.3572bc	0.1406bc	0.3954ef	73.37bc

（续）

编号	株高	叶面积	地上生物量	根干重	根冠比	存活率（%）
中畜-617	0.8344a	0.703ab	0.345bc	0.1711bc	0.4952cd	80.00ab
中畜-618	0.713ab	0.5715ab	0.325bc	0.129de	0.3964ef	68.89cd
中畜-418	0.7045ab	0.6836ab	0.3269bc	0.1344cd	0.4108de	77.80bc
中畜-134	0.7249ab	0.7062ab	0.3796ab	0.1303de	0.3436g	77.79bc
中畜-404	0.6873ab	0.6363ab	0.3746ab	0.1582bc	0.4232de	77.78bc
中畜-419	0.8356a	0.608ab	0.2899cd	0.1437bc	0.4972cd	82.22ab
中畜-620	0.7570ab	0.6978ab	0.4254ab	0.2013ab	0.4722cd	100.00a

2.7 高羊茅种质材料苗期抗旱性综合评价

品种的抗旱性是一个较为复杂的性状，鉴定一个品种的抗旱性应采用若干性状的综合评价，但对各个指标又不能等量齐观，必须根据各个指标和抗旱性的密切程度进行权重分配。首先将表 2 的结果用五级评分法换算成相对指标进行定量表示，这样各性状因数值大小和变化幅度的不同而产生的差异即可消除，其换算公式如下。

$$D=\frac{H_n-H_L}{5} \quad (1)$$

$$E=\frac{H-H_L}{D}+1 \quad (2)$$

式中：H_n——各指标测定的最大值；

H_L——各指标测定的最小值；

H——各指标测定的任意值；

D——得分极差（每得 1 分之值）；

E——应得分。

先将各个指标测定的最大值定为 5 分，最小值定为 1 分，求出 D 值，代入公式（2）求出任意测定值的应得分（表 3）。

表 3　抗旱性指标得分和变异系数

编号	株高	叶面积	地上生物量	根干重	根冠比	存活率
87 - 28	2.9741	2.1173	2.741	1.9078	2.151	2.375
84 - 718	3.7077	4.184	3.0496	2.1986	2.1948	3.5
93 - 27	5.7885	5.1137	2.1087	2.2199	3.4143	4.6544
93 - 24	4.2336	2.0778	1.9326	1.8262	3.0704	3.307
93 - 25	3.1742	2.5259	3.7541	3.6383	2.9133	2.9237
83 - 434	3.2580	2.9957	2.2747	1	1.559	2.1544
83 - 96	2.4482	5.2756	1.8521	4.2199	2.8045	4.0772
93 - 23	5.2340	5.1986	3.9671	4.7376	3.6849	4.0772
86 - 18	2.1128	3.1742	2.3754	2.266	3.0031	3.8851
83 - 95	1.6193	2.0975	2.731	2.6773	3.0421	3.6921
86 - 44	4.3613	1.4481	3.1822	6	6	4.2693
93 - 26	5.9428	1	3.209	4.305	4.199	4.2693
74 - 107	3.2199	1.0118	2.4005	1.4149	1.9608	2.1535

（续）

编号	株高	叶面积	地上生物量	根干重	根冠比	存活率
93 - 11	5.436	3.4161	2.5683	2.5319	3.087	4.0772
92 - 78	5.6742	4.4129	3.7541	3.961	3.2016	5.0386
92 - 96	1.8556	3.1654	2.8131	2.2908	2.4902	3.3667
92 - 89	2.9779	3.12	2.7964	2.8262	3.1673	4.2693
92 - 100	1	1.4777	1.2851	1.1986	3.2418	1
92 - 108	1.3982	2.6305	3.0278	2.1206	2.1049	1
92 - 97	3.4238	4.6242	4.997	4.3369	2.4205	6
92 - 110	4.0011	6	3.9269	3.3262	2.5174	4.0772
92 - 119	1.6421	2.6798	5.5173	2.1738	1	2.9228
92 - 107	2.2729	2.3739	4.1751	2.2128	1.299	2.9237
92 - 103	2.9531	4.0083	3.9671	2.6844	1.871	4.0772
92 - 94	4.205	4.0912	6	4.2199	1.6984	4.8465
aribia	5.6932	1.7698	2.528	1.5284	1.9749	3.3079
爱瑞 3	4.6833	5.7454	2.3804	1.7589	2.4784	3.3079
翠碧 A	5.1768	3.4516	3.4069	4.2163	3.8504	6
阿拉木	6	5.1216	3.8541	3.8369	2.9948	6
中畜-588	5.4493	4.2846	3.8011	3.7553	2.9783	6
中畜-615	5.4569	5.7079	2.736	2.8901	3.2442	5.2307
中畜-377	5.476	1.3968	1	1.9787	5.1787	1.7693
中畜-616	3.4886	3.5148	3.8212	2.3227	1.6287	3.6956
中畜-617	5.7066	5.6013	3.6166	3.4043	2.8081	4.2693
中畜-618	3.3933	3.0055	3.2811	1.9113	1.6405	3.3079
中畜-418	3.2313	5.2183	3.313	2.1028	1.8107	4.0789
中畜-134	3.62	5.6644	4.1969	1.9574	1.0165	4.0781
中畜-404	2.9036	4.2846	4.113	2.9468	1.9572	4.0772
中畜-419	5.7294	3.726	2.6924	2.4326	2.8317	4.4614
中畜-620	4.2317	5.4986	4.9651	4.4752	2.5363	6
变异系数	37.5294	41.2062	32.6685	40.5212	38.0263	34.8211

根据各指标的变异系数确定各指标参与综合评价的权重系数矩阵。其公式为：

任一指标的权重系数＝任一指标变异系数/各指标变异系数之和

如株高权重系数计算公式为：

$$株高权重系数=\frac{cv_{株高}}{cv_{株高}+cv_{叶面积}+cv_{地上生物量}+cv_{根干重}+cv_{根冠比}+cv_{存活率}}$$

实际计算得到各项指标的权重系数矩阵为（0.167，0.183 3，0.145 3，0.180 3，0.169 2，0.154 9），用矩阵 A 表示权重系数矩阵，用 R 表示品种各个指标所达到的水平（应得分）的单项鉴评矩阵，然后进行复合运算：

即 B＝A×R

$$A=(0.167,\ 0.1833,\ 0.1453,\ 0.1803,\ 0.1692,\ 0.1549)$$

$$R=\begin{vmatrix} 2.97 & 3.71 & 5.79 & 4.23 & 3.17 & \cdots & 3.62 & 2.90 & 5.73 & 4.23 \\ 2.12 & 4.18 & 5.11 & 2.08 & 2.53 & \cdots & 5.66 & 4.28 & 3.73 & 5.50 \\ 2.74 & 3.05 & 2.11 & 1.93 & 3.75 & \cdots & 4.20 & 4.11 & 2.69 & 4.97 \\ 1.91 & 2.20 & 2.22 & 1.83 & 3.64 & \cdots & 1.96 & 2.95 & 2.43 & 4.48 \\ 2.15 & 2.19 & 3.41 & 3.07 & 2.91 & \cdots & 1.02 & 1.96 & 2.83 & 2.54 \\ 2.38 & 3.50 & 4.65 & 3.31 & 2.92 & \cdots & 4.08 & 4.08 & 4.46 & 6.00 \end{vmatrix}$$

$B=A\times R=$(2.359 5，3.138 3，3.907 7，2.730 2，3.139 0，2.201 4，3.512 4，4.512 7，2.798 7，2.621 3，4.214 4，3.790 8，1.990 5，3.519 8，4.336 2，2.656 2，3.184 4，1.545 2，2.048 6，4.265 9，3.997 6，2.579 9，2.674 9，3.236 1，4.124 3，2.764 2，3.431 0，4.334 6，4.627 6，4.358 4，4.236 0，2.824 7，3.228 8，4.255 9，2.729 0，3.294 1，3.410 2，3.361 5，3.639 3，4.603 6)

上述矩阵B中的各个元素就是对应材料的综合评价指数，根据综合评价指数的大小可列出40份高羊茅种质材料苗期抗旱性位次表（表4）。从表4可以看出，阿拉木和中畜-620综合评价得分最高，在40份高羊茅种质材料中抗旱性综合评价最优，分别位于第1位，第2位，属于抗旱性最强的品种；93-23、中畜-588、92-78、翠碧A、92-97、中畜-617、中畜-615、86-44、92-94、92-110这10个品种综合评价较好为抗旱性较好的种质材料，依次位于3～12位；93-27、93-26、中畜-419、93-11、83-96、爱瑞3、中畜-134、中畜-404、中畜-418、92-103、中畜-616、92-89、93-25这13个品种为抗旱种质材料，依次位于13～25位；84-718、中畜-377、86-18、aribia、93-24、中畜-618、92-107、92-96、83-95、92-119这10个品种为抗旱性较差的种质材料；而87-28、83-434、92-108、74-107、92-100为抗旱性最差的种质材料。

从以上结果得知，来自国内外不同种质材料的高羊茅品种的抗旱性差异很大，即使来源于同一个地区的相同种，抗旱性相差也较大。如来源于新疆乌鲁木齐南戈壁的中畜-588和中畜-615高羊茅材料，抗旱性分别排在第4位和第9位。就总体而言，来自国内不同地区和不同生境的高羊茅种质材料的抗旱性较国外引进的不同高羊茅种质材料的抗旱性强，来自国内的高羊茅种质材料抗旱性较差的只有中畜-618这一个材料，其他材料都具有较好的抗旱性；而抗旱性较差或不抗旱的高羊茅种质材料都是来源于国外，如抗旱性最差的两个品种74-107和92-100原产地分别是澳大利亚和俄罗斯。因此，在进行抗旱性种质材料的收集时，应在引进国外种质材料的基础上，加强我国野生种质材料的收集。不仅收集不同地区的材料，还要收集同一地区不同生境的种质材料。

表4　高羊茅品种抗旱性综合性评价

编号	综合得分	排名	编号	综合得分	排名
87-28	2.3595	36	93-26	3.7908	14
84-718	3.1383	26	74-107	1.9905	39
93-27	3.9077	13	93-11	3.5198	16
93-24	2.7302	30	92-78	4.3362	5
93-25	3.139	25	92-96	2.6562	33
83-434	2.2014	37	92-89	3.1844	24
83-96	3.5124	17	92-100	1.5452	40
93-23	4.5127	3	92-108	2.0486	38
86-18	2.7987	28	92-97	4.2659	7
83-95	2.6213	34	92-110	3.9976	12
86-44	4.2144	10	92-119	2.5799	35

（续）

编号	综合得分	排名	编号	综合得分	排名
92 - 107	2.6749	32	中畜- 377	2.8247	27
92 - 103	3.2361	22	中畜- 616	3.2288	23
92 - 94	4.1243	11	中畜- 617	4.2559	8
aribia	2.7642	29	中畜- 618	2.729	31
爱瑞 3	3.431	18	中畜- 418	3.2941	21
翠碧 A	4.3346	6	中畜- 134	3.4102	19
阿拉木	4.6276	1	中畜- 404	3.3615	20
中畜- 588	4.3584	4	中畜- 419	3.6393	15
中畜- 615	4.236	9	中畜- 620	4.6036	2

3　讨论与结论

关于高羊茅抗旱性的研究也有不少报道，抗旱性鉴定的指标、方法也很多，但对多个高羊茅品种的抗旱性鉴定报道极少。本研究参考前人的研究结果，选用株高、叶面积、地上生物量、根干重、根冠比等形态指标以及存活率，以简便且常用的方法，对 40 个高羊茅种质材料抗旱性进行了研究。

（1）抗旱形态指标主要反映的是胁迫对高羊茅种质材料形态指标的改变程度或一定的植株生长状况、形态特征对干旱的抵抗能力。株高、叶面积、地上生物量、根干重、根冠比等形态指标是作物以及牧草及草坪草抗旱性鉴定的重要指标[1,2]。

本试验的研究结果表明，水分胁迫限制了高羊茅植株的生长发育，所有供试品种的株高、叶面积都较对照有不同程度的降低，植株的地上生物量和根干重受到不同程度的抑制，其抑制程度因品种的基因型不同而存在一定的差异，且植株的根干重较地上生物量受到抑制的程度较大。说明干旱胁迫下，高羊茅的根对水分胁迫更加敏感。根冠比指数较对照有所下降，但下降的幅度较地上生物量和根干重小得多。高羊茅种质材料的抗旱性与株高、叶面积、地上生物量、根干重、根冠比呈极显著正相关，这与上述研究的研究结果相吻合。

（2）反复干旱后的存活率可以反映水分胁迫后植物的生存能力。许多研究者[3,4]的试验结果表明，存活率与植物的抗旱性呈正相关，存活率可以作为植物抗旱性的鉴定指标。反复干旱幼苗存活率统计的是整体考察对象，调查每次干旱胁迫复水后幼苗存活数，比较简单、直观、可靠。相关分析表明，反复干旱幼苗存活率不仅与高羊茅的抗旱综合评价值存在显著的相关关系，而且与其他指标的相关性也很密切。因此，高羊茅种质材料苗期抗旱性鉴定指标选取反复干旱后幼苗存活率。

（3）高羊茅品种的抗旱性研究以及鉴定的许多资料中，主要集中于抗旱性的生理及生化指标的测定，工作繁重，易受试验操作影响和试验条件限制，本试验通过抗旱综合评价值与株高、叶面积、地上生物量、根干重、根冠比、存活率等指标的抗旱系数的相关分析，证明干旱条件下抗旱综合评价值与株高、叶面积、地上生物量、根干重、根冠比的抗旱系数呈极显著正相关，与存活率呈显著正相关。因此在抗旱育种中，可以根据以上指标进行抗旱品种的选择，克服实验室工作的某些不利因素。

（4）高羊茅种质材料的抗旱性是由多种因素（性状）相互作用而构成的一个较为复杂的综合性状，其中每一个因素与抗旱性本质之间存在着一定的联系，或者说每个与抗旱性有关的因素对抗旱性都有一定的作用，这种作用是微效的，大量因素的综合作用才促成了抗旱性的形成。因此，用单项指标进行评价，评定出抗旱性与品种的实际抗旱能力有一定的相关，但不充分，甚至有一定的出入。如根冠比抗旱系数这项指标，不抗旱中畜- 377 反而比抗旱性最强的阿拉木和中畜- 620 高；叶面积抗旱系数这项指标抗旱性较强的 86 - 44 和 93 - 26 的叶面积抗旱系数明显地小于抗旱性最差的 92 - 108 和 74 - 107。可见用单项指标对抗旱性进行评判还有些不妥，而从与高羊茅种质材料抗旱性有关的多种指标进行评判时，某种指标对于评判抗旱性的不利作用会受到其他具有有利作用的指标的缓和和弥补，因而综合评定出的结果与实际情况较接近。

（5）根据评价得分，可知阿拉木和中畜- 620 综合评价值最大，在 40 份高羊茅种质材料中抗旱性综合评价最优，分别位于第 1 位、第 2 位，属于抗旱性最强的品种；综合性评价较好的有 93 - 23、中畜- 588、92 - 78、翠碧 A、92 - 97、中畜- 617、中畜- 615、86 - 44、92 - 94、92 - 110 这 10 个品种，为抗旱性较好的种质材料，依次位于 3～12 位；93 - 27、93 - 26、中畜- 419、93 - 11、83 - 96、爱瑞 3、中畜- 134、中畜- 404、中畜- 418、92 - 103、中畜- 616、92 - 89、93 - 25 这 13 个品种为抗旱种质材料，依次位于 13～25 位；84 - 718、中畜- 377、86 - 18、aribia、93 - 24、中畜- 618、92 - 107、92 - 96、83 - 95、92 - 119 这 10 个品种为抗旱性较差的种质材料；而 87 - 28、83 - 434、92 - 108、74 - 107、92 - 100 为抗旱性最差的种质材料。在干旱地区，应该尽量选用抗旱性强的品种，避免选用抗旱性弱的品种。

参 考 文 献

［1］陈立松，刘星辉．作物抗旱鉴定指标的种类及其综合评价［J］．福建农业大学学报，1997，26（1）：48 - 55.
［2］冯淑华．早熟禾不同品种苗期抗旱性研究［D］．沈阳：东北农业大学，2003.
［3］王育红，姚宇卿，旱稻抗旱性鉴定方法与指标研究［J］．干旱地区农业研究，2005，23（4）：134 - 137.
［4］胡荣海，周莉，高吉寅，等．用反复干旱法评价小麦的抗旱性［J］．作物品种资源，1985（2）：31 - 33.

72 份羊茅资源苗期抗旱性评价

吴欣明　王运琦　郭　璞　池惠武　方志红

（山西省农业科学院畜牧兽医研究所）

摘要：本文以 72 份羊茅属种质资源为试验材料，通过室内盆栽试验，在苗期采用反复干旱法，测定其抗旱性的 5 项形态指标，利用隶属函数法对其进行综合评价，均值大于 0.6 的有 6 份材料，从材料看草甸羊茅要强于苇状羊茅。

关键词：羊茅；苗期；抗旱性；综合评价

全世界约有羊茅属（*Festuca* L.）植物 100 余种，我国有 14 种，主要分布于东北、西北、西南诸省份，多为天然草地建群种或优势种。羊茅属植物多为疏丛型，其根系发达，生长年限长，退化慢，且草质柔软，适口性好，产量高，被誉为牲畜抓膘的“酥油草”。在防风固沙，水土保持、环境绿化等方面具有重要的生态和观赏价值。本研究以引进 72 份羊茅属种质资源为试验材料，包括 50 份草甸羊茅和 22 份苇状羊茅，采用盆栽反复干旱法，在苗期测定形态指标，应用隶属函数综合评价抗旱性能，为筛选抗旱性羊茅资源和选育抗旱新品系提供科学依据。

1　材料与方法

1.1　试验材料

试验材料为中国农业科学院北京畜牧兽医研究所从俄罗斯引进的 72 份羊茅属种质资源（表 1）。

表 1　试验材料及来源

序号	编号	名称	来源	原产地	序号	编号	名称	来源	原产地
1	12035	草甸羊茅	俄罗斯	挪威	37	12997	草甸羊茅	俄罗斯	法国
2	12105	草甸羊茅	俄罗斯	保加利亚	38	13032	草甸羊茅	俄罗斯	美国
3	12028	草甸羊茅	俄罗斯	挪威	39	12977	草甸羊茅	俄罗斯	法国
4	12070	草甸羊茅	俄罗斯	荷兰	40	13008	草甸羊茅	俄罗斯	比利时
5	12183	草甸羊茅	俄罗斯	德国	41	13067	草甸羊茅	俄罗斯	加拿大
6	12286	草甸羊茅	俄罗斯	原南斯拉夫	42	13088	草甸羊茅	俄罗斯	加拿大
7	12161	草甸羊茅	俄罗斯	德国	43	13043	草甸羊茅	俄罗斯	美国
8	12264	草甸羊茅	俄罗斯	捷克	44	13080	草甸羊茅	俄罗斯	加拿大
9	12358	草甸羊茅	俄罗斯	匈牙利	45	12985	草甸羊茅	俄罗斯	法国
10	12421	草甸羊茅	俄罗斯	匈牙利	46	12616	草甸羊茅	俄罗斯	波兰
11	12296	草甸羊茅	俄罗斯	原南斯拉夫	47	13108	草甸羊茅	俄罗斯	加拿大
12	12370	草甸羊茅	俄罗斯	匈牙利	48	12023	草甸羊茅	俄罗斯	中国
13	12451	草甸羊茅	俄罗斯	匈牙利	49	12083	苇状羊茅	俄罗斯	法国
14	12474	草甸羊茅	俄罗斯	匈牙利	50	12239	苇状羊茅	俄罗斯	法国
15	12427	草甸羊茅	俄罗斯	匈牙利	51	12006	苇状羊茅	俄罗斯	波兰
16	12459	草甸羊茅	俄罗斯	匈牙利	52	12126	苇状羊茅	俄罗斯	波兰
17	12500	草甸羊茅	俄罗斯	匈牙利	53	12352	苇状羊茅	俄罗斯	原南斯拉夫
18	12541	草甸羊茅	俄罗斯	波兰	54	12472	苇状羊茅	俄罗斯	美国
19	12491	草甸羊茅	俄罗斯	匈牙利	55	12276	苇状羊茅	俄罗斯	法国
20	12532	草甸羊茅	俄罗斯	波兰	56	12433	苇状羊茅	俄罗斯	日本
21	12578	草甸羊茅	俄罗斯	波兰	57	12550	苇状羊茅	俄罗斯	法国
22	12645	草甸羊茅	俄罗斯	波兰	58	12628	苇状羊茅	俄罗斯	葡萄牙
23	12567	草甸羊茅	俄罗斯	波兰	59	12513	苇状羊茅	俄罗斯	捷克
24	12626	草甸羊茅	俄罗斯	波兰	60	12591	苇状羊茅	俄罗斯	法国
25	12709	草甸羊茅	俄罗斯	德国	61	12696	苇状羊茅	俄罗斯	法国
26	12742	草甸羊茅	俄罗斯	波兰	62	12797	苇状羊茅	俄罗斯	芬兰
27	12687	草甸羊茅	俄罗斯	波兰	63	12661	苇状羊茅	俄罗斯	法国
28	12726	草甸羊茅	俄罗斯	波兰	64	12728	苇状羊茅	俄罗斯	法国
29	12788	草甸羊茅	俄罗斯	波兰	65	12880	苇状羊茅	俄罗斯	法国
30	12824	草甸羊茅	俄罗斯	波兰	66	12979	苇状羊茅	俄罗斯	法国
31	12752	草甸羊茅	俄罗斯	波兰	67	12841	苇状羊茅	俄罗斯	法国
32	12813	草甸羊茅	俄罗斯	波兰	68	12947	苇状羊茅	俄罗斯	法国
33	12902	草甸羊茅	俄罗斯	波兰	69	13054	苇状羊茅	俄罗斯	英国
34	12970	草甸羊茅	俄罗斯	波兰	70	12387	草甸羊茅	俄罗斯	匈牙利
35	12832	草甸羊茅	俄罗斯	波兰	71	13019	苇状羊茅	俄罗斯	法国
36	12908	草甸羊茅	俄罗斯	波兰	72	12960	草甸羊茅	俄罗斯	波兰

1.2　试验方法

试验于 2015 年 11 月至 2016 年 1 月进行。采用温室盆栽反复干旱法，选用无孔塑料箱（48.5cm×

32.3cm×22.5cm)，试验土壤采用土壤介质（蛭石＋珍珠岩＋泥炭土＋有机生物肥），将塑料箱用瓦楞纸均匀分割成四等份，把介质混合均匀称重后等量放入箱中。每箱放置4份材料，每份材料均匀撒播种子，出苗期间定期定量供水，浇水量为田间持水量75%～80%，苗齐后间苗，每份材料留长势均匀健壮苗20株，从出苗40d后开始干旱胁迫试验，每份材料分为对照和处理两组，每组3次重复，对照组正常浇水，处理组15d浇1次水，而后再次干旱胁迫，连续3个周期。

1.3 测定内容

（1）植株高度　测定植株的绝对高度（cm），5次重复。

（2）地上生物量　收集每盆植株的地上部分，洗净放入纸袋，80℃恒温烘至恒重后称重（g）。

（3）地下生物量　将剪去地上部分的塑料箱做好编号，翻转抠出自然分开的4份材料地下部分，利用自来水冲洗，直至留下根系。收集装入纸袋、编号待烘干，测定其干重。

（4）叶绿素含量　每份材料随机挑选5株，使用SPAD-502型叶绿素仪分别从上、中、下测定3组数值，取其平均值。

（5）存活率　试验结束后记录干旱胁迫处理的每盆植株存活苗数，计算成活率。

（6）胁迫指数　胁迫指数＝处理植株的测量值/对照植株的测量值。

1.4 数据处理

采用隶属函数对72份羊茅种质资源的抗旱性进行综合评价。

隶属函数计算公式：

$$R(X_i) = (X_i - X_{min})/(X_{max} - X_{min})$$

$$R(X_i) = 1 - (X_i - X_{min})/(X_{max} - X_{min})$$

式中：X_i——指标测定值；

X_{max}——参试材料某一指标的最大值；

X_{min}——参试材料某一指标的最小值。

2 试验结果

隶属函数分析结果见表2，72份羊茅利用隶属函数综合评价，结果表明，材料12105、12286、12451、12459、12788、12970、12276，这7份材料综合评价结果为均大于或等于0.6，表明抗旱性较强。综合评价结果小于0.3的材料有8份，此8份材料抗旱性最弱。其余材料为中间型。

表2　干旱胁迫下羊茅苗期不同指标的隶属函数值

编号	株高	地上生物量	地下生物量	叶绿素	存活率	均值
12035	1.000	0.614	0.277	0.200	0.500	0.518
12105	0.981	0.811	0.492	0.400	0.651	0.667
12028	0.653	0.283	0.354	0.449	0.839	0.516
12070	0.567	0.299	0.292	0.330	0.632	0.424
12183	0.616	0.457	0.477	0.438	0.787	0.555
12286	0.788	0.465	0.508	0.472	0.827	0.612
12161	0.648	0.409	0.492	0.294	0.889	0.546
12264	0.532	0.535	0.754	0.418	0.200	0.488
12358	0.366	0.370	0.892	0.470	0.684	0.556

（续）

编号	株高	地上生物量	地下生物量	叶绿素	存活率	均值
12421	0.403	0.425	0.800	0.361	0.692	0.536
12296	0.419	0.528	0.708	0.492	0.658	0.561
12370	0.599	0.551	0.631	0.542	0.357	0.536
12451	0.411	0.685	1.000	0.532	0.474	0.620
12474	0.401	0.417	0.738	0.357	0.673	0.517
12427	0.505	0.559	0.662	0.488	0.632	0.569
12459	0.521	0.638	0.738	0.488	0.684	0.614
12500	0.099	0.480	0.062	0.420	0.652	0.343
12541	0.172	0.236	0.015	0.309	0.719	0.290
12491	0.000	0.142	0.277	0.378	0.842	0.328
12532	0.073	0.236	0.400	0.484	0.454	0.329
12578	0.218	0.031	0.108	0.272	0.621	0.250
12645	0.212	0.024	0.046	0.321	0.673	0.255
12567	0.105	0.165	0.231	0.408	0.679	0.318
12626	0.739	0.134	0.154	0.409	0.199	0.327
12709	0.444	0.614	0.523	0.469	0.699	0.550
12742	0.594	0.528	0.369	0.403	0.889	0.557
12687	0.559	0.441	0.492	0.354	0.661	0.501
12726	0.505	0.528	0.385	0.415	0.606	0.488
12788	0.618	0.535	0.554	0.449	0.842	0.600
12824	0.540	0.378	0.431	0.247	0.276	0.374
12752	0.532	0.417	0.338	0.312	0.366	0.393
12813	0.401	0.315	0.385	0.415	0.526	0.408
12902	0.301	0.441	0.292	0.095	0.737	0.373
12970	0.366	0.961	0.431	0.518	0.729	0.601
12832	0.341	0.740	0.369	0.303	0.421	0.435
12908	0.433	0.638	0.323	0.333	0.412	0.428
12997	0.349	0.898	0.385	0.100	0.787	0.504
13032	0.269	0.535	0.538	0.308	0.526	0.435
12977	0.349	0.551	0.431	1.000	0.000	0.466
13008	0.376	0.827	0.431	0.311	0.632	0.515
13067	0.435	0.331	0.262	0.177	0.842	0.409
13088	0.379	0.150	0.062	0.029	0.839	0.292
13043	0.414	0.465	0.554	0.028	0.842	0.461
13080	0.392	0.465	0.538	0.065	0.842	0.460
12985	0.417	0.047	0.062	0.088	0.784	0.280
12616	0.422	0.079	0.000	0.052	0.670	0.245
13108	0.476	0.535	0.246	0.102	0.842	0.440
12023	0.438	0.504	0.462	0.247	0.684	0.467
12083	0.688	0.803	0.138	0.291	0.512	0.486

（续）

编号	株高	地上生物量	地下生物量	叶绿素	存活率	均值
12239	0.543	0.772	0.292	0.207	0.684	0.500
12006	0.559	0.709	0.538	0.366	0.573	0.549
12126	0.704	0.646	0.215	0.281	0.731	0.515
12472	0.667	0.732	0.215	0.034	0.579	0.445
12276	0.726	1.000	0.308	0.127	0.895	0.611
12433	0.723	0.488	0.046	0.147	0.356	0.352
12550	0.266	0.591	0.477	0.165	1.000	0.500
12628	0.102	0.465	0.277	0.202	0.789	0.367
12513	0.401	0.850	0.508	0.235	1.000	0.599
12591	0.500	0.496	0.323	0.000	0.375	0.339
12696	0.288	0.528	0.308	0.414	1.000	0.508
12797	0.323	0.244	0.169	0.309	0.737	0.356
12661	0.589	0.819	0.354	0.270	0.842	0.575
12728	0.478	0.646	0.108	0.415	0.579	0.445
12880	0.411	0.283	0.169	0.247	0.892	0.400
12979	0.124	0.031	0.000	0.136	0.579	0.174
12841	0.199	0.228	0.169	0.344	0.684	0.325
12947	0.263	0.724	0.323	0.255	0.897	0.492
13054	0.293	0.394	0.000	0.158	0.895	0.348
12387	0.194	0.000	0.123	0.154	0.784	0.251
13019	0.422	0.480	0.123	0.118	0.842	0.397
12960	0.293	0.213	0.108	0.357	0.839	0.362

胁迫指数是指胁迫的处理值与对照值之比（表 3），胁迫指数值越大则抗旱性越强，从这 5 项形态指标来看，株高、地上生物量、地下生物量及存活率均小于 1，意味着干旱处理的值普遍低于对照，而叶绿素测定值大于 1 的占多数，用叶绿素测定植株的抗旱性有待进一步的深入研究。从草甸羊茅与苇状羊茅对比来看，草甸羊茅各项指标均高于苇状羊茅，表明草甸羊茅较苇状羊茅抗旱性略强。

表 3　羊茅苗期 5 项形态指标抗旱性胁迫指数

编号	株高胁迫指数	地上生物量胁迫指数	地下生物量胁迫指数	叶绿素胁迫指数	存活率胁迫指数
12035	0.822	0.667	0.837	1.096	0.842
12105	0.790	0.700	0.965	1.175	0.889
12028	0.974	0.643	0.852	1.075	0.949
12070	0.833	0.599	0.700	1.037	0.883
12183	0.788	0.579	0.917	1.117	0.932
12286	0.935	0.571	0.789	1.131	0.945
12161	0.835	0.641	0.887	1.139	0.965
12264	0.839	0.755	0.986	1.086	0.747
12358	0.767	0.553	0.757	1.143	0.900
12421	0.733	0.624	0.947	1.060	0.902

（续）

编号	株高胁迫指数	地上生物量胁迫指数	地下生物量胁迫指数	叶绿素胁迫指数	存活率胁迫指数
12296	0.739	0.671	0.750	1.044	0.892
12370	0.864	0.935	0.865	1.130	0.796
12451	0.664	0.671	0.957	1.120	0.833
12474	0.759	0.655	0.922	1.095	0.896
12427	0.714	0.732	0.795	1.121	0.883
12459	0.740	0.756	0.826	1.154	0.900
12500	0.577	0.854	0.443	1.105	0.890
12541	0.652	0.623	0.358	1.070	0.911
12491	0.536	0.538	0.554	0.995	0.950
12532	0.537	0.627	0.860	1.098	0.827
12578	0.764	0.433	0.423	1.055	0.880
12645	0.814	0.507	0.456	1.083	0.896
12567	0.666	0.537	0.559	1.103	0.898
12626	0.912	0.562	0.600	1.064	0.746
12709	0.739	0.749	0.950	1.103	0.905
12742	0.821	0.887	0.712	1.053	0.965
12687	0.784	0.684	0.909	1.022	0.893
12726	0.775	0.839	0.854	1.124	0.875
12788	0.806	0.657	0.881	1.079	0.950
12824	0.808	0.595	0.850	0.961	0.771
12752	0.774	0.655	0.849	1.026	0.799
12813	0.775	0.671	0.960	1.067	0.850
12902	0.634	0.578	0.677	1.052	0.917
12970	0.407	0.726	0.689	1.252	0.914
12832	0.709	0.789	0.723	1.064	0.817
12908	0.819	0.731	0.595	1.160	0.814
12997	0.612	0.712	0.917	1.066	0.932
13032	0.706	0.940	1.000	1.104	0.850
12977	0.858	0.931	0.962	0.941	0.683
13008	0.754	0.762	0.739	1.074	0.883
13067	0.836	0.560	0.597	1.059	0.950
13088	0.817	0.511	0.422	1.020	0.949
13043	0.753	0.624	0.738	0.998	0.950
13080	0.750	0.630	0.707	0.952	0.950
12985	0.842	0.440	0.614	1.067	0.932
12616	0.930	0.424	0.319	0.970	0.896
13108	0.932	0.683	0.629	0.999	0.950
12023	0.948	0.693	0.570	0.956	0.900
12083	0.793	0.674	0.525	1.051	0.846
12239	0.744	0.639	0.840	1.029	0.900

（续）

编号	株高胁迫指数	地上生物量胁迫指数	地下生物量胁迫指数	叶绿素胁迫指数	存活率胁迫指数
12006	0.825	0.653	0.841	1.118	0.865
12126	0.797	0.653	0.638	1.081	0.915
12472	0.799	0.548	0.507	0.931	0.867
12276	0.855	0.820	0.860	1.052	0.967
12433	0.944	0.596	0.491	1.014	0.796
12550	0.623	0.517	0.692	1.109	1.000
12628	0.636	0.743	0.672	0.941	0.933
12513	0.745	0.765	0.964	1.094	1.000
12591	0.786	0.725	0.863	0.960	0.802
12696	0.629	0.551	0.652	1.171	1.000
12797	0.694	0.724	0.919	1.091	0.917
12661	0.766	0.994	0.821	1.070	0.950
12728	0.779	0.852	0.833	1.127	0.867
12880	0.762	0.438	0.548	1.010	0.966
12979	0.728	0.481	0.523	0.989	0.867
12841	0.782	0.606	0.654	1.064	0.900
12947	0.763	0.608	0.603	1.059	0.967
13054	0.706	0.554	0.523	1.033	0.967
12387	0.795	0.536	0.596	0.974	0.932
13019	0.827	0.703	0.620	1.007	0.950
12960	0.805	0.543	0.448	1.040	0.949

3 结论

依据隶属函数评价结果来看，材料12105、12286、12451、12459、12788、12970、12276，这7份材料综合评价结果为均大于或等于0.6，且前6份材料均为草甸羊茅，最后1份为苇状羊茅，从隶属函数与胁迫指数评价结果显示均为草甸羊茅要优于苇状羊茅。

在这5项形态指标中株高、地上生物量、地下生物量和存活率可作为评价抗旱性强弱的指标，叶绿素作为评价指标有待进一步研究。

89份多花黑麦草苗期抗旱性鉴定评价

张建丽　钟小仙　程云辉　张文洁

（江苏省农业科学院畜牧研究所）

摘要：以89份引自日本的一年生多花黑麦草种质资源为试验材料，在苗期进行干旱处理后，比较和分析其绝对株高、株高胁迫指数、单株干物质产量、单株干物质产量胁迫指数、分蘖、分蘖胁迫指数等形态指标。结果表明：JS2014 - 45、JS2014 - 39、JS2014 - 2 等 14 份材料的抗旱性较强，JS2014 - 74、JS2014 - 69、JS2014 - 101 等 26 份材料的抗旱性最差，JS2014 - 51、JS2014 - 22、JS2014 - 33 等 49 份材料的抗旱性居中。

关键词： 多花黑麦草；抗旱性；苗期

环境胁迫是农业发展的最大限制因子，旱灾所造成的危害居首位[1-3]，随着环境的恶化，旱灾对作物产量及品质的影响越来越大[4]，选育抗旱品种，提高植物的抗旱性，合理利用现有的水资源，已成了全世界关注的问题[5]。多花黑麦草（*Lolium multiflorum* Lamk.）为黑麦草属一年生牧草，具有分蘖能力强、生长快、产量高、品质好和为各种家畜所喜食等优良特性，但在夏季高温期易受高温干旱的影响，生长停止甚至枯死。本研究对引自日本的 89 份多花黑麦草种质资源材料在自然干旱胁迫下进行抗旱试验，拟通过测定种质资源在苗期的株高、单株干物质产量、分蘖等指标，来综合评价 89 份材料的抗旱性，以便选出抗旱性较强的种质资源。

1　材料和方法

1.1　试验地点

苗期盆栽试验在江苏省农业科学院塑料大棚里进行。

1.2　试验材料

试验材料为 89 份引自日本的多花黑麦草种质材料（表 1），苗期抗旱试验于 2015 年 12 月在江苏省农业科学院塑料大棚内进行。

表 1　试验材料及来源

编　号	材料名	来源地	编　号	材料名	来源地
JS2014 - 1	Ace	日本	JS2014 - 19	Mammoth B	日本
JS2014 - 2	Hanamiwase	日本	JS2014 - 20	Musashi	日本
JS2014 - 3	Wasehope	日本	JS2014 - 21	Akiaoba	日本
JS2014 - 4	Waseaoba	日本	JS2014 - 22	Wase 王	日本
JS2014 - 5	Waseyutaka	日本	JS2014 - 23	Nioudachi	日本
JS2014 - 6	Wasefudou	日本	JS2014 - 24	Shiwasuaoba	日本
JS2014 - 7	Nagahahikari	日本	JS2014 - 25	PI 239742	日本
JS2014 - 8	Harukaze	日本	JS2014 - 26	PI 239743	日本
JS2014 - 9	Tachimusya	日本	JS2014 - 27	PI 239744	日本
JS2014 - 10	Doraian	日本	JS2014 - 28	PI 239763	日本
JS2014 - 11	Tachimasari	日本	JS2014 - 29	PI 239764	日本
JS2014 - 12	Hitachihikari	日本	JS2014 - 30	PI 239765	日本
JS2014 - 13	Jaianto	日本	JS2014 - 31	PI 239766	日本
JS2014 - 14	Wasehope Ⅲ	日本	JS2014 - 32	PI 239782	日本
JS2014 - 15	Ujikiaoba	日本	JS2014 - 33	PI 239783	日本
JS2014 - 16	Sachiaoba	日本	JS2014 - 34	PI 239784	日本
JS2014 - 17	Ekusento	日本	JS2014 - 35	PI 239792	日本
JS2014 - 18	Tachiwase	日本	JS2014 - 36	PI 239793	日本

（续）

编　号	材料名	来源地	编　号	材料名	来源地
JS2014 - 37	PI 239794	日本	JS2014 - 68	PI 239737	日本
JS2014 - 38	PI 239795	日本	JS2014 - 69	PI 239738	日本
JS2014 - 39	PI 250803	日本	JS2014 - 71	PI 239733	日本
JS2014 - 40	PI 196336	日本	JS2014 - 73	PI 239740	日本
JS2014 - 41	PI 239735	日本	JS2014 - 74	PI 239746	日本
JS2014 - 42	PI 239736	日本	JS2014 - 75	PI 239750	日本
JS2014 - 43	PI 239741	日本	JS2014 - 78	PI 239790	日本
JS2014 - 44	PI 239752	日本	JS2014 - 82	PI 239798	日本
JS2014 - 45	PI 239753	日本	JS2014 - 83	PI 250805	日本
JS2014 - 46	PI 239754	日本	JS2014 - 84	品系 3	日本
JS2014 - 47	PI 239755	日本	JS2014 - 86	品系 6	日本
JS2014 - 48	PI 239756	日本	JS2014 - 87	品系 7	日本
JS2014 - 49	PI 239757	日本	JS2014 - 88	品系 8	日本
JS2014 - 50	PI 239758	日本	JS2014 - 89	品系 9	日本
JS2014 - 51	PI 239760	日本	JS2014 - 90	品系 10	日本
JS2014 - 52	PI 239761	日本	JS2014 - 91	品系 11	日本
JS2014 - 53	PI 239762	日本	JS2014 - 92	品系 12	日本
JS2014 - 54	PI 239767	日本	JS2014 - 93	品系 13	日本
JS2014 - 55	PI 239768	日本	JS2014 - 94	品系 14	日本
JS2014 - 56	PI 239769	日本	JS2014 - 95	品系 15	日本
JS2014 - 57	PI 239770	日本	JS2014 - 96	品系 16	日本
JS2014 - 58	PI 239771	日本	JS2014 - 97	品系 17	日本
JS2014 - 60	PI 239774	日本	JS2014 - 98	品系 18	日本
JS2014 - 61	PI 239776	日本	JS2014 - 99	品系 19	日本
JS2014 - 62	PI 239777	日本	JS2014 - 100	品系 20	日本
JS2014 - 63	PI 239778	日本	JS2014 - 101	品系 21	日本
JS2014 - 67	PI 204087	日本			

1.3　试验方法

选用大田的土壤，过筛，去掉石块、杂质，用无孔塑料小桶，每桶装土 5.3kg（干土），均匀地将种子撒在桶中，再轻轻地用土覆盖，然后用喷头浇透，置于塑料大棚内。2015 年 12 月 29 日播种，出苗后间苗，3 个真叶期定苗，每桶留生长分布均匀的苗 10 株，3 次重复。待长到 6 片真叶时进行干旱处理，对照组继续正常浇水，干旱组停止浇水，当有一半幼苗萎蔫时开始测定幼苗的各项生理指标。

1.4　测定指标

（1）株高　测定植株的绝对高度（cm），每盆取 10 株，对照及处理各重复测定 3 次。

（2）地上生物产量　收集每桶植株的地上部分，洗净、放入纸袋，80°C 恒温下烘至恒重后称重（g）。

（3）分蘖　数出盆中每株植株有效分蘖数。

（4）各指标胁迫指数的计算　胁迫指数＝干旱胁迫植株的测量值/对照植株的测量值

2　结果与分析

2.1　干旱胁迫对多花黑麦草种质材料株高的影响

从表2中可以看出：干旱胁迫后89份多花黑麦草种质材料的苗期植株高度均较对照有明显的降低，不同的种质材料株高降低的幅度不一，其中JS2014-45干旱胁迫下的株高较对照株高降低了0.67cm，胁迫指数0.98，JS2014-74干旱胁迫下的株高较对照株高降低了32.67cm，胁迫指数达到了0.4。根据株高胁迫指数，干旱对JS2014-45、JS2014-92、JS2014-7等15份种质材料的影响较小，其株高胁迫指数均在0.85及以上；对JS2014-74、JS2014-75、JS2014-62、JS2014-73等21份材料的影响较大，株高胁迫指数均小于0.6；其他53份材料的株高胁迫指数均在0.6～0.85。

表2　干旱胁迫对多花黑麦草种质材料株高的影响

编　号	对照株高（cm）	处理株高（cm）	株高胁迫指数	编　号	对照株高（cm）	处理株高（cm）	株高胁迫指数
JS2014-1	37.67	33.67	0.89	JS2014-28	40.67	35.67	0.88
JS2014-2	43.00	38.67	0.90	JS2014-29	45.33	31.33	0.69
JS2014-3	45.67	28.67	0.63	JS2014-30	35.00	32.00	0.91
JS2014-4	41.33	34.33	0.83	JS2014-31	36.00	20.33	0.56
JS2014-5	37.67	31.67	0.84	JS2014-32	32.33	24.33	0.75
JS2014-6	37.33	30.33	0.81	JS2014-33	38.67	29.00	0.75
JS2014-7	31.00	29.67	0.96	JS2014-34	31.33	25.00	0.80
JS2014-8	40.67	30.67	0.75	JS2014-35	21.00	18.00	0.86
JS2014-9	35.00	28.67	0.82	JS2014-36	33.00	24.67	0.75
JS2014-10	40.67	28.67	0.70	JS2014-37	44.67	34.00	0.76
JS2014-11	41.67	26.67	0.64	JS2014-38	40.33	20.67	0.51
JS2014-12	35.00	25.33	0.72	JS2014-39	18.67	16.33	0.87
JS2014-13	35.33	26.67	0.75	JS2014-40	28.00	19.33	0.69
JS2014-14	38.67	36.33	0.94	JS2014-41	34.33	24.67	0.72
JS2014-15	47.33	35.33	0.75	JS2014-42	34.33	18.33	0.53
JS2014-16	42.33	30.00	0.71	JS2014-43	36.33	19.33	0.53
JS2014-17	38.67	35.33	0.91	JS2014-44	39.33	24.00	0.61
JS2014-18	40.67	22.67	0.56	JS2014-45	33.67	33.00	0.98
JS2014-19	42.67	29.67	0.70	JS2014-46	28.67	25.33	0.88
JS2014-20	41.33	34.33	0.83	JS2014-47	36.00	27.33	0.76
JS2014-21	40.33	29.33	0.73	JS2014-48	34.67	25.67	0.74
JS2014-22	37.33	32.33	0.87	JS2014-49	36.67	22.00	0.60
JS2014-23	43.00	26.33	0.61	JS2014-50	32.67	23.67	0.72
JS2014-24	43.33	36.33	0.84	JS2014-51	32.67	18.33	0.56
JS2014-25	37.67	29.00	0.77	JS2014-52	32.00	23.33	0.73
JS2014-26	36.67	26.33	0.72	JS2014-53	39.33	26.00	0.66
JS2014-27	34.33	25.00	0.73	JS2014-54	43.33	24.00	0.55

（续）

编　号	对照株高（cm）	处理株高（cm）	株高胁迫指数	编　号	对照株高（cm）	处理株高（cm）	株高胁迫指数
JS2014 - 55	44.67	25.00	0.56	JS2014 - 84	42.67	27.00	0.63
JS2014 - 56	39.67	24.33	0.61	JS2014 - 86	42.33	36.00	0.85
JS2014 - 57	33.33	23.00	0.69	JS2014 - 87	44.67	31.00	0.69
JS2014 - 58	46.67	27.67	0.59	JS2014 - 88	40.00	32.00	0.80
JS2014 - 60	41.00	27.67	0.67	JS2014 - 89	41.33	23.67	0.57
JS2014 - 61	42.67	32.00	0.75	JS2014 - 90	43.67	24.33	0.56
JS2014 - 62	39.00	18.33	0.47	JS2014 - 91	38.00	33.67	0.89
JS2014 - 63	35.00	22.00	0.63	JS2014 - 92	42.67	41.67	0.98
JS2014 - 67	34.33	26.33	0.77	JS2014 - 93	44.00	31.67	0.72
JS2014 - 68	40.33	22.67	0.56	JS2014 - 94	43.33	31.33	0.72
JS2014 - 69	39.00	22.33	0.57	JS2014 - 95	52.67	32.33	0.61
JS2014 - 71	30.00	18.67	0.62	JS2014 - 96	48.00	32.67	0.68
JS2014 - 73	45.00	21.67	0.48	JS2014 - 97	46.67	27.67	0.59
JS2014 - 74	54.00	21.33	0.40	JS2014 - 98	49.67	27.33	0.55
JS2014 - 75	42.33	19.33	0.46	JS2014 - 99	44.67	34.00	0.76
JS2014 - 78	39.00	20.33	0.52	JS2014 - 100	43.00	22.67	0.53
JS2014 - 82	41.67	29.33	0.70	JS2014 - 101	43.33	34.67	0.80
JS2014 - 83	42.67	34.87	0.82				

2.2　干旱胁迫对多花黑麦草种质材料单株干物质产量的影响

由表 3 可知，干旱胁迫对多花黑麦草单株干物质产量有显著影响，不同多花黑麦草材料受干旱胁迫的影响差异较大。JS2014 - 45 单株干物质质量比对照下降了 0.05g，胁迫指数 0.92，而 JS2014 - 74 单株干物质质量比对照下降了 4.74g，胁迫指数仅为 0.08。其中 JS2014 - 45、JS2014 - 39、JS2014 - 2、JS2014 - 12、JS2014 - 4、JS2014 - 5 等 14 份材料的单株干物质产量胁迫指数在 0.5 以上，干旱对这些材料质量影响较小。对 JS2014 - 74、JS2014 - 69、JS2004 - 11、JS2014 - 51、JS2004 - 22 等 26 份材料单株干物质产量影响相对较大，胁迫指数≤0.25，其他 49 份材料单株干物质产量胁迫指数在 0.25～0.5，干旱胁迫影响居中。

表 3　干旱胁迫对多花黑麦草种质材料单株干物质产量的影响

编　号	对照单株重（g）	处理单株重（g）	单株干物质产量胁迫指数	编　号	对照单株重（g）	处理单株重（g）	单株干物质产量胁迫指数
JS2014 - 1	1.50	0.87	0.58	JS2014 - 8	2.03	0.77	0.38
JS2014 - 2	1.27	1.03	0.82	JS2014 - 9	1.50	0.53	0.36
JS2014 - 3	2.17	1.23	0.57	JS2014 - 10	1.87	0.53	0.29
JS2014 - 4	1.73	1.17	0.67	JS2014 - 11	1.67	0.40	0.24
JS2014 - 5	1.60	1.00	0.63	JS2014 - 12	1.10	0.80	0.73
JS2014 - 6	1.97	0.93	0.47	JS2014 - 13	1.23	0.73	0.59
JS2014 - 7	1.80	0.77	0.43	JS2014 - 14	1.30	0.73	0.56

（续）

编 号	对照单株重（g）	处理单株重（g）	单株干物质产量胁迫指数
JS2014 - 15	2.23	0.50	0.22
JS2014 - 16	1.13	0.65	0.57
JS2014 - 17	1.77	0.67	0.38
JS2014 - 18	1.53	0.60	0.39
JS2014 - 19	2.80	0.53	0.19
JS2014 - 20	2.10	0.53	0.25
JS2014 - 21	1.93	0.93	0.48
JS2014 - 22	3.33	0.60	0.18
JS2014 - 23	1.73	0.80	0.46
JS2014 - 24	1.97	0.70	0.36
JS2014 - 25	1.60	0.63	0.40
JS2014 - 26	2.13	1.00	0.47
JS2014 - 27	2.17	0.63	0.29
JS2014 - 28	2.77	0.63	0.23
JS2014 - 29	2.30	0.83	0.36
JS2014 - 30	2.00	0.60	0.30
JS2014 - 31	1.50	0.47	0.31
JS2014 - 32	1.50	0.40	0.27
JS2014 - 33	1.97	0.63	0.32
JS2014 - 34	1.70	0.47	0.27
JS2014 - 35	1.00	0.57	0.57
JS2014 - 36	2.43	0.77	0.32
JS2014 - 37	2.90	0.80	0.28
JS2014 - 38	2.87	0.70	0.24
JS2014 - 39	0.80	0.70	0.88
JS2014 - 40	1.03	0.33	0.32
JS2014 - 41	1.43	0.43	0.30
JS2014 - 42	2.53	0.53	0.21
JS2014 - 43	1.83	0.43	0.24
JS2014 - 44	2.60	0.57	0.22
JS2014 - 45	0.62	0.57	0.92
JS2014 - 46	0.97	0.47	0.48
JS2014 - 47	1.87	0.57	0.30
JS2014 - 48	2.10	0.80	0.38
JS2014 - 49	2.17	0.43	0.20
JS2014 - 50	2.17	0.50	0.23
JS2014 - 51	3.00	0.53	0.18
JS2014 - 52	2.10	0.60	0.29
JS2014 - 53	2.70	0.60	0.22
JS2014 - 54	2.23	0.47	0.21
JS2014 - 55	2.03	0.43	0.21
JS2014 - 56	1.17	0.50	0.43
JS2014 - 57	2.60	0.77	0.29
JS2014 - 58	2.10	0.73	0.35
JS2014 - 60	2.10	0.80	0.38
JS2014 - 61	1.87	0.83	0.45
JS2014 - 62	3.27	0.67	0.20
JS2014 - 63	1.77	0.57	0.32
JS2014 - 67	2.87	0.80	0.28
JS2014 - 68	2.00	0.90	0.45
JS2014 - 69	2.87	0.50	0.17
JS2014 - 71	1.47	0.70	0.48
JS2014 - 73	1.73	0.77	0.44
JS2014 - 74	5.17	0.43	0.08
JS2014 - 75	1.90	0.53	0.28
JS2014 - 78	1.67	0.63	0.38
JS2014 - 82	1.13	0.60	0.53
JS2014 - 83	1.50	0.73	0.49
JS2014 - 84	2.93	0.67	0.23
JS2014 - 86	1.73	0.47	0.27
JS2014 - 87	1.67	0.37	0.22
JS2014 - 88	1.50	0.47	0.31
JS2014 - 89	1.70	0.43	0.25
JS2014 - 90	1.83	0.77	0.42
JS2014 - 91	1.10	0.60	0.55
JS2014 - 92	2.70	0.57	0.21
JS2014 - 93	2.07	0.70	0.34
JS2014 - 94	1.80	0.70	0.39
JS2014 - 95	1.20	0.47	0.39
JS2014 - 96	1.57	0.33	0.21
JS2014 - 97	2.63	0.90	0.34
JS2014 - 98	3.00	0.53	0.18
JS2014 - 99	1.83	0.70	0.38
JS2014 - 100	1.57	0.57	0.36
JS2014 - 101	2.27	0.40	0.18

2.3 干旱胁迫对多花黑麦草种质材料分蘖的影响

由表 4 可知，干旱胁迫对不同多花黑麦草种质材料的影响不同。JS2014 - 75 的分蘖与对照无差异，而 JS2014 - 69 的分蘖比对照减少了近 24 个，分蘖胁迫指数达 0.26。其中 JS2014 - 75、JS2014 - 16、JS2014 - 61、JS2014 - 40、JS2014 - 5、JS2014 - 48 等 12 份材料的分蘖胁迫指数在 0.8 以上，干旱对这些材料分蘖影响较小。S2014 - 74、JS2014 - 69 等 24 份材料分蘖胁迫指数在 0.5 以下，其他 53 份材料分蘖胁迫指数在 0.5～0.8，影响居中。

表 4　干旱胁迫对多花黑麦草种质材料分蘖的影响

编　号	对照分蘖	处理分蘖	分蘖胁迫指数	编　号	对照分蘖	处理分蘖	分蘖胁迫指数
JS2014 - 1	12.67	9.00	0.71	JS2014 - 33	18.67	9.00	0.48
JS2014 - 2	10.00	5.33	0.53	JS2014 - 34	14.33	7.33	0.51
JS2014 - 3	14.67	10.33	0.70	JS2014 - 35	16.33	8.67	0.53
JS2014 - 4	10.67	9.67	0.91	JS2014 - 36	18.00	12.33	0.69
JS2014 - 5	10.67	10.00	0.94	JS2014 - 37	13.67	8.33	0.61
JS2014 - 6	11.67	8.33	0.71	JS2014 - 38	17.67	8.67	0.49
JS2014 - 7	11.67	6.33	0.54	JS2014 - 39	15.33	11.00	0.72
JS2014 - 8	18.33	11.33	0.62	JS2014 - 40	11.00	10.33	0.94
JS2014 - 9	16.33	5.33	0.33	JS2014 - 41	13.33	6.33	0.48
JS2014 - 10	10.67	8.33	0.78	JS2014 - 42	13.67	8.67	0.63
JS2014 - 11	6.33	6.33	1.00	JS2014 - 43	15.33	8.00	0.52
JS2014 - 12	9.00	8.00	0.89	JS2014 - 44	11.33	6.33	0.56
JS2014 - 13	9.67	7.67	0.79	JS2014 - 45	10.67	7.67	0.72
JS2014 - 14	10.00	6.33	0.63	JS2014 - 46	11.67	7.33	0.63
JS2014 - 15	11.33	4.00	0.35	JS2014 - 47	15.00	8.00	0.53
JS2014 - 16	7.43	7.37	0.99	JS2014 - 48	13.33	12.33	0.93
JS2014 - 17	12.33	7.00	0.57	JS2014 - 49	13.00	8.67	0.67
JS2014 - 18	14.33	7.67	0.53	JS2014 - 50	19.33	9.67	0.50
JS2014 - 19	14.67	7.00	0.48	JS2014 - 51	17.33	8.00	0.46
JS2014 - 20	18.00	6.00	0.33	JS2014 - 52	19.67	7.33	0.37
JS2014 - 21	12.67	10.33	0.82	JS2014 - 53	20.67	9.00	0.44
JS2014 - 22	19.00	10.67	0.56	JS2014 - 54	22.00	9.33	0.42
JS2014 - 23	12.00	9.67	0.81	JS2014 - 55	13.00	8.33	0.64
JS2014 - 24	9.67	7.67	0.79	JS2014 - 56	11.33	7.67	0.68
JS2014 - 25	16.33	12.00	0.73	JS2014 - 57	19.33	9.67	0.50
JS2014 - 26	20.33	12.33	0.61	JS2014 - 58	15.00	7.33	0.49
JS2014 - 27	18.33	9.33	0.51	JS2014 - 60	25.2	10.00	0.40
JS2014 - 28	15.00	13.67	0.91	JS2014 - 61	11.33	10.67	0.94
JS2014 - 29	20.33	10.00	0.49	JS2014 - 62	24.67	10.67	0.43
JS2014 - 30	17.67	7.33	0.42	JS2014 - 63	16.33	9.67	0.59
JS2014 - 31	16.00	11.00	0.69	JS2014 - 67	15.67	11.33	0.72
JS2014 - 32	18.00	7.33	0.41	JS2014 - 68	15.00	9.00	0.60

（续）

编　号	对照分蘖	处理分蘖	分蘖胁迫指数	编　号	对照分蘖	处理分蘖	分蘖胁迫指数
JS2014-69	32.00	8.33	0.26	JS2014-90	11.67	6.67	0.57
JS2014-71	16.00	10.00	0.63	JS2014-91	11.00	6.67	0.61
JS2014-73	13.67	9.67	0.71	JS2014-92	14.33	6.67	0.47
JS2014-74	26.67	7.67	0.29	JS2014-93	9.33	6.67	0.71
JS2014-75	11.00	11.00	1.00	JS2014-94	11.00	5.33	0.48
JS2014-78	13.33	10.00	0.75	JS2014-95	12.00	6.00	0.50
JS2014-82	14.00	7.00	0.50	JS2014-96	7.00	5.00	0.71
JS2014-83	17.33	10.00	0.58	JS2014-97	12.67	8.00	0.63
JS2014-84	13.00	6.33	0.49	JS2014-98	13.33	6.00	0.45
JS2014-86	10.33	7.67	0.74	JS2014-99	10.00	5.67	0.57
JS2014-87	11.33	4.33	0.38	JS2014-100	9.00	6.00	0.67
JS2014-88	11.00	6.00	0.55	JS2014-101	10.00	5.33	0.53
JS2014-89	10.67	6.00	0.56				

3　结论与讨论

作物抗旱能力的大小是由作物在漫长的进化过程中以多种方式来抵抗和适应干旱而形成的多种抗旱机制来决定的[6]。作物的形态指标是反映作物水分状况的最直接表现，不同水分条件地区的作物形态也因此不同，株高、鲜重、干重、分蘖和产量是形态的直接体现，能在一定情况下反映抗旱性[7]。本研究中，参与试验的89份多花黑麦草材料中抗旱性较强的种质材料有14份，分别是JS2014-45、JS2014-39、JS2014-2、JS2014-12、JS2014-4、JS2014-5、JS2014-13、JS2014-1、JS2014-16、JS2014-3、JS2014-35、JS2014-14、JS2014-91、JS2014-82；抗旱性较差的是JS2014-74、JS2014-69、JS2014-101、JS2014-98、JS2014-89、JS2014-20、JS2014-38、JS2014-11、JS2014-43、JS2014-50、JS2014-28、JS2014-84、JS2014-15、JS2014-53、JS2014-87、JS2014-44、JS2014-55、JS2014-96、JS2014-42、JS2014-92等26份材料；JS2014-51、JS2014-22、JS2014-33、JS2014-56、JS2014-68、JS2014-90等49份材料的抗旱性居中。

参 考 文 献

[1] 山仑，黄占斌，张岁岐．节水农业 [M]．北京：清华大学出版社，2000：12-13.

[2] 杨富裕，张蕴薇，苗彦军，等．西藏草业发展战略研究 [J]．中国草地，2004，26（4）：67-71.

[3] 路阳，金山，张娜，等．西藏11种野生牧草萌发期抗旱性研究 [J]．西北农业学报，2011，20（3）：38-44.

[4] HU Y C, SHAO H B, CHU L Y, et al. Relationship between water use efficiency (WUE) and production of different wheat genotypes at soil water deficit [J]. Colloids and Surfaces B: Biointerfaces, 2006, 53 (2): 271-277.

[5] 司马义·巴拉提，卡德尔·阿布都热西提．干旱胁迫下甘草等八种牧草种子萌发特性及抗旱性差异研究 [J]．科技通报，2010，26（3）：391-395.

[6] 任永波，吴中军，段拥军．作物抗旱研究方法与抗旱性鉴定指标 [J]．西昌农业高等专科学校学报，2001，15（1）：1-5，13.

[7] 蒋花．大麦生长初期的抗旱生理特性研究 [D]．杨凌：西北农林科技大学，2012：2-11.

24份多年生黑麦草苗期抗旱评价试验

王学敏　高洪文　王　赞

（中国农业科学院北京畜牧兽医研究所）

1　试验目的

采用温室盆栽土培法完成多年生黑麦草种质材料苗期抗旱鉴定，筛选出抗旱性较强的种质材料。

2　试验材料

供试材料共24份，来源于中国农业科学院北京畜牧兽医研究所（表1）。

表1　试验材料一览表

代号	品种名称	代号	品种名称	代号	品种名称	代号	品种名称
H1	7053	H7	7252	H13	7442	H19	7722
H2	7054	H8	7253	H14	7454	H20	7814
H3	7095	H9	7261	H15	7484	H21	7840
H4	7101	H10	7288	H16	7530	H22	7847
H5	7151	H11	7406	H17	7544	H23	7905
H6	7192	H12	7431	H18	7623	H24	7932

3　试验方法

3.1　材料准备

试验于2012年3～6月在河北省农林科学院旱作节水农业试验站日光温室进行，室内温度为20～30℃。

培养土准备：将中等肥力的耕层土与沙土分别过筛，去掉杂质后按1∶1混合均匀，然后装入无孔塑料箱（48.5cm×33.3cm×18cm）中，装土厚度15cm；同时取土样测定土壤含水量（16.8%）以确定实际装入干土重。土壤养分含量测定结果为碱解氮34.61mg/kg，有效磷9.42mg/kg，速效钾136.6mg/kg，有机质含量0.83%，全氮含量0.07%，全盐含量0.15%，pH为7.7。

种子准备：每份材料挑选颗粒饱满、大小一致的种子80～100粒。

播种准备：播前灌水至土壤田间持水量的75%～80%（土壤含水量17.6%～20.8%），晾置96h后点播，播前保持土壤平整；每箱播种4份材料，株行距均匀分布，点穴播种。不同材料之间间距为8.3cm，单株面积为3.5cm×4cm。每穴4～5粒，播后覆土1.5cm。

前期管理：三叶期前每份材料留健壮、均匀的幼苗20株，试验期间通过称重法及时补充蒸发损失的土壤水分。

3.2　胁迫处理

试验设置正常供水、干旱胁迫2个处理，每个处理4次重复，同时以装满培养土的空白箱作为对照用以观测土壤水分变化情况；水处理始终保持土壤水分为田间持水量的80%左右；旱处理幼苗长至三叶期时停止供水，开始干旱胁迫，当土壤含水量降至田间持水量的15%～20%（土壤含水量3.3%～5.2%）时复水，使复水后的土壤水分达到田间持水量的80%左右，复水120h（5d）后调查存活苗数，以叶片转呈鲜绿色者为存活，第1次复水后即停止供水，开始第2次干旱胁迫，连续进行2次。

3.3　测定内容与方法

胁迫结束后调查植株存活率、地上生物量（干重）、地下生物量（干重）、苗高、分蘖数等，并计算抗旱系数。

存活率（SR）：按公式（1）计算，公式（1）中，DS为存活率，$DS1$为第1次干旱存活率，$DS2$为第2次干旱存活率，$\overline{X}_{DS1}$为第1次复水后4次重复存活苗数的平均值，$\overline{X}_{DS2}$为第2次复水后4次重复存活苗数的平均值，$\overline{X}_{TT}$为第1次干旱前4次重复总苗数的平均值。

抗旱系数（DRC）：采用公式（2）计算，式（2）中，Y_j为某材料旱处理下的测定值；Y_J为某材料水处理下的测定值。

$$DS = \frac{DS\,1 + DS2}{2} = \frac{\dfrac{\overline{X}_{DS1}}{\overline{X}_{TT}} + \dfrac{\overline{X}_{DS2}}{\overline{X}_{TT}}}{2} \times 100\% \tag{1}$$

$$DRC = Y_j / Y_J \tag{2}$$

地上生物量和地下生物量：收获后烘箱105℃杀青10min，然后80℃烘干至2次称量无误差为止。

株高：从主茎茎基部直到心叶顶端，测量每个材料所有植株。

分蘖数：试验结束时所有着生的分蘖数目。

根冠比：根冠比=地下生物量/地上生物量。

3.4　试验管理

播前3月10日每箱浇水5 000mL，3月15日播种，3月22日出苗，4月7日间苗，4月17日定苗。

4　抗旱性评价

4.1　存活率评价

根据苗期反复干旱下的存活率，抗旱性分为5级。1级为抗旱性极强（HR），干旱存活率≥80.0%；2级为抗旱性强（R），干旱存活率65%～79.9%；3级为抗旱性中等（MR），干旱存活率50.0%～64.9%；4级为抗旱性弱（S），干旱存活率35.0%～49.9%；5级为抗旱性极弱（HS），干旱存活率≤35.0%。

4.2　隶属函数法和标准差系数赋予权重法综合评价

A：运用隶属函数对各指标进行标准化处理。

$$\mu(X_{ij}) = \frac{X_{ij} - X_{\min}}{X_{\max} - X_{\min}} \tag{3}$$

B：采用标准差系数法（S）确定指标的权重，用公式（4）计算第j个指标的标准差系数V_j，公式（5）归一化后得到第j指标的权重系数W_j。

$$V_j = \frac{\sqrt{\sum_{i=1}^{n}(X_{ij} - \overline{X}_j)^2}}{\overline{X}_j} \tag{4}$$

$$W_j = \frac{V_j}{\sum_{j=1}^{m} V_j} \tag{5}$$

C：用公式（6）计算各品种的综合评价值。

$$D = \sum_{i=1}^{n} [\mu(X_{ij}) \cdot W_j] \quad (j = 1, 2, \cdots, n) \tag{6}$$

式中：X_{ij} 表示第 i 个材料第 j 个指标测定值；X_{min} 表示第 j 个指标的最小值；X_{max} 表示第 j 个指标的最大值，$\mu(X_{ij})$ 为隶属函数值，$\overline{X}_j$ 为第 j 个指标的平均值，D 值为各供试材料的综合评价值。

5 结果与分析

5.1 地上生物量

表2可见，旱处理的地上生物量明显低于水处理，说明干旱明显抑制了黑麦草的地上生长。经方差分析，水处理、旱处理下各个材料之间均存在极显著性差异（$P<0.01$），抗旱系数也存在极显著性差异（$P<0.01$）。抗旱系数消除了各个材料自身的差异，可以更好地评价该材料的抗旱性强弱。水处理地上生物量较大的有H12、H22、H17、H20、H5、H8，较小的是H3、H1、H7、H4、H11；干旱处理地上生物量较大的是H12、H23、H17、H24、H20、H18，较小的是H16、H6、H21、H13、H4；抗旱系数较大的是H23、H18、H24、H11、H19、H7，较小的是H9、H21、H5、H6、H13。

表2 地上生物量调查

序号	代号	DT（g）					WT（g）					DRC				
		1	2	3	4	平均	1	2	3	4	平均	1	2	3	4	平均
1	H1	1.57	2.42	2.44	1.68	2.03^{EFGgh}	6.79	7.76	7.99	6.51	7.26^{DEFghi}	0.23	0.31	0.31	0.26	$0.28^{BCDEbcde}$
2	H2	1.36	2.54	2.12	2.06	2.02^{EFGgh}	8.35	8.89	7.69	7.92	8.21^{CDEefg}	0.16	0.29	0.28	0.26	0.25^{BCDEde}
3	H3	1.88	1.85	2.35	2.63	$2.18^{CDEFGefgh}$	6.06	7.88	8	7.14	$7.27^{DEFfghi}$	0.31	0.23	0.29	0.37	$0.30^{BCDEbcde}$
4	H4	1.61	1.26	1.94	2.6	1.85^{Gh}	6.1	7.42	6.74	6.73	6.75^{EFhi}	0.26	0.17	0.29	0.39	$0.28^{BCDEbcde}$
5	H5	1.13	2.33	2.96	1.95	$2.09^{DEFGfgh}$	7.38	10.35	9.99	8.32	9.01^{ABCcde}	0.15	0.23	0.30	0.23	0.23^{CDEde}
6	H6	1.45	2.32	2.33	1.71	1.95^{FGgh}	8.5	10.1	8.39	7.15	8.54^{CDEefg}	0.17	0.23	0.28	0.24	0.23^{DEde}
7	H7	0.85	2.04	2.09	3.46	$2.11^{CDEFGfgh}$	6.15	8.49	7.81	5.77	7.06	0.14	0.24	0.27	0.60	$0.31^{BCDEbcde}$
8	H8	1.52	2.64	2.57	3.15	$2.47^{BCDEFGcdefg}$	7.11	10.3	9.66	8.94	9.00^{ABCcde}	0.21	0.26	0.27	0.35	$0.27^{BCDEcde}$
9	H9	1.61	2.08	1.87	2.54	2.03^{EFGgh}	7.42	9.62	7.63	9.51	8.55^{BCDef}	0.22	0.22	0.25	0.27	0.24^{BCDEde}
10	H10	1.9	2.22	2.08	2.44	$2.16^{CDEFGefgh}$	7.18	8.87	8.81	8.16	8.26^{CDEefg}	0.26	0.25	0.24	0.30	$0.26^{BCDEcde}$
11	H11	1.79	2.1	2.76	2.23	$2.22^{CDEFGdefgh}$	6.17	6.79	6.79	5.62	6.34^{Fi}	0.29	0.31	0.41	0.40	$0.35^{ABCDabc}$
12	H12	3.42	3.35	3.52	3.53	3.46^{Aa}	11.42	13.06	13.86	11.05	12.35^{Aa}	0.30	0.26	0.25	0.32	$0.28^{BCDEbcde}$
13	H13	0.92	2.06	2.41	2.02	1.85^{Gh}	7.89	9.95	10.05	7	8.72^{BCDde}	0.12	0.21	0.24	0.29	0.21^{Ee}
14	H14	1.44	2.5	3.01	2.59	$2.39^{BCDEFGcdefgh}$	7.13	8.85	9.15	6.69	$7.96^{CDEFefgh}$	0.20	0.28	0.33	0.39	$0.30^{BCDEbcde}$
15	H15	1.67	2.07	2.75	3.3	$2.45^{BCDEFGcdefgh}$	7.86	8.1	11.46	7.47	8.72^{BCDde}	0.21	0.26	0.24	0.44	$0.29^{BCDEbcde}$
16	H16	0.79	1.98	2.45	2.66	1.97^{FGgh}	6.36	7.78	8.96	6.43	$7.38^{DEFfghi}$	0.12	0.25	0.27	0.41	$0.27^{BCDEcde}$
17	H17	1.73	2.98	3.45	3.45	2.90^{ABCabc}	8.39	11.44	10.7	10.07	10.15^{ABbc}	0.21	0.26	0.32	0.34	$0.28^{BCDEbcde}$
18	H18	1.74	2.83	2.79	3.65	$2.75^{ABCDEFbcde}$	7.01	9.3	8.2	6.44	$7.74^{CDEFfghi}$	0.25	0.30	0.34	0.57	0.36^{ABab}
19	H19	1.79	3.52	2.95	2.32	$2.65^{BCDEFGbcdef}$	7.02	8.13	11.89	7.88	8.73^{BCDde}	0.25	0.43	0.25	0.29	$0.31^{ABCDEbcd}$
20	H20	2.34	3.81	2.76	2.34	$2.81^{ABCDEbcd}$	8.63	9.36	11.8	10.23	10.01^{ABbcd}	0.27	0.41	0.23	0.23	$0.29^{BCDEbcde}$
21	H21	1.31	2.48	2.21	1.77	1.94^{Ggh}	6.17	10.33	8.82	7.34	$8.17^{CDEFefgh}$	0.21	0.24	0.25	0.24	0.24^{CDEde}

（续）

序号	代号	DT（g）					WT（g）					DRC				
		1	2	3	4	平均	1	2	3	4	平均	1	2	3	4	平均
22	H22	1.8	3	2.99	3.21	2.75^{ABCDEFbcde}	11.31	12	10.33	8.38	10.51^{Bb}	0.16	0.25	0.29	0.38	0.27^{BCDEcde}
23	H23	2.03	3.85	3.49	3.34	3.18^{ABab}	5.74	7.17	9.72	6.88	7.38^{CDEFfghi}	0.35	0.54	0.36	0.49	0.43^{Aa}
24	H24	1.91	3.69	2.98	2.81	2.85^{ABCDbc}	6.45	8.29	9.04	8.25	8.01^{CDEFefgh}	0.30	0.45	0.33	0.34	0.35^{ABCabc}

注：DT 为旱处理，WT 为水处理，DRC 为抗旱系数，同列大写字母表示不同材料之间差异极显著（$P<0.01$），同列小写字母表示不同材料之间差异显著（$P<0.05$）。下同。

5.2 地下生物量

表 3 可见，旱处理的地下生物量明显小于水处理，也显示出干旱条件下根系生长受到了明显抑制，总地下生物量明显减少；旱处理、水处理下不同材料间的差异不明显，抗旱系数差异极显著（$P<0.01$）。抗旱系数较大的有 H19、H20、H23、H15、H11、H8、H14 和 H16，较小的有 H5、H6、H1、H9、H2。

表 3　地下生物量调查

序号	代号	DT（g）					WT（g）					DRC				
		1	2	3	4	平均	1	2	3	4	平均	1	2	3	4	平均
1	H1	0.45	0.83	0.68	0.53	0.62	3.51	3.79	3.32	3.54	3.54	0.13	0.22	0.20	0.15	0.18^{EFhi}
2	H2	0.43	1.08	0.62	0.26	0.60	3.99	4.02	5.06	3.72	4.20	0.11	0.27	0.12	0.07	0.14^{Fi}
3	H3	0.64	0.65	1.02	1.32	0.91	3.14	3.64	3.51	3.59	3.47	0.20	0.18	0.29	0.37	0.26^{ABCDEFcdefgh}
4	H4	0.54	0.49	0.82	1.04	0.72	2.88	3.03	2.9	3.38	3.05	0.19	0.16	0.28	0.31	0.23^{CDEFdefghi}
5	H5	0.49	0.83	1.09	0.6	0.75	3.32	4.06	3.45	3.77	3.65	0.15	0.20	0.32	0.16	0.21^{DEFfghi}
6	H6	0.61	0.82	1	0.68	0.78	3.87	4.53	3.86	3.78	4.01	0.16	0.18	0.26	0.18	0.19^{DEFghi}
7	H7	0.49	1.04	1.34	1.15	1.01	2.62	2.93	4.98	3.8	3.58	0.19	0.35	0.27	0.30	0.28^{ABCDEFbcdefgh}
8	H8	0.66	1.01	0.83	1.03	0.88	2.8	3.04	3.66	2.61	3.03	0.24	0.33	0.23	0.39	0.30^{ABCDEabcdef}
9	H9	0.35	0.59	0.83	0.9	0.67	3.12	2.36	4.78	4.73	3.75	0.11	0.25	0.17	0.19	0.18^{EFhi}
10	H10	0.38	0.57	1.13	1.2	0.82	2.8	3.68	3.05	4.12	3.41	0.14	0.15	0.37	0.29	0.24^{BCDEFcdefghi}
11	H11	0.65	0.72	1.19	1.05	0.90	2.5	2.66	4.25	2.22	2.91	0.26	0.27	0.28	0.47	0.32^{ABCDabcde}
12	H12	0.47	0.82	1.03	1.2	0.88	3.61	3.76	3.85	2.85	3.52	0.13	0.22	0.27	0.42	0.26^{ABCDEFcdefgh}
13	H13	0.59	0.55	0.74	0.52	0.60	2.67	3.29	2.54	2.23	2.68	0.22	0.17	0.29	0.23	0.23^{CDEFdefghi}
14	H14	0.37	0.73	1.08	1.28	0.87	2.76	3.5	2.75	2.66	2.92	0.13	0.21	0.39	0.48	0.30^{ABCDEabcdef}
15	H15	1.01	1.21	0.95	0.74	0.98	3.32	3.12	3.1	2.26	2.95	0.30	0.39	0.31	0.33	0.33^{ABCDabcd}
16	H16	0.6	0.87	0.91	0.6	0.75	2.68	2.84	2.05	2.52	2.52	0.22	0.31	0.44	0.24	0.30^{ABCDEabcdefg}
17	H17	0.75	0.87	0.75	0.71	0.77	3.65	4.46	2.81	3.51	3.61	0.21	0.20	0.27	0.20	0.22^{CDEFefghi}
18	H18	0.83	0.65	0.86	0.42	0.69	2.33	4.95	3.12	3.23	3.41	0.36	0.13	0.28	0.13	0.22^{CDEFefghi}
19	H19	1.05	0.91	0.94	1.2	1.03	2.7	2.23	2.95	2.56	2.61	0.39	0.41	0.32	0.47	0.40^{Aa}
20	H20	1.28	0.99	0.95	0.76	1.00	3.48	2.8	1.91	2.53	2.68	0.37	0.35	0.50	0.30	0.38^{ABab}
21	H21	0.77	0.73	0.77	0.59	0.72	3.62	3.07	2.17	3.45	3.08	0.21	0.24	0.35	0.17	0.24^{CDEFdefghi}
22	H22	0.77	0.73	0.73	0.77	0.75	3.79	3.56	2.36	2.86	3.14	0.20	0.21	0.31	0.27	0.25^{BCDEFcdefghi}
23	H23	1.12	0.75	1.23	1.2	1.08	2.93	2.71	3.6	3.08	3.08	0.38	0.28	0.34	0.39	0.35^{ABCabc}
24	H24	0.85	0.71	1.17	1.03	0.94	3.99	2.69	4.8	3.3	3.70	0.21	0.26	0.24	0.31	0.26^{BCDEFcdefgh}

5.3 根冠比

旱处理的根冠比越大，说明根系发育相对来说越发达，抗旱性越强；抗旱系数大于 1 的抗旱性强。

从表 4 来看，只有 8 个材料抗旱系数大于 1，这可能与黑麦草为须根系有关，在水处理条件下根系发育明显好于旱处理，因此根冠比多数小于 1。其中旱处理下不同材料间差异不明显，水处理和抗旱系数差异明显。水处理下根冠比较大的有 H7、H2、H1、H3、H24、H6，较小的有 H19、H13、H22、H20、H12；抗旱系数较大的有 H20、H19、H16、H15、H13、H7、H8，较小的有 H9、H24、H18、H1、H2。

表 4　根冠比调查

序号	代号	DT					WT					DRC				
		1	2	3	4	平均	1	2	3	4	平均	1	2	3	4	平均
1	H1	0.29	0.34	0.28	0.32	0.31	0.52	0.49	0.42	0.54	0.49[ABCa]	0.55	0.70	0.67	0.58	0.63[gh]
2	H2	0.32	0.43	0.29	0.13	0.29	0.48	0.45	0.66	0.47	0.51[ABa]	0.66	0.94	0.44	0.27	0.58[h]
3	H3	0.34	0.35	0.43	0.50	0.41	0.52	0.46	0.44	0.50	0.48[ABCab]	0.66	0.76	0.99	1.00	0.85[defgh]
4	H4	0.34	0.39	0.42	0.40	0.39	0.47	0.41	0.43	0.50	0.45[ABCDabcde]	0.71	0.95	0.98	0.80	0.86[cdefgh]
5	H5	0.43	0.36	0.37	0.31	0.37	0.45	0.39	0.35	0.45	0.41[ABCDEFabcdefg]	0.96	0.91	1.07	0.68	0.90[bcdefgh]
6	H6	0.42	0.35	0.43	0.40	0.40	0.46	0.45	0.46	0.53	0.47[ABCabc]	0.92	0.79	0.93	0.75	0.85[defgh]
7	H7	0.58	0.51	0.64	0.33	0.51	0.43	0.35	0.64	0.66	0.52[Aa]	1.35	1.48	1.01	0.50	1.09[abcdef]
8	H8	0.43	0.38	0.32	0.33	0.37	0.39	0.30	0.38	0.29	0.34[CDEFefghi]	1.10	1.30	0.85	1.12	1.09[abcdef]
9	H9	0.22	0.28	0.44	0.35	0.32	0.42	0.25	0.63	0.50	0.45[ABCDabcde]	0.52	1.16	0.71	0.71	0.77[efgh]
10	H10	0.20	0.26	0.54	0.49	0.37	0.39	0.41	0.35	0.50	0.41[ABCDEFabcdefg]	0.51	0.62	1.57	0.97	0.92[bcdefgh]
11	H11	0.36	0.34	0.43	0.47	0.40	0.41	0.39	0.63	0.40	0.45[ABCDabcde]	0.90	0.88	0.69	1.19	0.91[bcdefgh]
12	H12	0.14	0.24	0.29	0.34	0.25	0.32	0.29	0.28	0.26	0.28[EFhi]	0.43	0.85	1.05	1.32	0.91[bcdefgh]
13	H13	0.64	0.27	0.31	0.26	0.37	0.34	0.33	0.25	0.32	0.31[DEFfghi]	1.90	0.81	1.21	0.81	1.18[abcde]
14	H14	0.26	0.29	0.36	0.49	0.35	0.39	0.40	0.30	0.40	0.37[ABCDEFbcdefghi]	0.66	0.74	1.19	1.24	0.96[bcdefgh]
15	H15	0.60	0.58	0.35	0.22	0.44	0.42	0.39	0.27	0.30	0.35[CDEFdefghi]	1.43	1.52	1.28	0.74	1.24[abcd]
16	H16	0.76	0.44	0.37	0.23	0.45	0.42	0.37	0.23	0.39	0.35[CDEFefghi]	1.80	1.20	1.62	0.58	1.30[abc]
17	H17	0.43	0.29	0.22	0.21	0.29	0.44	0.39	0.26	0.35	0.36[BCDEFcdefghi]	1.00	0.75	0.83	0.59	0.79[efgh]
18	H18	0.48	0.23	0.31	0.12	0.28	0.33	0.53	0.38	0.50	0.44[ABCDEabcde]	1.44	0.43	0.81	0.23	0.73[fgh]
19	H19	0.59	0.26	0.32	0.52	0.42	0.38	0.27	0.25	0.32	0.31[DEFghi]	1.53	0.94	1.28	1.59	1.34[ab]
20	H20	0.55	0.26	0.34	0.32	0.37	0.40	0.30	0.16	0.25	0.28[Fi]	1.36	0.87	2.13	1.31	1.42[a]
21	H21	0.59	0.29	0.35	0.33	0.39	0.59	0.30	0.25	0.47	0.40[ABCDEFabcdefgh]	1.00	0.99	1.42	0.71	1.03[abcdefg]
22	H22	0.43	0.24	0.24	0.24	0.29	0.34	0.30	0.23	0.34	0.30[DEFghi]	1.28	0.82	1.07	0.70	0.97[bcdefgh]
23	H23	0.55	0.19	0.35	0.36	0.36	0.51	0.38	0.37	0.45	0.43[ABCDEFabcdef]	1.08	0.52	0.95	0.80	0.84[defgh]
24	H24	0.45	0.19	0.39	0.37	0.35	0.62	0.32	0.53	0.40	0.47[ABCabcd]	0.72	0.59	0.74	0.92	0.74[efgh]

5.4　株高

从表 5 来看，干旱处理的株高明显小于水处理，旱处理的生长受到了明显的影响，植株较矮，叶色发暗，抗旱系数小于 1。水处理植株较高的有 H12、H13、H17、H22、H24、H19，植株较矮的是 H10、H1、H7、H3、H4；干旱处理植株较高的是 H12、H19、H20、H17、H11、H23，植株较矮的是 H7、H10、H1、H4、H9；从抗旱系数来看，较大的是 H3、H11、H4、H15、H20、H16、H7，较小的是 H21、H14、H9、H6、H12。虽然不同材料间差异极显著，但多个材料间差异不显著，也说明抗旱性相近，因此单一指标作为评价抗旱性的指标可能存在较大误差。

表5 株高调查

序号	代号	DT (mm)					WT (mm)					DRC				
		1	2	3	4	平均	1	2	3	4	平均	1	2	3	4	平均
1	H1	57.6	48.4	58.2	49.4	53.36^{GHghi}	107.7	96.7	97.1	72.1	93.38^{GHijk}	0.53	0.50	0.60	0.68	0.58^{BCDEFGbcdefg}
2	H2	55.8	56.0	57.6	60.5	57.45^{FGHfgh}	119.7	107.9	102.0	93.3	105.73^{EFGghi}	0.47	0.52	0.56	0.65	0.55^{BCDEFGcdefgh}
3	H3	63.8	53.7	67.8	66.2	62.88^{CDEFGdefg}	89.5	97.8	81.9	77.7	86.73^{GHjk}	0.71	0.55	0.83	0.85	0.74^{Aa}
4	H4	48.3	51.5	50.1	55.8	51.41^{GHhi}	76.7	96.5	73.1	75.8	80.51^{Hk}	0.63	0.53	0.69	0.74	0.65^{ABCabc}
5	H5	53.6	77.1	81.1	74.7	71.61^{ABCDEFbcde}	130.6	141.1	132.3	125.6	132.39^{BCDcdef}	0.41	0.55	0.61	0.59	0.54^{BCDEFGdefgh}
6	H6	46.2	55.7	70.9	63.5	59.05^{DEFGHfgh}	125.8	132.2	126.9	102.6	121.88^{CDEefg}	0.37	0.42	0.56	0.62	0.49^{EFGgh}
7	H7	40.5	53.8	64.1	62.1	55.11^{GHfghi}	95.2	96.0	99.3	77.5	91.96^{GHijk}	0.43	0.56	0.65	0.80	0.61^{ABCDEFbcdef}
8	H8	47.3	52.8	62.3	68.4	57.68^{FGHfgh}	97.6	107.4	117.2	84.8	101.74^{EFGHhij}	0.48	0.49	0.53	0.81	0.58^{BCDEFGbcdefg}
9	H9	34.6	47.8	54.7	46.3	45.84Hi	93.5	107.3	97.5	88.7	96.71^{FGHijk}	0.37	0.45	0.56	0.52	0.47^{FGgh}
10	H10	40.8	54.2	57.3	66.8	54.77^{GHfghi}	93.6	106.1	107.5	87.4	98.61^{EFGHij}	0.44	0.51	0.53	0.76	0.56^{BCDEFGcdefg}
11	H11	63.4	74.4	97.4	78.3	78.34^{ABab}	107.1	126.5	120.6	116.5	117.66^{DEFfgh}	0.59	0.59	0.81	0.67	0.66^{ABab}
12	H12	76.5	75.8	92.0	87.9	83.03^{Aa}	156.4	162.0	172.0	178.7	167.26^{Aa}	0.49	0.47	0.53	0.49	0.50^{DEFGfgh}
13	H13	47.6	83.9	84.7	79.5	73.90^{ABCDabcd}	148.2	188.2	142.7	126.4	151.36^{ABab}	0.32	0.45	0.59	0.63	0.50^{DEFGgh}
14	H14	38.3	61.8	76.7	58.7	58.89^{EFGHfgh}	118.5	147.1	137.6	113.1	129.05^{BCDdef}	0.32	0.42	0.56	0.52	0.46^{Gh}
15	H15	60.3	72.4	86.7	80.6	74.99^{ABCabc}	115.8	119.8	134.5	102.8	118.20^{DEFfgh}	0.52	0.60	0.64	0.78	0.64^{ABCDabcd}
16	H16	49.8	60.2	68.3	60.6	59.71^{DEFGHfgh}	102.7	105.3	106.8	82.2	99.23^{EFGHhij}	0.49	0.57	0.64	0.74	0.61^{ABCDEFbcdef}
17	H17	49.0	82.0	105.9	77.2	78.50^{ABab}	131.4	175.2	147.0	144.6	149.53^{ABbc}	0.37	0.47	0.72	0.53	0.52^{CDEFGefgh}
18	H18	52.0	55.2	80.2	71.7	64.75^{BCDEFGcdef}	107.2	159.7	137.5	118.4	130.69^{BCDdef}	0.49	0.35	0.58	0.61	0.50^{EFGgh}
19	H19	61.1	82.6	107.1	79.9	82.65^{Aab}	122.5	141.7	173.4	132.3	142.43^{BCbcd}	0.50	0.58	0.62	0.60	0.58^{BCDEFGbcdefg}
20	H20	65.0	92.9	94.0	76.4	82.05^{Aab}	125.2	153.1	125.9	127.0	132.76^{BCDcdef}	0.52	0.61	0.75	0.60	0.62^{ABCDEbcde}
21	H21	58.0	48.9	72.6	68.6	62.01^{CDEFGefgh}	130.8	152.8	121.5	152.6	139.40^{BCDbcd}	0.44	0.32	0.60	0.45	0.45^{Gh}
22	H22	74.6	62.9	68.1	82.9	72.12^{ABCDEFabcde}	142.0	182.4	138.2	132.0	148.63^{ABbc}	0.53	0.34	0.49	0.63	0.50^{DEFGgh}
23	H23	59.1	83.6	82.1	75.6	75.09^{ABCab}	118.0	135.2	166.1	131.9	137.79^{BCDbcde}	0.50	0.62	0.49	0.57	0.55^{BCDEFGcdefgh}
24	H24	61.3	78.7	76.4	77.6	73.47^{ABCDEabcd}	128.4	150.4	170.3	136.5	146.39^{ABbcd}	0.48	0.52	0.45	0.57	0.50^{DEFGgh}

5.5 分蘖数

从表6来看，水处理下黑麦草产生的分蘖数明显高于旱处埋，由此可知在逆境条件下分蘖情况受到了明显抑制，抗旱系数小于1。水处理分蘖较多的有H3、H4、H2、H9、H1、H8、H7，较少的是H11、H23、H21、H22、H24；干旱处理较多的是H8、H2、H7、H4、H3、H1，较少的是H13、H23、H24、H22、H21；抗旱系数较大的是H24、H18、H23、H19、H7、H11，较小的是H2、H1、H4、H3、H9。

表6 分蘖数调查

序号	代号	DT					WT					DRC				
		1	2	3	4	平均	1	2	3	4	平均	1	2	3	4	平均
1	H1	6.4	5.6	6.3	4.7	5.75^{ABCabcd}	10.6	12.4	16.0	13.2	13.04^{ABb}	0.61	0.45	0.39	0.36	0.45^{efgh}
2	H2	7.9	6.5	6.1	5.1	6.37^{ABab}	13.5	12.4	15.6	13.3	13.66^{Aab}	0.59	0.52	0.39	0.38	0.47^{defgh}
3	H3	7.5	4.8	6.3	6.5	6.26^{ABabc}	17.1	12.7	16.2	14.2	15.05^{Aa}	0.44	0.38	0.39	0.46	0.42^{gh}
4	H4	7.2	4.0	7.3	6.9	6.35^{ABab}	15.9	12.4	14.5	16.3	14.75^{Aa}	0.45	0.32	0.51	0.43	0.43^{fgh}
5	H5	3.9	6.5	4.7	5.1	5.04^{BCDEFcde}	9.6	9.5	10.9	9.6	9.88^{CDEcdef}	0.41	0.68	0.43	0.53	0.51^{bcdefgh}
6	H6	5.1	6.8	4.4	4.4	5.18^{BCDEbcd}	11.5	10.4	9.0	8.6	9.83^{CDEcdef}	0.45	0.66	0.49	0.51	0.53^{abcdefgh}

（续）

序号	代号	DT					WT					DRC				
		1	2	3	4	平均	1	2	3	4	平均	1	2	3	4	平均
7	H7	5.5	7.2	5.4	7.4	6.35^{ABab}	12.1	11.4	12.0	10.0	11.36^{BCc}	0.45	0.63	0.45	0.74	0.57^{abcde}
8	H8	5.2	8.7	6.5	7.5	6.96^{Aa}	13.0	12.8	13.1	13.2	13.00^{ABb}	0.40	0.68	0.50	0.57	0.54^{abcdefg}
9	H9	3.8	6.7	5.2	6.4	5.50^{ABCDbcd}	12.6	11.9	13.6	16.4	13.59^{Aab}	0.30	0.56	0.38	0.39	0.41^{h}
10	H10	5.0	5.9	4.9	5.6	5.34^{ABCDbcd}	11.5	9.7	11.9	11.5	11.13^{BCc}	0.43	0.60	0.41	0.49	0.49^{cdefgh}
11	H11	3.6	4.7	5.0	5.0	4.56^{CDEFGdef}	7.8	6.9	8.2	9.2	8.00^{EFGg}	0.46	0.69	0.61	0.54	0.57^{abcde}
12	H12	5.0	4.6	5.0	5.2	4.94^{BCDEFde}	8.9	9.8	10.3	8.2	9.29^{CDEdefg}	0.56	0.47	0.48	0.64	0.54^{abcdefg}
13	H13	3.2	4.3	4.7	3.5	3.91^{DEFGefg}	8.0	8.1	8.4	8.1	8.15^{EFg}	0.40	0.53	0.56	0.43	0.48^{defgh}
14	H14	4.3	5.6	5.8	4.3	4.98^{BCDEFde}	8.4	9.1	9.1	8.7	8.79^{DEefg}	0.51	0.61	0.63	0.50	0.56^{abcde}
15	H15	6.2	6.1	4.8	5.4	5.63^{ABCbcd}	9.3	12.6	12.1	8.8	10.71^{CDcd}	0.66	0.48	0.40	0.62	0.54^{abcdefg}
16	H16	3.8	6.7	5.0	4.4	4.95^{BCDEFde}	9.6	11.7	11.1	8.9	10.31^{CDcde}	0.39	0.57	0.45	0.49	0.48^{cdefgh}
17	H17	3.9	5.8	5.5	6.0	5.29^{BCDEbcd}	8.7	10.1	9.3	9.4	9.36^{CDEdefg}	0.45	0.57	0.59	0.64	0.56^{abcde}
18	H18	4.9	5.4	5.4	7.2	5.74^{ABCbcd}	9.9	9.9	9.1	9.1	9.50^{CDEdefg}	0.50	0.54	0.60	0.79	0.61^{ab}
19	H19	4.1	5.5	5.3	5.1	5.00^{BCDEFde}	9.0	9.2	8.5	8.0	8.64^{DEfg}	0.46	0.60	0.62	0.64	0.58^{abcd}
20	H20	5.3	5.5	5.0	5.3	5.27^{BCDEbcd}	10.2	9.5	9.7	10.9	10.07^{CDEcdef}	0.52	0.58	0.52	0.49	0.52^{abcdefgh}
21	H21	3.3	3.3	3.3	3.0	3.19^{Gg}	5.3	6.5	6.2	5.8	5.91^{GHh}	0.62	0.51	0.53	0.51	0.54^{abcdef}
22	H22	2.8	3.5	2.9	3.7	3.22^{Gg}	6.2	6.5	5.5	5.3	5.86^{Hh}	0.45	0.55	0.53	0.69	0.55^{abcde}
23	H23	3.1	3.8	3.6	4.1	3.62^{EFGfg}	5.8	5.7	6.0	6.6	6.01^{FGHh}	0.52	0.66	0.61	0.62	0.60^{abc}
24	H24	3.2	3.7	3.1	3.6	3.36^{FGfg}	4.6	5.3	5.2	6.0	5.25^{Hh}	0.70	0.69	0.59	0.60	0.64^{a}

6 抗旱性评价

6.1 存活率评价

从表7可以看出，旱处理下各个材料的存活率均高于80%，按评价标准，所有材料均为抗旱性极强类型（1级），死亡率较低，这显示出干旱导致植株萎蔫、长势减弱、植株变矮，这些都是黑麦草为了存活下来对逆境的适应性调节。不同材料间存活率没有明显差异。

表7 存活率调查

序号	代号	DT（%）					序号	代号	DT（%）				
		1	2	3	4	平均			1	2	3	4	平均
1	H1	100	100	100	100	100.0	9	H9	87.5	97.5	100	100	96.3
2	H2	77.5	100	100	97.5	93.8	10	H10	92.5	100	100	97.5	97.5
3	H3	90	97.5	100	100	96.9	11	H11	95	97.5	100	100	98.1
4	H4	92.5	95	100	97.5	96.3	12	H12	95	100	100	100	98.8
5	H5	82.5	97.5	100	100	95.0	13	H13	70	97.5	95	100	90.6
6	H6	82.5	100	100	100	95.6	14	H14	77.5	100	97.5	100	93.8
7	H7	65	95	100	100	90.0	15	H15	92.5	100	100	95	96.9
8	H8	100	100	100	100	100.0	16	H16	77.5	97.5	100	100	93.8

（续）

序号	代号	DT（%）					序号	代号	DT（%）				
		1	2	3	4	平均			1	2	3	4	平均
17	H17	97.5	100	100	100	99.4	21	H21	75	97.5	100	100	93.1
18	H18	92.5	97.5	100	100	97.5	22	H22	85	85	100	100	92.5
19	H19	92.5	97.5	100	100	97.5	23	H23	92.5	100	100	100	98.1
20	H20	95	100	100	100	98.8	24	H24	80	100	100	100	95.0

6.2　隶属函数法和标准差系数赋予权重法

用各个单项指标及其抗旱系数来评价植物抗旱性，结果具有一致性但是各不相同，因此，选择了反映干旱胁迫下与抗旱性密切相关的 5 个指标进行了综合评价，以克服单个指标评价的缺点，提高评价的全面性与准确性。首先将各指标的抗旱系数进行标准化处理（其中根冠比采用反隶属函数法），得到相应的隶属函数值，在此基础上，依据各个指标的相对重要性（权重）进行加权，便可得到各材料抗旱性的综合评价值。

根据综合评价值（表 8）可对黑麦草材料抗旱性强弱进行排序，由强到弱顺序为 H23、H11、H24、H18、H19、H3、H15、H7、H20、H8、H14、H17、H12、H1、H4、H10、H22、H16、H2、H5、H6、H21、H9、H13。

表 8　标准差系数赋予权重法综合评价

序号	代号	隶属函数值 μ（X_j）						综合评价值	排序
		存活率	地上生物量	地下生物量	分枝数	苗高	根冠比		
1	H1	1.0000	0.3182	0.1539	0.1739	0.4483	0.0595	0.450	14
2	H2	0.4001	0.1819	0.0000	0.2609	0.3449	0.0000	0.376	19
3	H3	0.7000	0.4091	0.4616	0.0435	1.0000	0.3214	0.534	6
4	H4	0.6000	0.3182	0.3462	0.0870	0.6897	0.3333	0.443	15
5	H5	0.5000	0.0910	0.2693	0.4348	0.3104	0.3810	0.356	20
6	H6	0.6000	0.0910	0.1923	0.5218	0.1380	0.3214	0.341	21
7	H7	0.0001	0.4546	0.5385	0.6957	0.5517	0.6071	0.491	8
8	H8	1.0000	0.2728	0.6154	0.5652	0.4483	0.6071	0.477	10
9	H9	0.6000	0.1364	0.1539	0.0000	0.0690	0.2262	0.287	23
10	H10	0.8000	0.2273	0.3846	0.3479	0.3793	0.4048	0.414	16
11	H11	0.8000	0.6364	0.6923	0.6957	0.7241	0.3929	0.668	2
12	H12	0.9000	0.3182	0.4616	0.5652	0.1724	0.3929	0.457	13
13	H13	0.1001	0.0000	0.3462	0.3044	0.1724	0.7143	0.228	24
14	H14	0.4001	0.4091	0.6154	0.6522	0.0345	0.4524	0.476	11
15	H15	0.7000	0.3637	0.7308	0.5652	0.6552	0.7857	0.500	7
16	H16	0.4001	0.2728	0.6154	0.3044	0.5517	0.8571	0.378	18
17	H17	0.9000	0.3182	0.3077	0.6522	0.2414	0.2500	0.472	12
18	H18	0.8000	0.6818	0.3077	0.8696	0.1724	0.1786	0.573	4
19	H19	0.8000	0.4546	1.0000	0.7391	0.4483	0.9048	0.556	5
20	H20	0.9000	0.3637	0.9231	0.4783	0.5862	1.0000	0.483	9

（续）

序号	代号	隶属函数值 μ（X_j）						综合评价值	排序
		存活率	地上生物量	地下生物量	分枝数	苗高	根冠比		
21	H21	0.3001	0.1364	0.3846	0.5652	0.0000	0.5357	0.324	22
22	H22	0.3001	0.2728	0.4231	0.6087	0.1724	0.4643	0.407	17
23	H23	0.8000	1.0000	0.8077	0.8261	0.3449	0.3095	0.752	1
24	H24	0.5000	0.6364	0.4616	1.0000	0.1724	0.1905	0.610	3
权重		0.031	0.189	0.265	0.127	0.139	0.248		

7 小结

（1）旱处理下植株的生长受到了明显的抑制，存活率降低，长势减弱、植株变矮、叶色变暗，分蘖数减少，地上生物量和地下生物量下降。根冠比为正相关指标，部分抗旱系数大于1，存活率、地上生物量、地下生物量、株高、分蘖数均为负相关指标，抗旱系数均小于1。

（2）按照存活率评价标准，所有黑麦草均为抗旱性极强类型（1级），因此在此基础上无法区分各个黑麦草的抗旱性，2次胁迫后复水间隔时间的延长扩大死亡比例，该存活率评价标准才能应用。

（3）从每个单一指标来评价各个材料的抗旱性，结果具有一致性，但是各不相同，因此需要将各个指标结合进行综合评价。

（4）采用标准差系数法综合评价，结果更加真实可靠，由强到弱顺序为H23、H11、H24、H18、H19、H3、H15、H7、H20、H8、H14、H17、H12、H1、H4、H10、H22、H16、H2、H5、H6、H21、H9、H13。原编号为7905、7406、7932、7623、7722、7095、7484、7252、7814、7253、7454、7544、7431、7053、7101、7288、7847、7530、7054、7151、7192、7840、7261、7442。

20份鸭茅苗期抗旱鉴定及抗旱机理研究

高洪文[1]　王　赞[1]　李　源[1]　吴欣明[2]　孙桂枝[1]　王运琦[2]　张　耿[1]　阳　曦[1]

（1. 中国农业科学院北京畜牧兽医研究所　2. 山西农业科学院畜牧兽医研所）

摘要：本研究以从俄罗斯引进20份鸭茅（*Dactylis glomerata* L.）种质材料为材料，通过室内盆栽试验，在苗期连续干旱胁迫下测定植株的株高、地上生物量、地下生物量、干物质胁迫指数、根系胁迫指数、根冠比等形态指标和植株的叶片相对含水量、游离脯氨酸含量、可溶性糖含量、叶绿素含量、细胞膜相对透性、净光合速率、气孔导度、胞间CO_2浓度、蒸腾速率等生理生化指标，分析这些指标的变化规律，对所引进的鸭茅种质资源进行苗期抗旱性评价鉴定，并从渗透调节、膜系统和光合特性等方面对其抗旱作用机理进行研究。结果表明：鸭茅在苗期干旱胁迫下，叶片净光合速率下降，相对电导率、游离脯氨酸含量和可溶性糖含量则有所增加，在复水后均有不同程度的恢复。综合分析结果，可将20份鸭茅旱性分为4种类型，抗旱强的为5、10、13、15、20，抗旱性较强的为2、3、7、8、9、12，抗旱性中的为6、14、16、18、19，抗旱性弱的为1、4、11、17。

关键词：鸭茅；苗期；抗旱性；机理研究

据统计，世界上1/3以上的可耕地处于干旱或半干旱状态，其他耕地也因常受到周期性或难以预期的干旱影响而减产。世界性的干旱导致的减产超过了其他因素所造成的减产的总和。在我国北方，多数地区干旱少雨，干旱是造成草地牧草产量下降、畜牧业生产经济损失最主要的自然灾害之一，特别是牧草苗期生长对水分缺乏较为敏感，此时如遇到干旱胁迫不仅威胁幼苗的生存，且对后期产量、越冬等都有一定的影响[1,2]。

鸭茅（*Dactylis glomerata* L.）又名鸡脚草、果园草，是多年生草本植物，原产于欧洲、北非及亚洲温带地区，是世界著名的温带牧草，栽培历史较长，在北美种植超过200年，现在全世界温带地区均有分布[3,4]。鸭茅营养丰富，草质柔软，适口性好，是一种既适于大田轮作，又适于饲草轮作的优良牧草。然而，同其他牧草一样，关于其抗旱性生理机制的研究还不多见。本研究以俄罗斯引进的20份鸭茅种质材料为材料，通过室内盆栽试验，在苗期连续干旱胁迫下测定植株的株高、地上生物量、地下生物量、干物质胁迫指数、根系胁迫指数、根冠比等形态指标和植株的叶片相对含水量、游离脯氨酸含量、可溶性糖含量、叶绿素含量、细胞膜相对透性、净光合速率、气孔导度、胞间CO_2浓度、蒸腾速率等生理生化指标，分析这些指标的变化规律，对所引进的鸭茅种质资源进行苗期抗旱性评价鉴定，初步探讨干旱胁迫下鸭茅抗旱性的作用机理。为干旱地区鸭茅引种驯化、丰产栽培和鸭茅抗旱新品种选育提供理论依据。

1 材料与方法

1.1 供试材料

供试材料为20份自俄罗斯引进的野生鸭茅种质材料（表1）。

表1 研究材料及来源

材料编号	原材料号	中文名	拉丁名	引进地区	材料编号	原材料号	中文名	拉丁名	引进地区
1	T4	鸭茅	*Dactylis glomerata* L.	俄罗斯	11	T136	鸭茅	*Dactylis glomerata* L.	俄罗斯
2	C22	鸭茅	*Dactylis glomerata* L.	俄罗斯	12	T148	鸭茅	*Dactylis glomerata* L.	俄罗斯
3	T22	鸭茅	*Dactylis glomerata* L.	俄罗斯	13	T155	鸭茅	*Dactylis glomerata* L.	俄罗斯
4	T239	鸭茅	*Dactylis glomerata* L.	俄罗斯	14	C173	鸭茅	*Dactylis glomerata* L.	俄罗斯
5	T57	鸭茅	*Dactylis glomerata* L.	俄罗斯	15	T189	鸭茅	*Dactylis glomerata* L.	俄罗斯
6	C69	鸭茅	*Dactylis glomerata* L.	俄罗斯	16	C191	鸭茅	*Dactylis glomerata* L.	俄罗斯
7	T75	鸭茅	*Dactylis glomerata* L.	俄罗斯	17	T201	鸭茅	*Dactylis glomerata* L.	俄罗斯
8	T89	鸭茅	*Dactylis glomerata* L.	俄罗斯	18	T207	鸭茅	*Dactylis glomerata* L.	俄罗斯
9	T101	鸭茅	*Dactylis glomerata* L.	俄罗斯	19	T226	鸭茅	*Dactylis glomerata* L.	俄罗斯
10	C122	鸭茅	*Dactylis glomerata* L.	俄罗斯	20	C227	鸭茅	*Dactylis glomerata* L.	俄罗斯

1.2 试验方法

1.2.1 供试材料的培育

选用大田的壤土，过筛，去掉石块、杂质，用无孔塑料花盆（高12.5cm，底径12cm，口径15.5cm），每盆装土1.5kg（干土），均匀的将种子撒在盆中，再轻轻用土覆盖，然后用喷头浇透，置于山西太原国家农业科技园区温室中。2005年10月22日播种，出苗后间苗，2～3个真叶定苗，每盆留生长、分布均匀的苗20株。

1.2.2 幼苗抗旱处理

待生长到4～5个真叶时进行干旱处理，设干旱处理与对照（正常浇水）两组，3次重复。2005年

11 月 29 日为干旱进程的第 1d，处理组停止浇水 12d，对照组分别于停水当日与停水后第 4d、8d、12d 及复水后 4d（第 16d）采样测定，采样时间为早晨 8：00～8：30。

1.3 形态及生产性能指标测定

（1）土壤实际相对含水量　干旱处理期间每隔 4d 测定一次生长基质的相对含水量（采用烘干法）。

（2）株高　干旱处理期间，每隔 4d 随机抽取 10 株进行自然高度的测量，取其平均值。相对株高＝处理植株的株高/对照植株的株高×100％

（3）地上生物量　试验结束时，人工自土壤表面剪下每盆植株的地上部分，85℃烘至恒重，测定其干重。

（4）地下生物量　试验结束时，地上部分收集完后将花盆内的土一次倒出，用网袋收集植株的地下部分，然后用清水洗净，85℃烘至恒重，测定其干重。

（5）根冠比　根冠比＝地下生物量/地上生物量[5]。

（6）干物质胁迫指数　干物质胁迫指数＝干旱胁迫植株地上干物质量/对照植株地上干物质量[6,7]。

（7）根系胁迫指数　根系胁迫指数＝干旱胁迫植株的地下生物量/对照植株的地下生物量[6,7]。

1.4 抗旱机理研究指标的测定

（1）水分饱和亏缺　取样 0.15g 左右，采用烘干称重法[6]，测定叶片水分饱和亏缺。

（2）质膜相对透性　取 0.2g 叶片，采用电导法[7]，测定质膜相对透性。

（3）叶片游离脯氨酸含量　取 0.2g 叶片，采用茚三酮法[8]，测定叶片游离脯氨酸含量。

（4）可溶性糖含量　取 0.2g 叶片，采用苯酚比色法[8]，测定可溶性糖含量。

（5）叶绿素含量　每盆中随机挑选一片叶片，使用 SPAD-502 型叶绿素测定仪（MINOLTA，日本）在其底部、中部、叶尖各测 1 次，然后取平均值作为单片叶片叶绿素含量，重复 3 次。

（6）净光合速率、气孔的导度、胞间 CO_2 浓度　每盆中随机选取 3 片叶片，采用 LI-6 400 便携式光合测定仪测定。

1.5 数据处理

各试验数据采用 SAS 软件进行方差分析，Excel 程序制图，DPS 程序做聚类分析。

1.6 综合评价方法

通过地上生物量、地下生物量、根冠比、干物质胁迫指数、根系胁迫指数，使用聚类分析法对 20 份鸭茅种质材料进行抗旱性综合评价鉴定，并从渗透调节、膜系统、光合性能方面研究其抗旱机理。

2 结果与分析

2.1 土壤相对含水量动态

从表 2 可以看出：各供试材料土壤基质的相对含水量由干旱处理当日的 14.65％～25.98％下降到胁迫第 12d 的 4.24％～7.72％，干旱处理土壤基质相对含水量随着干旱进程的延续逐渐减少（图 1）。分析表中数据得出：土壤基质失水主要由蒸发和植物蒸腾两个途径完成的。在干旱胁迫前期，土壤含水量维持在田间持水量的 78％左右，但随着胁迫时间的延长，水分散失以蒸发和蒸腾为主，使得 12d 后土壤水分已不足以维持植株正常的生命活动。地上部分叶片较对照变短、变窄，大部分叶片发生对折、萎蔫现象，植株丧失保水能力。在整个土壤水分散失过程中，温度、湿度、风等环境因子对水分散失影响不大，所以分析中不予考虑。复水后 4d 基质的含水量有不同程度的恢复。

表 2　土壤相对含水量（%）

材料编号	干旱处理天数				第 16d
	第 0d	第 4d	第 8d	第 12d	
1	15.32	10.69	8.16	6.04	10.25
2	16.20	11.32	6.66	4.24	10.35
3	17.03	15.80	6.07	4.10	16.25
4	14.65	11.19	5.36	4.93	21.40
5	16.04	13.57	7.78	4.42	17.05
6	18.43	15.95	6.65	4.94	12.50
7	25.98	15.74	8.67	6.25	17.60
8	18.47	16.03	7.19	4.90	18.95
9	19.59	12.21	6.54	4.98	8.42
10	20.74	16.36	6.02	6.23	15.58
11	18.71	13.16	6.38	5.66	10.99
12	16.42	13.26	6.44	7.72	11.04
13	16.41	15.01	7.12	5.79	13.59
14	25.38	13.94	8.56	7.13	15.12
15	15.82	11.11	8.10	6.85	12.18
16	15.72	14.88	7.78	6.76	14.96
17	18.49	17.26	7.21	5.71	17.01
18	17.79	16.55	7.09	5.45	18.70
19	25.84	16.58	6.45	5.86	16.09
20	24.15	13.13	8.74	5.33	20.51

以材料 4、7、14、20 为典型代表，从图 1 可以看出：随着干旱胁迫时间的延长，土壤相对含水量呈逐渐下降趋势，胁迫初期，即干旱胁迫到第 4d，土壤相对含水量迅速下降，水分散失以蒸发为主，到胁迫后期，即第 8～12d 时，土壤相对含水量下降趋缓，水分散失以蒸腾为主，保证了植株以一相对恒定的速率散失，在对土壤进行复水后，基质的相对含水量又有不同程度的恢复。

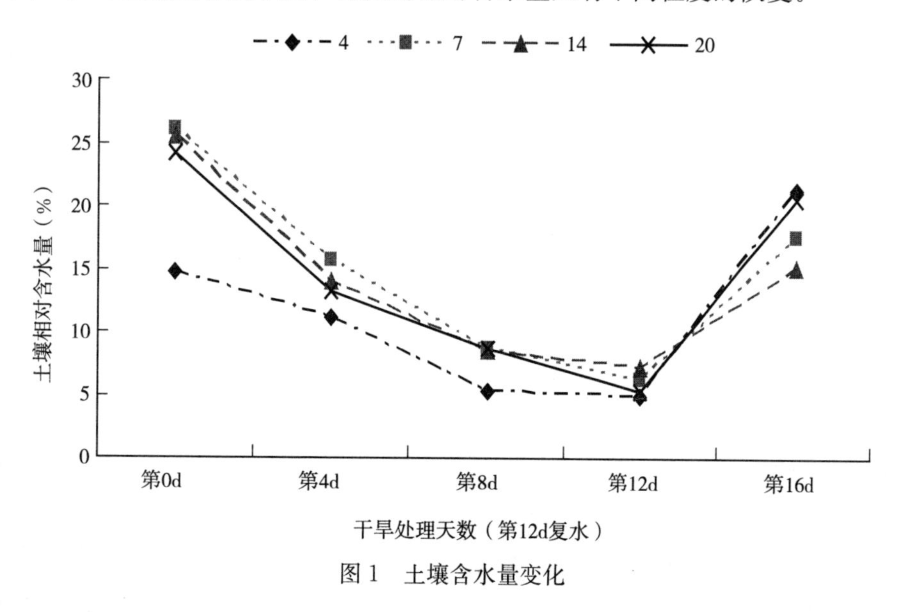

图 1　土壤含水量变化

2.2 干旱胁迫下鸭茅抗旱性分析

2.2.1 干旱胁迫对鸭茅植株株高的影响

在表 3 中，对干旱胁迫后相对株高变化率进行方差分析，结果表明，不同材料间相对株高表现出显著性差异。在轻度干旱胁迫下（干旱处理第 4d），材料相对株高的范围在对照的 94.63%～103.12%，在干旱处理第 8d，材料的相对株高变化范围在对照的 65.54%～93.32%，在干旱处理第 12d，材料的相对株高变化范围在对照的 57.30%～78.73%。鸭茅植株的株高较对照变矮，由对照平均株高的 19.32cm 下降到胁迫后的 14.59cm；从图 2 看，以材料 20 等为代表，说明大部分材料的相对株高都随着干旱胁迫程度的加深而下降；表 3 中，材料 2、20 在干旱胁迫第 4d 植株的相对株高大于 1，说明干旱胁迫初期，植株仍在生长，但随着干旱胁迫的延续，植株相对株高逐渐减小，干旱使得植株生长受到抑制。

表 3　干旱胁迫下鸭茅相对株高及差异显著性分析（%）

材料编号	干旱处理天数				材料编号	干旱处理天数			
	第 0d	第 4d	第 8d	第 12d		第 0d	第 4d	第 8d	第 12d
1	100.00	99.29abc	82.61ef	74.76b	11	100.00	97.61def	78.41h	59.29k
2	100.00	103.12a	90.49b	61.67j	12	100.00	99.18abcd	72.85j	69.65cde
3	100.00	99.40ab	87.99c	71.16c	13	100.00	98.39abcde	85.10d	68.87def
4	100.00	94.63g	77.88hj	65.61h	14	100.00	98.81abcde	82.30ef	57.32l
5	100.00	97.38ef	93.32a	77.40a	15	100.00	98.74abcde	73.27j	65.82h
6	100.00	100.00a	65.54k	57.62l	16	100.00	97.71cdef	89.24bc	78.73a
7	100.00	99.98a	88.19c	67.68fgh	17	100.00	96.63f	79.62gh	68.17efg
8	100.00	97.79bcdef	81.87ef	57.30l	18	100.00	99.20abcd	83.29e	66.04h
9	100.00	99.35abc	73.04j	67.07gh	19	100.00	99.93a	78.71h	65.98gh
10	100.00	97.86bcdef	81.09fg	77.47a	20	100.00	102.14a	79.64gh	70.47cd

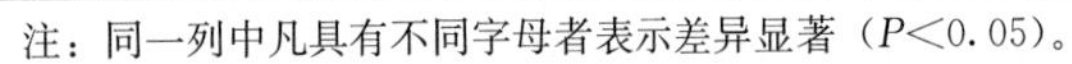

注：同一列中凡具有不同字母者表示差异显著（$P<0.05$）。

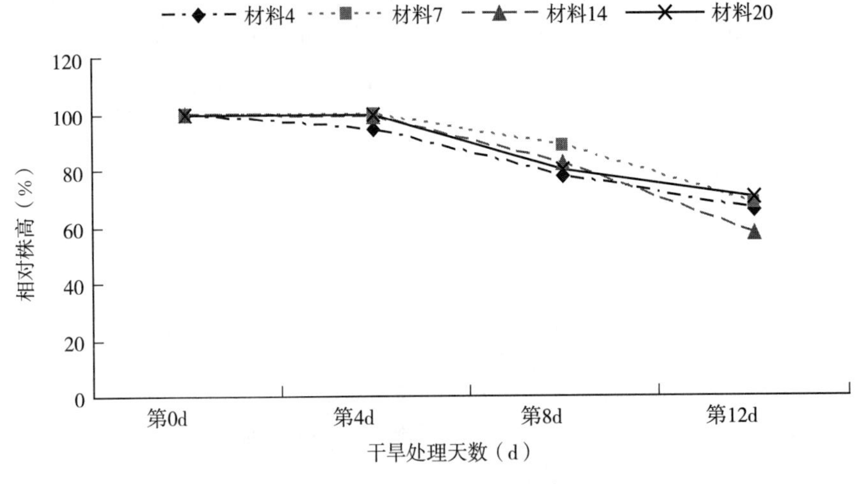

图 2　干旱胁迫下鸭茅相对株高变化

2.2.2 干旱胁迫对鸭茅根冠性状的影响

在表 4 中可以看出，干旱胁迫后植株地上生物量、地下生物量与对照相比均减小。地上生物量由对照的 0.45～0.95g 下降到胁迫处理后的 0.22～0.49g，地下生物量由对照的 0.16～0.39g 下降到胁迫处理后的0.07～0.20g，方差分析得出胁迫处理后植株的地上生物量、地下生物量与对照有显著性差异（$P<0.05$），不同材料干物质胁迫指数和根系胁迫指数存在显著性差异，干物质胁迫指数在0.35～0.85、根系胁迫指数在0.18～0.98内变化，干物质胁迫指数、根系胁迫指数都小于1，说明了干旱胁迫使得地上生物量、地下生物量发生了明显变化，胁迫后生物量的积累速率与对照相比减慢，通过形态特征的改变来适应干旱胁迫环境。

表4 干旱胁迫对鸭茅根冠性状的影响及差异显著性分析

材料编号	地上生物量（g）		地下生物量（g）		胁迫指数	
	CK	TM	CK	TM	干物质	根系
1	0.55cde	0.47abc	0.21cd	0.12ef	0.85a	0.57cd
2	0.68bc	0.33cde	0.19d	0.08gh	0.48defg	0.42defgh
3	0.54cde	0.22e	0.26bcd	0.07h	0.42defg	0.26ij
4	0.59cde	0.42abcd	0.19d	0.09g	0.71abc	0.49defg
5	0.57cde	0.28de	0.21cd	0.11f	0.49defg	0.51cdefg
6	0.63cd	0.36bcde	0.18d	0.13de	0.56cdef	0.76b
7	0.48de	0.23e	0.16d	0.07h	0.48defg	0.44defgh
8	0.68bc	0.28de	0.19d	0.07h	0.41efg	0.38fgh
9	0.82ab	0.28de	0.39b	0.07h	0.35g	0.18j
10	0.45e	0.22e	0.18d	0.18ij	0.49defg	0.98a
11	0.48de	0.32ab	0.17d	0.10j	0.66bc	0.35gh
12	0.92a	0.33cde	0.22cd	0.07h	0.36g	0.31hij
13	0.53cde	0.30e	0.16d	0.08gh	0.40fg	0.54cdef
14	0.92a	0.42abcd	0.36bc	0.14d	0.45defg	0.39efgh
15	0.52cde	0.22e	0.23bcd	0.12ef	0.42defg	0.50defg
16	0.67bc	0.49ab	0.17a	0.17c	0.74ab	0.67bc
17	0.81ab	0.46abc	0.22d	0.12a	0.57cde	0.55cde
18	0.95a	0.55a	0.37bc	0.20b	0.58bcd	0.53cdef
19	0.85a	0.48abc	0.39b	0.18c	0.56cdef	0.46defgh
20	0.59cde	0.28de	0.28bcd	0.12ef	0.48defg	0.42defgh

注：表中CK表示对照；TM表示处理；同一列中凡具有不同字母者表示差异显著（$P<0.05$）。

2.2.3 鸭茅抗旱性综合评价

连续干旱胁迫后，以鸭茅地上生物量、地下生物量、根冠比、干物质胁迫指数、根系胁迫指数为指标，在DPS 3.0数据处理系统中先对数据进行标准化处理，选用欧氏距离为相似尺度，通过离差平方和法对20份鸭茅材料抗旱试验结果进行聚类分析，得出综合抗旱聚类图（图3）。欧式距离在4.979 5～5.578 1，可将20份鸭茅分为4类，第一类为1、4、11、17，第二类为6、14、16、18、19，第三类为2、3、7、8、9、12，第四类为5、10、13、15、20。应用聚类分析程序计算出同一类内材料各指标平均值，计算得出根冠比最大为0.508 8，是第四类；最小为0.210 8，是第一类。根冠比大有利于抗旱。第一类材料的地上生物量最大为0.466 1，干物质胁迫指数是0.696 7；而地下生物量最小为0.097，根系胁迫指数为0.489 5。第四类材料的地上生物量最小为0.241 9，干物质胁迫指数为0.455 5，而地下生物量最大为0.106 9，根系胁迫指数为0.588 6。说明在干旱胁迫下植株表现为地下部分生长速度比地上部分快，这是适应干旱的表现。由此可见第四类是强抗旱材料，第三类次之，第一类是抗旱性较弱材料。

分析聚类结果可见：抗旱性强的鸭茅材料能均匀分布在干旱少雨、水热条件差的地区，选取出的抗旱性强的鸭茅材料可作为干旱地区牧草引种驯化、丰产栽培的首选材料；抗旱性中的鸭茅材料能适应气候条件相对湿润、水热条件较好的地区；而抗旱性最弱的鸭茅材料需要水分充足、良好的灌溉条件才能保证其高产。

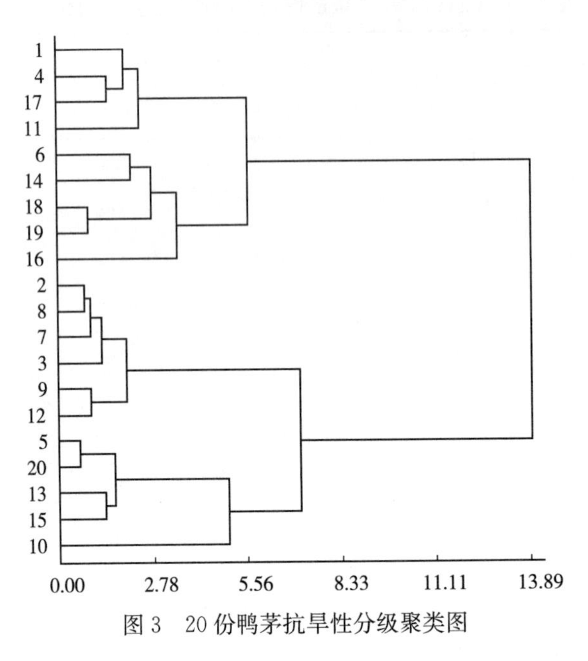

图 3　20 份鸭茅抗旱性分级聚类图

2.3　干旱胁迫下鸭茅抗旱机理研究

抗旱性是植物对干旱胁迫的适应能力，对牧草而言，抵御或适应干旱的途径概括起来有两种方式，御旱性和抗旱性。御旱性是指牧草在干旱胁迫下通过生长和形态特征的改变来维持体内水分平衡的能力，抗旱性是牧草通过代谢反应忍耐干旱的能力，其主要形式有胁迫前的低基础渗透势、胁迫期间的渗透调节和积极的膨压保持以延迟叶片卷曲等。

由于抗旱性是非常复杂的，要搞清楚各材料的抗旱机制，必须在生理生化上进行深入研究。本研究根据形态指标及以试验中所观测的具有代表性的材料 4、7、14、20 为例，通过测定鸭茅叶片相对含水量、游离脯氨酸含量、可溶性糖含量、叶绿素含量、细胞膜相对透性、净光合速率、气孔导度、胞间 CO_2 浓度、蒸腾速率等生理生化指标，分析这些指标的变化规律，并从渗透调节、膜系统和光合特性三方面初步探讨干旱胁迫条件下提高鸭茅抗旱性的作用机理。

2.3.1　干旱胁迫与渗透调节物质的关系

2.3.1.1　干旱胁迫下游离脯氨酸含量动态

对逆境下游离脯氨酸含量变化的研究很多，很多材料说明植物的抗旱性与脯氨酸含量存在相关性。从图 4 可以看出，干旱组 4 份材料游离脯氨酸含量均随干旱进程延续而呈整体上升趋势，脯氨酸作为一种渗透调节物质，干旱胁迫下，脯氨酸的积累使植物细胞渗透势下降，这样可使植物继续从外界吸水，保持细胞膨压，维持其正常生命活动，在干旱胁迫第 12d 脯氨酸含量急剧增加。表 5 数据表明，材料 20 脯氨酸积累量最多，为 4 124.5μg/g，增加量也最大，为 3 066.89μg/g，材料 4 脯氨酸积累量最少，为 2 714.83μg/g，增加量也最少，为 1 672μg/g。说明在干旱胁迫后期，即第 8d 到第 12d，干旱缺水使得鸭茅植株大量积累脯氨酸。在复水后第 4d 脯氨酸含量下降，但均未达到最初的水平，综合分析得出 4 种材料积累脯氨酸含量的顺序是：20＞7＞14＞4。

表 5　干旱胁迫条件下脯氨酸含量变化（μg/g）

材料编号	干旱处理天数				第 16d
	第 0d	第 4d	第 8d	第 12d	
4	12.08C	164.10C	1042.83B	2714.83A	463.90C
7	5.33C	229.55C	903.40B	3885.65A	54.27C
14	43.75C	154.81C	812.27B	3261.35A	156.22C
20	14.62C	399.30C	1057.61B	4124.50A	32.17C

注：同一行中凡具有不同字母者表示差异显著（$P<0.05$）。

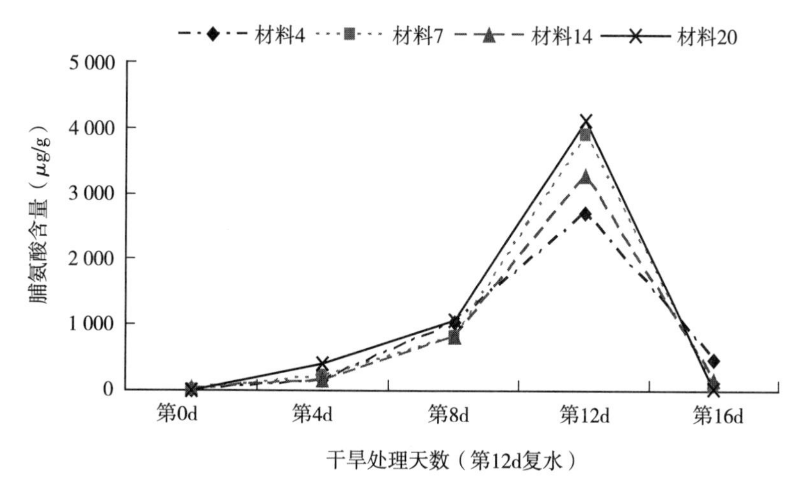

图 4　干旱组幼苗游离脯氨酸含量变化

2.3.1.2　干旱胁迫下可溶性糖含量动态

生长在缺水条件下的植物叶和茎中可溶性糖含量随干旱程度的增加而增加，干旱缺水时含糖量增加多的品种具有较强的干旱适应能力。本研究表明（表 6，图 5）：干旱胁迫下，鸭茅可溶性糖含量随土壤含水量的降低而有明显的积累。在干旱处理前 4d，可溶性糖含量变化缓慢，差异不显著；随着干旱胁迫的延续，胁迫到第 8d、第 12d 时，可溶性糖含量急剧增加，表现出了显著性差异，复水后 4d 可溶性糖含量下降，与最初相比，没有差异性。从图 5 可以看出，在干旱胁迫初期，由于土壤中的水分能够维持鸭茅正常生命活动，可溶性糖积累缓慢。但作为一种渗透调节物质，随着干旱程度的增加，缺水使得可溶性糖积累量迅速增加，材料 20 增加量为 57.41，材料 14 增加量为 45.84，材料 7 增加量为 39.32，材料 4 增加量 36.31，可以得出，抗旱性强的材料比抗旱性弱的材料能够积累更多的可溶性糖。

表 6　干旱胁迫条件下可溶性糖含量变化（μg/mg）

材料编号	干旱处理天数				第 16d
	第 0d	第 4d	第 8d	第 12d	
4	0.81C	2.32C	17.81B	37.12A	7.50C
7	2.02C	1.80C	17.11B	41.34A	3.93C
14	0.59C	2.46C	28.20B	46.43A	7.72C
20	5.46C	6.85C	35.90B	62.87A	2.19C

注：同一行中凡具有不同字母者表示差异显著（$P<0.05$）。

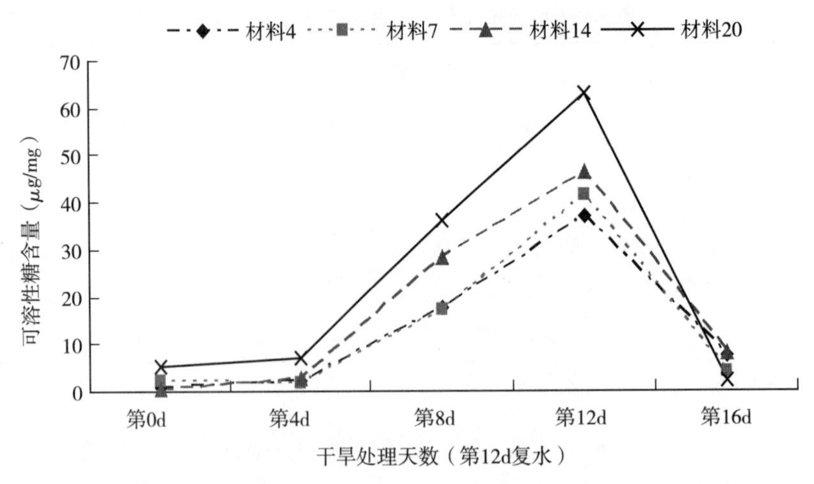

图 5　干旱胁迫条件下可溶性糖含量变化

2.3.2　苗期干旱胁迫与膜透性的关系

细胞膜是生物体的细胞器与环境之间的界面系统，干旱对细胞的影响首先作用于细胞膜，而对细胞膜结构和功能的影响通常表现为细胞膜选择透性的丧失、电解质和某些有机物质的大量外渗。植物细胞膜透性随干旱程度的变化而变化，膜透性的大小反映细胞膜受伤害的程度，数值越大细胞膜受伤害程度越大，本研究表明（图 6，表 7）随着胁迫时间的延长，膜的透性增大。在干旱胁迫初期，各供试材料的电导率变化不大，差异不显著，随着干旱程度的加深，到胁迫第 8d、第 12d 时，4 份材料的电导率值表现出了显著性差异，在胁迫第 12d 时，材料 4 相对电导率值最大，为 72.54%，说明其细胞膜受伤害程度最严重，材料 20 相对电导率值最小，为 43.91%，其细胞膜伤害程度最轻。从图 6 可以看出，材料 4 在干旱胁迫条件下相对电导率波动幅度最大，比原来提高了 48%；材料 20 在干旱胁迫条件下相对电导率波动幅度最小，比原来提高了 20%。说明材料 20 膜系统受干旱的影响最小，稳定性最高；而材料 4 相对电导率波动幅度最大，膜系统受干旱影响最大，在重度干旱胁迫下，细胞膜受损害程度最严重。复水后第 4d，4 份材料的相对电导率值有不同程度的恢复，但均未达到原有的水平。由此可得 4 份材料的抗旱性强弱顺序：20＞7＞14＞4。

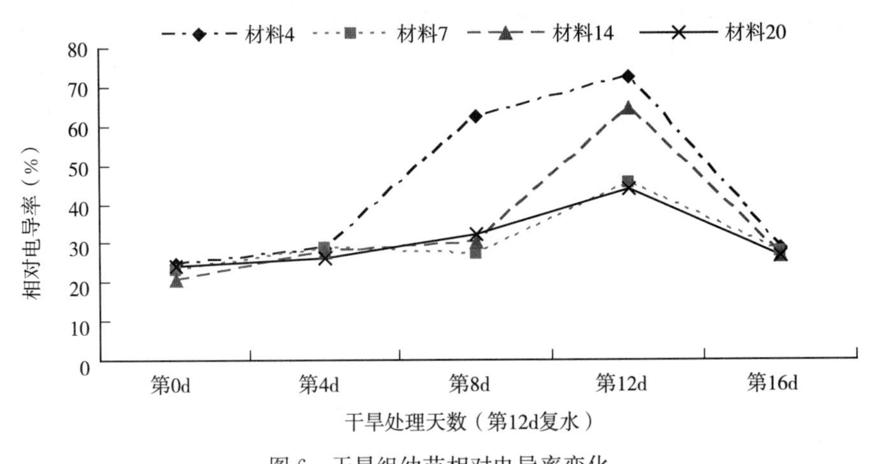

图 6　干旱组幼苗相对电导率变化

表 7　干旱胁迫对鸭茅叶片膜透性的影响（%）

材料编号	干旱处理天数				第 16d
	第 0d	第 4d	第 8d	第 12d	
4	24.61C	28.67C	62.16B	72.54A	28.74C

（续）

材料编号	干旱处理天数				第 16d
	第 0d	第 4d	第 8d	第 12d	
7	23.00C	28.81C	27.29B	45.14A	27.45C
14	20.53C	27.90C	29.95B	64.22A	26.76C
20	24.23C	26.08C	31.97B	43.91A	26.85C

注：同一行中凡具有不同字母者表示差异显著（$P<0.05$）。

2.3.3　苗期干旱胁迫对叶片水分饱和亏缺的影响

水分饱和亏缺是反映植物体在干旱胁迫条件下叶片持水状况的生理指标之一。一般来讲，水分饱和亏缺上升越快、幅度越大，品种抗旱力越弱，反之越强。从图 7 可以看出：随着土壤含水量的降低，不同供试材料叶片水分饱和亏缺值均有所增高。轻度干旱期间，各材料水分饱和亏缺变化不大，连续胁迫 12d，各材料水分饱和亏缺有不同程度增加。表 8 可以算出：随着干旱胁迫的延续，水分饱和亏缺上升最快，增加幅度最大的是材料 4，为 0.4，上升幅度最慢的是材料 20，对材料复水后，有不同程度的下降。可以得出：材料 20 比材料 4 具有较强的抗旱性。

表 8　干旱胁迫条件下鸭茅叶片水分饱和亏缺的变化

材料编号	干旱处理天数				第 16d
	第 0d	第 4d	第 8d	第 12d	
4	0.14C	0.19C	0.24B	0.59A	0.22C
7	0.18C	0.13C	0.42B	0.52A	0.17C
14	0.15C	0.17C	0.38B	0.56A	0.08C
20	0.08C	0.18C	0.42B	0.48A	0.14C

注：同一行中凡具有不同字母者表示差异显著（$P<0.05$）。

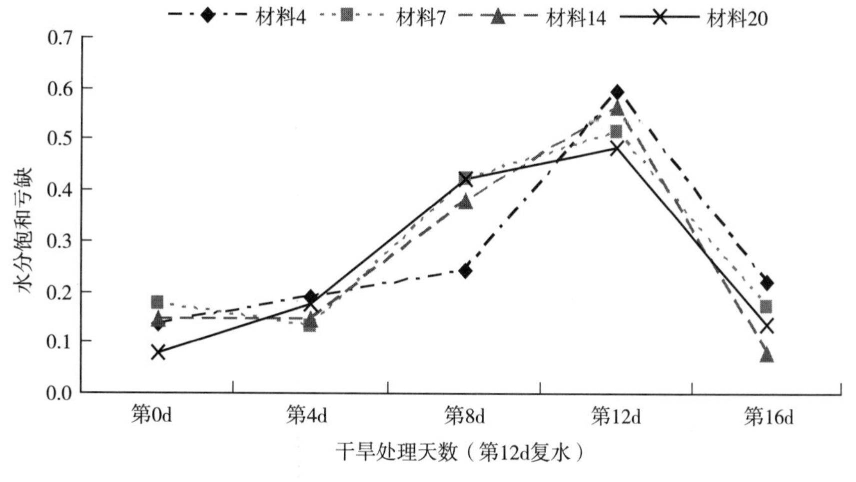

图 7　干旱组幼苗水分饱和亏缺变化

2.3.4　干旱胁迫与光合性能的关系

2.3.4.1　干旱胁迫对叶绿素含量的影响

图 8 显示：随着干旱时间的延长，不同鸭茅材料的叶绿素含量逐渐下降，复水后均有所升高。从表 9 看出：在干旱胁迫 12d，以材料 20 叶绿素含量最高为 32.7%，材料 4 叶绿素含量最低为 24.7%。在叶绿素含量较高的情况下，能够维持较高的光能转化效率，为植株生长提供充足的养分。综合结果可以

得出：抗旱性强的鸭茅种质材料的叶绿素变化量比抗旱性弱的小。

表9　干旱胁迫条件下鸭茅叶片叶绿素含量的变化（%）

材料编号	干旱处理天数				第16d
	第0d	第4d	第8d	第12d	
4	39.8A	30.1B	28.9AB	24.7AB	32.8AB
7	36.5A	37.0B	31.2AB	28.5AB	36.4AB
14	40.1A	39.9B	37.9AB	27.5AB	32.8AB
20	42.8A	37.3B	36.2AB	32.7AB	32.8AB

注：同一行中凡具有不同字母者表示差异显著（$P<0.05$）。

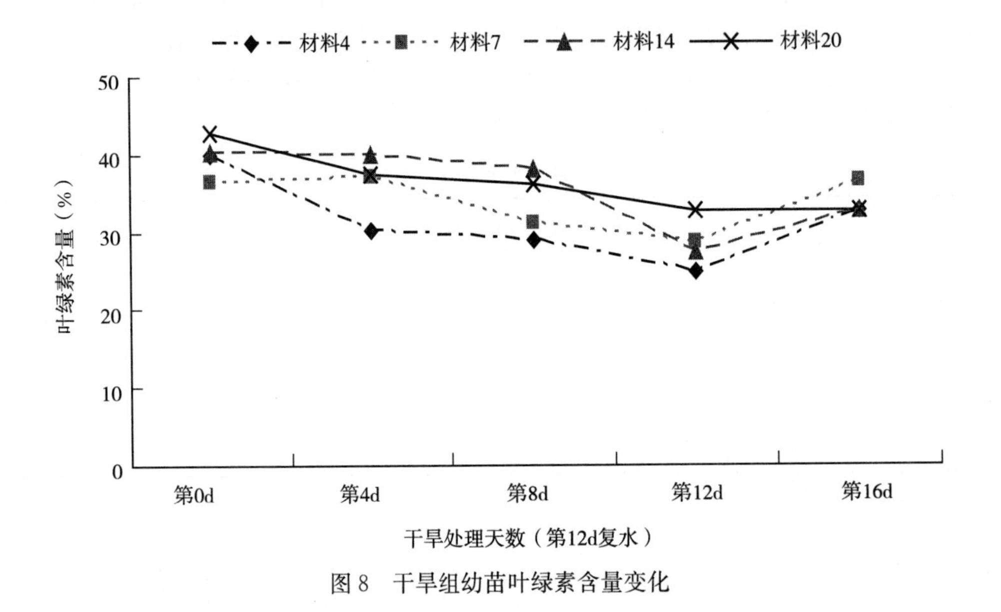

图8　干旱组幼苗叶绿素含量变化

2.3.4.2　净光合速率在干旱胁迫下的变化

干旱胁迫会使细胞结构和酶受到破坏，从而使光合作用受到抑制，从表10及图9可以看出：随着干旱胁迫时间的延长，鸭茅净光合速率呈逐渐下降趋势，在复水后第4d，鸭茅净光合速率有不同程度的恢复。方差分析显示：在干旱初期就和对照表现出了显著性差异，在干旱处理第12d，鸭茅净光合速率下降到最低点，以材料4的净光合速率最小为0.37μmol/(m² • s)，材料20为最大为1.16μmol/(m² • s)。

表10　干旱胁迫条件下鸭茅叶片净光合速率的变化［μmol/(m² • s)］

材料编号	干旱处理天数				第16d
	第0d	第4d	第8d	第12d	
4	5.15A	3.70AB	2.25B	0.37B	2.98A
7	5.45A	5.31AB	1.89B	0.53B	3.30A
14	5.22A	1.11AB	0.99B	0.77B	9.57A
20	5.24A	2.40AB	3.29B	1.16B	5.56A

注：同一行中凡具有不同字母者表示差异显著（$P<0.05$）。

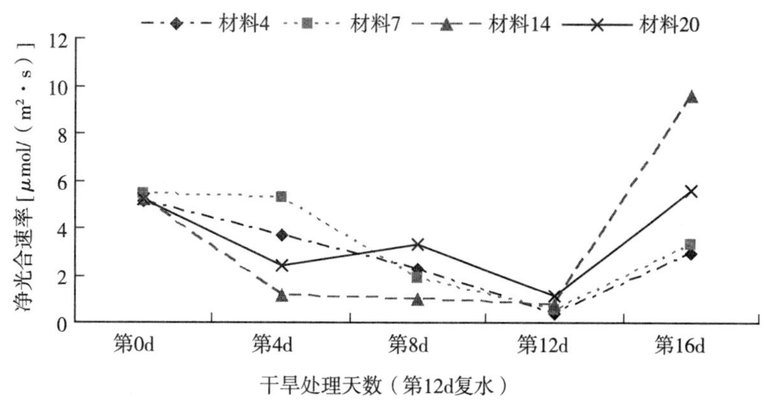

图 9　干旱组幼苗净光合速率变化

2.3.4.3　干旱胁迫下气孔导度和胞间 CO_2 浓度的变化

气孔关闭是植物在水分胁迫下调节体内水分平衡、提高抗旱能力的主要途径，同时气孔的关闭使气孔内外交换 CO_2 的阻力增加，从图 10 可以看出：干旱胁迫到第 8d，材料 4 的气孔导度呈现下降趋势，材料 7、14 的气孔导度则呈现出先上升后下降的趋势，而材料 20 又出现先降低后升高的趋势。在干旱胁迫第 12d，叶片气孔导度都呈上升趋势，在整个连续干旱胁迫过程中，气孔导度的变化幅度不大。

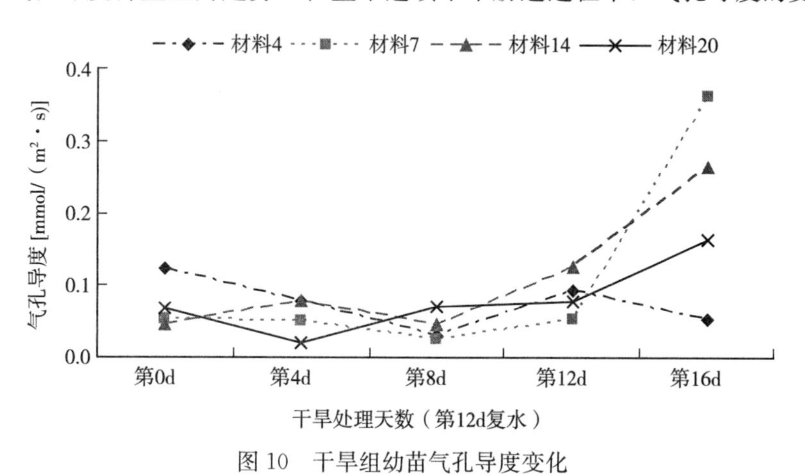

图 10　干旱组幼苗气孔导度变化

从图 11 可以看出：胞间 CO_2 浓度随着干旱胁迫的加重，表现出了先升高后降低的趋势，且整体变化幅度不大。在干旱处理第 8d，各材料间的胞间 CO_2 浓度是下降的。材料 20 下降幅度最大。胞间 CO_2 浓度和气孔导度呈现出波浪形变化很可能与光呼吸的增加有关系。

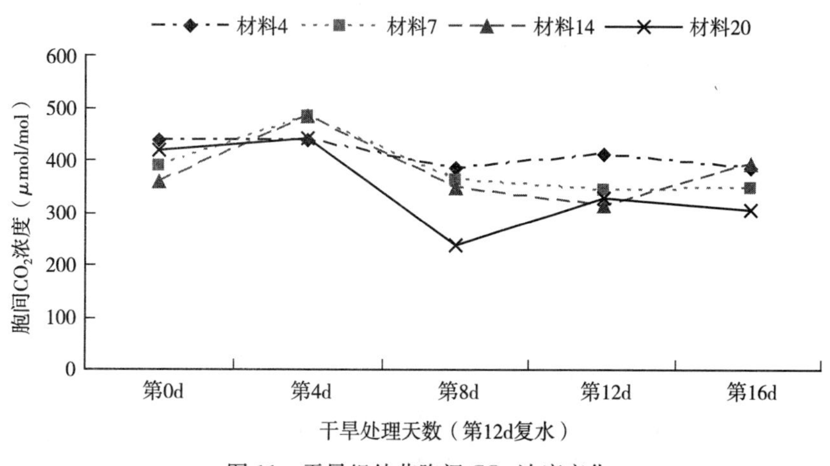

图 11　干旱组幼苗胞间 CO_2 浓度变化

2.3.4.4　干旱胁迫下蒸腾速率的变化

在干旱胁迫下植物通过降低蒸腾速率来维持体内水分收支平衡，这是植物的一种避旱适应的表现。减少蒸腾是植物在干旱胁迫下缓解体内胁迫程度的一种途径。从图 12 可以看出：不同材料间的蒸腾速率变化不同。材料 14、20 随着土壤含水量的降低呈现逐渐升高的趋势，而材料 4、7 则呈现出先降低后升高的趋势。表 11 可以看出，在干旱胁迫最初，4 号材料的蒸腾速率 3.17mmol/(m^2 · s) 显著高于其他 3 份材料，蒸腾速率越低，植物越能更好地适应干旱胁迫环境，抗旱性强的材料通过降低蒸腾速率来适应干旱胁迫。

表 11　干旱胁迫条件下鸭茅叶片蒸腾速率的变化 [mmol/(m^2 · s)]

材料编号	干旱处理天数				第 16d
	第 0d	第 4d	第 8d	第 12d	
4	3.17A	1.88B	1.34BC	1.05C	2.04A
7	2.50A	0.99B	1.07BC	0.73C	2.12A
14	2.89A	1.77B	1.57BC	0.96C	3.66A
20	2.13A	1.88B	1.47BC	0.52C	2.63A

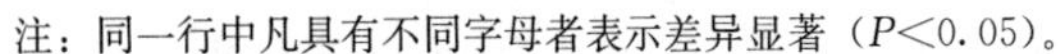
注：同一行中凡具有不同字母者表示差异显著（$P<0.05$）。

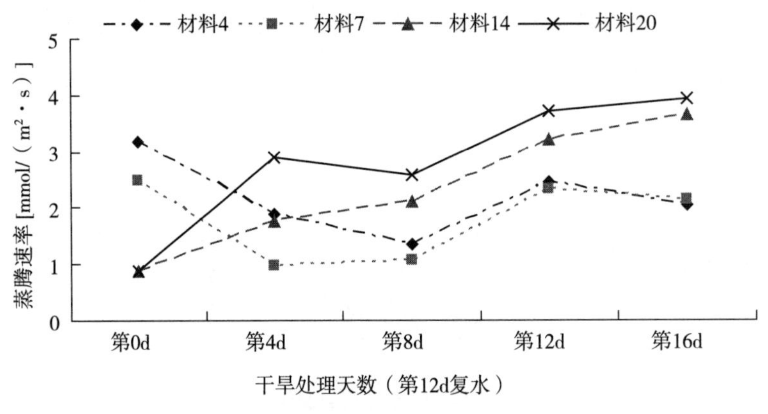

图 12　干旱组幼苗蒸腾速率变化

3　结论与讨论

3.1　鸭茅适应干旱的机理

本研究表明，鸭茅适应干旱的途径既包括抗旱性又包括避旱性。干旱胁迫期间，鸭茅通过增加体内可溶性糖含量和游离脯氨酸含量来调节组织的渗透势，或通过改变原生质与细胞膜的状态以忍受脱水，这些生理指标表现其抗旱性的一面。而鸭茅叶片的卷曲、根冠比的增大以及蒸腾速率的降低等形态特征和光合特性又显示了鸭茅避旱性的一面。叶片的卷曲可减少蒸腾作用的水分损耗，根冠比增大使得鸭茅地下部分生长速度高于地上部分，使得根系能进一步吸收深层土壤水分和营养物质。鸭茅受到干旱胁迫时，以上两种调节方式同时存在。

3.2　鸭茅抗旱性生理指标的评价

本研究中，游离脯氨酸的含量、可溶性糖的含量、电导率以及净光合速率的变化能很好地反映鸭茅的抗旱性，但是一份材料在特定地区的抗旱性表现是由其自身的生理抗性、结构特性以及生长发育进程的节奏与农业气候因素相配合的程度决定的。因抗旱性是一种受多种因素影响的复杂数量遗传性状，不同品种某一具体指标反应的抗旱性不一定相同，因此用单一指标难以全面准确地反映抗旱性。需要进行综合的评价。

3.3　光合特性的影响

干旱胁迫会引起气孔关闭，减少 CO_2 摄取量，增加叶肉细胞阻力，降低光合作用过程中相关酶活性，最终影响 CO_2 的固定和光合同化力的形成，使叶片光合速率降低。Farguhar[9] 认为只有胞间 CO_2 浓度与气孔导度同时下降的情况下，才能证明光合速率的下降是由气孔限制造成的，如果气孔导度下降，而胞间 CO_2 浓度维持不变甚至上升，则光合速率的下降应该是叶肉细胞同化能力的降低造成的。对比不同干旱胁迫强度下鸭茅叶片气孔导度与胞间 CO_2 浓度的变化可看到，在轻度与中度干旱胁迫强度之间，气孔导度和胞间 CO_2 浓度均呈现出下降的趋势，因此在中度水分胁迫下影响净光合速率下降的主要因素是气孔因素。而在重度水分胁迫强度下气孔导度仍呈现上升的趋势。根据 Farguhar 的结论推断本试验中重度水分胁迫强度下净光合速率上升的因素中有非气孔因素存在。

3.4　鸭茅苗期抗旱综合评价鉴定

综合多项指标比较结果，初步评价出 20 份鸭茅材料的抗旱性，抗旱性强的是 5、10、13、15、20，抗旱性较强的是 2、3、7、8、9、12，抗旱性中的是 6、14、16、18、19，抗旱性弱的是 1、4、11、17。牧草的抗旱性评价鉴定指标有很多，本研究根据前人的探索，仅选择了部分具有代表性的指标，对牧草的综合抗旱性进行分级聚类，在应用时，可以根据实际情况，对指标变量进行取舍、增减或重新分类。

参　考　文　献

[1] 刘祖祺．植物抗逆性生理学［M］．北京：中国农业出版，1994：121-124.

[2] 易津，谷安琳，贾光宏，等．赖草属牧草幼苗耐旱性生理基础的研究［J］．干旱区资源与环境，2001，15（5）：47-50.

[3] 潘全山，张新全．禾本科优质牧草——黑麦草、鸭茅［M］．北京：台海出版社，2000.

[4] 钟声，杜逸，郑德成，等．野生四倍体鸭茅农艺性状的初步研究［J］．草业科学，1998，15（2）：20-23.

[5] 徐炳成，山仑．苜蓿和沙打旺苗期需水及其根冠比［J］．草地学报，2003，11（1）：78-82.

[6] 华东师范大学生物系植物生理教研组．植物生理学实验指导［M］．北京：高等教育出版社，1980：2-5.

[7] 汤章诚．植物对水分胁迫的反应和适应性［J］．植物生理通讯，1983（4）：1-7.

[8] 邹琦．植物生理生化实验指导［M］．北京：中国农业出版社，1995.

[9] FARQUHAR G D，OLEARY M H，BERRY J A. On the relationship between carbon isotope discrimination and intercellular carbon dioxide concentration in leaves［J］．Aust J Physiol，1982，9：121-137.

19 份高燕麦草种质材料苗期抗旱性评价

杨宏新[1,2]　毛培春[1]　张晓燕[1]　李强栋[1]　高洪文[2]　呼天明[2]　孟　林[1]

（1. 西北农林科技大学动物科技学院　2. 北京农林科学院北京草业与环境研究发展中心　3. 中国农业科学院北京畜牧兽医研究所）

摘要：从 11 个国家收集到的 19 份高燕麦草［*Arrhenatherum elatius*（L.）J. et C. Pressl］种质材料，采用温室苗期模拟干旱胁迫-复水法，于持续干旱胁迫 0d、7d、14d、21d、28d、35d、42d 和复水后 7d 分别取样测定叶片的相对含水量（RWC）、相对电导率（REC）、脯氨酸（Pro）含量、丙二醛（MDA）含量、可溶性糖（SSC）含量、超氧化物歧化酶（SOD）、存活率、根冠比8个抗旱指标，综合评价其抗旱性。以持续干旱胁迫到42d的上述8个指标的测定值，经综合聚类分析，将19份种质材料划分为3个抗旱等级，结果显示，其中抗旱性较强的包括ZXY2005P-1021、ZXY2005P-619、ZXY2005P-853、ZXY2005P-1160、ZXY2005P-1319、ZXY2005P-901；抗旱性中等的包括ZXY2005P-706、ZXY2005P-1086、ZXY2005P-1473、ZXY2005P-1296、ZXY2005P-1182、ZXY2005P-1036、ZXY2005P-877、ZXY2005P-837；抗旱性较弱的包括ZXY2005P-1514、ZXY2005P-969、ZXY2005P-1375、ZXY2005P-1362、ZXY2005P-1426。同时，随着干旱胁迫时间的延续叶片RWC呈下降趋势，REC、Pro、SSC则显著上升，SOD、MDA虽有波动但整体呈上升趋势。复水7d后，叶片RWC、Pro均可恢复到胁迫前的水平，而REC、SSC、MDA、SOD值虽有不同程度降低但均未恢复到胁迫前的水平。

关键词： 高燕麦草；苗期；抗旱性；评价

高燕麦草［*Arrhenatherum elatius*（L.）J. et C. Pressl］系禾本科燕麦草属多年生草本植物，原产于地中海沿岸和亚洲西部，20世纪50年代从苏联、波兰等引入中国[1]。耐干旱，但耐寒能力相对较差，适于在温暖、湿润的气候生长。其根系发达，入土可达1m；茎直立，株高1～1.5m；叶片多而细长，茎叶柔嫩，适口性好，产草量较高；营养价值高，是优质牧草，其干草产量可达9 000kg/ hm^2，鲜草中粗蛋白质3.4%、粗脂肪0.8%、粗纤维6.7%、无氮浸出物11.1%、灰分2.4%、钙0.42%、磷0.07%。在我国半湿润半干旱地区具有广阔的推广应用前景[1,2]。同时，从国内外不同渠道广泛收集整理各类优质草种质资源，开展其抗旱性的综合评价，长期以来受到草业科技工作者的重视和青睐，更是草业种质资源利用与创新的重要基础和依据。目前，对高燕麦草的植物学特征[1]、生产性能评价[2]、耐盐特性评价[3]等有了初步研究，而对不同地区来源的高燕麦草种质材料间的抗旱性比较研究相对较少。本文从13个国家收集到19份高燕麦草种质材料，在温室条件下开展并完成苗期抗旱性的综合评价，旨在优选出抗旱性较强的优异种质材料，揭示高燕麦草在持续干旱胁迫条件下，抗旱生理指标和生长形态指标等的变化规律，为高燕麦草优异种质资源挖掘和抗旱新品种的选育提供基础数据。

1 材料与方法

1.1 试验材料

由中国农业科学院北京畜牧兽医研究所牧草遗传资源研究室提供的从格鲁吉亚、德国、葡萄牙、芬兰等11个国家引进的19份高燕麦草种质材料为试验材料（表1）。

表1 高燕麦草种质材料及来源

序号	材料编号	来源地	序号	材料编号	来源地
1	ZXY2005P-619	格鲁吉亚	11	ZXY2005P-1160	匈牙利
2	ZXY2005P-706	拉脱维亚	12	ZXY2005P-1182	匈牙利
3	ZXY2005P-837	芬兰	13	ZXY2005P-1296	俄罗斯
4	ZXY2005P-853	俄罗斯	14	ZXY2005P-1319	波兰
5	ZXY2005P-877	俄罗斯	15	ZXY2005P-1362	波兰
6	ZXY2005P-901	葡萄牙	16	ZXY2005P-1375	波兰
7	ZXY2005P-969	捷克	17	ZXY2005P-1426	吉尔吉斯斯坦
8	ZXY2005P-1021	德国	18	ZXY2005P-1473	白俄罗斯
9	ZXY2005P-1036	匈牙利	19	ZXY2005P-1514	俄罗斯
10	ZXY2005P-1086	匈牙利			

1.2　试验设计

本研究于 2009 年 10～12 月在北京市农林科学院草业中心日光温室内进行。温室的昼夜温度 15～25℃，昼夜空气相对湿度 80％～95％。试验用土是由大田土、草炭按 1∶1 体积比混合均匀而成，装入长方体型盆（长 48.5cm，宽 32.5cm，高 19cm），每盆装 25kg。每盆划分 4 个区，每区穴播 1 个材料，每穴 2～3 粒，穴间距 2cm，覆土后用水均匀浇透。待长到 2～3 片真叶时，每穴定苗 1 株，待长到 4～5 片叶后进行干旱胁迫处理。试验土壤基质养分含量为有机质 47.2g/kg、全氮 2.38g/kg、全磷 0.817 g/kg、全钾 15.5g/kg、碱解氮 109.48mg/kg、有效磷 7.34mg/kg、速效钾 88.6mg/kg、pH 7.18。

1.2.1　生理生化指标测定

干旱胁迫前将水浇透（土壤体积相对含水量的 25％），分别于停水当天（CK）和干旱胁迫 7d、14d、21d、28d、35d、42d（土壤体积相对含水量低于 5％）及复水后 7d 的上午 8：00 采样（叶片）测定生理生化指标，3 次重复。

相对含水量（RWC）：采用饱和称重法测定[4]。

相对电导率（REC）：采用电导率法测定（参照邹琦等方法）[4]。

丙二醛（MDA）：采用硫代巴比妥酸法测定[4]。

游离脯氨酸（Pro）：采用茚三酮法测定[4]。

可溶性糖（SSC）：采用硫酸-蒽酮显色法测定[4]。

超氧化物歧化酶（SOD）：采用 NBT 光还原法测定[5]，略作改动，酶液用 50mmol/L 磷酸缓冲液（pH 7.0）提取。以可以抑制 NBT 光还原反应 50％的酶量作为 1 个 SOD 活性单位（U）。

$$变化率=|(I_{42}-I_{CK})/I_{CK}|$$

式中：I_{42}——各材料指标第 42d 测测定；

I_{CK}——各材料指标对照测定值。

1.2.2　形态指标测量

定株后胁迫前将水浇透（土壤体积相对含水量的 25％），以正常浇水为对照，待干旱处理 42d 后，测定其形态指标，5 次重复。

存活率＝处理的存活株数/对照的存活株数×100％。

根冠比＝处理的根干重/处理的茎叶干重×100％。

1.3　数据处理

试验数据采用 SAS 8.0 统计软件进行方差分析，将干旱胁迫后第 42d 测定的 8 项指标采用 SPSS 16.0 进行综合聚类分析。

2　结果与分析

2.1　干旱胁迫对叶片相对含水量（RWC）的影响

RWC 能够很好地反映叶片水分状况与蒸腾作用之间的平衡关系，是一个重要的水分状态指标[6,7]。由表 2 可知，随着干旱胁迫时间的增加，各种质材料 RWC 均呈一定程度的下降趋势，但下降幅度存在差异。干旱胁迫 7d 时各材料间 RWC 没有显著差异。但当持续干旱胁迫到 28d 时，RWC 下降相对明显，降至 78.90％～91.64％，平均下降达 10％。当干旱持续胁迫到 42d 时，RWC 的降幅最大，其中 ZXY2005P－969、ZXY2005P－1362、ZXY2005P－1375、ZXY2005P－1426、ZXY2005P－1514 较处理 0d 变化率分别达到 33.79％、34.04％、34.60％、37.50％和 32.41％，表现出保水能力较差和相对旱敏感的特征。而 ZXY2005P－877、ZXY2005P－1086、ZXY2005P－1182、ZXY2005P－1296、ZXY2005P－901 变化率分别为 20.58％、19.71％、20.68％、19.53％和 20.98％，表现出保水能力相对较强的特征。但复水 7d 后，所有种质材料 RWC 均能恢复到胁迫前水平。

表 2　持续干旱胁迫下 19 份高燕麦草种质材料 RWC 的变化（%）

材料编号	干旱胁迫天数							复水	变化率
	0d	7d	14d	21d	28d	35d	42d		
ZXY2005P-619	98.82	98.3	96.73ab	94.22abcde	88.01cdefg	75.69hi	70.54f	98.67	28.62
ZXY2005P-706	99.1	98.42	95.92bcd	93.19def	87.78defgh	82.81bcd	77.09ab	98.71	22.21
ZXY2005P-837	98.67	97.54	95.77bcd	92.47ef	86.62fghi	81.31cdef	73.05de	97.51	25.96
ZXY2005P-853	98.43	97.48	96.93ab	95.87a	91.64a	80.96def	71.87ef	96.94	26.98
ZXY2005P-877	98.69	98.03	94.67de	93.61bcdef	87.57defgh	83.44bc	78.38a	98.82	20.58
ZXY2005P-901	98.31	97.92	96.72ab	95.30abc	89.22abcde	81.09cdef	77.69ab	99.3	20.98
ZXY2005P-969	99.76	97.16	96.60ab	96.08a	90.82ab	76.58h	66.05g	97.8	33.79
ZXY2005P-1021	97.19	96.68	95.98abcd	93.85bcde	87.43efgh	77.99gh	72.70def	97.96	25.19
ZXY2005P-1036	97.48	97.24	96.16ab	94.30abcde	88.38bcdefg	81.66bcde	72.08def	98.31	26.06
ZXY2005P-1086	98.96	97.66	96.82ab	93.41cdef	88.97bcdef	86.99a	79.45a	97.63	19.71
ZXY2005P-1160	98.91	97.52	96.15ab	94.63abcd	90.00abcd	83.03bcd	73.28de	98.51	25.91
ZXY2005P-1182	99.46	97.93	95.84bcd	95.50ab	90.47abc	83.97b	78.90a	98.44	20.68
ZXY2005P-1296	97.99	96.92	94.97cde	92.46ef	87.87cefgh	82.75bcd	78.85a	96.42	19.53
ZXY2005P-1319	99.06	97.38	92.62f	91.86fg	87.31efgh	80.00efg	74.38cd	95.4	24.91
ZXY2005P-1362	97.78	96.57	90.85g	85.52h	78.90j	70.75j	64.50g	96.2	34.04
ZXY2005P-1375	98.78	97.39	93.59ef	90.19g	86.48ghi	73.98i	64.61g	96.74	34.60
ZXY2005P-1426	98.22	97.41	94.73cde	90.20g	84.77i	77.71gh	61.38h	97.63	37.50
ZXY2005P-1473	98.75	98.56	96.99ab	94.67abcd	85.50hi	79.16fg	75.88bc	99.04	23.16
ZXY2005P-1514	98.54	96.96	97.43a	94.61abcd	89.00bcdef	76.54h	66.60g	98.65	32.41

注：同列不同小写字母间差异显著（$P<0.05$），下表同。

2.2　干旱胁迫对相对电导率（REC）的影响

水分胁迫时，由于细胞膜的损伤使电解质大量外渗，渗漏值在不同品种间可能出现较大的差异。由表 3 可见，在干旱胁迫影响下，各供试材料的细胞膜透性增大，在相同胁迫条件下 REC 差异达到显著水平，整体呈上升趋势。当干旱胁迫持续到 28d 时部分材料细胞膜透性有下降趋势，其中 ZXY2005P-837、ZXY2005P-853、ZXY2005P-1021 等的 REC 有所降低，说明在该程度的干旱胁迫下，对材料的细胞膜系统损伤较轻。当干旱胁迫持续到 42d 时，各材料 REC 均达到最大值，复水后虽有所下降（除 ZXY2005P-619 外），但均未恢复到胁迫前水平。其中材料 ZXY2005P-901、ZXY2005P-1296、ZXY2005P-1319、ZXY2005P-619 变化趋势平稳，上升变化率分别为 73.59%、69.37%、78.81%、80.62%，说明干旱对其影响不大。ZXY2005P-877、ZXY2005P-1473、ZXY2005P-1021 的变化率则分别达到 341.87%、214.37%、238.93%，说明其细胞膜透性对干旱胁迫敏感。

表 3　持续干旱胁迫下 19 份高燕麦草种质材料 REC 的变化（%）

材料编号	干旱胁迫天数							复水	变化率
	0d	7d	14d	21d	28d	35d	42d		
ZXY2005P-619	30.68a	27.58bcde	30.83bcde	34.09bcde	41.00abc	40.10cde	55.41abc	28.46cdefg	80.62
ZXY2005P-706	19.53efg	20.03g	21.32g	34.08bced	38.23abcd	43.62abcd	49.00bcde	25.04fg	150.90

（续）

材料编号	干旱胁迫天数							复水	变化率
	0d	7d	14d	21d	28d	35d	42d		
ZXY2005P - 837	15.64gh	23.51efg	31.84abcde	36.86abcd	31.77defg	35.96ef	38.00fg	21.32g	142.94
ZXY2005P - 853	26.15abc	31.46ab	29.66cdef	36.50abcd	31.14efg	38.87de	56.96ab	36.00ab	117.82
ZXY2005P - 877	10.49i	23.09efg	29.45cdef	25.54f	29.88fg	36.07ef	46.35cdef	29.37bcdef	341.87
ZXY2005P - 901	29.37ab	33.33a	36.20a	38.87ab	42.44ab	46.58abc	50.98abcde	32.87abcd	73.59
ZXY2005P - 969	23.46cde	31.81ab	35.58ab	39.37a	40.37abc	42.10cde	49.24bcde	29.09bcdef	109.89
ZXY2005P - 1021	17.53fgh	23.62defg	32.26abcde	35.37abcd	34.67cdef	38.09def	59.42a	25.47efg	238.93
ZXY2005P - 1036	20.95def	29.01abc	29.72cdef	35.26abcde	26.78g	42.50bcde	44.46efg	33.20abc	112.23
ZXY2005P - 1086	20.71def	22.34fg	28.20ef	29.14ef	37.26bcde	49.56a	50.36abcde	25.89defg	143.18
ZXY2005P - 1160	20.80def	20.66g	28.91def	31.69def	31.45defg	36.04ef	46.68cdef	33.29abc	124.40
ZXY2005P - 1182	17.25fgh	20.58g	33.84abcd	38.15abc	36.94bcde	39.58de	44.27efg	28.12cdefg	156.64
ZXY2005P - 1296	21.13cdef	23.80defg	25.30fg	25.88f	25.85g	31.82f	35.79g	30.09bcdef	69.37
ZXY2005P - 1319	25.38bcd	28.59abcd	33.63abcd	38.18abc	40.06abc	43.21abcd	45.38def	37.73a	78.81
ZXY2005P - 1362	22.76cde	32.84a	34.16abc	35.80abcd	37.86bcde	39.16de	45.07defg	32.35abcde	98.02
ZXY2005P - 1375	22.62cde	27.65bcde	31.55abcde	40.51a	44.78a	48.85ab	54.29abcd	35.25abc	140.00
ZXY2005P - 1426	23.40cde	25.79cdef	28.77edf	35.69abcd	37.01bcde	40.71cde	45.74def	25.30efg	94.32
ZXY2005P - 1473	13.48hi	21.64fg	24.69fg	33.11cde	36.95bcde	38.71de	42.37efg	34.93abc	214.37
ZXY2005P - 1514	20.91def	22.50fg	28.24ef	32.86cde	34.40cdef	35.74ef	51.11abcde	35.00abc	144.45

2.3　干旱胁迫对可溶性糖（SSC）含量的影响

在持续干旱胁迫下，细胞中不断增加的 SSC，能起到维持膜结构，稳定大分子功能的作用[8]。由表 4 可见，随着干旱胁迫的加剧，供试材料的叶片 SSC 逐渐升高，材料间差异显著。其中在 0～28d 时，各材料变化幅度趋于平稳，当胁迫第 42d 时，各材料 SSC 显著性增加，均达到最大值。复水 7d 后 SSC 虽有所降低，但均没恢复到胁迫前水平。其中 ZXY2005P - 1426、ZXY2005P - 1036、ZXY2005P - 837、ZXY2005P - 1375、ZXY2005P - 1362 变化幅度较大，变化率分别是 709.56%、534.59%、529.84%、693.73%、596.11%。而 ZXY2005P - 619、ZXY2005P - 706、ZXY2005P - 901、ZXY2005P - 1086 变化幅度不大，变化率分别是 220.25%、238.54%、285.33%、322.38%。ZXY2005P - 706 在胁迫到 35d 时，SSC 达最高值，42d 时有所降低。

表 4　持续干旱胁迫下 19 份高燕麦草种质材料 SSC 的变化（mg/g）

材料编号	干旱胁迫天数							复水	变化率（%）
	0d	7d	14d	21d	28d	35d	42d		
ZXY2005P - 619	11.98a	12.24de	7.89k	14.94ij	17.09ij	14.18g	38.37f	24.84h	220.25
ZXY2005P - 706	8.51fghi	6.09j	10.52ji	12.75k	14.58k	30.95bc	28.81g	32.89d	238.54
ZXY2005P - 837	8.98efg	8.62ghi	12.98def	17.00efgh	19.44efgh	40.46a	56.56b	39.59b	529.84
ZXY2005P - 853	11.43ab	11.69ef	16.7a	20.07ab	22.96ab	21.67f	46.43cd	27.29g	306.21
ZXY2005P - 877	11.23ab	8.56ghi	14.25bc	20.87a	23.89a	26.52e	58.62b	28.42fg	422.01
ZXY2005P - 901	7.32ij	13.16cd	11.67gh	21.00a	24.02a	13.27g	28.21g	30.80e	285.33
ZXY2005P - 969	9.60def	11.43ef	13.77bcd	17.93def	20.50def	26.60de	49.91c	20.17j	419.90

（续）

材料编号	干旱胁迫天数							复水	变化率（%）
	0d	7d	14d	21d	28d	35d	42d		
ZXY2005P-1021	10.95abc	8.95g	10.07j	16.35fghi	18.70fghi	28.22cde	43.30de	18.71j	295.47
ZXY2005P-1036	7.61hi	7.74i	9.80j	14.05jk	16.07jk	26.77de	48.29c	31.02e	534.59
ZXY2005P-1086	7.66hi	8.65ghi	10.03j	15.74ghi	18.00ghi	15.27g	32.36g	28.25fg	322.38
ZXY2005P-1160	8.06ghi	10.87f	12.97def	16.62fgh	19.01fgh	20.81f	41.10ef	23.88hi	409.99
ZXY2005P-1182	5.64k	8.75gh	12.15fgh	17.30efg	19.79efg	20.28f	30.53g	24.84h	441.39
ZXY2005P-1296	9.15efg	14.64b	11.75gh	19.25bcd	22.01bcd	32.20b	41.98ef	23.65hi	358.83
ZXY2005P-1319	9.94cde	14.02bc	11.47hi	20.90a	23.90a	32.30b	38.88f	24.84h	291.10
ZXY2005P-1362	8.59fgh	10.91f	12.90def	18.36cde	20.10cde	31.50bc	59.80b	14.07k	596.11
ZXY2005P-1375	6.17jk	11.34ef	12.49efg	19.78abc	22.62abc	20.76f	48.97c	22.40i	693.73
ZXY2005P-1426	8.73efgh	7.82hi	11.60gh	18.30cde	20.93cde	41.34a	70.67a	44.53a	709.56
ZXY2005P-1473	10.65bcd	11.37ef	13.26cde	15.43hij	17.64hij	30.68bc	43.66de	29.24ef	309.93
ZXY2005P-1514	11.26ab	17.70a	14.46b	21.12a	24.15a	29.96bcd	57.33b	36.00c	409.18

2.4 干旱胁迫对超氧化物歧化酶（SOD）的影响

作为一种诱导酶，SOD 在一定程度上反映植物受胁迫的变化。SOD 能催化超氧阴离子自由基的歧化反应而形成 O_2 和 H_2O_2，从而减轻 O_2^- 对植物的毒害。从表 5 看出，各材料 SOD 含量随干旱胁迫的加剧，整体呈上升趋势，差异性显著，其中 ZXY2005P-1473、ZXY2005P-1426、ZXY2005P-1362、ZXY2005P-1182、ZXY2005P-877、ZXY2005P-706 略有波动，但在胁迫到 42d 时均达最高值。ZXY2005P-706、ZXY2005P-1086、ZXY2005P-1473、ZXY2005P-1182 变化幅度较小，其变化率分别为 37.77%、82.39%、102.38%、91.26%；而 ZXY2005P-1375、ZXY2005P-901、ZXY2005P-619，ZXY2005P-1319 变化趋势较大，其变化率分别为 297.01%，283.72%，335.74%、264.71%。复水后 7d，SOD 含量有所下降，但均未恢复到胁迫前水平。

表 5　干旱胁迫下 19 份高燕麦草种质材料叶片 SOD 变化（U）

材料编号	干旱胁迫天数							复水	变化率（%）
	0d	7d	14d	21d	28d	35d	42d		
ZXY2005P-619	92.22m	109.95k	126.57j	172.48j	205.68h	234.72gh	401.84b	231.26fgh	335.74
ZXY2005P-706	203.24a	286.19ab	182.08fg	309.62ab	182.12i	303.01a	280.00g	262.90abc	37.77
ZXY2005P-837	125.43i	164.22h	171.03h	186.01i	292.75a	290.32ab	367.87cd	269.40abc	193.05
ZXY2005P-853	145.40fgh	167.77gh	211.24e	232.47fg	247.66cd	253.11ef	377.81cd	204.64i	159.84
ZXY2005P-877	146.89efg	195.87e	344.75a	253.69d	264.43b	284.50bc	315.64ef	230.49fgh	114.86
ZXY2005P-901	94.76lm	121.29j	129.24j	145.04k	164.90j	227.16hi	363.61d	256.82bcd	283.72
ZXY2005P-969	137.11h	147.38i	159.97i	200.33h	229.05efg	285.87bc	403.94ab	278.24a	194.61
ZXY2005P-1021	108.58jk	208.86d	188.10fg	318.71a	289.65a	195.00j	301.53f	226.75fgh	177.71
ZXY2005P-1036	149.19ef	277.02b	257.83d	237.58f	162.77j	243.73fg	328.69e	234.33efg	120.31
ZXY2005P-1086	155.61de	278.98b	269.35c	251.77de	225.05fg	276.68bcd	283.81g	220.57ghi	82.39
ZXY2005P-1160	168.94bc	236.92c	253.81d	284.83c	253.76bc	274.04cd	381.89c	275.32ab	126.05
ZXY2005P-1182	165.74bc	295.89a	256.25d	280.10c	214.63gh	222.22hi	316.99e	242.20def	91.26

（续）

材料编号	干旱胁迫天数							复水	变化率（%）
	0d	7d	14d	21d	28d	35d	42d		
ZXY2005P-1296	148.23efg	176.44fg	192.90f	222.78g	249.85bcd	256.62ef	330.69e	279.83a	123.09
ZXY2005P-1319	114.24j	170.02gh	180.68g	224.53g	187.57i	283.54bc	416.64ab	276.82ab	264.71
ZXY2005P-1362	125.64i	239.33c	203.04e	301.30b	172.50ij	263.32de	417.76a	252.03cde	232.51
ZXY2005P-1375	103.00kl	126.45j	187.55fg	241.31ef	246.80cd	252.63ef	408.92ab	260.70abcd	297.01
ZXY2005P-1426	160.83cd	238.57c	304.72b	304.68b	240.74cde	286.28bc	32704e	253.33cde	103.34
ZXY2005P-1473	140.06gh	236.10c	266.97c	198.08h	253.41bc	262.96de	283.46g	230.32fgh	102.38
ZXY2005P-1514	173.96b	181.283f	123.21j	138.67k	235.29def	218.19i	413.68ab	211.22hi	137.80

2.5　干旱胁迫对叶片脯氨酸（Pro）含量的影响

由表 6 看出，随干旱胁迫时间的增加，各材料 Pro 呈明显上升趋势，各材料间存在显著性差异。在胁迫 0～28d，随干旱胁迫的增强，各材料 Pro 缓慢上升，当胁迫到 42d 时达最高值。其中变化幅度最大的材料有 ZXY2005P-969、ZXY2005P-1514、ZXY2005P-1426、ZXY2005P-1362，变化率分别 3 339.7%、1 716.72%、2 598.34%、2 444.92%，表明这些材料对干旱胁迫较为敏感。材料 ZXY2005P-1182、ZXY2005P-901、ZXY2005P-877、ZXY2005P-706 变化趋势较小，其变化率分别为 494.81%、552.5%、544.42%、719.31%，表明干旱胁迫对其影响较小。

表 6　持续干旱胁迫下 19 份高燕麦草种质材料 Pro 的变化（μg/g）

材料编号	干旱胁迫天数							复水	变化率（%）
	0d	7d	14d	21d	28d	35d	42d		
ZXY2005P-619	111.88de	115.10hi	171.35ef	212.85g	262.56h	313.20ij	1330.69e	91.32bc	1089.39
ZXY2005P-706	110.00de	142.06de	167.71fg	387.05bc	414.45def	568.14ef	901.24g	83.36cde	719.31
ZXY2005P-837	134.19b	164.44b	264.00b	245.91f	324.29g	1138.10c	1721.87d	79.03def	1183.16
ZXY2005P-853	80.61h	94.28k	120.23j	167.57hi	208.54j	369.20hi	1119.64f	68.37ghi	1288.97
ZXY2005P-877	94.98f	106.77ij	139.12i	161.25hi	314.54g	334.91hij	612.07i	71.94fghi	544.42
ZXY2005P-901	70.11ij	80.92l	104.43k	146.38i	185.79j	419.94gh	457.46j	65.21hi	552.50
ZXY2005P-969	79.08h	139.40ef	346.93a	569.01a	600.91a	1277.68b	2720.11b	78.22def	3339.70
ZXY2005P-1021	87.77g	114.76hi	165.12fg	222.58g	383.69f	601.83e	1337.99e	118.22a	1424.42
ZXY2005P-1036	159.06a	186.16a	203.10d	268.20e	470.83c	763.68d	1170.07f	94.94b	635.62
ZXY2005P-1086	76.38hi	96.57jk	116.48jk	179.09i	204.35j	468.65fg	546.61ij	52.84j	615.64
ZXY2005P-1160	82.36gh	158.08bc	198.26d	259.85ef	548.24b	633.34e	1139.31f	77.07efg	1283.33
ZXY2005P-1182	59.81kl	109.47hi	—	146.35i	218.50ij	275.41j	355.76k	72.74fghi	494.81
ZXY2005P-1296	88.83fg	118.63gh	164.83fg	176.33h	254.28hi	504.65fg	725.22h	84.37cde	716.42
ZXY2005P-1319	105.43e	141.89de	182.62e	219.58g	421.64de	822.11d	1778.74d	67.23hi	1587.13
ZXY2005P-1362	70.10ij	150.38cd	182.25e	310.83d	383.45f	793.47d	1783.99d	85.5cde	2444.92
ZXY2005P-1375	54.70l	107.40i	183.79e	367.59c	387.47ef	1246.45b	1765.65d	73.38fgh	3127.88
ZXY2005P-1426	116.68cd	189.36a	224.44c	391.45b	553.80b	1787.79a	3148.43a	87.34bcd	2598.34
ZXY2005P-1473	63.21jk	128.29g	149.55hi	170.83h	209.90j	308.49ij	608.38i	63.63i	862.47
ZXY2005P-1514	120.10c	128.94fg	157.43gh	259.07ef	434.46cd	837.79d	2181.88c	87.58bcd	1716.72

2.6 干旱胁迫对丙二醛（MDA）含量的影响

干旱胁迫会导致自由基大量的产生，致使MDA生成，因此MDA含量不但标志着膜脂过氧化程度，也间接反映组织中自由基的含量。从表7可见，随干旱胁迫的加强，部分材料虽有波动，但MDA整体上呈上升趋势。当干旱胁迫至35d时，各材料MDA达到最大，到42d时有下降趋势。较敏感材料为ZXY2005P-1086、ZXY2005P-969、ZXY2005P-853、ZXY2005P-1160、ZXY2005P-1375，变化率分别是123.53%、162.89%、169.79%、137.66%、121.64%。材料ZXY2005P-837、ZXY2005P-1473、ZXY2005P-706、ZXY2005P-877、ZXY2005P-1021、ZXY2005P-1296变化幅度较小，其变化率为40.2%、53.44%、53.3%、54.74%、57.05%、50.86%，表明干旱胁迫对其MDA影响较小。

表7 持续干旱胁迫下19份高燕麦草种质材料MDA的变化（μmol/g）

材料编号	干旱胁迫天数							复水	变化率（%）
	0d	7d	14d	21d	28d	35d	42d		
ZXY2005P-619	5.51i	8.62j	7.46i	8.55jk	11.08abcd	14.17hij	11.61fgh	9.67gh	110.77
ZXY2005P-706	6.99defg	8.49jk	10.30def	11.46cd	8.04gh	14.90ghi	10.72i	8.30ij	53.30
ZXY2005P-837	8.40a	9.71gh	10.42cde	11.61cd	10.89bcd	22.08a	11.78fg	10.59efg	40.20
ZXY2005P-853	5.06i	10.27efg	10.95bc	9.85gh	10.70cdef	15.10fg	13.65c	11.37cde	169.79
ZXY2005P-877	7.71bc	13.57a	10.24def	9.14ij	8.50g	20.80b	11.93efg	10.03fgh	54.74
ZXY2005P-901	6.62fgh	9.48hi	9.38gh	12.55b	11.67ab	15.86ef	14.24bc	10.49efg	115.17
ZXY2005P-969	5.53i	8.93ij	8.81h	11.44cd	11.26abcd	16.47e	14.54b	11.23cde	162.89
ZXY2005P-1021	7.48cd	8.40jk	9.52g	9.75ghi	9.83f	14.11ij	11.74fg	10.69ef	57.05
ZXY2005P-1036	6.68efgh	11.21bc	7.68i	10.24fg	7.25hi	13.84jk	12.48ef	11.08cde	86.76
ZXY2005P-1086	5.24i	7.94k	10.83cd	8.80jk	7.72ghi	14.38ghij	11.71fg	8.12j	123.53
ZXY2005P-1160	6.25h	9.50hi	10.96bc	9.23hij	10.73cde	14.22hij	14.85b	10.01fgh	137.66
ZXY2005P-1182	6.58gh	11.09bcd	9.93efg	8.41k	7.09i	14.86ghi	11.11ghi	9.25hi	68.82
ZXY2005P-1296	8.39a	8.87ij	9.73fg	10.20fg	11.27abcd	16.31e	12.66de	12.39b	50.86
ZXY2005P-1319	8.15ab	10.51def	10.32de	11.75c	11.92a	18.18d	16.64a	10.86def	104.19
ZXY2005P-1362	7.15cdef	11.69b	7.67i	10.60ef	11.16abcd	15.04fgh	13.48cd	11.85bcd	88.53
ZXY2005P-1375	7.23cde	9.89fgh	11.53b	13.44a	10.73cde	17.66d	16.02a	12.03bc	121.64
ZXY2005P-1426	6.46gh	10.90cde	12.99a	12.51b	11.53abc	13.20k	10.81hi	11.35cde	67.41
ZXY2005P-1473	7.64bc	8.50jk	10.26def	9.09ijk	9.92ef	19.57c	11.72fg	9.67gh	53.44
ZXY2005P-1514	8.15ab	9.75gh	10.45cde	11.05de	10.51def	16.11e	14.94b	13.59a	83.32

2.7 干旱胁迫对植株根冠比（RSR）和存活率（SR）的影响

由图1可以看出，19份高燕麦草，经胁迫42d后，材料之间RSR、SR差异显著，其中材料ZXY2005P-1362、ZXY2005P-1375，ZXY2005P-1514、ZXY2005P-969的RSR与SR均较低，抗旱性表现较弱，而ZXY2005P-619、ZXY2005P-1086、ZXY2005P-706、ZXY2005P-877的RSR和SR较高，抗旱性较强。总体上讲，高燕麦草抗旱性较强，当土壤含水量降为3%～5%时，其存活率均保持在70%以上。

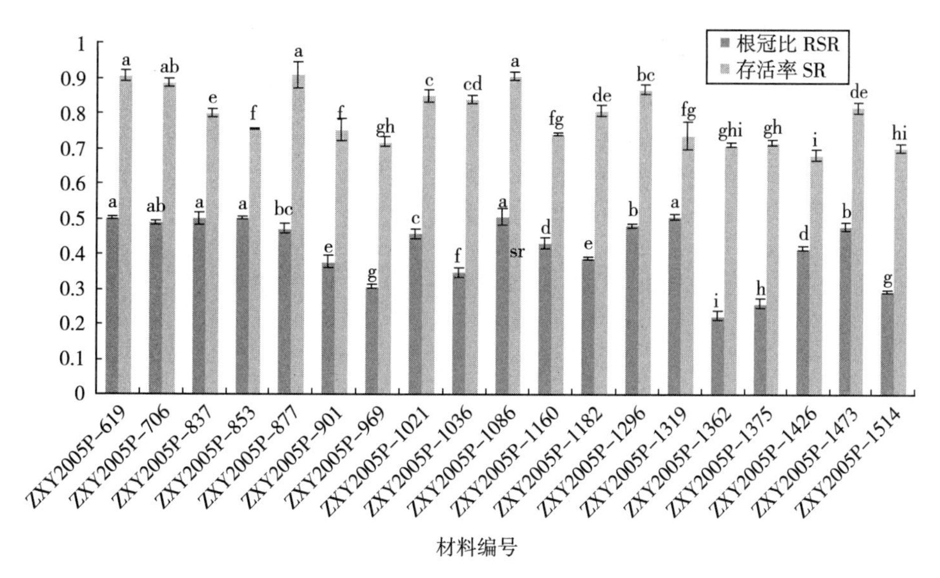

图 1　不同材料 RSR 以及 SR 比较

2.8　综合评价

2.8.1　抗旱性指标相关性分析

将 8 个观察指标进行相关性分析（表 8），除去 RWC 与 Pro 有−0.889 的负相关性外，其余指标之间相关性不强，所以 8 个指标都参与了综合抗旱性分析。

表 8　不同指标之间的相关性分析

	相对电导率	脯氨酸	丙二醛	超氧化物歧化酶	相对含水量	可溶性糖	根冠比	存活率
相对电导率	1.000	0.077	0.619	0.160	−0.239	−0.174	−0.085	−0.029
脯氨酸	0.077	1.000	0.272	0.522	−0.889	0.699	−0.400	−0.617
丙二醛	0.169	0.272	1.000	0.768	−0.295	0.026	−0.421	−0.614
超氧化物歧化酶	0.160	0.522	0.768	1.000	−0.587	0.285	−0.487	−0.640
相对含水量	−0.239	−0.889	−0.295	−0.587	1.000	−0.707	0.624	0.712
可溶性糖	−0.174	0.699	0.026	−0.285	−0.707	1.000	−0.344	−0.446
根冠比	−0.085	−0.400	−0.421	−0.487	0.624	−0.334	1.000	0.612
存活率	−0.029	−0.671	−0.614	−0.640	0.712	−0.446	0.612	1.000

2.8.2　聚类分析

采用离差平方和平方欧式距离法进行聚类分析（图 2），并对测定的 8 个指标进行综合性抗旱评价，

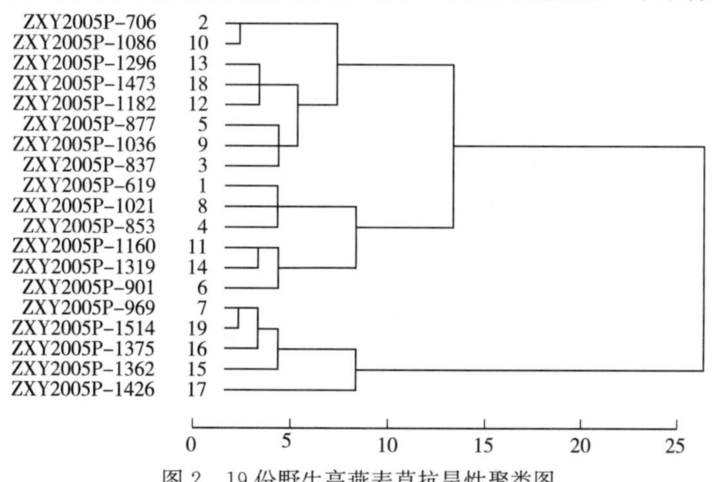

图 2　19 份野生高燕麦草抗旱性聚类图

当平方欧式距离达到64.329时，可将19份野生高燕麦草划分3个抗旱等级，相对抗旱材料为ZXY2005P-1021、ZXY2005P-619、ZXY2005P-853、ZXY2005P-1160、ZXY2005P-1319、ZXY2005P-901；中度抗旱材料为ZXY2005P-706、ZXY2005P-1086、ZXY2005P-1473、ZXY2005P-1296、ZXY2005P-1182、ZXY2005P-1036、ZXY2005P-877、ZXY2005P-837；相对敏感材料为ZXY2005P-1514、ZXY2005P-969、ZXY2005P-1375、ZXY2005P-1362、ZXY2005P-1426。

3 讨论

有研究表明植物在干旱条件下，根系向土壤深处延伸吸取水分维系生长，根冠比比值越大，土壤水分利用率越高，其抗旱性越强。本试验对19份野生高燕麦草干旱胁迫42d后的根冠比、存活率研究表明，其结果与其生理指标测定结果基本一致。

本试验研究表明，在干旱胁迫下19份野生高燕麦草苗期叶片可溶性糖含量、相对电导率、脯氨酸含量、丙二醛含量与干旱胁迫压力呈正相关，而叶片相对含水量与干旱胁迫压力呈负相关。这与刘永财在14份新麦草苗期抗旱研究结果一致。

脯氨酸是植物在水分胁迫下进行渗透调节的重要物质，由于其有较好的水合作用，溶解度比其他常见氨基酸都大，从而提高了原生质水溶液的渗透压，防止水分散失，对原生质起到保护作用，将其作为抗旱鉴定的一种指标已经被多数学者接受，其含量变化与植物抗旱能力呈负相关。本试验结果表明干旱胁迫0～28d时，各材料Pro含量变化幅度平缓，到第35d时差异显著，胁迫42d时，增至最大。结合聚类分析结果可以得出，野生高燕麦草随干旱胁迫加剧，叶片Pro含量与抗旱性强弱成反比，此结果与其他学者在马蔺（*Iris lactea* var. *chinensis*）与紫花苜蓿（*Medicago sativa*）的研究结果一致。

在一定范围内，所有植物SOD活性都随干旱胁迫压力增大而增加，呈先升后降再升的趋势，并在胁迫最强时，达到最高值。植物在轻度干旱胁迫下，SOD含量缓慢上升，当植物适应时，有一定的平稳或者下降时期，但随着干旱胁迫加剧，植物产生的自由基过多，诱导了SOD的产生。研究表明，SOD含量变化幅度较大的材料对干旱较敏感，变化幅度较小者，抗旱性较强。齐秀东等在SOD-POD活性在小麦抗旱生理研究中的指向作用研究发现在严重胁迫下，不抗旱品种SOD-POD活性明显高于抗旱品种。本试验中，土壤体积相对含水量虽降至5%，但植物并未达到永久萎蔫，所以和其研究不完全相符。

MDA含量高低是反映细胞质过氧化作用强弱和细胞膜破坏程度的重要指标，本试验中，不同抗性种质材料，在干旱胁迫下变化规律基本一致，MDA含量随干旱胁迫压力增大而增大，部分材料波动上升，表明不同材料在逆境时恢复与补偿能力不同，导致所受伤害不同。试验中干旱胁迫35d时各材料MDA含量达到最高值，而到胁迫强度最大42d时，含量却有所下降，这可能是因为42d时SOD含量达到最高值，SOD与POD等酶通过协同作用来防御活性氧自由基对细胞膜系统的伤害作用，在干旱胁迫下SOD对MDA具有补偿效应。

4 结论

（1）本试验中，当持续干旱胁迫下，土壤含水量达到3%～5%时，参试种质材料的叶片虽出现一定的萎蔫和卷曲等现象，但依旧能维持相对平稳的态势。其中ZXY2005P-706、ZXY2005P-1086、ZXY2005P-1036、ZXY2005P-877均保持90%的存活率，可见高燕麦草是抗旱性相对较强的植物。

（2）随干旱胁迫时间延长，19个高燕麦草种质材料的SSC、Pro、REC均呈上升趋势，RWC呈下降趋势，SOD曲折上升，各材料MDA分别在不同干旱胁迫压力下达到最高值，其中42d时MDA有所下降，可能与SOD补偿效应有关。

（3）在干旱胁迫压力下，植物叶片RWC、REC、SSC、Pro、SOD、MDA、SR、RSR，除RWC

与Pro有负相关关系外（－0.889），其余之间均没有显著相关性，说明各指标相互作用、互相影响，共同调节植物以达到抗旱结果。

（4）通过对植物8个抗旱指标变量的聚类分析，可将参试的19份高燕麦草种质材料划分3个抗旱等级。相对抗旱材料：ZXY2005P－1021、ZXY2005P－619、ZXY2005P－853、ZXY2005P－1160、ZXY2005P－1319、ZXY2005P－901。中度抗旱材料：ZXY2005P－706、ZXY2005P－1086、ZXY2005P－1473、ZXY2005P－1296、ZXY2005P－1182、ZXY2005P－1036、ZXY2005P－877、ZXY2005P－837。相对敏感材料：ZXY2005P－1514、ZXY2005P－969、ZXY2005P－1375、ZXY2005P－1362、ZXY2005P－1426。

参　考　文　献

[1] 陈默君，贾慎修．中国饲用植物［M］．北京：中国农业出版社，2002：32－33.
[2] 陈宝书，张景雨，丁升．高燕麦草生育特性和生物量的研究［J］．青海草业，1995，4（1）：1－12.
[3] 阳曦，张新全．高偃麦草苗期耐盐性鉴定及综合评价［J］．安徽农业科学，2006，34（23）：6105－6108.
[4] 邹琦．植物生理实验指导［M］．北京：中国农业出版社，2000.
[5] 李合生．植物生理生化试验原理和技术［M］．北京：高等教育出版社，2000.
[6] 柴守玺．与小麦抗旱性相关的几个水分指标［J］．甘肃农业科技，1990（6）：12－13.
[7] 李造哲．10种苜蓿品种幼苗抗旱性的研究［J］．中国草地，1991（3）：1－3.
[8] 彭立新，李德全，束怀瑞．植物在渗透胁迫下的渗透调节作用［J］．天津农业科学，2002，8（10）：40－43.

24份大麦资源苗期抗旱性评价与鉴定

张文洁　程云辉　董臣飞　许能祥

（江苏省农业科学院畜牧研究所）

摘要：以24份来自国内外的大麦种质资源为试验材料，在苗期进行干旱处理后，比较和分析了其绝对株高、株高胁迫指数、鲜重、干重、地上干物质胁迫指数、叶长、叶长胁迫指数、叶宽、叶宽胁迫指数等形态和生理指标。结果表明：JS2009－29、JS2009－43、JS2009－18、JS2009－17、JS2009－58、JS2009－49、JS2009－29材料的抗旱性较强，JS2009－1、JS2009－16、JS2009－51、JS2006－23材料的抗旱性最差，JS2004－21、JS2009－59等13份材料的抗旱性居中。

关键词：大麦；抗旱性；苗期

植物的生长受到复杂多变的逆境胁迫，在各种逆境因子中，干旱已成为限制作物生长的重要因素，且对作物产量及品质的影响越来越大。大麦（*Hordeum vulgare* L.）属于禾本科大麦属植物，既是粮食作物也是饲料作物，也可作为酿酒的原料[1]；大麦是种植范围最宽广的粮食作物，除南极洲以外，从南纬42°到北纬70°的广阔地带，从我国长江口海拔接近0m的海滩围垦地到喜马拉雅山坡海拔4 750m高原地区都有种植，是谷类作物中分布最北也是垂直分布最高的作物[1]。其播种面积和总产量仅次于小麦、水稻、玉米，居谷类作物第四位。因其耐寒、耐瘠薄、抗旱，在盐碱、旱坡、丘陵以及干旱半干旱地区被用作抗旱作物栽培[2]。目前，国内对大麦的植物学特性及利用[3]、生产性能评价[4]、耐盐碱特性评价[5]、种质资源多样性[6]等方面进行了研究，但关于不同种质材料间苗期抗旱性比较和评价的研究较少。本研究对来自国内外的24份大麦种质资源材料，在自然干旱胁迫下进行抗旱试验，拟通过测定种质资源在苗期的株高、叶长、叶宽、鲜重、干重等指标，来综合评价24份材料的抗旱性，以便选出抗旱性较强的种质资源。

1 材料和方法

1.1 试验地点

苗期盆栽试验在江苏省农业科学院塑料大棚里进行，各项指标测定在江苏省农业科学院畜牧研究所牧草调制与加工实验室进行。

1.2 试验材料

参试大麦种质材料共 24 份（表 1），其中 20 份引自加拿大，3 份为江苏盐城野外收集材料，1 份为西藏野外收集材料。

表 1 试验材料及来源

库存编号	中文名	拉丁名	引进地区	库存编号	中文名	拉丁名	引进地区
JS2004-21	扒地虎大麦	*Hordeum vulgare* L.	盐城	JS2009-28	R172	*Hordeum vulgare* L.	加拿大
JS2006-21	二棱子	*Hordeum vulgare* L.	江苏大丰万盈	JS2009-29	R174	*Hordeum vulgare* L.	加拿大
JS2006-23	旱大麦	*Hordeum vulgare* L.	江苏东台新曹	JS2009-30	R176	*Hordeum vulgare* L.	加拿大
JS2009-1	R131	*Hordeum vulgare* L.	加拿大	JS2009-43	R192	*Hordeum vulgare* L.	加拿大
JS2009-2	R132	*Hordeum vulgare* L.	加拿大	JS2009-47	R199	*Hordeum vulgare* L.	加拿大
JS2009-9	R143	*Hordeum vulgare* L.	加拿大	JS2009-49	R275	*Hordeum vulgare* L.	加拿大
JS2009-12	R151	*Hordeum vulgare* L.	加拿大	JS2009-51	R286	*Hordeum vulgare* L.	加拿大
JS2009-16	R155	*Hordeum vulgare* L.	加拿大	JS2009-52	R287	*Hordeum vulgare* L.	加拿大
JS2009-17	R157	*Hordeum vulgare* L.	加拿大	JS2009-54	R292	*Hordeum vulgare* L.	加拿大
JS2009-18	R158	*Hordeum vulgare* L.	加拿大	JS2009-57	R297	*Hordeum vulgare* L.	加拿大
JS2009-25	R169	*Hordeum vulgare* L.	加拿大	JS2009-58	R299	*Hordeum vulgare* L.	加拿大
JS2009-26	R170	*Hordeum vulgare* L.	加拿大	JS2009-59	白青稞	*Hordeum vulgare* L.	西藏

1.3 试验方法

选用大田的土壤，过筛，去掉石块、杂质，用无孔塑料花盆，每盆装土 12.5kg（干土），均匀地将种子撒在盆中，再轻轻地用土覆盖，然后用喷头浇透，置于塑料大棚内。2014 年 3 月 20 日播种，出苗后间苗，3 片真叶定苗，每盆留生长分布均匀的苗 30 株，3 次重复。待长到 6 片真叶时进行干旱处理，对照组继续正常浇水，干旱组停止浇水，当有一半幼苗萎蔫时开始测定幼苗的各项生理指标。

1.4 测定指标

（1）株高 测定植株的绝对高度（cm），每盆测 10 株，对照及处理各 3 次重复。

（2）地上生物量 收集每盆植株的地上部分，洗净，放入纸袋，80℃恒温下烘至恒重后称重（g）。

（3）叶长、叶宽 用直尺测量叶片长度、叶片最大宽度（每盆 10 株），取其平均值。

（4）各指标胁迫指数的计算 胁迫指数＝干旱胁迫植株的测量值/对照植株的测量值。

1.5 数据处理

利用 SAS 统计软件进行数据方差分析，Excel 制作相关图表。

2 结果与分析

2.1 干旱胁迫对大麦株高的影响

从表 2 可以看出：干旱胁迫后 24 份大麦种质材料的苗期植株高度较对照均有明显的降低，不同材料株高降低的幅度不一，其中 JS2009 - 49 干旱胁迫下的株高较对照株高降低 4.95cm，JS2009 - 30 干旱胁迫下的株高较对照株高降低 15.18cm。方差分析表明，干旱对不同种质资源的株高影响差异达极显著水平（$P<0.01$）。根据株高胁迫指数，干旱对材料 JS2009 - 49、JS2009 - 17、JS2009 - 18 的株高影响较小，其胁迫指数均在 0.8 以上；其他材料的株高胁迫指数均在 0.6～0.8。

表 2 不同处理下大麦株高的比较

库存编号	对照株高（cm）	处理株高（cm）	株高胁迫指数
JS2004 - 21	34.67	24.54	0.7078lL
JS2006 - 21	35.93	26.18	0.7286kK
JS2006 - 23	40.34	25.86	0.6411wW
JS2009 - 1	41.91	25.84	0.6166yY
JS2009 - 2	38.82	25.78	0.6641tT
JS2009 - 9	37.78	29.48	0.7803eE
JS2009 - 12	38.07	27.95	0.7342jJ
JS2009 - 16	37.21	24.25	0.6517vV
JS2009 - 17	33.37	27.44	0.8223bB
JS2009 - 18	32.48	26.08	0.803cC
JS2009 - 25	34.57	23.03	0.6662sS
JS2009 - 26	37.52	23.52	0.6269xX
JS2009 - 28	34.24	23.9	0.698mM
JS2009 - 29	32.52	25.42	0.7817dD
JS2009 - 30	45.02	29.84	0.6628uU
JS2009 - 43	36.63	25.41	0.6937oO
JS2009 - 47	30.81	23.075	0.7489gG
JS2009 - 49	32.08	27.13	0.8457aA
JS2009 - 51	41.83	27.95	0.6682rR
JS2009 - 52	44.64	31.07	0.696nN
JS2009 - 54	37.38	27.67	0.7402hH
JS2009 - 57	38.1	28.82	0.7564fF
JS2009 - 58	39.15	26.91	0.6874qQ
JS2009 - 59	40.25	29.58	0.7349iI

2.2 干旱胁迫对大麦产量的影响

由表 3 可知，干旱胁迫对大麦鲜重和干重有显著影响，不同大麦种质材料受干旱胁迫的影响也不同。其中 JS2006 - 23、JS2009 - 1、JS2009 - 2、JS2009 - 16、JS2009 - 18、JS2009 - 25、JS2009 - 26、JS2009 - 28、JS2009 - 29、JS2009 - 30、JS2009 - 47、JS2009 - 51、JS2009 - 57、JS2009 - 58、JS2009 -

59 等 15 份材料在干旱胁迫下鲜重下降超过 50%，其他材料鲜重受干旱的影响相对较小，其中 JS2009 - 49 的鲜重受干旱胁迫的影响最小，比对照下降 25.4%。干重受干旱胁迫的影响较鲜重较小，不同材料之间差异显著，其中 JS2006 - 23、JS2009 - 1、JS2009 - 16、JS2009 - 47、JS2009 - 51、JS2009 - 54 等 6 份材料的干重较对照下降超过 50%，其余材料的干重降幅在 10%～40%，其中 JS2006 - 21 下降最小，为 10.7%。由地上干物质胁迫指数的方差分析可知，不同材料之间的抗旱性差异达极显著水平（$P<0.01$），其中 JS2006 - 21、JS2009 - 9、JS2009 - 43、JS2009 - 18、JS2009 - 12 等 5 份材料的地上干物质胁迫指数在 0.7 以上，属于抗旱性较强的品种；JS2009 - 1、JS2009 - 16、JS2009 - 51、JS2009 - 54、JS2009 - 47、JS2006 - 23 等 6 份材料地上干物质胁迫指数在 0.3%～0.5%，受干旱胁迫较大；JS2009 - 2、JS2009 - 17 等 13 份材料的抗旱性在供试材料中居中。

表 3　干重、鲜重及地上干物质产量的比较

库存编号	鲜重（g）		干重（g）		地上干物质胁迫指数
	对照	处理	对照	处理	
JS2004 - 21	95.50	49.50	23.50	13.50	0.5745lL
JS2006 - 21	80.00	44.50	14.00	12.50	0.8929aA
JS2006 - 23	130.50	44.50	24.00	11.50	0.4792rR
JS2009 - 1	120.00	40.50	22.50	8.50	0.3778vV
JS2009 - 2	101.00	37.50	20.00	12.50	0.625jJ
JS2009 - 9	89.5	48.5	17.5	15.5	0.8857bB
JS2009 - 12	86.00	47.00	22.00	16.00	0.7273eE
JS2009 - 16	71.00	33.00	17.50	7.50	0.4286uU
JS2009 - 17	78.50	39.50	15.00	10.00	0.6667gG
JS2009 - 18	85.50	35.50	15.50	11.50	0.7419dD
JS2009 - 25	96.00	40.00	18.00	9.50	0.5278qQ
JS2009 - 26	101.50	40.50	17.00	11.00	0.6471iI
JS2009 - 28	86.00	40.00	21.00	12.00	0.5714mM
JS2009 - 29	148.50	45.50	20.00	13.00	0.65hH
JS2009 - 30	100.50	45.50	23.50	13.00	0.5532oO
JS2009 - 43	70.00	41.00	16.00	12.50	0.7813cC
JS2009 - 47	95.50	37.50	23.00	11.00	0.4783sS
JS2009 - 49	101.43	75.71	23.07	13.00	0.5635nN
JS2009 - 51	102.50	38.00	24.50	11.50	0.4694tT
JS2009 - 52	73.50	41.00	16.50	11.50	0.697fF
JS2009 - 54	108.00	54.50	24.50	11.50	0.4694tT
JS2009 - 57	89.50	41.50	24.50	13.00	0.5306pP
JS2009 - 58	103.50	39.00	18.00	12.00	0.6667gG
JS2009 - 59	90.50	29.50	18.00	9.50	0.5278qQ

2.3　干旱胁迫对大麦叶长和叶宽的影响

由表 4 可知，干旱胁迫使大麦的叶长和叶宽较对照显著较低，严重影响植物生长。由叶长胁迫指数的方差分析可知，不同材料受干旱胁迫的影响差异达极显著水平（$P<0.01$），其中 JS2009 - 43、

JS2009－28、JS2006－23 等 3 份材料的叶长受干旱胁迫的影响很小，叶长胁迫指数均在 90%以上；JS2009－1、JS2009－51、JS2009－54、JS2009－29 等 4 份材料受干旱胁迫的影响较大；JS2004－21、JS2006－21 等 17 份材料的叶长胁迫指数在 70%～90%。由叶宽胁迫指数的方差分析可知，24 份材料的抗旱性差异达极显著水平（$P<0.01$），其中 JS2009－49、JS2009－9、JS2004－21 叶宽胁迫指数在 90%以上，说明干旱胁迫对其叶宽影响较小；JS2009－1、JS2009－29、JS2009－51、JS2009－58 这 4 份材料的叶宽胁迫指数在 60%左右，受干旱胁迫的影响较大，其他 17 份材料的抗旱性居中。

表 4 叶长、叶长胁迫指数、叶宽及叶宽胁迫指数

库存编号	叶长（cm）		叶长胁迫指数	叶宽（cm）		叶宽胁迫指数
	对照	处理		对照	处理	
JS2004－21	19.95	16.08	0.806kK	0.77	0.74	0.961cC
JS2006－21	15.73	12.75	0.8104jJ	0.80	0.60	0.8835dD
JS2006－23	16.01	14.96	0.9341cC	0.89	0.74	0.8365gG
JS2009－1	18.89	12.54	0.6638wW	0.85	0.52	0.6118xX
JS2009－2	14.42	12.57	0.8717fF	0.77	0.58	0.7532oO
JS2009－9	19.93	14.7	0.7373sS	0.66	0.65	0.9848bB
JS2009－12	15.55	11.55	0.7428rR	0.66	0.56	0.8485fF
JS2009－16	20.57	16.56	0.8049lL	0.82	0.70	0.8537eE
JS2009－17	23.92	18.13	0.7579pP	0.80	0.61	0.7625nN
JS2009－18	15.93	13.52	0.8679gG	0.88	0.68	0.7702mM
JS2009－25	15.93	11.52	0.7232tT	0.80	0.63	0.7875kK
JS2009－26	16.24	11.51	0.7087uU	0.82	0.68	0.8293hH
JS2009－28	16.50	15.61	0.9461bB	0.83	0.61	0.7349rR
JS2009－29	23.73	16.10	0.6784vV	1.01	0.69	0.6782vV
JS2009－30	17.87	13.47	0.7534qQ	0.89	0.67	0.75
JS2009－43	13.45	13.08	0.9725aA	0.68	0.53	0.7794lL
JS2009－47	18.62	14.90	0.8001mM	0.82	0.59	0.7176sS
JS2009－49	16.81	13.91	0.8275iI	0.67	0.67	1aA
JS2009－51	17.48	11.24	0.643xX	0.88	0.54	0.6136wW
JS2009－52	17.79	14.85	0.8347hH	0.72	0.57	0.7917jJ
JS2009－54	17.06	10.97	0.6428xX	0.72	0.53	0.7361qQ
JS2009－57	16.11	12.70	0.7883oO	0.79	0.63	0.7975iI
JS2009－58	16.87	15.11	0.8956dD	0.94	0.64	0.6839uU
JS2009－59	19.06	15.11	0.7928nN	0.76	0.54	0.7164tT

3 讨论与结论

抗旱性是指作物在干旱胁迫下，其生长发育和产量形成对干旱胁迫的反应能力[7]，株高、鲜重、干重、叶长和叶宽是长势和产量的直接体现，能反映一定的抗旱性。在本试验中，干旱胁迫可显著降低大麦的株高。本试验中虽未测定叶片相对含水量，但鲜重可间接反映植物叶片水分的变化，干旱处理下植株地上部分的鲜重显著下降，其中15份材料的鲜重下降值超过50%。作物对干旱的适应性和抵抗能力最终要体现在产量上，各种生理生化指标和生态物候指标的正确与否最终仍需以作物产量结果为依据判别，本试验以地上干物质胁迫指数作为大麦抗旱性鉴定的主要指标。植物抵御或忍耐干旱胁迫是一个非常复杂的生理过程，受各种抗旱性指标共同制约，且各种抗旱性指标互相影响存在着一定的线性或曲线关系。在本试验中，株高胁迫指数与地上干物质胁迫指数呈现明显的正相关，而与叶长、叶宽胁迫指数相关性不大，需要进一步研究测定。

综合分析，24份大麦材料的抗旱性差异达极显著水平（$P<0.01$），其中抗旱性较强的种质材料有7份，分别是JS2009-29、JS2009-43、JS2009-18、JS2009-17、JS2009-58、JS2009-49、JS2009-29；抗旱性较差的有4份，分别是JS2009-1、JS2009-16、JS2009-51、JS2006-23；JS2004-21、JS2009-59等13份材料的抗旱性居中。

参 考 文 献

[1] 陈晓静，陈和，陈健，等．推进大麦生产的意义及利用价值的探讨[J]．大麦科学，2003（3）：7-9.
[2] 谢志新，丁守仁．大麦品质育种研究与进展（1）[J]．大麦科学，1996（46）：1-6.
[3] 杨巧珍．大麦的特性及其利用[J]．农产品加工，2012，6：30.
[4] 安尼瓦尔·赛买提，哈力胡麻力·阿依夏木·依不拉音．大麦的饲用[J]．新疆畜牧业，2012，4：56-57.
[5] 陆一鸣，李彦舫，曹明富，等．短芒大麦耐盐碱新品系的生理生化和分子生物学分析[J]．中国农业科学，2002，35（3）：282-286.
[6] 刘志敏，金能，吕超，等．大麦种质资源的SSR遗传多样性分析[J]．麦类作物学报，2011，31（5）：839-846.
[7] 金善宝．中国小麦学[M]．北京：中国农业出版社，1996：754-758.

8份大麦资源苗期抗旱性研究

张文洁　程云辉　董臣飞　许能祥

（江苏省农业科学院畜牧研究所）

摘要：以8份引自国外的大麦（*Hordeum vulgare* L.）种质材料为试验材料，在苗期进行干旱处理后，比较和分析其绝对株高、株高胁迫指数、鲜重、干重、鲜重胁迫指数、地上干物质胁迫指数、叶长、叶长胁迫指数、叶宽、叶宽胁迫指数等形态和生理指标。结果表明：8份大麦材料的抗旱性差异达极显著水平（$P<0.01$），其中抗旱性较强的材料有2个，分别是JS2009-4、JS2009-62；其次是JS2009-10、JS2009-18、JS2009-19、JS2009-56这4份材料；JS2009-6、JS2009-40这2份材料的抗旱性最差。

关键词：大麦；抗旱性；苗期

干旱始终是困扰着农业发展的一个重要难题。相关部门统计数据显示，“十五”期间，我国农田受旱面积年均达2 567万hm^2，每年因旱灾造成的粮食减产持续上升，平均每年带来的经济损失超过2 300亿元[1]。大麦（*Hordeum vulgare* L.）不但是重要的粮食、酿酒和饲料作物，也是遗传学和生理学研究的重要模式植物[2]。但是干旱严重影响了大麦的种植，成为制约大麦增产的最主要的非生物因素之一，因此大麦抗旱研究具有重要意义[3]。本研究对引自国外的8份大麦种质资源材料在自然干旱胁迫下进行抗旱试验，通过测定种质资源在苗期的株高、叶长、叶宽、鲜重、干重等指标，来综合评价8份材料的抗旱性，以便选出抗旱性较强的种质资源。

1　材料和方法

1.1　试验地点

试验在江苏省农业科学院塑料大棚里进行，各项指标测定在江苏省农业科学院畜牧研究所实验室进行。

1.2　试验材料

参试大麦种质材料共 8 份（表 1）全部来源于江苏省农业科学院畜牧研究所。

表 1　试验材料及来源

编号	中文名	拉丁名	引进地区
JS2009 - 4	大麦	*Hordeum vulgare* L.	加拿大
JS2009 - 6	大麦	*Hordeum vulgare* L.	加拿大
JS2009 - 10	大麦	*Hordeum vulgare* L.	加拿大
JS2009 - 18	大麦	*Hordeum vulgare* L.	加拿大
JS2009 - 19	大麦	*Hordeum vulgare* L.	加拿大
JS2009 - 40	大麦	*Hordeum vulgare* L.	加拿大
JS2009 - 56	大麦	*Hordeum vulgare* L.	加拿大
JS2009 - 62	大麦	*Hordeum vulgare* L.	澳大利亚

1.3　试验方法

选用大田土壤，过筛，去掉石块、杂质，用无孔塑料花盆，每盆装土 12.5kg（干土），然后用喷头浇透水，均匀地将种子撒在盆中，再用浅土覆盖，置于塑料大棚内。2015 年 3 月 6 日播种，出苗后间苗，3 片真叶定苗，每盆留苗 30 株，3 次重复。待长到 6 片真叶时进行干旱处理，对照组正常浇水，干旱组停止浇水，当有一半幼苗萎蔫时开始测定幼苗的各项生理指标。

1.4　测定指标

（1）株高　每盆取 10 株，测定植株的绝对高度（cm），以下对照及处理各重复测定 3 次。

（2）地上生物量　收集每盆植株的地上部分，洗净、放入纸袋、80℃恒温下烘至恒重后称重（g）。

（3）叶长、叶宽　用直尺测量叶片长度、叶片最大宽度（每盆 10 株），取其平均值。

（4）各指标胁迫指数的计算　胁迫指数＝干旱胁迫植株的测量值/对照植株的测量值。

1.5　数据处理

利用 SAS 统计软件进行数据方差分析，Excel 制作相关图表。

2　结果与分析

2.1　干旱胁迫对大麦种质材料株高的影响

由表 2 可知，干旱胁迫下 8 份大麦种质材料的株高较对照有明显的降低，不同种质材料株高降低的幅度变化不一，其中 JS2009 - 56 处理株高比对照降低 9.06cm。方差分析表明，干旱对不同种质资源的株高影响差异达显著（$P<0.05$）和极显著水平（$P<0.01$）。根据株高胁迫指数，干旱对 JS2009 - 56

的影响最大，株高胁迫指数为 0.769 9；其次是 JS2009－6，株高胁迫指数为 0.809 8；其他 6 个材料受干旱胁迫的影响相对较小。

表 2　不同处理下的株高比较

编号	对照株高	处理株高	株高胁迫指数
JS2009－4	35.7	34.18	0.9574bB
JS2009－6	46.8	37.9	0.8098eE
JS2009－10	28.74	28.7	0.9986aA
JS2009－18	31.48	31.48	1.0000aA
JS2009－19	36.3	32.6	0.8981dD
JS2009－40	35.54	32.28	0.9083dD
JS2009－56	39.38	30.32	0.7699fF
JS2009－62	47.62	44.7	0.9387cC

2.2　干旱胁迫对大麦种质材料产量的影响

由表 3 可知，干旱胁迫对大麦的鲜重和干重均有极显著影响（$P<0.01$），不同大麦材料受干旱胁迫的影响也不同。其中 JS2009－6、JS2009－10、JS2009－18 这 3 份材料受干旱胁迫的影响最大，鲜重下降均超过 60％；JS2009－19、JS2009－62 这 2 份材料的鲜重受干旱胁迫的影响最小，鲜重下降均低于 50％。通过对地上干物质胁迫指数的方差分析表明，JS2009－6、JS2009－40 受干旱胁迫的影响最大，其次是 JS2009－10、JS2009－18，受干旱胁迫影响最小的是 JS2009－4、JS2009－19、JS2009－56、JS2009－62。

表 3　干重、鲜重及地上干物质产量的比较

编号	鲜重（g）		鲜重胁迫指数	干重（g）		地上干物质胁迫指数
	对照	处理		对照	处理	
JS2009－4	63.57	29.27	0.4604cC	11.57	9.26	0.8003aA
JS2009－6	156.95	34.86	0.2221hH	20.24	10.16	0.5020gG
JS2009－10	111.75	36.48	0.3264gG	17.96	11.55	0.6431eE
JS2009－18	89.28	32.55	0.3646fF	15.68	10.18	0.6492eE
JS2009－19	73.96	46.69	0.6313aA	14.29	11.27	0.7887bB
JS2009－40	92.6	35.93	0.3880eE	17.49	10.1	0.5775fF
JS2009－56	90.1	41.05	0.4556dD	16.85	11.93	0.7080dD
JS2009－62	92.34	46.69	0.5056bB	16.72	12.75	0.7626cC

2.3　干旱胁迫对大麦种质材料叶长和叶宽的影响

由表 4 可知干旱胁迫使大麦的叶长和叶宽较对照显著降低，严重影响植物生长。由叶长胁迫指数的方差分析可知，不同的材料受干旱胁迫的影响差异达极显著水平（$P<0.01$）。干旱胁迫对叶宽的影响较叶长明显，其中 JS2009－6 的叶宽胁迫指数最低，受干旱胁迫的影响最大，其次是 JS2009－56、JS2009－18、JS2009－40 这 3 份材料，其他 4 份材料受干旱胁迫的影响最小。

表 4　叶长、叶长胁迫指数、叶宽及叶宽胁迫指数

编号	叶长（cm）		叶长胁迫指数	叶宽（cm）		叶宽胁迫指数
	对照	处理		对照	处理	
JS2009 - 4	23.62	20.03	0.8480gG	0.89	0.70	0.7875dD
JS2009 - 6	28.53	25.81	0.9047dD	1.11	0.63	0.5700hH
JS2009 - 10	17.59	17.48	0.9937aA	0.97	0.81	0.8391bB
JS2009 - 18	20.38	20.07	0.9849bB	0.90	0.67	0.7460fF
JS2009 - 19	24.64	21.29	0.8640eE	0.98	0.80	0.8182cC
JS2009 - 40	20.48	19.29	0.9419cC	0.83	0.63	0.7600eE
JS2009 - 56	22.08	17.32	0.7844hH	0.97	0.69	0.7126gG
JS2009 - 62	21.33	18.36	0.8608fF	0.77	0.70	0.9130aA

3　讨论与结论

作物抗旱能力的大小是由作物在漫长的进化过程中以多种方式来抵抗和适应干旱而形成的多种抗旱机制来决定的[4]。作物的形态指标是反映作物水分状况的最直接表现，不同水分条件地区的作物形态也因此不同[5]。在本试验中，干旱胁迫使大麦的株高、鲜重、干重、叶长、叶宽等显著降低。

综合分析，8 份大麦材料的抗旱性差异达极显著水平（$P<0.01$），其中抗旱性较强的材料有 2 个，分别是 JS2009 - 4、JS2009 - 62，其次是 JS2009 - 10、JS2009 - 18、JS2009 - 19、JS2009 - 56 这 4 份材料，JS2009 - 6、JS2009 - 40 这 2 份材料的抗旱性最差。

参　考　文　献

[1] 陈雪．干旱胁迫对不同大麦生长发育、产量和品质的影响［D］．杭州：浙江大学，2015：1 - 8.

[2] 孟凡磊，赵亚斌，强小林，等．不同地区大麦品种农艺性状比较与西藏青稞品种改良［J］．麦类作物学报，2006，26（5），175 - 178.

[3] 张海禄，齐军仓，聂石辉．干旱胁迫对大麦农艺性状的影响［J］．大麦与谷类科学，2013，1：1 - 5.

[4] 任永波，吴中军，段拥军．作物抗旱研究方法与抗旱性鉴定指标［J］．西昌农业高等专科学校学报，2001，15（1）：1 - 5，13.

[5] 蒋花．大麦生长初期的抗旱生理特性研究［D］．杨凌：西北农林科技大学，2012：2 - 11.

34 份狼尾草种质材料抗旱性鉴定报告

张鹤山　刘　洋　田　宏　熊军波

（湖北省农业科学院畜牧兽医研究所）

摘要：以野外收集的 34 份狼尾草种质材料为对象，利用 PEG - 6000 模拟干旱胁迫（浓度分别为 5%、10%、15%和 20%）开展狼尾草芽期抗旱研究，通过对发芽率、发芽指数、胚根长度和胚芽长度指标的测定和分析，采用权重分配法对其抗旱性进行综合评价鉴定。结果表明，干旱胁迫显著降低了狼尾草种质材料的发芽率和发芽指数，抑制了胚根和胚芽的生长；所

有材料抗旱性可分为 3 个等级，其中强抗旱性的有 6 份材料，中等抗旱的有 25 份材料，抗旱性较差的有 3 份材料。

随着世界人口的增长和社会经济的快速发展，世界干旱和半干旱地区面积占到了地球陆地面积的 1/3，在我国则占到国土面积的 52.5%。从长远战略角度看，节水事业任重道远，而研究植物抗旱性、筛选和培育抗旱品种势在必行。

狼尾草［*Pennisetum alopecuroides*（L.）Spreng.］作为狼尾草家族中最具代表性的观赏型和生态型草种，在公园、小区、高尔夫球场或边坡防护中均可看到其身影。该种野生资源主要分布于全世界热带、亚热带地区，在中国自东北、华北至华东、华中及西南各省均有分布，多生长于海拔 50～3 200m 的田岸、荒地、道旁及小山坡上。早在 20 世纪 80 年代初狼尾草就被证实具有株形优美、花序美丽、抗逆性强、管理粗放、维护费用低等优点，尤其在水资源短缺地区是建造耐旱园林不可缺少的植物种类，但目前关于其抗旱性研究相对较少，因此，本研究采用不同浓度的聚乙二醇（PEG - 6000）溶液对采集自不同地区的狼尾草种质资源进行萌芽期的抗旱性研究，旨在为狼尾草优异抗旱种质材料的筛选提供理论依据。

1　试验材料与方法

1.1　试验材料

试验所用的 34 份狼尾草材料收集于湖北、江西、河南、安徽以及四川等地，均为野生资源。试验对象为湖北省农业科学院畜牧兽医研究所资源圃于 2012 年 11 月收集的狼尾草种子。

1.2　试验方法

选饱满、整齐一致的狼尾草种子作为发芽材料。种子用 75%的酒精消毒 10s，然后用 1%次氯酸钠溶液消毒 3～5min，再用蒸馏水冲洗多次，吸干种子表面水分，铺滤纸两张加等量 5mL 不同浓度 PEG - 6000 溶液于培养皿中，每皿 50 粒，3 次重复。根据预试验结果，本试验设 4 个水势梯度：−0.1MPa（5%）、−0.2MPa（10%）、−0.388MPa（15%）、−0.587MPa（20%），以蒸馏水为对照，将狼尾草种子放入 25℃培养箱中观察发芽情况，发芽标准为胚芽长度达种子一半、胚根长度与种子等长。每天向滤纸加等量不同浓度的 PEG - 6000 溶液 2mL，以保持水势恒定。每天记录发芽数，直至连续 4d 不再发芽为试验末期。在第 6d 和第 13d 随机取 10 株正常生长的幼苗，用直尺分别测定胚芽长和胚根长。

1.3　测定指标

$$发芽率=供试种子发芽数/供试种子数\times100\%$$

$$GI=\sum Gt/Dt$$

式中：GI——发芽指数；

Gt——t 日的发芽数；

Dt——发芽天数。

胚芽长度：随机取 20 个正常生长的幼苗，用直尺分别测幼苗长度（cm），取平均值作为胚芽长度。

胚根长度：随机取 20 个正常生长的幼苗，用直尺分别测幼苗的胚根长度（cm），取平均值作为胚根长度。

相对值：每一指标的盐处理测定值与对照处理的测定值的比值。

$$某一指标相对值=\frac{某一指标盐处理测定值}{某一指标对照测定值}\times100\%$$

2　结果与分析

2.1　不同渗透胁迫处理对种子萌发特性的影响

由表 1 可知，通过设置不同浓度渗透液模拟不同水分胁迫状态，来自不同地区的狼尾草种质资源对水分胁迫的忍耐程度有着较大差异。如在 5%的 PEG - 6000 浓度处理下，编号为 5、9、8、10 的材料发芽率较好，达 78%及以上；而编号为 13、23、26、30 的材料发芽率较低，不足 35%。在 5%的 PEG - 6000 浓度处理下，发芽指数方面各材料间也存在差异，如编号为 5、6、14、28 的狼尾草材料发芽指数较高，而 23、25、26 等材料发芽指数较低，最高和最低的材料发芽指数比达 5.25。

从不同 PEG - 6000 梯度看，随着 PEG - 6000 浓度的升高，大部分材料发芽率和发芽指数显著降低，但有部分材料在低浓度处理下发芽率反而有所提高，如编号为 4、7、11、16 等狼尾草材料。

由此看出，狼尾草种质材料受干旱胁迫明显，且不同材料对干旱胁迫的耐受力有所差异，这为抗旱能力强的狼尾草材料的筛选提供了可能。

表 1　不同 PEG - 6000 浓度处理下狼尾草发芽率及发芽指数

材料编号	发芽率（%）					发芽指数				
	CK	5%	10%	15%	20%	CK	5%	10%	15%	20%
1	50.0	58.7	51.3	30.7	4.0	63.9	67.3	52.2	32.8	2.8
2	53.3	55.3	50.7	39.3	5.3	72.4	67.3	45.5	30.9	2.6
3	73.3	64.0	70.0	68.0	10.7	113.5	94.0	96.5	75.9	7.5
4	32.0	44.7	46.7	11.3	0.0	38.9	79.6	52.9	15.0	0.0
5	64.7	80.7	53.3	61.3	0.0	112.0	132.4	104.7	70.7	1.6
6	68.7	77.3	54.0	44.7	7.3	106.0	116.7	59.4	50.0	4.3
7	60.0	68.0	68.7	66.7	16.7	91.1	104.0	100.3	68.4	9.3
8	66.7	78.0	52.7	33.3	0.0	90.9	93.6	66.4	27.1	0.0
9	75.3	79.3	50.0	21.3	0.0	88.2	88.3	76.5	29.0	0.0
10	71.3	78.0	28.0	26.0	0.0	96.9	101.3	41.5	19.1	0.0
11	63.3	73.3	68.0	56.0	9.3	92.1	101.1	78.7	46.0	2.5
12	53.3	64.0	53.3	21.3	0.0	76.4	76.2	77.5	21.0	0.0
13	33.3	33.3	42.0	19.3	4.7	45.9	43.5	48.1	17.5	3.4
14	70.7	73.3	70.7	47.3	4.0	110.8	110.6	93.9	54.8	2.4
15	52.0	64.7	65.3	49.3	12.7	71.2	89.2	77.6	40.0	7.1
16	56.0	58.0	62.0	20.0	0.7	68.6	77.6	65.7	12.4	0.3
17	40.0	46.7	41.3	11.3	0.0	44.5	56.3	40.4	11.8	0.0
18	47.3	60.0	63.3	39.3	4.0	78.6	94.6	90.9	64.1	4.1
19	50.7	46.7	32.0	16.7	0.0	49.5	49.1	31.4	17.3	0.0
20	61.3	50.0	48.7	34.0	2.0	33.4	69.4	49.9	41.2	1.1
21	63.3	64.7	58.7	48.0	2.0	86.5	89.9	67.0	46.0	0.9
22	65.3	72.0	76.7	48.0	0.0	93.2	98.1	86.0	45.8	0.0
23	26.7	26.7	30.0	26.7	0.7	34.9	36.7	46.3	39.9	0.8
24	40.0	41.3	55.3	52.7	16.7	66.7	65.1	76.7	62.7	14.5
25	40.0	43.3	22.0	14.7	0.0	33.9	35.5	14.5	11.1	0.0

（续）

材料编号	发芽率（%）					发芽指数				
	CK	5%	10%	15%	20%	CK	5%	10%	15%	20%
26	16.0	18.0	29.3	20.0	2.0	25.2	25.2	39.4	21.0	1.8
27	43.3	55.3	54.7	42.7	0.0	71.2	88.3	79.0	49.0	0.0
28	54.7	69.3	53.3	38.0	4.7	97.2	115.1	71.6	60.8	4.0
29	49.3	56.0	60.7	53.3	0.0	78.1	87.6	84.5	59.6	0.0
30	48.7	34.0	50.0	30.0	0.7	72.5	74.1	67.0	9.4	0.7
31	73.3	74.7	70.7	42.0	5.3	117.4	109.4	89.7	50.4	7.0
32	46.0	54.0	54.7	38.0	2.0	74.2	85.3	71.2	41.8	1.1
33	67.3	62.0	63.3	44.7	1.3	94.7	78.8	71.2	32.1	0.5
34	61.3	70.7	64.7	36.0	1.3	94.4	103.8	89.7	39.1	0.3

2.2 不同渗透胁迫处理对幼苗生长的影响

由表 2 可以看出，干旱胁迫对狼尾草幼苗生长具有明显的抑制作用，在 20% PEG - 6000 浓度时，胚根、胚芽几乎不能生出，并且这种抑制作用随着 PEG - 6000 浓度的增加而增强。正如 PEG - 6000 处理对狼尾草发芽率影响一样，不同材料的胚根和胚芽受 PEG - 6000 的影响程度亦有所不同，反映了狼尾草种质材料对干旱胁迫的不同耐受性。

表 2 不同 PEG - 6000 浓度处理下狼尾草胚根及胚芽长度

材料编号	胚根长度（mm）					胚芽长度（mm）				
	CK	5%	10%	15%	20%	CK	5%	10%	15%	20%
1	14.4	18.6	13.7	8.1	6.0	23.8	26.3	22.1	8.4	3.0
2	36.6	25.8	19.6	8.0	3.0	21.2	19.3	11.2	4.7	2.1
3	27.3	25.6	20.6	12.7	6.0	20.2	23.3	18.1	9.7	5.0
4	45.0	38.0	23.0	4.0	3.0	24.0	22.0	15.0	12.0	5.0
5	31.8	29.8	24.5	12.4	5.0	31.9	30.6	22.9	8.3	2.0
6	24.0	20.7	13.0	7.8	7.0	25.0	26.2	11.9	5.5	5.0
7	35.1	31.7	25.7	15.9	3.0	24.6	24.7	21.8	8.1	2.0
8	33.0	25.0	22.0	12.0	4.0	28.7	21.0	19.0	9.0	3.2
9	34.2	26.5	21.8	9.3	7.0	27.7	26.4	20.3	5.8	2.0
10	23.0	19.0	17.0	2.0	0.0	18.0	14.0	11.0	5.0	1.4
11	30.2	24.1	20.9	9.9	4.6	27.7	23.4	18.9	7.7	2.2
12	24.0	22.0	16.0	5.0	1.0	25.4	22.0	17.0	12.0	3.0
13	18.6	17.8	13.8	4.3	4.0	18.9	17.6	13.7	3.7	1.1
14	27.9	23.6	21.9	9.8	2.0	27.5	25.2	20.2	7.1	2.0
15	25.8	21.9	18.3	9.3	5.0	23.2	23.4	22.3	7.3	5.0
16	27.4	22.9	20.7	3.0	1.1	22.6	18.1	17.6	8.6	2.4
17	20.0	23.6	12.5	11.0	2.1	14.9	21.4	10.3	5.5	1.8
18	33.8	31.1	27.3	20.9	7.2	33.9	28.8	23.5	13.8	2.0
19	34.0	26.0	22.0	12.0	5.0	35.0	26.0	22.2	18.0	4.0

（续）

材料编号	胚根长度（mm）					胚芽长度（mm）				
	CK	5%	10%	15%	20%	CK	5%	10%	15%	20%
20	26.2	21.8	17.5	6.9	2.0	19.3	24.7	16.7	6.0	2.0
21	36.6	28.9	19.9	10.3	3.0	27.3	29.3	18.2	7.2	1.4
22	21.0	16.0	11.0	5.0	1.0	33.0	25.6	18.1	9.0	2.8
23	22.6	20.4	15.0	8.7	5.0	15.1	14.8	11.2	6.4	2.0
24	18.4	19.8	16.2	12.3	3.4	23.3	32.2	15.6	10.7	2.9
25	13.5	11.6	4.3	3.5	0.0	13.7	10.1	3.7	3.2	0.0
26	31.1	25.0	20.0	10.2	2.8	25.3	19.0	20.7	6.8	2.0
27	24.9	22.9	17.1	7.9	2.2	22.1	23.1	15.6	6.3	2.0
28	25.4	29.2	16.6	9.7	3.0	23.4	27.7	15.2	7.6	2.0
29	30.7	29.8	25.4	13.9	5.9	23.1	23.2	21.8	7.8	1.6
30	25.9	27.2	23.2	10.7	2.0	21.7	19.6	15.6	4.1	2.0
31	26.2	22.4	21.7	11.2	6.0	31.4	26.1	22.8	7.1	3.0
32	29.8	30.9	21.8	12.7	8.0	24.2	24.3	14.1	8.1	3.4
33	23.4	16.3	12.8	3.3	1.2	26.8	19.7	14.7	2.8	0.0
34	31.9	26.6	22.4	5.0	2.0	25.7	25.3	20.8	11.2	2.7

2.3　芽期抗旱性综合评价

根据试验结果，本研究采用10% PEG-6000浓度下的狼尾草指标作为评价各材料间抗旱性强弱的依据。为了消除各材料本身所带来的误差，本试验用每一指标在10% PEG-6000浓度下所有狼尾草种质材料的相对发芽率、相对发芽指数、相对胚根长度、相对胚芽长度进行综合评价。

抗旱性是一个复杂的性状，鉴定一个材料的抗旱性应采用若干性状的综合评价，但对各个指标不可同等而论，需根据各指标和抗旱性的密切程度进行权重分配。本研究采用5级指标法，即对所有测定指标进行标准化，消除因不同单位所带来的差异，其换算公式如下：

$$\lambda = \frac{X_{j\max} - X_{j\min}}{5} \tag{1}$$

$$Z_{ij} = \frac{X_{ij} - X_{j\min}}{\lambda} \tag{2}$$

式中：$X_{j\max}$——第 j 个指标测定的最大值；

$X_{j\min}$——第 j 个指标测定的最小值；

X_{ij}——第 i 份材料第 j 项指标测定的实测值；

λ——得分极差（每得1分之差）；

Z_{ij}——第 i 份材料第 j 项指标的级别值。

根据各指标的变异系数确定各指标参与综合评价的权重系数。其计算公式为：

$$W_j = \frac{\delta_j}{\sum_{j=1}^{n} \delta_j} \tag{3}$$

$$V_i = \sum Z_{ij} \times W_j \quad (i=1,\ 2\cdots40;\ j=1,\ 2\cdots4) \tag{4}$$

式中：W_j——第 j 项指标的权重系数；

δ_j——第 j 项指标的变异系数；

V_i——每份材料的综合评价值。

利用公式（4）得出各材料抗旱性强弱综合评价值（表3）。本研究评价依据如下：综合得分在4.5～6.0为强抗旱性，2.5～4.5为中等抗旱性，低于2.5分为弱抗旱性。结果表明，34份狼尾草材料中抗旱性强的有6份，属于抗旱性弱的有3份，其余材料抗旱性中等。

表3　狼尾草抗旱性综合评价

材料编号	综合得分	抗性评价	材料编号	综合得分	抗性评价
1	4.45	中	18	4.69	强
2	2.76	中	19	2.72	中
3	4.01	中	20	4.48	中
4	4.49	中	21	3.15	中
5	3.71	中	22	3.44	中
6	2.38	弱	23	4.47	中
7	4.54	强	24	4.82	强
8	3.12	中	25	1.20	弱
9	3.21	中	26	5.77	强
10	2.26	弱	27	4.33	中
11	3.73	中	28	3.33	中
12	3.78	中	29	4.88	强
13	4.38	中	30	4.17	中
14	3.87	中	31	3.78	中
15	4.75	强	32	3.92	中
16	4.17	中	33	2.96	中
17	3.65	中	34	4.06	中

3　结论

（1）干旱胁迫对狼尾草种质材料的发芽率、发芽指数、胚根长度及胚芽长度具有明显的抑制作用，处理降低了材料的发芽率和发芽指数，对胚根长度和胚芽长度也有显著的抑制作用。

（2）根据综合评价结果，所有材料中抗旱性较好的材料编号为7、15、18、24、26、29，而编号为6、10、25的材料抗旱性较差。

20份臂形草属种质材料抗旱生理适应性研究

严琳玲　张　龙　白昌军

（中国热带农业科学院热带作物品种资源研究所）

摘要： 以20份臂形草属种质材料为供试材料，采用连续干旱的试验方法，结合大棚盆栽试验与室内分析，研究了干旱胁迫下20份臂形草的生理适应性，并对20份臂形草的抗旱适应性进行了初步的综合评价。主要研究结果如下：在干旱胁迫下，臂形草的细胞质膜透性和质膜过氧化程度随着干旱时间的增加而增加，但增加的程度不同；脯氨酸含量显著升高，且脯氨酸在胁迫峰值时的含量越高，抗旱能力越强；叶绿素的含量不断降低，不同品种臂形草间下降的程度没有显著差异；叶片的相对含水量随着干旱胁迫的加重而降低，不同抗性品种间差异显著，且叶片含水量与土壤含水量呈显著正相关。进行综合评价和聚类分析，得出 CIAT6095 刚果臂形草、CIAT26556 珊状臂形草、网脉臂形草、热研 6 号珊状臂形草、CIAT16835 珊状臂形草属于强抗旱性品种。

关键词：臂形草；抗旱；生理适应性

臂形草［*Brachiaria eruciformis* (J. E. Smith) Griseb.］，又名旗草，是热带亚热带地区广为种植的一类重要牧草。臂形草作为重要的热带牧草，不仅具有禾本科牧草分蘖能力强、产量高、营养价值丰富、适口性好、容易调制和保存、耐践踏和再生能力强的特点，还具有耐放牧、耐火烧、抗性强等特点，非常适于建植高产、优质、持久的放牧型人工草地，另外该属植物保持水土和防风固沙的能力也很强，是世界热带、亚热带地区优良的放牧型牧草和水土保持植物。唐军等[1,2]的研究指出，臂形草粗蛋白质含量最高可达 12.25%，年产草量可达 41 120kg/hm^2，对于缓解过度放牧的压力具有重要意义。奎嘉祥等[3]的研究表明，臂形草混播在保持草场、提高牧草产量、抑制其他草种入侵方面也具有重要作用。

伴随全球变暖，全球干旱发生频率日益增高，发生范围不断扩大，持续时间不断延长，严重程度不断加重，人类所面临的粮食危机也日益严峻。干旱是影响世界农业生产的主要自然灾害[4]，因此，加快选育具有高抗旱能力的作物品种，不仅能够有效防止恶劣气候对作物的伤害，还能最大限度防止作物减产，对于维持粮食安全具有重要意义。而臂形草作为重要的热带亚热带牧草，本身已经具有较强的抗旱能力，进一步研究其抗旱性生理，对于弄清其抗旱机理和选育优良品种提高牧草产量都具有十分重要的意义。

1 试验材料与方法

1.1 试验材料

所有种质材料来源于中国热带农业科学院品种资源作物研究所牧草中心（TPRC）种质圃，有国外引进种质材料及 TPRC 育成品种，共 20 份种质材料（表 1）。

表 1 供试臂形草种质材料来源

编号	种质材料名称	品种（种质）名	来源地	来源时间
1	Basilisk 俯仰臂形草	*B. decumbens* ‘basilisk’	CIAT	1998 年
2	CIAT16318 珊状臂形草	*B. brizantha* ‘Stapf CITA 16318’	澳大利亚国际热带农业中心（ACIAR）引入	1998 年
3	CIAT26556 珊状臂形草	*B. brizantha* ‘Stapf CIAT26556’	ACIAR	1998 年
4	CIAT16835 珊状臂形草	*B. brizantha* ‘Stapf CIAT16835’	哥伦比亚国际热带农业中心（CIAT）引入	1998 年
5	FSP1 珊状臂形草	*B. brizantha* ‘FSP1’	CIAT	1998 年
6	CIAT6780 珊状臂形草	*B. brizantha* ‘CIAT6780’	CIAT	1998 年
7	CIAT6095 刚果臂形草	*B. ruziziensis* ‘CIAT6095’	ACIAR	2010 年
8	Molato 杂交臂形草	*B. hybrid* ‘mulato Ⅰ’	CIAT	1998 年

（续）

编号	种质材料名称	品种（种质）名	来源地	来源时间
9	CIAT 360601 泰国杂交旗草	*B. hybrid* ‘CIAT 360601’	CIAT	1998 年
10	Molato2 杂交臂形草	*B. hybrid* ‘mulato Ⅱ’	CIAT	1998 年
11	Abundance 珊状臂形草	*B. brizantha* ‘Abundance’	ACIAR	1982 年
12	巴拉草	*B. mutica*	CIAT	1964 年
13	Humidicola 湿生臂形草	*B. humidicola*	ACIAR	1984 年
14	Thailand 刚果臂形草	*B. ruziziensis* ‘Humidicola Thailand’	ACIAR	2010 年
15	热研 3 号 俯仰臂形草	*B. decumbens* ‘Reyan No. 3’	TPRC 育成品种	1991 年
16	网脉臂形草	*B. dictyoneura* ‘CIAT1366’	CIAT	1982 年
17	CIAT1633 湿生臂形草	*B. humidicola* ‘CIAT1633’	CIAT	1998 年
18	Mekong 珊状臂形草	*B. brizantha* ‘mekong’	ACIAR	2003 年
19	Signal 俯仰臂形草	*B. decumbens* ‘Signal’	ACIAR	1984 年
20	热研 6 号 珊状臂形草	*B. brizantha* ‘Reyan No. 6’	TPRC 育成品种	2000 年

1.2 试验方法

试验于 2013 年 3 月在中国热带农业科学院热带作物品种资源研究所牧草中心温室中进行，室内平均最高温度（31.8±3）℃，平均最低温度（21.0±3）℃，平均相对湿度（60±5）%，采用模拟苗期干旱胁迫-复水法，并在花盆（内口径 21cm，高 25cm）中装入 5.5kg 的表土。每个材料 4 盆，所有材料采用无性繁殖，每盆 10 株苗，待苗生长到 30cm 时，将每种材料分为干旱（3 盆）和对照（CK）（1 盆）两组，CK 组正常浇水，干旱组设停水 5d、10d、15d 胁迫处理和第 15d 后的复水处理（Re - watering，简称 RW）。干旱胁迫开始后每 5d 选从上向下取第 3 片功能叶，分别测定土壤含水率、相对电导率（Relative electrical conductivity rate，简称 REC）、游离脯氨酸含量（Free proline contents，简称 Pro）、丙二醛含量（Malondialdehyde，简称 MDA）、叶绿素 SPAD 值及叶片相对含水量（Relative water contents of leaves，简称 RWC），3 次重复，计算其平均值，并测定 CK 和复水处理的相应数据。

1.3 指标测定方法

相对含水量（RWC）的测定：选取鲜叶 1 片，称其鲜重（$W_{鲜}$）。然后，在蒸馏水中浸泡叶片至饱和，测定其恒定时质量，称饱和鲜重（$W_{饱}$）。最后，将叶片在 110℃烘干至恒重，称其干重（$W_{干}$）。计算相对含水量，公式如下：

$$相对含水量=\frac{W_{鲜}-W_{干}}{W_{饱}-W_{干}}\times100\%$$

相对电导率（REC）的测定：选取的叶片先用蒸馏水冲洗 2 次，并用洁净滤纸吸干。用打孔器避开主脉打取叶片，称 0.5g，投放到规格为 100mL 的小烧杯中，加入 20mL 蒸馏水以使叶片充分浸泡，5h 后用玻璃棒将浸泡液搅匀，在室温下用 DDS - 307 型电导仪测定浸泡液电导率，称为处理电导率。然后将小烧杯放入水浴锅中煮沸 15min，冷却后，用玻璃棒将溶液搅拌均匀，在相同温度下再次测定溶液电导率，称为煮沸电导率。并测定相同温度下，蒸馏水的电导率，成为空白电导率。

相对电导率的计算公式如下：

$$相对电导率=\frac{处理电导率-空白电导率}{煮沸电导率-空白电导率}\times100\%$$

游离脯氨酸含量（Pro）的测定：称取鲜叶片 0.5g，置于离心管中，加入 5mL 3%磺基水杨酸溶液，加盖，沸水浴 10min（提取过程中常摇动）。冷却至室温后 3 000r/min 离心 10min，取上清液 2mL 于另一具塞试管中，并各加 2mL 冰醋酸及 2mL 酸性茚三酮试剂，加盖，沸水浴热 60min，溶液即成红色。取出冷却后加入 4mL 甲苯，振荡混匀后，静置使之分层，用移液枪小心吸取上层红色的甲苯溶液至比色杯中，在 520nm 波长下比色，测定吸光度。用标准脯氨酸代替上清液制作标准曲线，并用标准曲线查出样品中脯氨酸含量。

脯氨酸含量用 μg/g 表示，计算公式如下：

$$Pro=\frac{C\times V}{W\times a}$$

式中：Pro——脯氨酸含量（μg/g）；

C——提取液中脯氨酸的浓度（μg），由标准曲线求得；

V——提取液总体积（mL）；

a——测定时所用体积（mL）；

W——样品鲜重（g）。

丙二醛（MDA）含量的测定：称取鲜叶片 0.3g，加入 10%三氯乙酸（TCA）10mL 和少量石英砂研磨后至匀浆，在 4 000r/min 离心 10min。取上清液 2mL，加入 2mL 0.67%硫代巴比妥酸溶液（TBA，用 10%TCA 配制），混合后沸水浴 15min，迅速冷却后再离心。分别测定上清液在 450、532、600nm 波长下的吸光度，并按照下列公式计算出 MDA 浓度，最后再计算单位鲜重组织中的 MDA 含量。计算公式如下：

$$MDA=\frac{C\times V}{W}$$

式中：MDA——丙二醛含量（μmol/g）；

C——提取液中丙二醛浓度（μmol/L），$C=6.45\times(D_{532}-D_{600})-0.56\times D_{450}$；

V——提取液体积（mL）；

W——样品重（g）。

叶绿素含量（Chl）的测定：称取鲜叶片 0.1g，剪碎后混匀，投入装有 10mL 95%乙醇浸提液的具塞试管中，置于黑暗条件下，浸提直至叶片变白。在波长 652nm 下测定其吸光值。根据以下公式计算：

$$Chl=\frac{D_{652}\times V}{34.5\times M}$$

式中：Chl——叶绿素总含量（μg/g）；

D_{652}——652nm 波长下的吸光度；

V——提取液总量（mL）；

M——鲜叶片质量（g）。

土壤含水率测定方法：采用 TR-TRHDP-1 型温湿度传感器，直接测定不同阶段土壤中的水分含量。

1.4 数据处理

数据统计分析和作图由 SAS 9.0 和 Excel 软件完成。

2 结果与分析

2.1 不同臂形草属种质材料的抗旱性评价

通过对 20 份臂形草属种质材料干旱胁迫 15d 时苗期叶片 RWC、REC、MDA、Pro、叶绿素 SPAD 值等各项生理和生长指标的测定分析（表 2），可知不同臂形草种质材料在各生理和生长指标测定值上表现不同，有的甚至存在显著差异，充分反映出 20 份臂形草属种质材料抗旱性存在差异。通过上述指标进行类平均法聚类分析（图 1），$R^2=0.571$ 时，可将 20 份臂形草种质材料的抗旱性划分为 2 个抗旱级别，即强抗旱（Higher drought resistance，简称 HDR）包括 CIAT26556 珊状臂形草、网脉臂形草、热研 6 号珊状臂形草、CIAT6095 刚果臂形草、CIAT16835 珊状臂形草；弱抗旱（Weaker drought resistance，简称 WDR）包括 Basilisk 俯仰臂形草、热研 3 号俯仰臂形草、Signal 俯仰臂形草、CIAT6780 珊状臂形草、CIAT16318 珊状臂形草、FSP1 珊状臂形草、Humidicola 湿生臂形草、Mekong 珊状臂形草、Molato2 杂交臂形草、Molato 杂交臂形草、Thailand 刚果臂形草、巴拉草、CIAT 360601 泰国杂交旗草、Abundance 珊状臂形草、CIAT1633 湿生臂形草。

表 2　20 份臂形草属种质材料干旱胁迫 15d 时叶片各项生理指标平均值及方差分析

种质材料名称	RWC（%）	REC（%）	MDA（μmol/g）	Pro（μg/g）	SPAD 值
Basilisk 俯仰臂形草	45.36±4.15B	29.80±3.13DEFG	19.20±2.46BCD	1372.68±100.09C	11.00±0.87BCD
CIAT16318 珊状臂形草	27.49±2.66BC	33.30±5.91CDEFG	22.99±1.52ABCD	583.10±68.17E	1.57±0.04GH
CIAT26556 珊状臂形草	74.12±6.89A	40.31±4.29BCDE	38.03±5.84A	2549.28±180.36A	0.80±0.03H
CIAT16835 珊状臂形草	78.26±7.12A	44.97±2.43BCD	28.74±0.77ABCD	1949.45±112.36B	25.93±1.47A
FSP1 珊状臂形草	29.16±1.46BC	35.80±2.99BCDEF	22.24±6.15ABCD	591.80±97.16E	7.63±0.42DEF
CIAT6780 珊状臂形草	28.12±2.44BC	36.12±9.14BCDEF	18.08±3.02BCD	662.81±35.46DE	13.50±0.79B
CIAT6095 刚果臂形草	71.09±6.35A	77.60±10.19A	31.01±1.64ABC	1948.85±201.47B	5.53±0.44EFG
Molato 杂交臂形草	26.55±2.11BC	24.41±2.66FG	15.87±2.33CD	1274.64±146.37C	6.13±0.37EF
CIAT 360601 泰国杂交旗草	23.44±3.14C	20.51±1.64G	18.07±1.48BCD	946.88±100.47CDE	1.23±0.01H
Molato2 杂交臂形草	39.46±4.09BC	50.06±7.88B	18.82±1.33BCD	720.82±61.82DE	9.10±1.04CDE
Abundance 珊状臂形草	22.79±2.44C	20.02±1.06G	17.21±4.03CD	1325.63±84.19C	1.33±0.02H
巴拉草	24.19±3.17C	25.37±2.63EFG	13.48±1.99CD	977.29±86.29CDE	8.47±0.46CDEF
Humidicola 湿生臂形草	31.06±1.88BC	39.49±4.16BCDEF	16.71±1.43CD	965.31±47.14CDE	4.73±0.31FGH
Thailand 刚果臂形草	28.73±2.56BC	25.91±3.19EFG	19.88B±0.99CD	1116.01±99.83CD	5.50±0.24EFG
热研 3 号 俯仰臂形草	34.11±2.76BC	24.53±2.16FG	24.12±3.85ABCD	1013.31±74.61CDE	12.17±0.79BC

（续）

种质材料名称	RWC（%）	REC（%）	MDA（μmol/g）	Pro（μg/g）	SPAD值
网脉臂形草	66.43±3.41A	46.66±6.08BC	35.89±7.14AB	2071.29±137.69B	5.57±0.68EFG
CIAT1633 湿生臂形草	25.87±2.46BC	31.48±3.73CDEFG	11.54±2.16D	1308.68±167.95C	1.33±0.09H
Mekong 珊状臂形草	34.57±5.89BC	39.54±4.09BCDEF	25.78±4.33ABCD	1227.43±54.29C	5.00±0.65EFGH
Signal 俯仰臂形草	35.87±7.12BC	34.11±4.37CDEFG	21.82±1.05ABCD	974.73±67.40CDE	11.57±1.39BCD
热研6号 珊状臂形草	64.28±3.46A	50.32±7.18B	27.53±3.10ABCD	2367.19±349.27AB	0.97±0.08H

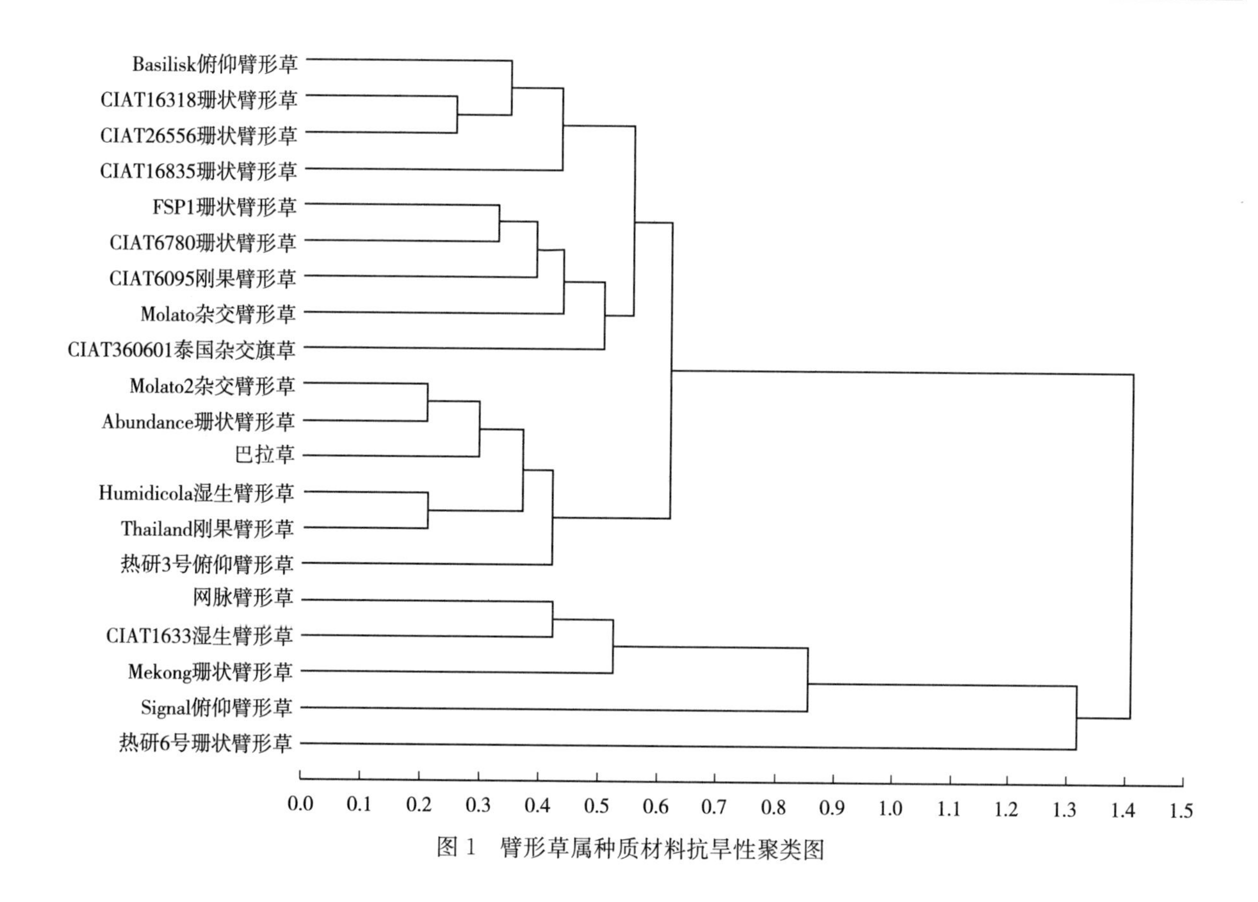

图 1　臂形草属种质材料抗旱性聚类图

2.2 不同抗旱级别臂形草属种质材料生理指标变化分析

2.2.1 相对电导率（REC）的变化

连续干旱胁迫 0、5、10d 时，强抗旱和弱抗旱臂形草属种质材料叶片的 REC 间没有明显差异，分别由 0d 时的 6.10%、12.53%缓慢增加到 10d 时的 17.97%、25.85%（图 2）；而当胁迫持续到第 15d 时，强抗旱的种质材料与弱抗旱的种质材料 REC 间存在显著差异（$P<0.05$）。当干旱胁迫由第 10d 到第 15d 时，强抗旱的 REC 由 17.97%猛增到 51.97%，增长了 189.20%，而弱抗旱的 REC 由 25.85%增长到 31.36%，仅增长了 21.32%。复水后 2 个抗旱级别的 REC 均下降恢复到 8.43%、13.99%，相当于干旱胁迫 0d 时的水平，且没有显著差异。

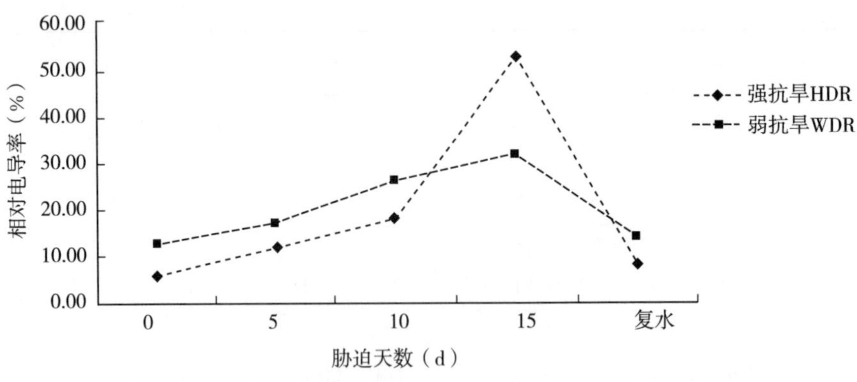

图 2　2 个抗旱级别臂形草属种质材料的 REC 变化趋势

2.2.2　游离脯氨酸含量（Pro）的变化

干旱胁迫第 0～5d 时，强抗旱和弱抗旱臂形草属种质材料叶片的 Pro 虽呈增加趋势但增幅不明显，且差异不显著（$P>0.05$），分别仅由胁迫第 0d 时的 15.56、13.07μg/g 增加到胁迫第 5d 时的 25.91、24.94μg/g，增幅仅为 66.52%、90.82%（图 3）。但胁迫第 5～10d 时，Pro 显著增加，且差异极显著，第 10d 分别骤增至 758.41、485.81μg/g，分别为胁迫第 5d 的 29.27 倍和 19.48 倍。当胁迫至第 15d 时，叶片的 Pro 达到峰值，分别为 2 177.21、1 004.07μg/g，增幅又逐渐减缓，为胁迫第 10d 的 2.87 倍和 2.07 倍。复水后恢复到第 5d 时的水平，叶片 Pro 分别为 40.36、34.29μg/g。

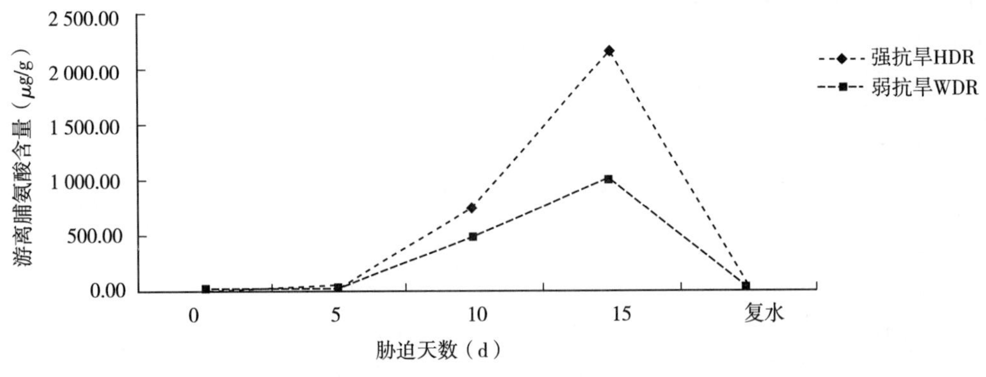

图 3　2 个抗旱级别臂形草属种质材料的 Pro 变化趋势

2.2.3　丙二醛含量（MDA）的变化

MDA 随干旱胁迫进程的延长而呈上升趋势（图 4）。其中强抗旱种质材料的 MDA 在连续干旱 5d 时虽有不同程度的增加，但增幅不明显；但当胁迫到第 10、15d 时，强抗旱种质材料的 MDA 由胁迫前的 12.90μmol/g 分别增至 19.71μmol/g、32.24μmol/g，增长了 52.79%和 63.58%，而弱抗旱性种质材料的 MDA 在连续干旱 10d 时增幅不明显；但当胁迫到第 15d 时，MDA 由胁迫前的 18.75μmol/g 骤增至 56.87μmol/g，增长了 203.31%，复水后 2 个抗旱级别种质材料叶片的 MDA 含量趋于恢复一致，没有显著差异（$P>0.05$）。

2.2.4　叶绿素 SPAD 值的变化

连续干旱胁迫下，叶绿素 SPAD 值均呈下降趋势，胁迫到第 5d 时，强抗旱和弱抗旱臂形草属种质材料叶片的叶绿素 SPAD 值仅由胁迫第 0d 时的 48.48、45.66 下降到胁迫第 5d 时的 39.47、32.09，同一胁迫时间的叶绿素 SPAD 值间没有显著差异（$P>0.05$）。但持续胁迫到第 10、15d 时，强抗旱和弱抗旱种质材料的叶绿素 SPAD 值在胁迫第 10d 时分别下降了 100.76%、90.67%，胁迫第 15d 时分别下降了 153.35%、151.95%。复水 5d 后干旱胁迫解除，2 个不同抗旱级别种质材料的叶绿素 SPAD 值均得以恢复，叶绿素 SPAD 值在 40 左右（图 5）。

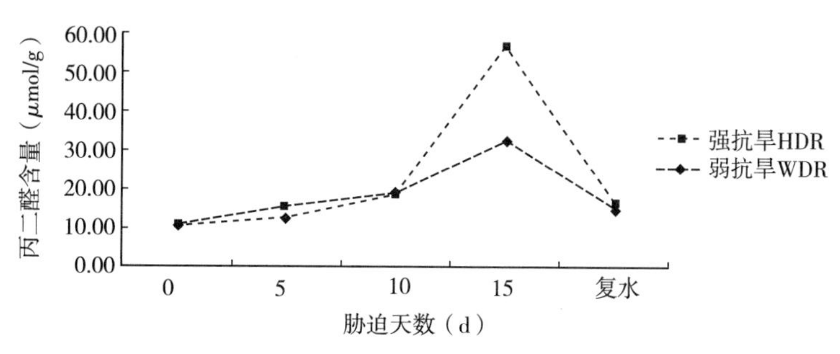

图4　2个抗旱级别臂形草属种质材料的 MDA 变化趋势

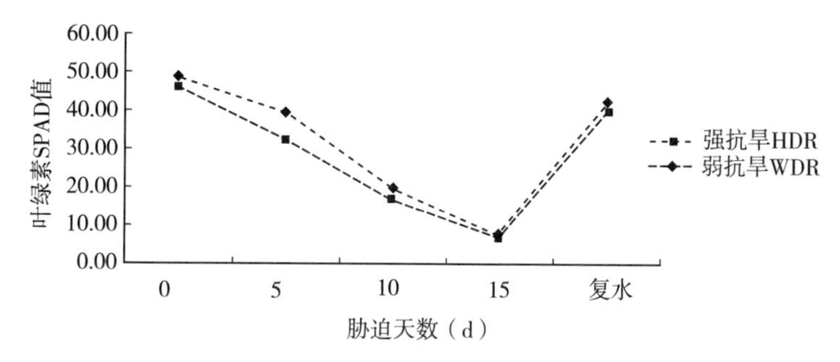

图5　2个抗旱级别臂形草属种质材料叶片的叶绿素 SPAD 值变化趋势

2.2.5　叶片相对含水量（RWC）的变化

RWC 随干旱胁迫时间的延长和干旱程度的加重而逐渐下降。干旱胁迫 0、5、10d 时，2 个抗旱级别的 RWC 随着胁迫时间的延长呈下降趋势，但同一胁迫时间的 RWC 间没有明显差异（$P>0.05$）。当干旱胁迫持续到第 15d 时，强抗旱种质材料与弱抗旱种质材料的 RWC 存在显著差异（$P<0.05$），强抗旱种质材料的 RWC 由胁迫第 10d 的 76.97%下降到 70.84%，而弱抗旱的由 68.21%下降到 30.45%，充分说明强抗旱种质材料 RWC 的下降速度与弱抗旱种质材料 RWC 相比缓慢，更能忍耐干旱胁迫（图 6）。

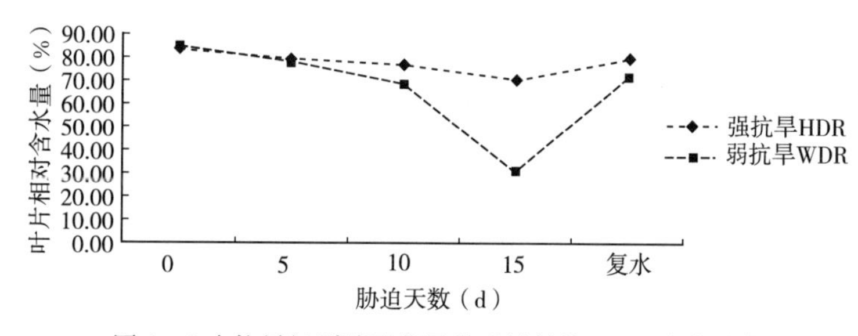

图6　2个抗旱级别臂形草属种质材料的 RWC 变化趋势

2.2.6　干旱胁迫过程中土壤含水量的变化

臂形草在整个干旱胁迫过程中，其生长的土壤含水量不断地下降（图 7），且同一时期各品种间土壤含

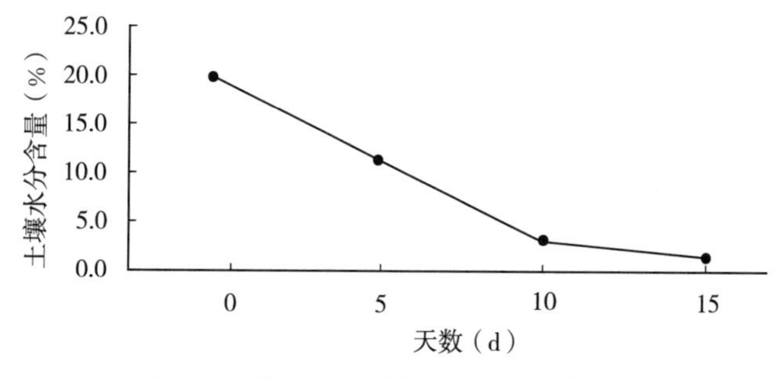

图7　土壤含水量随胁迫时间的变化趋势

水量的变化不显著（$P>0.5$）。在第5d时，土壤中的平均含水量为11.3%，而到第10d时，土壤中的含水量降低为3.3%，下降70.8%，差异显著（$P<0.5$）。至第15d时水分含量降低到1.6%，下降51.5%。

3 讨论

3.1 干旱胁迫对细胞质膜的影响

植物细胞质膜对维持细胞的微环境和正常的代谢起着重要的作用。在正常情况下，细胞膜对物质具有选择透性。但当作物受干旱胁迫时，细胞质膜被氧化，丙二醛含量增加，同时造成细胞膜透性增大，细胞内含物渗漏，以致细胞浸提液的电导率值增大。丙二醛的含量和膜透性增大的程度除了与干旱胁迫强度有关外，还与植物抗旱性的强弱有关。所以，众多学者一致认为丙二醛的含量和电导率可以作为抗旱性评价的生理指标[5-7]。杨顺强[8]等对5种引进禾本科牧草抗旱性和抗寒性研究结果表明在水分胁迫条件下对供试材料的丙二醛含量和相对电导率的分析发现，5种牧草的丙二醛含量和相对电导率较对照均有明显增加，且二者在一定程度上呈正相关。

本试验中20份臂形草在干旱胁迫下，植株丙二醛含量和叶片相对电导率都显著地增加，并且在不同的胁迫时间指标的增幅不一致，各指标变化因臂形草种类不同有所差异。但各品种在这两个指标上的变化趋势相一致，都呈上升趋势。

3.2 干旱胁迫对脯氨酸含量的影响

脯氨酸是植物为抵抗逆境而产生的重要物质，几乎所有的逆境条件都会导致植物体内游离脯氨酸含量的积累。脯氨酸在逆境条件下不仅作为植物体内重要的渗透调节物质，维持植物体内水分的平衡，而且对维持植物体内蛋白质的活性也具有重要作用。赵洪兵等[9]在玉米抗旱性方面的研究表明，在干旱胁迫条件下，脯氨酸都会积累，且脯氨酸的积累程度与品种抗旱能力的强弱成正相关。

在供试的20份臂形草中，随着干旱时间的延长，脯氨酸的积累量也不断增加，显著高于对照，且脯氨酸的含量与土壤的含水量呈显著负相关，脯氨酸积累量越高的品种，其抗旱能力也越强。这与杨顺强对不同种茅草抗旱研究得出的结论是一致的。

3.3 干旱胁迫对叶绿素含量的影响

当植物受到干旱胁迫时，能否保持较强的光合能力是判断该品种抗旱性能的重要依据，叶绿素含量是反映植物光合作用状况的重要参数。叶绿素是绿色植物进行光合作用的主要色素，其含量的多少与作物的光合作用及其强度关系密切。水分胁迫使植株体内水分亏缺达一定程度时，会造成叶绿体的变形和片层结构的破坏，叶绿素含量也会发生变化。抗旱性强的材料叶绿素持有率高于抗旱性弱的材料。卢素锦等对不同产地老麦芒苗期抗旱性研究中发现，随着干旱胁迫强度的增大和时间的延长，老芒麦叶绿素含量显著降低，不同产地老芒麦间差异显著。臂形草在胁迫条件下，强抗旱与弱抗旱种质材料的叶绿素含量都随着时间的变化而降低，但强抗旱种质材料的降低速度更慢。

3.4 干旱胁迫对植物叶片相对含水量的影响

相对含水量（REC）是反映植株水分状况的敏感性指数。植物受到干旱胁迫后叶片相对含水量的多少，常用来表示叶片的持水能力的强弱。水分胁迫后，植物叶片相对含水量会减少。相对含水量下降程度较小的品种叶片具有较好的持水能力，能有效缓解干旱对植物细胞结构造成的不利影响，维持正常生命活动的时间相对较长，具有较好的抗旱能力。苜蓿在水分胁迫后，其叶片的含水量明显减少，在相同的胁迫条件下，不同的供试苜蓿品种叶片的相对含水量降低的程度不同[5]。大量抗旱性研究已经证明，在同样的水分胁迫条件下，叶片相对含水量（RWC）下降幅度越大其抗旱性越差。在本试验中，各臂形草叶片含水量随胁迫时间的增加不断地下降，但强抗旱种质材料RWC的下降速度较弱抗旱种质材料缓慢，更能忍耐干旱的胁迫，抗旱能力更强。

4　结论

本试验通过在大棚内进行盆栽试验和数据分析相结合的方法，在连续干旱的条件下测定了不同处理时期 20 份臂形草的生理生化指标，研究了其抗旱的生理反应对干旱胁迫的适应性，并对 20 份臂形草的抗旱性做了初步比较和聚类分析。得出的主要结论如下：在干旱胁迫下，臂形草的细胞质膜透性和质膜过氧化程度随着干旱时间的增加而增加，但增加的程度不同，强抗旱性臂形草增加的程度远远低于弱抗旱性臂形草，二者呈正相关；臂形草内脯氨酸含量显著升高，且脯氨酸在胁迫峰值时的含量越高，抗旱能力越强；叶绿素的含量不断降低，不同品种臂形草间下降的程度没有显著差异；叶片的相对含水量随着干旱胁迫的加重而降低，不同抗性品种间差异显著，且叶片含水量与土壤含水量呈显著负相关。

根据试验和前人对抗旱鉴定指标的研究，采用模糊数学的隶属函数法，通过以上各指标，对 20 份臂形草的抗旱生理适应性进行综合评价和聚类分析，得出初步结论：在干旱条件下，CIAT6095 刚果臂形草、CIAT26556 珊状臂形草、网脉臂形草、热研 6 号珊状臂形草、CIAT16835 珊状臂形草均属于强抗旱性品种。

参 考 文 献

[1] 唐军，易克贤，白昌军，等．臂形草品种及其营养价值初评（简报）[J]. 草地学报，2007，15（7）：338－400.
[2] 曾日秋，林永生，洪建基，等．4 个臂形草品种在闽南地区的生育特性及其相对饲用价值研究 [J]. 草业科学，2009，15（8）：107－111.
[3] 奎嘉祥，匡崇义，和占星，等．中国云南南部建植臂形草混播草场防治飞机草的研究 [J]. 中国草地，1997，30（9）：55－58.
[4] 郭雪松．油菜种质资源耐旱性的鉴定 [J]. 作物遗传育种，2009：8－14.
[5] 李秧秧，邵明安．小麦根系对水分和氮肥的生理生态反应植物 [J]. 营养与肥料学报，2000，6（4）：383－388.
[6] 孙继颖，高聚林，薛春雷，等．不同品种大豆抗旱性能比较研究 [J]. 华北农学报，2007，22（6）：91－97.
[7] 张彦芹，贾玮珑，杨丽莉，等．不同玉米品种苗期抗旱性研究 [J]. 干旱地区农业研究，2001，19（1）：83－86，9.
[8] 杨顺强，杨改河，仟广鑫，等．5 种引进禾本科牧草抗旱性与抗寒性比较 [J]. 西北农业学报，2010，19（4）：91－95.
[9] 赵洪兵，黄亚群．不同玉米杂交种抗旱性比较及抗旱性鉴定指标的研究 [J]. 华北农学报，2007，22（增刊）：66－70.

图书在版编目（CIP）数据

草种质资源抗性鉴定评价报告．抗旱篇．2007—2016年 / 全国畜牧总站主编．—北京：中国农业出版社，2020.6
（草种质资源保护利用系列丛书）
ISBN 978-7-109-24919-6

Ⅰ．①草…　Ⅱ．①全…　Ⅲ．①牧草－种质资源－评价－鉴定－研究报告－2007—2016　Ⅳ．①S540.24

中国版本图书馆CIP数据核字（2018）第267106号

草种质资源抗性鉴定评价报告——抗旱篇（2007—2016年）
CAO ZHONGZHI ZIYUAN KANGXING JIANDING PINGJIA BAOGAO
——KANGHAN PIAN（2007—2016 NIAN）

中国农业出版社出版
地址：北京市朝阳区麦子店街18号楼
邮编：100125
责任编辑：汪子涵　　文字编辑：冯英华
版式设计：韩小丽　　责任校对：周丽芳
印刷：中农印务有限公司
版次：2020年6月第1版
印次：2020年6月北京第1次印刷
发行：新华书店北京发行所
开本：880mm×1230mm　1/16
印张：15.75
字数：490千字
定价：150.00元